Java学习笔记

从入门到实战

张晓博◎编著

中国铁道出版社有限公司
CHINA RAILWAY PUBLISHING HOUSE CO., LTD.

内容简介

本书以学习笔记的形式循序渐进地讲解了使用Java语言的核心知识，并通过具体实例的实现过程讲解了各个知识点的使用方法和流程。本书简洁而不失其技术深度，内容丰富全面，历史资料翔实齐全。并且本书易于阅读，以极简的文字介绍了复杂的案例，同时涵盖了其他同类图书中很少涉及的历史参考资料，对于读者学习Java语言大有帮助。

本书系统地介绍了Java语言学习中的关键知识点，并配以较为完善的实践案例，旨在帮助入门及编程语言读者梳理知识框架，熟悉基本应用；同时书中含有较为丰富的综合案例，其实践分析思路对于一定基础的进阶读者大有裨益。

图书在版编目（CIP）数据

Java学习笔记:从入门到实战/张晓博编著.—北京:中国铁道出版社有限公司，2019.10

ISBN 978-7-113-26143-6

Ⅰ.①J… Ⅱ.①张… Ⅲ.①JAVA语言－程序设计
Ⅳ.①TP312.8

中国版本图书馆CIP数据核字（2019）第178139号

书　　名：Java学习笔记：从入门到实战
Java XUEXI BIJI : CONG RUMEN DAO SHIZHAN
作　　者：张晓博

责任编辑：荆　波　　读者热线电话：010-63560056
责任印制：赵星辰　　封面设计：MX DESIGN STUDIO

出版发行：中国铁道出版社有限公司（100054，北京市西城区右安门西街8号）
印　　刷：北京铭成印刷有限公司
版　　次：2019年10月第1版　2019年10月第1次印刷
开　　本：787 mm×1 092 mm　1/16　印张：26.5　字数：626千
书　　号：ISBN 978-7-113-26143-6
定　　价：59.80元

PREFACE 前言

从你开始学习编程的那一刻起，就注定了以后所要走的路：从编程学习者开始，依次经历实习生、程序员、软件工程师、架构师、CTO 等职位的磨砺；当你站在职位顶峰的位置蓦然回首，你会发现自己的成功并不是偶然，在程序员的成长之路上会有不断修改代码、寻找并解决 Bug、不停测试程序和修改项目的经历；不可否认的是，只要你在自己的开发生涯中稳扎稳打，并且善于总结和学习，最终将会得到可喜的收获。

■ 选择一本合适的书

对于一名程序开发初学者来说，究竟如何学习并提高自己的开发技术呢？答案就是买一本合适的程序开发书籍进行学习。但是，市面上多数面向初学者的编程书籍中的大多数篇幅都是基础知识讲解，大多偏向于理论，读者读了以后在面对实战项目时还是无从下手。如何实现从理论平滑过渡到项目实战，是初学者迫切需要解决的问题，为此，我们特意策划编写了本书。

本书将面向完全没有编程经验的零基础的读者，实现零基础到 Java 开发高手的跨越。本书讲解了 Java 语言几乎所有的基础知识和技巧，这些知识能够帮助开发者迅速开发出需要的数据分析功能，提高我们的开发效率。

■ 本书的特色

1．内容全面

本书详细讲解 Java 语言所涵盖的所有知识点，循序渐进地讲解了这些技术的使用方法和技巧，帮助读者快速步入 Java 开发高手之列。

2．实例驱动教学，全书共计 234 个实例

本书共计 234 个实例，通过对这些实例的讲解实现了对知识点的横向切入和纵向比较，让读者有更多的实践演练机会，并且可以从不同的方位展现一个知识点的用法，确保读者扎实掌握每一个知识点。

3．视频讲解，二维码布局全书

本书正文的每一个二级目录都有一个二维码，通过二维码扫描可以观看讲解视频，既包括实例讲解也包括教程讲解，帮助读者的开发水平实现拔高处理。

4．本书售后帮助读者快速解决学习问题

无论书中的疑惑，还是在学习中的问题，我们将在第一时间为读者解答问题，这是市面中其他图书所没有的服务，这也是我们对读者的承诺。

5．网站论坛实现教学互动，形成互帮互学的朋友圈

本书作者为了方便给读者答疑，特提供了网站论坛技术支持，可通过 QQ（729017304）获得，并且随时在线与读者互动。让大家在互学互帮中形成一个良好的学习编程的氛围。

■ 本书的读者对象

没有编程经验的零基础读者；

Java 初学者和自学者；

Web 爱好者和开发人员；

游戏开发人员；

数据库工程师和管理员；

大中专院校的教育工作者。

■ 致谢

本书在编写过程中，得到了中国铁道出版社有限公司编辑的大力支持，正是各位编辑的求实、耐心和效率，才使得本书能够在极短的时间内出版。另外，也十分感谢我的家人给予的巨大支持。本人水平毕竟有限，书中存在纰漏之处在所难免，诚请读者提出宝贵的意见或建议，以便修订并使之日臻完善。

最后感谢您购买本书，希望本书能成为您编程路上的领航者，祝您阅读快乐！

编 者

2019 年 7 月

CONTENTS 目录

第 3 章 Java 基础语法

第 9 章 继承、重载、接口和构造器

第 10 章 多态、包装类、内部类和枚举类

第 11 章　集合

第 15 章 文件处理

第 1 章

Java 语言基础

（视频讲解：43 分钟）

Java 是世界上使用最多的开发语言，在专业排行榜中位居第一。究竟 Java 是什么呢？为什么让你在众多语言中选择并学习这门技术呢……通过本章将会为读者朋友们一一讲解这些疑惑。学完本章的内容，相信初学者会对 Java 语言有一个大体的了解。

1.1 Java 语言介绍

"TIOBE 编程语言社区排行"是众多编程语言心目中的圣殿，榜单每月更新一次，榜单的排名客观公正地展示了各门编程语言的地位。TIOBE 编程语言社区排行榜是编程语言流行趋势的一个重要指标，这份排行榜排名基于互联网上有经验的程序员、课程和第三方厂商的数量。

↑扫码看视频（本节视频课程时间：19 分 05 秒）

1.1.1 Java 语言的发展历程

Java 是由 Sun Microsystems 公司于 1995 年 5 月推出的 Java 程序设计语言（以下简称 Java 语言）和 Java 平台的总称。在推出伊始，用 Java 实现的 HotJava 浏览器（支持 Java Applet）向大家展示了 Java 语言的魅力：跨平台、动态的 Web 和 Internet 计算。从那以后，Java 便被广大程序员和企业用户广泛使用，成为了当今世界最受欢迎的编程语言之一。

当 Java 语言被推出伊始，全世界的目光都被这个神奇的语言吸引。那么 Java 到底有何神奇之处呢？Java 语言其实最早诞生于 1991 年，起初被称为 OAK 语言，是 Sun 公司为一些消费性电子产品而设计的一个通用环境。Sun 公司的最初目的是为了开发一种独立于平台的软件技术，而且在网络出现之前 OAK 是默默无闻的，甚至差一点儿夭折。但是随着网络的发展彻底改变了 OAK 的命运。在 Java 出现以前，Internet 上的信息内容都是一些乏味死板的 HTML 文档。这对于那些迷恋于 Web 浏览的人们来说简直不可容忍。他们迫切希望能在 Web 中看到一些交互式的内容，开发人员也极希望能够在 Web 上创建一类无须考虑软硬件平台就可以执行的应用程序，当然这些程序还要有极大的安全保障。对于用户的这种要求，传统的编程语言显得无能为力。Sun 的工程师敏锐地察觉到了这一点，从 1994 年起，他们开始将 OAK 技术应用于 Web 上，并且开发出了 HotJava 的第一个版本。并最终在 1995 年，将 Java 技术展现在了世人的面前。2009 年 4 月 20 日，Oracle（甲骨文公司）宣布成功收购 Sun 公司。

经过多年的发展，Java 已经从 1.1 版发展到 1.12 版，本书将以主流的 Java 1.11 进行讲解。

1.1.2 Java 语言的体系

我们通常所说的 Java，指的是 Sun 公司在 1995 年 5 月推出的一套编程架构，它主要由 Java 程序设计语言（以后简称 Java 语言）和 Java 运行时环境两部分组成。

Java 程序需要在 Java 平台的支持下运行，Java 平台则主要由 Java 虚拟机（Java Virtual Machine，JVM）和 Java 应用编程接口（Application Programming Interface，API）构成。我们需要在自己的设备上安装 Java 平台之后，才能运行 Java 应用程序。关于这一点，读者倒是不必太担心，如今所有操作系统都有相应版本的 Java 平台，只需要按照相关的指示安装好它们，然后我们的 Java 程序只需要编译一次，就可以在各种操作系统中运行。

整个 Java 语言分为如下 3 个技术体系。

- JavaSE：Java2 Platform Standard Edition 的缩写，即 Java 平台标准版，涵盖了 Java 语言的大多数功能，本书将以 JavaSE 平台进行讲解。
- JavaEE：Java 2 Platform Enterprise Edition 的缩写，即 Java 平台企业版，主要用于开发企业级程序。
- JavaME：Java 2 Platform Micro Edition 的缩写，即 Java 平台微型版，主要用于开发移动设备端的程序。

1.1.3 Java 语言的特点

- 语法简单：Java 语言的语法与 C/C++ 语言十分接近，这样大多数程序员可以很容易地学习和使用 Java。另外，Java 还丢弃了 C++ 中很少使用的、很难理解的那些特性，学习者再也不用为指针发愁了。除此之外，Java 还为我们提供了垃圾回收机制，使得程序员不必再为内存管理而担忧。
- 支持面向对象：Java 语言支持类、接口和继承等特性，并且为简单起见，Java 只支持类之间的单继承和接口之间的多继承，并且也支持类与接口之间的实现机制。
- 健壮性：Java 的强类型、异常处理、垃圾回收等机制保证了 Java 程序的健壮性。另外，Java 的安全检查机制对保证 Java 程序的健壮性也有相当程度的作用。
- 安全性：Java 语言除了具有常见的安全特性以外，还可以通过分配不同的名称空间来防止本地类被外来的同名类意外替代。另外，Java 的字节代码检查和安全管理机制（SecurityManager 类）在 Java 应用程序中也起到“安全哨兵”的作用。
- 可移植性：Java 语言具有很强的可移植性，一个 Java 程序可以在多种平台上运行，能够在不同的开发环境与应用环境中使用。
- 支持多线程：当程序需要同时处理多项任务时，就需要用到多线程并行开发。通过使用多线程技术，一个 Java 程序在同一时间可以做多件事情，甚至可以开启多个线程同时做一件事情，以提高效率。
- 高性能：随着 JIT（Just-In-Time）编译器技术的发展，Java 的运行速度已经越来越接近于 C++ 语言，属于高性能编程语言中的一员。

1.1.4　Java 语言的地位

TIOBE 编程语言社区排名使用著名的搜索引擎（诸如 Google、MSN、Yahoo!、Wikipedia、YouTube 以及 Baidu 等）进行计算。都说“长江后浪推前浪，一浪更比一浪强”，但是在“编程江湖”的榜单中，Java 和 C 语言的“二人转”已经表演了多年，程序员们也早已习惯了 C 语言和 Java 的“二人转”局面。从 2018 年 1 月 1 日到 2019 年 7 月 1 日，Java 语言位居榜首。表 1-1 是最近两年榜单中的前两名排名信息。

表 1-1

2019 年排名	2018 年排名	语言	2019 年占有率 (%)	2018 年占有率 (%)
1	1	Java	16.380	13.268
2	2	C	14.000	10.158

由此可见，最近两年 Java 语言一直占据当前使用率第一名的位置。Java 的强大功能是被大家公认的，在服务器领域、移动设备、桌面应用和 Web 领域都占据重要地位。

- 服务器领域：Java 在服务器编程方面很强悍，拥有很多其他语言所没有的优势；
- 移动设备：Java 在手机领域的应用比较广泛，手机 Java 游戏随处可见，当前异常火爆的 Android 也支持 Java；
- 桌面应用：Java 和 C++、.NET 一样重要，影响着桌面程序的发展；
- Web 领域：Java Web 有着巨大的优势，无论是开发工具还是开发框架都是开源的，并且安全性更强。

1.2　搭建 Java 开发环境

在编写 Java 程序之前，需要先搭建 Java 开发环境并选择一款开发工具。在本节的内容中，将详细讲解搭建 Java 开发环境的知识，主要包括安装 JDK、设置系统变量等知识。

↑扫码看视频（本节视频课程时间：14 分 20 秒）

1.2.1　安装 JDK

在进行 Java 开发之前，我们都必须先安装好 JDK（Java Development Kit）。JDK 是我们在自己的计算机中编译并运行一个 Java 程序的基础，没有 JDK，将无法运行 Java 程序。JDK 是整个 Java 开发环境的核心，它包括 Java 运行环境（简称 JRE）、Java 工具和 Java 基础的类库，这是开发和运行 Java 环境的基础。所以，接下来我们首先要获得与自己当前所用操作系统对应的 JDK。

（1）虽然 Java 语言是 Sun 公司发明的，但是 Sun 公司已经被 Oracle 收购，所以我们安装 JDK 的工作得从 Oracle 中文官方网站上找到相关的下载页面开始。其网址是 http://www.oracle.com/cn/downloads/index.html，如图 1-1 所示。

（2）在该页面上单击“Java SE”链接来到 Java 下载界面，如图 1-2 所示。

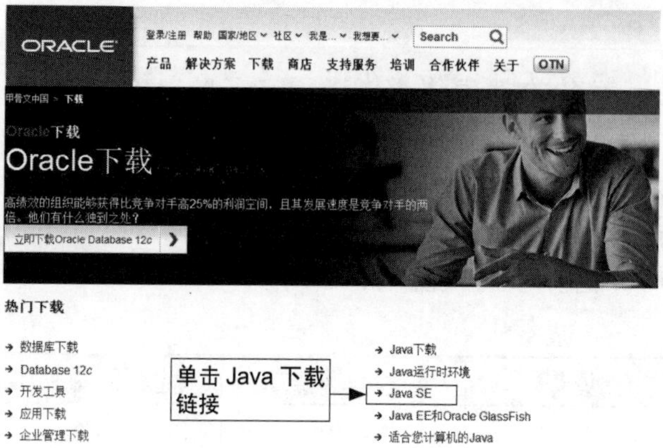

图 1-1

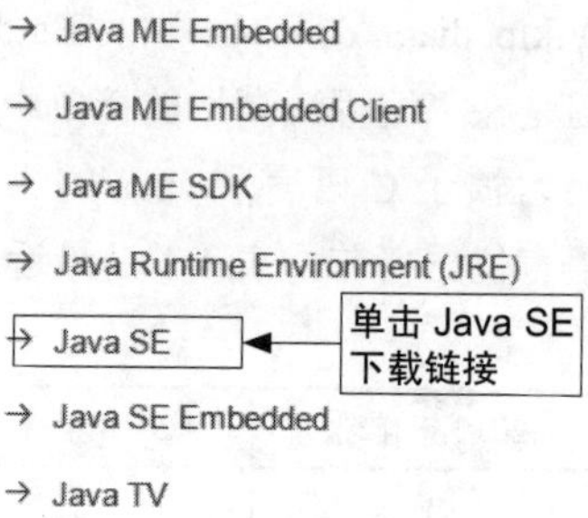

图 1-2

（3）再单击图 1-2 中的“Java SE”链接来到 Java SE 下载界面，如图 1-3 所示。

（4）继续单击“Oracle JDK”下方的“DOWNLOAD”按钮来到 JDK 下载界面，如图 1-4 所示。

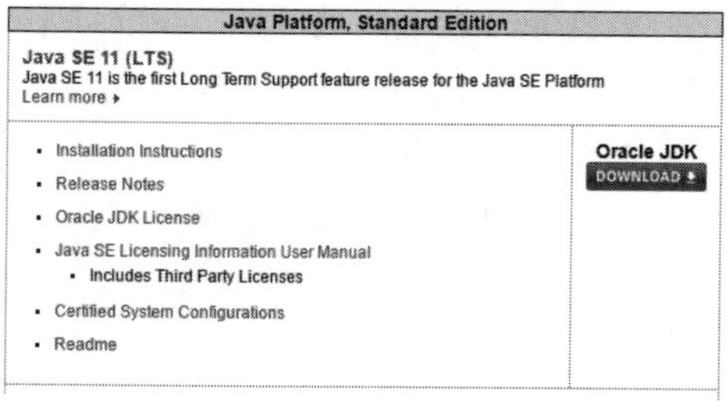

图 1-3

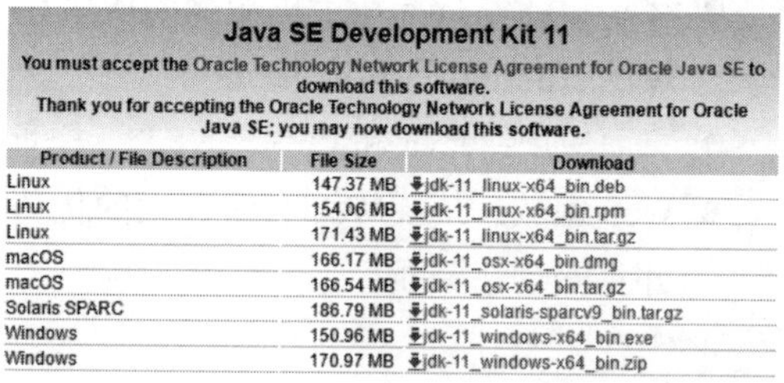

图 1-4

（5）在图 1-4 中我们会看到有很多版本的 JDK，这时读者就需要根据自己当前所用的操作系统来下载相应的版本了。下面我们来对各版本对应的操作系统做个具体说明：

- Linux：基于 64 位 Linux 系统，官网目前分别提供了 bin.tar.gz 和 bin.rpm 两个版本的下载包。
- Mac OS：苹果操作系统。
- Windows x64：基于 X86 架构的 64 位 Windows 系统。
- Solaris SPARC：Oracle 官方自己的服务器系统。

注意：随着官方对 Java 11 的更新，官方可能会对上述不同系统分别推出 32 位版本和 64 位版本，读者可以随时关注官网的变化。例如：

- **Linux x86：基于 X86 架构的 32 位 Linux 系统。**
- **Windows x86：基于 X86 架构的 32 位 Windows 系统。**

在这里，笔者电脑的操作系统是 64 位的 Windows 系统，所以在勾选了图 1-4 中的“Accept License Agreement”单选按钮后，单击的是“Windows”后面的“jdk-11_windows-x64_bin.exe”下载链接。如果您下载的版本和自己电脑的操作系统不对应，后续在安装 JDK 时就会面临失败。

（6）待下载完成后，就可以双击下载的“.exe”文件，开始进行安装，将弹出“安装程序向导”对话框，在此单击“下一步”按钮，如图 1-5 所示。

（7）然后安装程序将会弹出“定制安装”对话框，我们可以在此选择 JDK 的安装路径，笔者设置的是“C:\Program Files\Java\jdk-11\”，如图 1-6 所示。

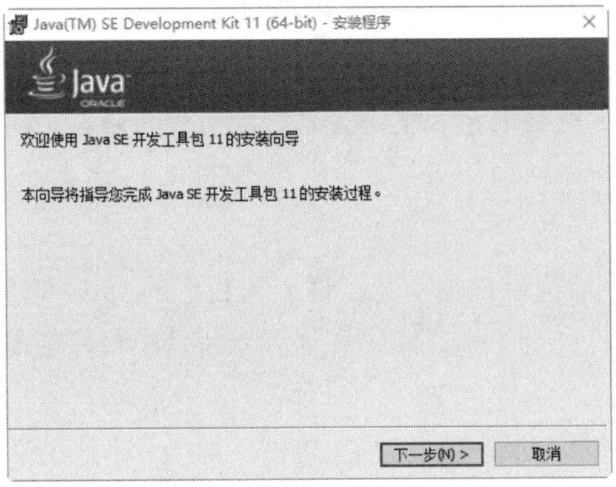

图 1-5

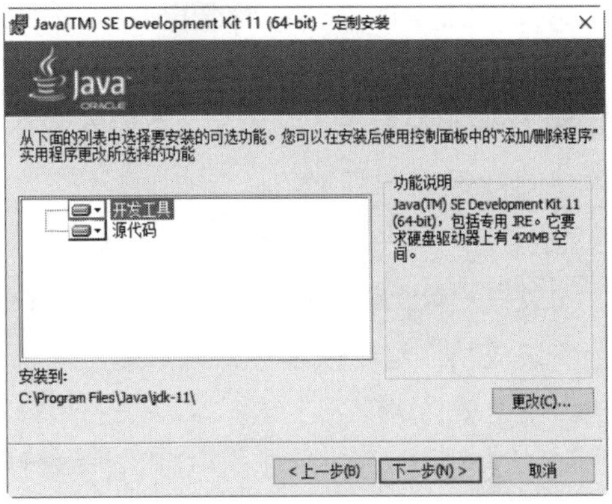

图 1-6

（8）设置好安装路径后，我们继续单击“下一步”按钮，安装程序就会提取安装文件并进行安装，如图 1-7 所示。

（9）安装程序在完成上述过程后会弹出 “完成”对话框，我们单击“关闭”按钮即可完成整个安装过程，如图 1-8 所示。

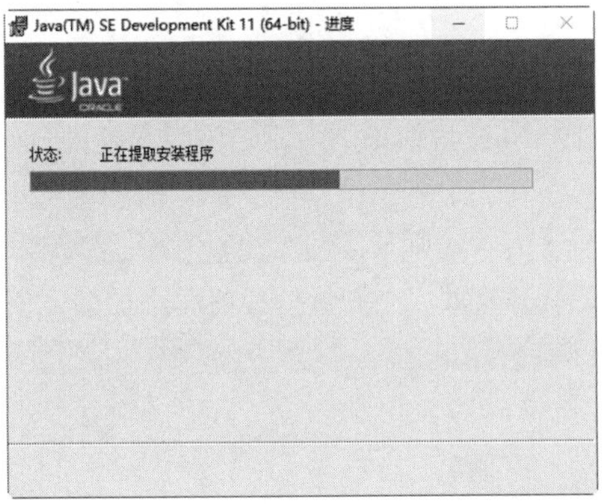

图 1-7

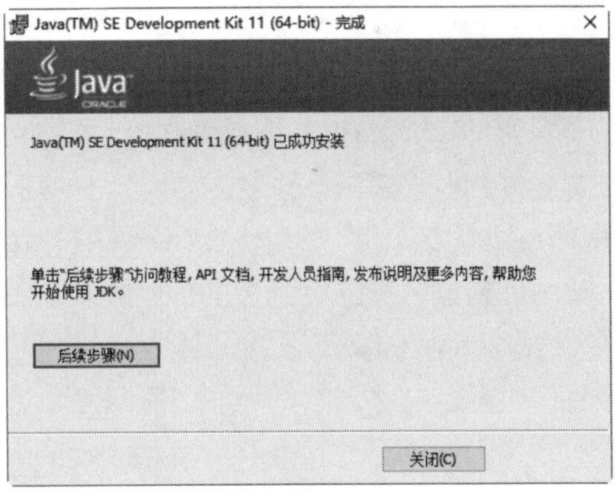

图 1-8

（10）最后，我们要来检测一下 JDK 是否真的安装成功了，具体做法是依次单击“开始”|“运行”，在“运行”对话框中输入“cmd”并按下回车键，在打开的 CMD 窗口中输入如下命令：

```
java -version
```

注意在上面命令中，在 java 和 – 之间有一个空格。如果显示如图 1-9 所示的信息，则说明 JDK 安装成功。

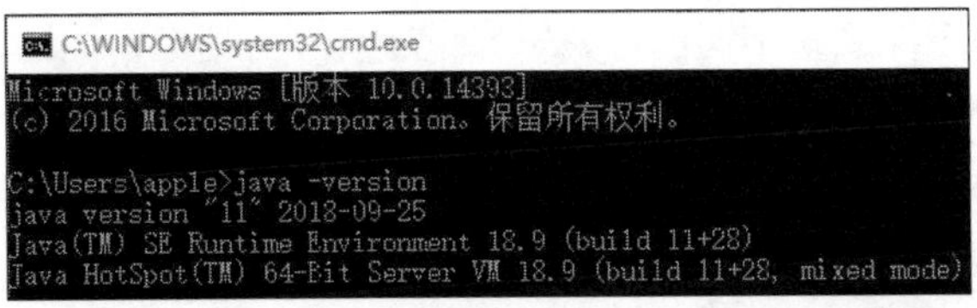

图 1-9

注意：空格问题

空格问题是初学者很容易犯的一个错误，在 Windows 系统中的很多路径都包含有空格，例如 C 盘中的“Program Files”，而这个文件夹恰好是 JDK 的默认安装路径。如果在 CLASSPATH 环境变量中包含的路径中含有空格，则可能会引起错误。所以推荐大家在安装 JDK 和 Java 相关程序 / 工具时，不要安装在包含空格的路径里，否则可能引起错误。

1.2.2 在 Windows 7 配置 Java 环境

如果在 CMD 窗口中输入 java –version 命令后提示出错信息，这表明我们的 Java 并没有完全安装成功。这时候读者无须紧张，只需将其目录的绝对路径添加到系统的 PATH 中即可解决。下面就为大家奉上该解决办法的流程。

（1）右键依次单击“我的电脑”|“属性”|“高级系统设置”，单击下面的“环境变量”，在下面的“系统变量”处选择新建，在变量名处输入 JAVA_HOME，在变量值中输入刚才的目录，比如笔者使用的“C:\Program Files\Java\jdk-11\”，如图 1-10 所示。

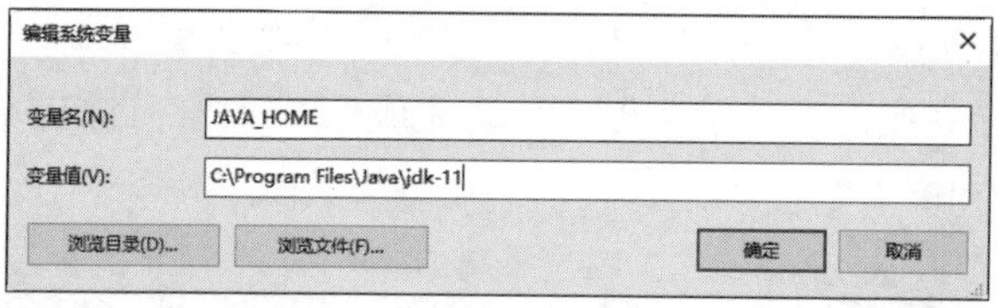

图 1-10

（2）另外，再新建一个变量名为 CLASSPATH，其变量值如下所示，注意最前面分别有一个英文格式的点和一个分号。

```
.;%JAVA_HOME%\lib;%JAVA_HOME%\lib\tools.jar
```

单击“确定”按钮找到 PATH 的变量，双击或单击编辑，在变量值最前面添加如下值。

```
%JAVA_HOME%/bin;
```

具体如图 1-11 所示。

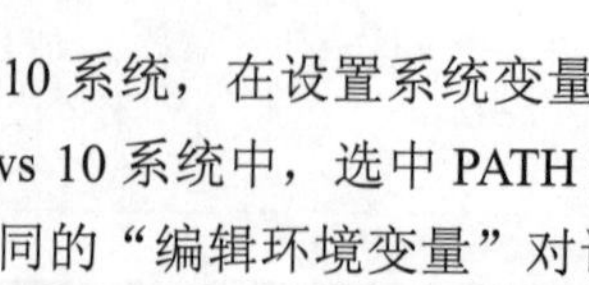

图 1-11

1.2.3 在 Windows 10 配置 Java 环境

如果读者使用的是 Windows 10 系统，在设置系统变量 PATH 时，我们的操作会和上面的步骤有所区别。因为在 Windows 10 系统中，选中 PATH 变量并单击“编辑”按钮后，会弹出一个与之前 Windows 系统不同的“编辑环境变量”对话框，如图 1-12 所示。我们需要去单击右侧的“新建”按钮，然后才能添加 JDK 所在的绝对路径，而不能用前面步骤中使用的“%JAVA_HOME%”，此处需要分别添加 Java 的绝对路径，例如笔者的安装目录是“C:\Program Files\Java\jdk-11\”，所以需要分别添加如下两个变量值：

```
C:\Program Files\Java\jdk-11\bin
```

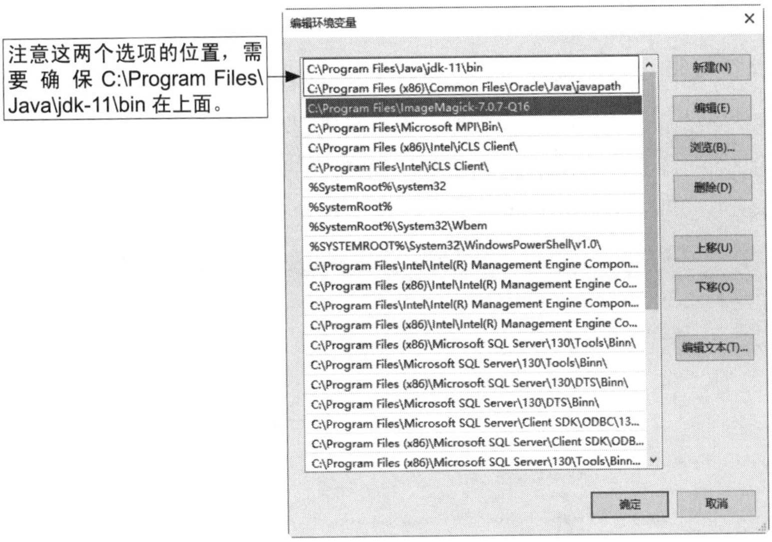

图 1-12

注意：在图 1-12 所示的界面中，一定要确保“C:\Program Files\Java\jdk-11\bin”选项在“C:\Program Files (x86)\Common Files\Oracle\Java\javapath”选项的前面（上面），否则会出错。

在完成上述操作后，我们可以再依次单击“开始”｜“运行”，在“运行”对话框中输入“cmd”并按下回车键，然后在打开的 CMD 窗口中输入 java –version，屏幕应该就会显示如图 1-13 所示的提示信息，输入 javac 会显示如图 1-14 所示的提示信息，这就说明 Java 安装成功了。

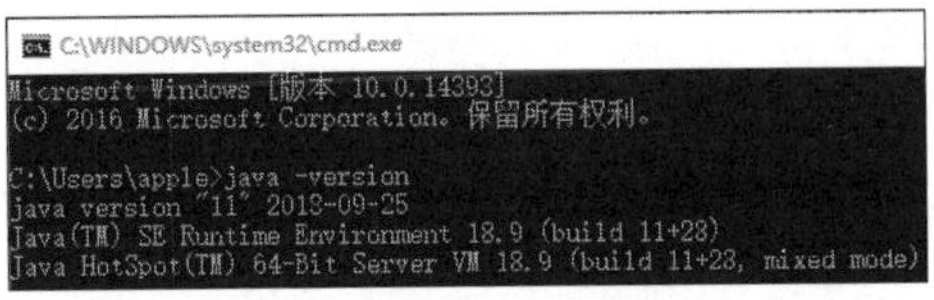

图 1-13

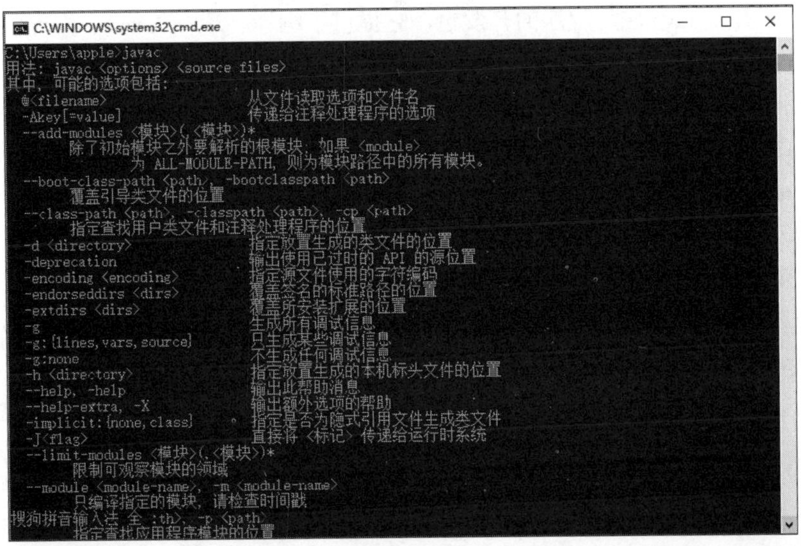

图 1-14

1.2.4 充分利用 Java API 文档

Java API 文档是官方为广大程序员们提供的一份福利，在里面详细介绍了类、方法和变量的解释说明。如果开发人员对正在使用的类不熟悉，想查看类里面定义的变量或者方法，就可以打开 Java API 文档进行阅读和查看。例如 Java 11 API 文档的官方在线地址是：https://docs.oracle.com/en/java/javase/11/docs/api/index.html。如图 1-15 所示。

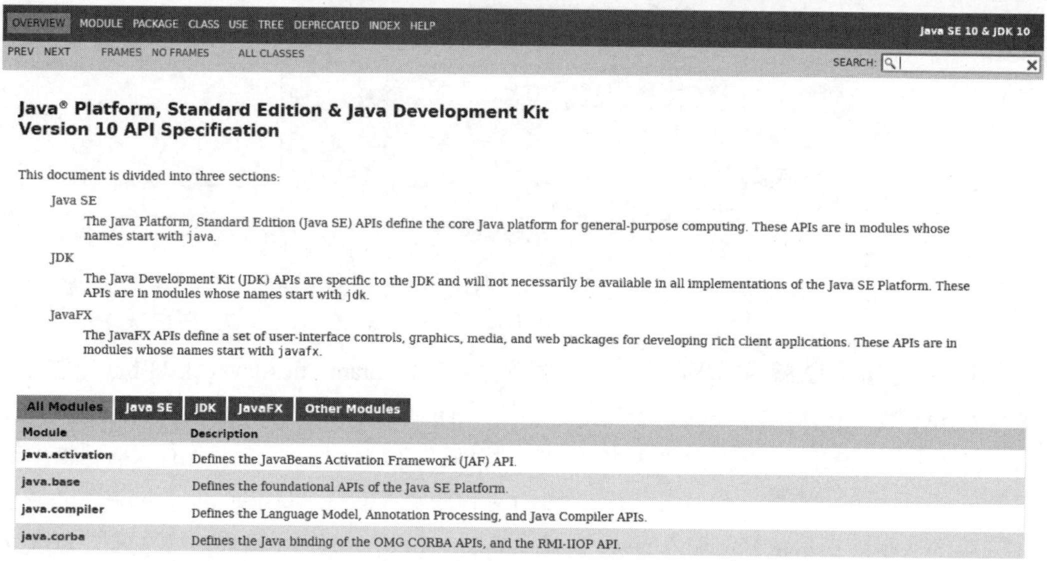

图 1-15

注意：区分 JRE 和 JDK

对于很多初学者来说，对 JDK 和 JRE 两者比较模糊，不知道到底有什么异同。

- **JRE：表示 Java 运行时的环境，全称是 Java Runtime Environment，是运行 Java 程序的必需条件。**
- **JDK：表示 Java 标准版开发包，全称是 Java SE Development Kit，是 Oracle 提供的一套用于开发 Java 应用程序的开发包，它提供了编译、运行 Java 程序所需的各种工具和资源，包括 Java 编译器、Java 运行时环境，以及常用的 Java 类库等。**

Oracle 把 Java 分为 Java SE、Java EE 和 Java ME 三部分，而且为 Java SE 和 Java EE 分别提供了 JDK 和 Java EE SDK（Software Development Kit）两个开发包。如果读者只学习 Java SE 的编程知识，可以下载标准的 JDK，如果学完 Java SE 之后还需要继续 Java EE 相关内容，就必须下载 Java EE SDK。因为有一个 Java EE SDK 版本里已经包含了最新版的 JDK，所以在安装的 Java EE SDK 中已经包含了 JDK。

一般来说，如果我们只是要运行 Java 程序，可以只安装 JRE，而无须安装 JDK。但是如果要开发 Java 程序，则应该安装 JDK。安装 JDK 之后就包含 JRE 了，也可以运行 Java 程序。但如果只是需要运行 Java 程序，而不是开发 Java 程序，则只需在计算机上安装 JRE 即可。

1.3　第一个 Java 程序

在完成 Java 开发环境的安装和配置之后，接下来我们开始学习编写并运行 Java 程序的方法。在本节的内容中，我们首先编写第一个 Java 程序，然后编译这个 Java 程序并让它运行起来。

↑扫码看视频（本节视频课程时间：9 分 16 秒）

1.3.1　编写第一个 Java 代码

实例 1-1：第一个 Java 程序代码

源码路径：下载包 \daima\2\1-1

打开 Windows 系统自带的记事本程序，并在其中输入下面的代码。

```
public class first{
    /* 这是一个 main 方法 */
    public static void main(String [] args){
        /* 输出此消息 */
        System.out.println("第一段 Java 程序！ ");
    }
}
```

然后我们将该文件保存为 first.java，**请注意，该文件名“first.java”中的字符“first”一定要和代码行“public class first”中的字符“first”一致，并且字母大小写也必须完全一致，否则后面的编译步骤将会失败。**如图 1-16 所示。

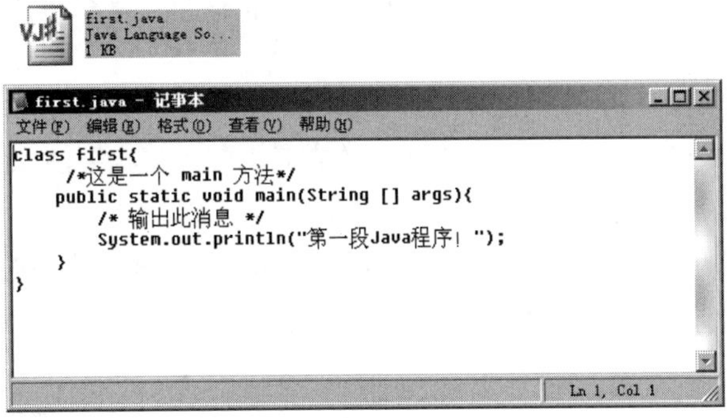

图 1-16

注意：可以编写 Java 程序的编辑器

我们可以使用任何无格式的纯文本编辑器来编辑 Java 源代码，在 Windows 操作系统上可以使用记事本（NotePad）、EditPlus 等程序，在 Linux 平台上可使用 vi 命令等。但是不能使用写字板和 Word 等文档编辑器来编写 Java 程序。因为写字板和 Word 等工具是有格式的编辑器，当我们使用它们编辑一份文档时，这个文档中会包含一些隐藏的格式化字符，这些隐藏字符会导致程序无法正常编译和运行。

1.3.2　编译 Java 程序

在运行 Java 程序之前，我们首先要将它的代码编译成可执行的程序。为此我们需要用到

javac 命令。初学者可以通过如下 avac 命令来运行一个 Java 文件：

```
javac -d destdir srcFile
```

- -d：是 javac 命令的选项，功能是指定编译生成的字节码文件的存放路径（即 destdir），在这里 destdir 必须要是本地磁盘上的一个合法有效路径。
- srcFile：表示 Java 源文件所在的路径，该路径既可以是绝对路径，也可以是相对路径。通常，我们总是会将生成字节码文件放在当前路径下，当前路径可以用点“.”来表示。

如果我们以前面的文件 first.java 为例，我们可以先进到它所在的路径，然后输入如下编译命令：

```
javac -d . first.java
```

假设 first.java 所在的路径为“C:\Users\apple”，则整个编译过程在 CMD 控制台界面中的效果如图 1-17 所示。运行上述命令后会在该路径下生成一个编译后的文件：first.class，如图 1-18 所示。

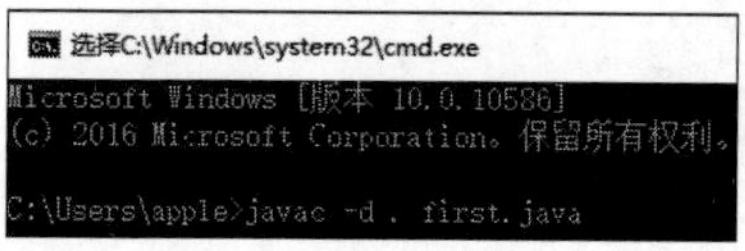

图 1-17

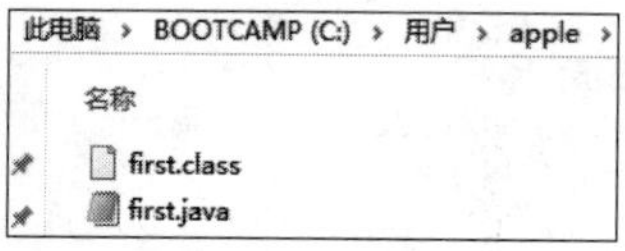

图 1-18

1.3.3 运行 Java 代码

待完成编译之后，我们就需要用到 java 命令来运行程序了。关于该命令，我们同样可以通过在命令行终端中直接输入不带任何参数或选项的 java 命令来获得其帮助信息在这里，需要用到的 java 命令的格式如下所示：

```
java <main_class_name>
```

其中 <main_class_name> 表示 Java 程序中的类名，并且一定要注意，这个类应是该 Java 程序的主类名（即其 main 方法所在的类），它既不是字节码文件的文件名，也不是 Java 源文件名。例如以前面的第一个 Java 程序为例，其 main 方法所在的类的名字是“first”，所以我们可以在命令行终端中进入 first.class 所在的路径，然后输入如下命令即可运行 Java 文件 first.java：

```
java first
```

执行上面命令后会输出如下结果。

```
第一段 Java 程序!
```

假设前面的第一个 Java 程序文件被保存在“C:\Users\apple”，则在控制台中的编译并运行的完整过程如图 1-19 所示。

另外需要提醒的是，初学者经常容易忘记 Java 是一门区分大小写的语言，例如在下面的命令中，我们错误地将 first 写成了 First，就会造成命令失败异常。

```
java First
```

注意：遵循源文件命名规则

Java 中的命名规则有很多，例如变量命名规则和类命名规则等，而在此讲解的是 Java 源文件的命名规则。在编写 Java 程序时，源文件名字不能随便起，需要遵循下面的两个规则。

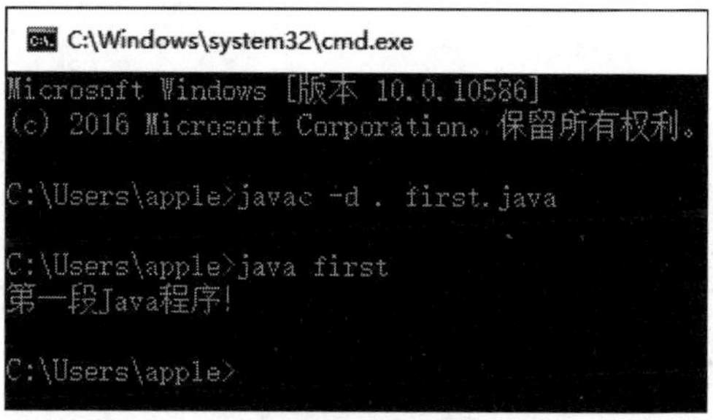

图 1-19

- Java 源文件的后缀必须是“.java”，不能是其他文件后缀名。
- 一般来说，可以任意命名 Java 源文件的名字，但是当 Java 程序代码中定义了一个 public 类时，该源文件的主文件名必须与该 public 类（也就是该类定义使用了 public 关键字修饰）的类名相同。由此而可以得出一个结论：因为 Java 程序源文件的文件名必须与 public 类的类名相同，所以一个 Java 源文件里最多只能定义一个 public 类。

1.3.4　Java 11 新特性：新的程序运行方式

从 Java 11 开始新增了一个特性：启动单一文件的源代码程序，单一文件程序是指整个程序只有一个源码文件。这时候我们只需在控制台中使用如下格式即可运行 Java 文件，而省去了上面介绍的编译环节。

```
java Java 文件名
```

以上面的 Java 文件 first.java 为例，在运行之前先不编译它，而是希望 Java 启动器能直接运行文件 first.java。此时只需将控制台命令来到程序目录，然后运行如下所示的命令即可：

```
java first.java
```

假设文件 first.java 位于本地计算机的“H:\eclipse-workspace\qiantao\src”目录下，则上述直接运行方式在控制台中的完整过程如下所示：

```
C:\Users\apple>h:

H:\>cd H:\eclipse-workspace\qiantao\src

H:\eclipse-workspace\qiantao\src>java first.java
第一段 Java 程序！
```

这是运行文件 first.java 的结果，省去了前面方式中的编译环节。

第 2 章

使用 IDE 开发工具

（视频讲解：26 分钟）

在本书第一章的内容中，发现编写、编译并运行 Java 程序的过程非常烦琐。为了提高开发效率，我们可以使用第三方 IDE 工具来帮助我们。在本章的内容中，将详细讲解两款 Java 常用 IDE 工具的知识。

2.1 使用 Eclipse

在现实应用中，Eclipse 是开发 Java 程序的最主流 IDE 工具之一。在本节的内容中，将详细讲解搭建并使用 Eclipse 工具的知识，并介绍使用 Eclipse 编写并运行 Java 程序的方法。

↑扫码看视频（本节视频课程时间：18 分 24 秒）

2.1.1 IDE 介绍

集成开发环境（Integrated Development Environment，简写为 IDE）是用于提供程序开发环境的应用程序，一般包括代码编辑器、编译器、调试器和图形用户界面等工具。集成了代码编写功能、分析功能、编译功能、调试功能等一体化的开发软件服务套。所有具备这一特性的软件或者软件套（组）都可以叫集成开发环境。如微软的 Visual Studio 系列，Borland 的 C++ Builder、Delphi，Python 的 PyCharm 等都是著名的 IDE 工具。

2.1.2 下载并安装 Eclipse

Eclipse 是一款著名的集成开发环境（IDE），可以开发 Java、C/C++、Python、PHP 等主流编程语言。下载并安装 Eclipse 的流程如下：

（1）打开浏览器，在浏览器中输入网址“http://www.eclipse.org/”，然后单击右上角的“DOWNLOAD”按钮，如图 2-1 所示。

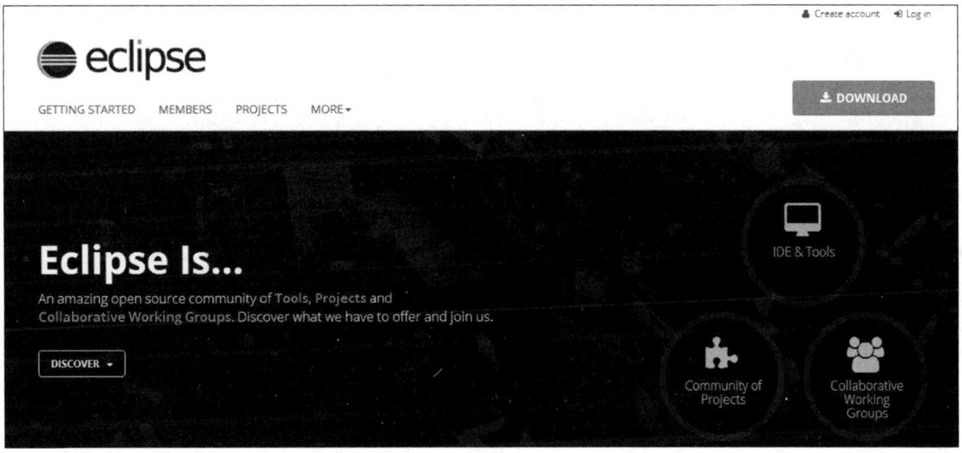

图 2-1

（2）此时 Eclipse 官网会自动检测用户电脑的操作系统类型，并提供对应版本的下载链接。例如笔者的电脑是 64 位 Windows 系统，所以会自动显示 64 位 Eclipse 的下载按钮，如图 2-2 所示。

（3）我们单击 DOWNLOAD 64 BIT”按钮之后，就会看到其弹出一个新的页面，如图 2-3 所示。继续单击“Select Another Mirror”后，我们会在下方看到许多镜像下载地址。

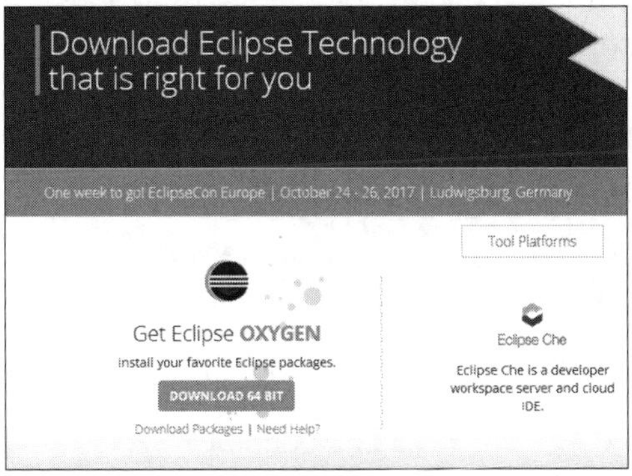

图 2-2

图 2-3

（4）读者既可以根据自身的情况选择一个镜像下载地址，也可以直接单击上方的“DOWNLOAD”进行下载。下载完成后会得到一个“.exe”格式的可运行文件，双击这个文件就可以开始安装 Eclipse 了。安装程序首先会弹出一个欢迎界面，如图 2-4 所示。

图 2-4

（5）紧接着安装程序会显示一个选择列表框，其中显示了不同版本的 Eclipse，在此读者需要根据自己的情况选择要下载的版本。如图 2-5 所示。

（6）因为本书将使用 Eclipse 开发 Java 项目，所以只需选择第一项“Eclipse IDE for

Java Developers”。因此，接下来我们单击“Eclipse IDE for Java Developers”，然后安装程序会弹出“安装目录”对话框，我们可以在此设置 Eclipse 的安装目录。如图 2-6 所示。

图 2-5

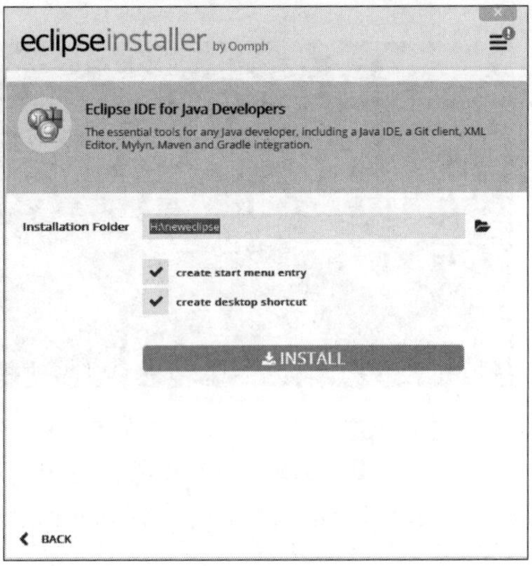

图 2-6

（7）设置好路径之后，继续单击“INSTALL”按钮，然后安装程序会首先会弹出协议对话框，我们只需单击下方的“Accept Now”按钮继续安装即可。如图 2-7 所示。

（8）此时我们会看到一个安装进度条，这说明安装程序开始正式安装 Eclipse 了，如图 2-8 所示。安装过程通常会比较慢，需要读者朋友们耐心等待。

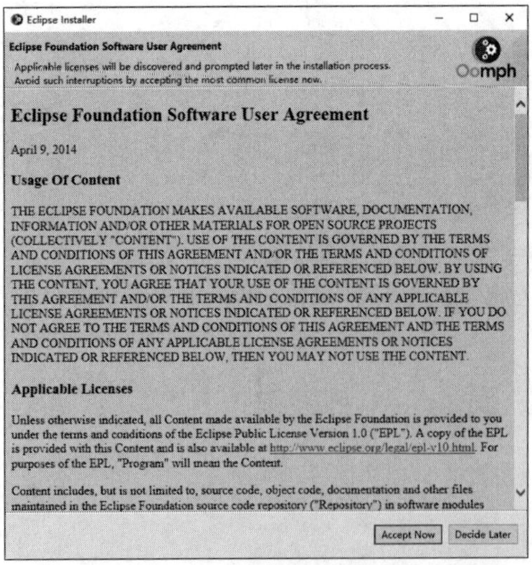

图 2-7

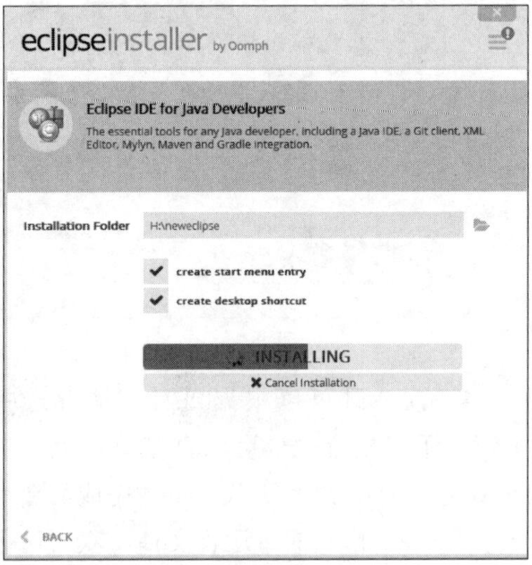

图 2-8

（9）待走完上述安装进度之后，安装程序会在其下方显示一个“LAUNCH”按钮，如图 2-9 所示。

（10）单击“LAUNCH”按钮，就可以启动安装成功的 Eclipse 了。Eclipse 会在首次运行时会弹出一个设置 workspace（工作空间）的对话框，在此可以设置一个自己常用的本地路径作为“workspace”。如图 2-10 所示。

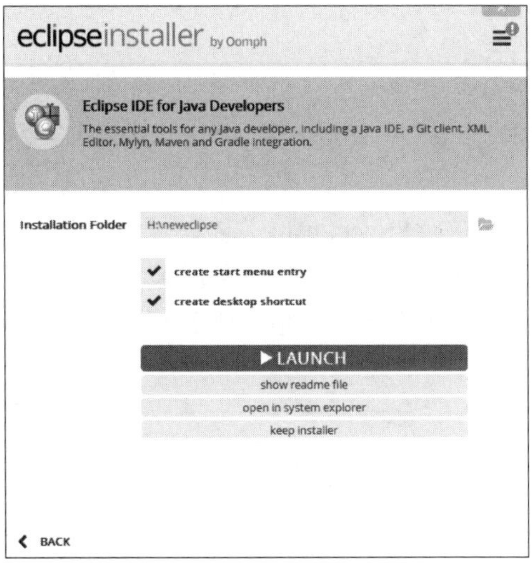

图 2-9

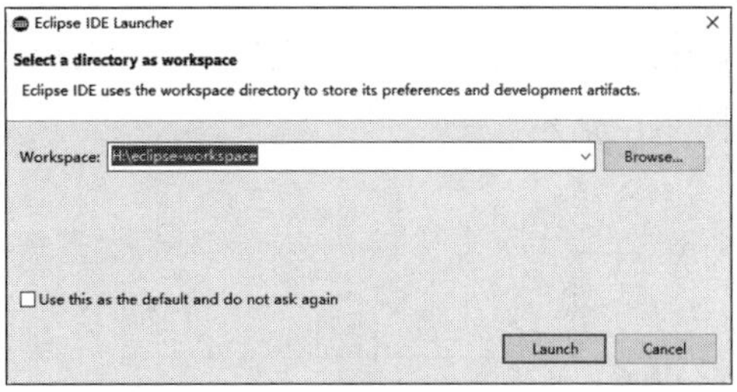

图 2-10

注意："workspace"通常被翻译为工作空间，在这个目录中保存 Java 程序文件。"workspace"是 Eclipse 的硬性规定，每次启动 Eclipse 的时候，都要将"workspace"路径下的所有 Java 项目加载到 Eclipse 中去。如果没有设置 Workspace，Eclipse 会弹出如上图 2-10 所示的选择框界面，只有设置一个路径后才能启动 Eclipse。设置一个本地目录为"workspace"后，会在这个目录中自动创建一个子目录".metadata"，在里面生成了一些文件夹和文件，如图 2-11 所示。

图 2-11

（11）设置完 workspace 路径，单击"OK"按钮后。我们就会看到一个欢迎使用界面，如图 2-12 所示。

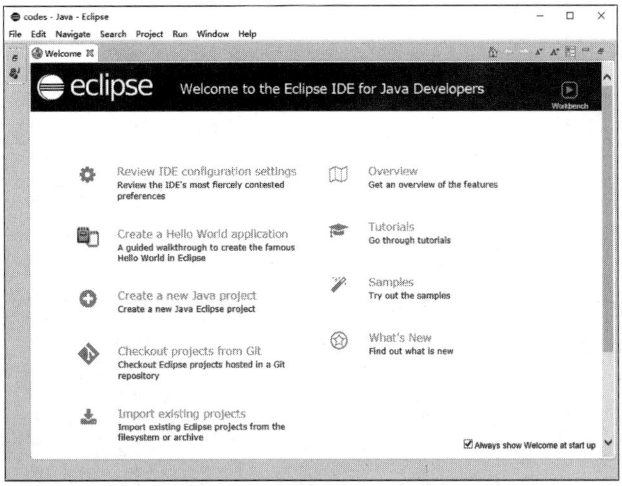

图 2-12

2.1.3 新建一个 Eclipse 项目

具体操作步骤如下：

（1）打开 Eclipse，在顶部菜单栏中依次单击“File”｜“New”｜“Java Project”命令，新建一个项目，如图 2-13 所示。

（2）在打开的“New Java Project”对话框中，在“Project name”文本框中输入项目名称，例如输入“chapter02”，在“use default location”设置程序的保存位置，例如设置为“D:\tiedao\java\daima\ 第 2 章”。其他选项就使用默认设置即可，最后单击“Finish”按钮，如图 2-14 所示。

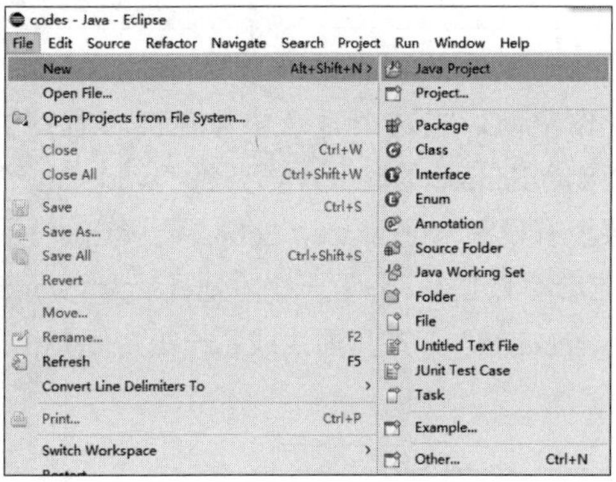

图 2-13

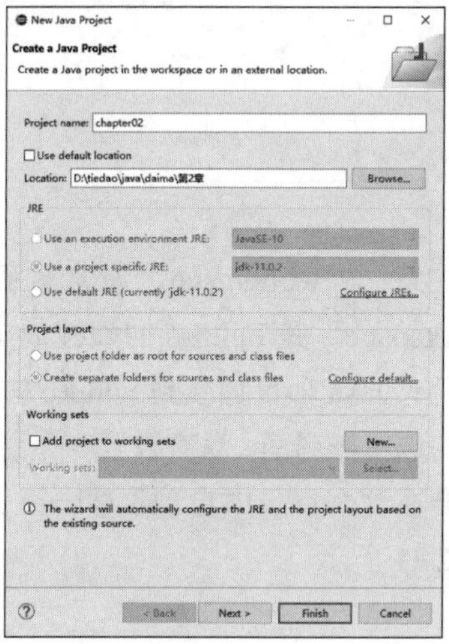

图 2-14

（3）在 Eclipse 的左侧的“Package Explorer”面板中，右击工程名称“one”，然后在弹出的快捷菜单中依次选择“New/Class”命令，如图 2-15 所示。

（4）打开“Java Class”对话框，在“Name”文本框中输入类名，如“First”，并分别勾选 ☑public static void main(String[] args) 和 ☑Inherited abstract methods ，如图 2-16 所示。

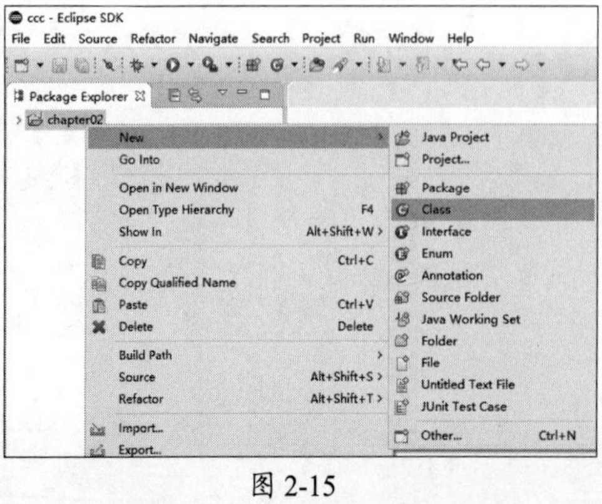

图 2-15

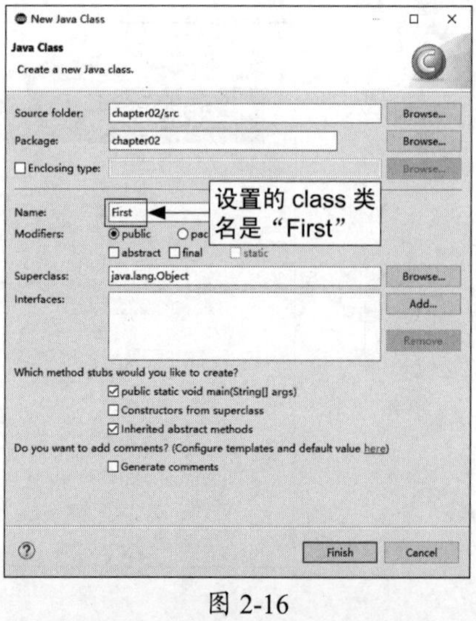

图 2-16

（5）然后单击“Finish”按钮后 Eclipse 会自动打开刚刚创建的类文件 First.java，如图 2-17 所示。此时会发现 Eclipse 会自动创建一些 Java 代码，提高了开发效率。

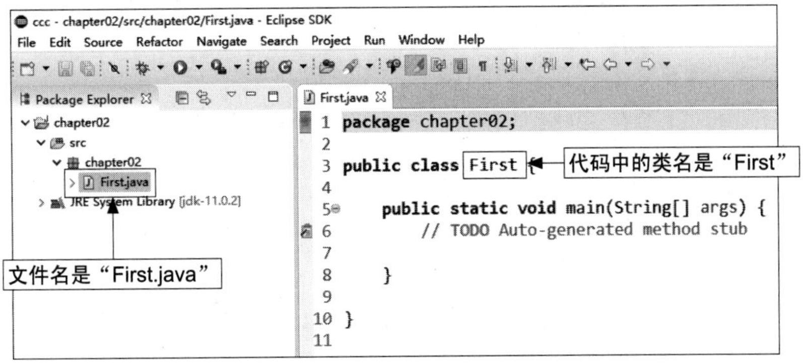

图 2-17

注意：在上面的步骤中，设置的类文件名是“First”，这会在 Eclipse 工程中创建一个名为 First.java 的文件，并且文件里面的代码也体现出了类名是“First”。在图 2-16 和图 2-17 中标注的 3 个“First”必须大小写完全一致，否则程序就会出错。

（6）接着在自动生成的代码中添加如下一行 Java 代码：

```
System.out.println("第一段 Java 程序！ ");
```

添加后的效果如图 2-18 所示。

刚刚创建的项目“chapter02”在“workspace”目录中，来到这个目录会发现在里面自动生成的文件夹和文件，如图 2-19 所示。

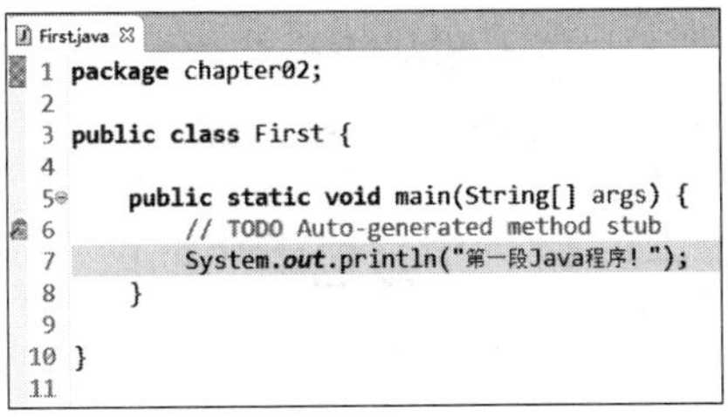

图 2-18

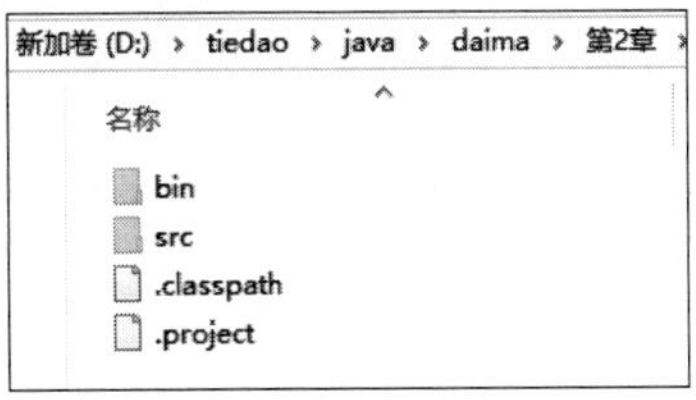

图 2-19

2.1.4　编译并运行 Eclipse 项目

编译代码的方法非常简单，具体操作步骤如下：

（1）单击 Eclipse 顶部的按钮即可编译运行当前的 Java 项目。例如紧接着本章前面 2.1.3 节中的项目“one”，单击按钮后会成功编译并运行这个项目，执行效果如图 2-20 所示。

（2）如果在一个项目工程中有多个“.java”文件，而我们只想编译调试其中的某一个文件，这时应该怎样实现呢？我们可以使用鼠标右键选中要运行的 Java 文件，例如 First.java，然后在弹出命令中依次选择“Run As”“Java Application”命令，此时便只会运行文件 First.java，执行效果和图 2-21 完全一样。

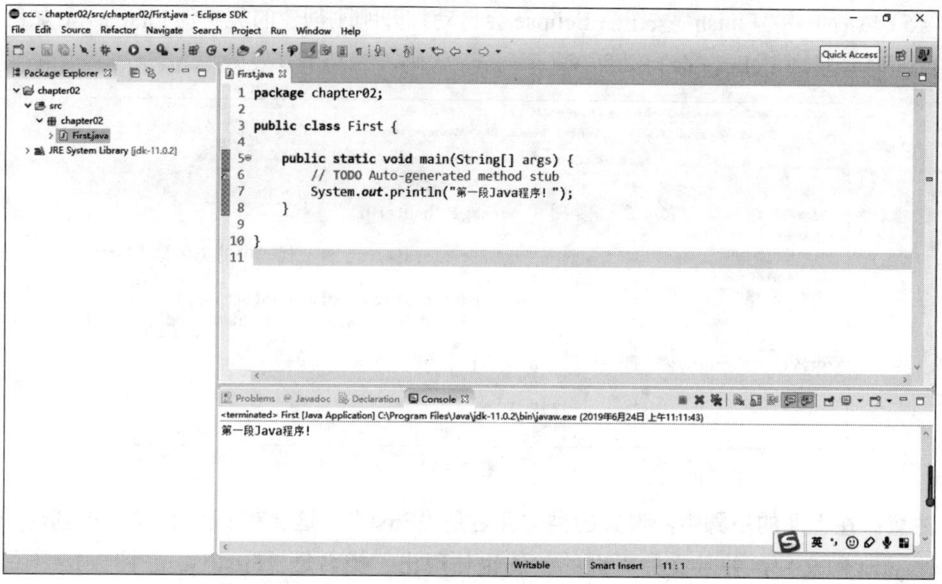

图 2-20

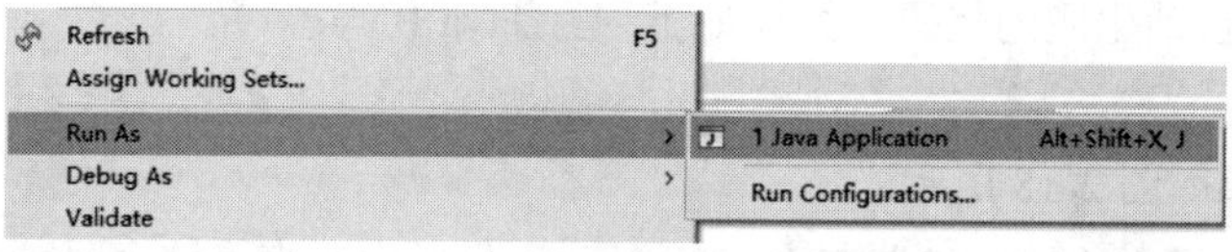

图 2-21

（3）在编译完成后，Eclipse 会在“one”项目工程目录下自动生成编译后的文件：First.class，具体位置是 one/bin/one/First.class。这就说明在 Eclipse 运行 Java 程序时，也需要先编译 Java 文件生成“.class”文件，然后运行的是被编译后的文件“First.class”。

2.1.5 使用 Eclipse 打开一个 Java 工程——打开下载包中的项目

具体操作步骤如下：

（1）在本书下载包中以“workspace”工程的样式保存在下载包中的，读者将下载包内容复制到本地电脑后，在 Eclipse 顶部依次单击“File”“Open Projects from File…”选项，如图 2-22 所示。

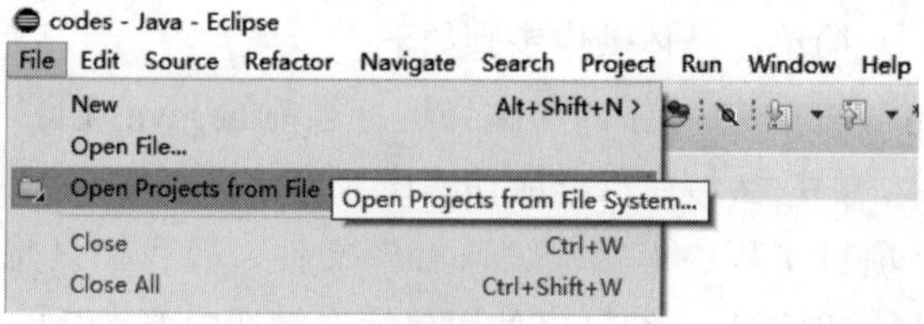

图 2-22

（2）此时在弹出的“Import Projects from File…”对话框中单击“Directory…”按钮，找到在本地电脑复制的下载包源码，然后单击右下角的“Finish”按钮后即可成导入并打开下载包中的源码。如图 2-23 所示。

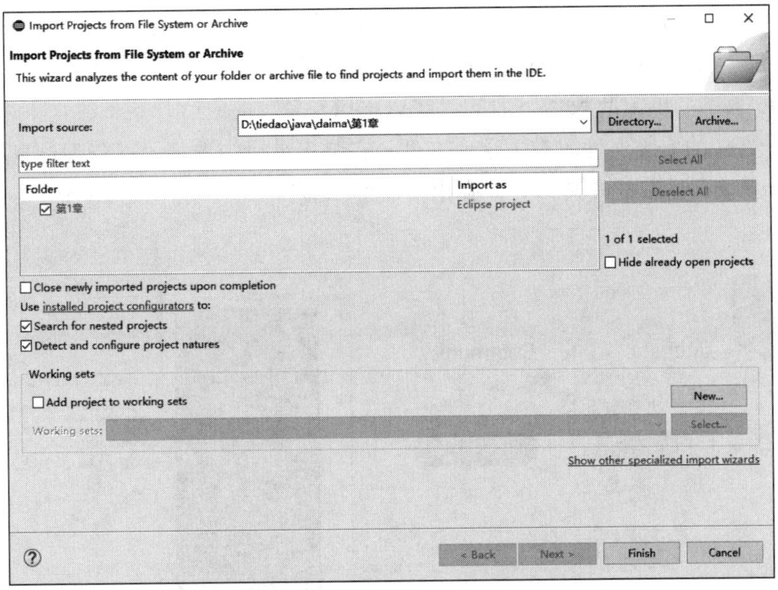

图 2-23

注意：对于初学者来说，建议使用 Eclipse 新建项目后，直接使用 Eclipse 编辑器全部手动编写代码，这样可以帮助我们快速掌握 Java 语言的语法知识，通过实例巩固所学的知识。

2.2　使用 Intellij IDEA

IntelliJ IDEA 是一款著名的开发 Java 程序的集成环境，在业界被公认为是最好的专业级 Java 开发工具之一。IDEA 是 JetBrains 公司的产品，它的旗舰版本还支持 HTML、CSS、PHP、MySQL 和 Python 等。免费版只支持 Java 等少数语言。在本节的内容中，将详细使用 Intellij IDEA 开发 Java 语言的基础知识。

↑扫码看视频（本节视频课程时间：7 分 18 秒）

2.2.1　搭建 IntelliJ IDEA 开发环境

具体操作步骤如下：

（1）登录 IntelliJ IDEA 的官方主页 http://www.jetbrains.com/idea/，如图 2-24 所示。

图 2-24

（2）单击中间的“DWONLOAD”按钮后弹出选择安装版本界面，如图 2-25 所示。

（3）根据自己电脑的操作系统选择合适自己的版本，例如笔者选择的是 Windows 系统下的 Ultimate 版本，单击此版本下面的“DWONLOAD”按钮后开始下载。下载完成后得到一个“.exe”格式的安装文件。右击这个文件，在弹出命令中选择“以管理员身份运行”。

（4）接下来开始正式安装，首先弹出“欢迎安装”界面，如图 2-26 所示。

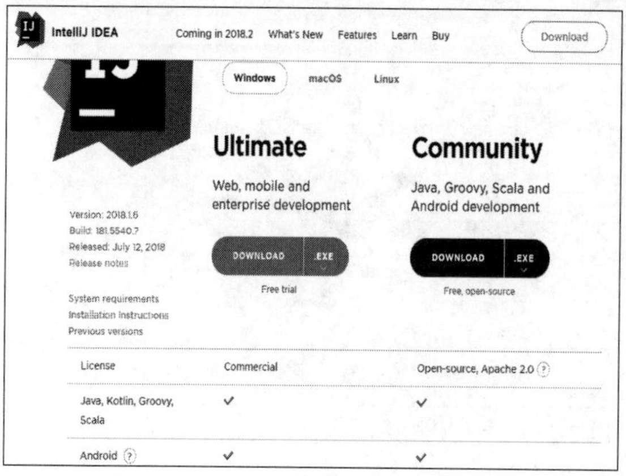

图 2-25

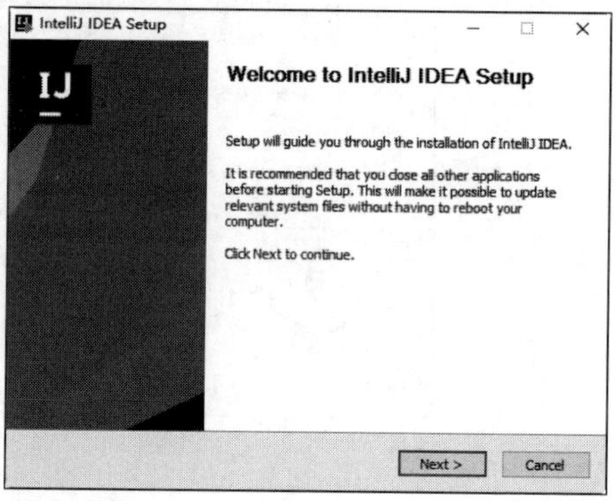

图 2-26

（5）单击“Next”按钮后来到“选择安装路径”界面，笔者设置的是 G 盘。如图 2-27 所示。

（6）单击“Next”按钮后来到“安装选项”界面，如图 2-28 所示。

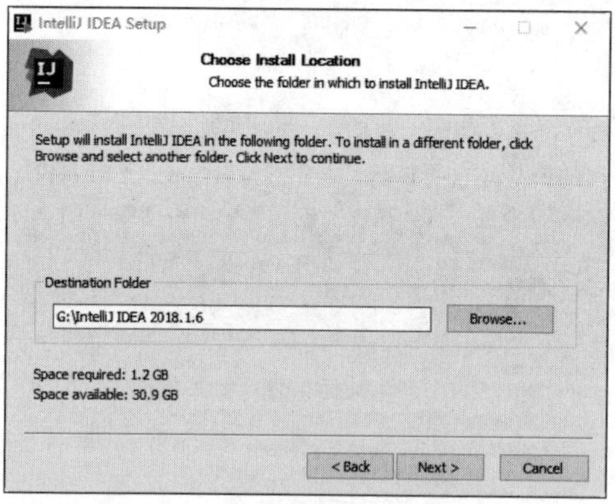

图 2-27

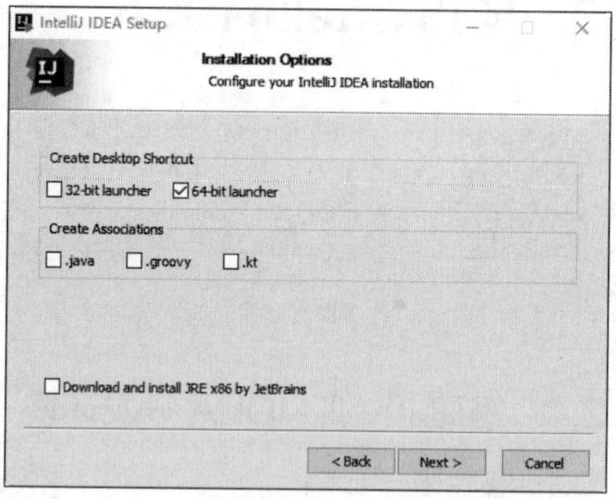

图 2-28

在“安装选项”界面有如下两个选项供开发者选择：

- 上面的选项：表示在桌面上创建一个 IntelliJ IDEA 的快捷方式，因为笔者的电脑是 64 位，所以勾选 64 选项。
- 下面的选项：表示关联 .java、.jGrooy 和 .kt 文件，建议不要勾选，否则我们每次打开以上三种类型的文件，都要启动 IntelliJ IDEA，速度比较慢，而且如果我们仅仅是为了查看文件内容，使用 EditPlus 和记事本之类的轻便编辑器打开会更加方便。

（7）单击“Next”按钮后来到“设置开始菜单中的名称”界面，如图 2-29 所示。

（8）单击“Install”按钮后弹出“安装进度条”界面，如图 2-30 所示。进度条完成时整个安装过程也就完成。

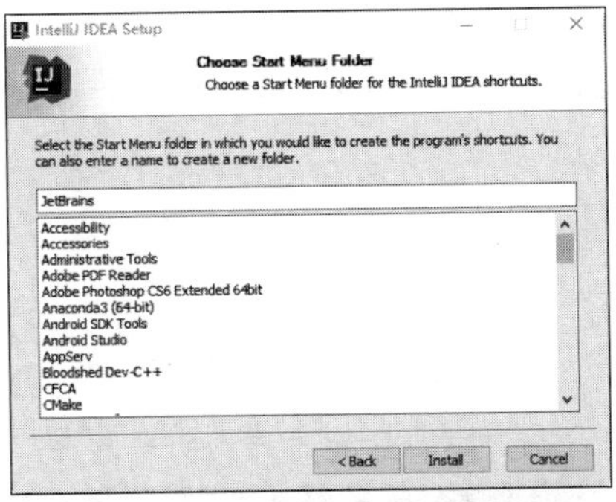

图 2-29

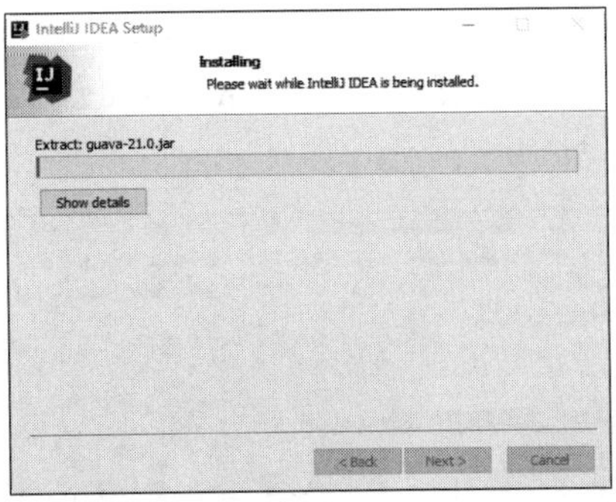

图 2-30

2.2.2　使用 IntelliJ IDEA 新建 Java 工程

具体操作步骤如下：

（1）打开 IntelliJ IDEA 的安装目录，双击“bin”目录下的 idea64.exe 打开 IntelliJ IDEA，如图 2-31 所示。

（2）单击“Create New Project”选项弹出的“New Project”对话框，在左侧模板中选择“Java”，然后单击“Next”按钮。如图 2-32 所示。

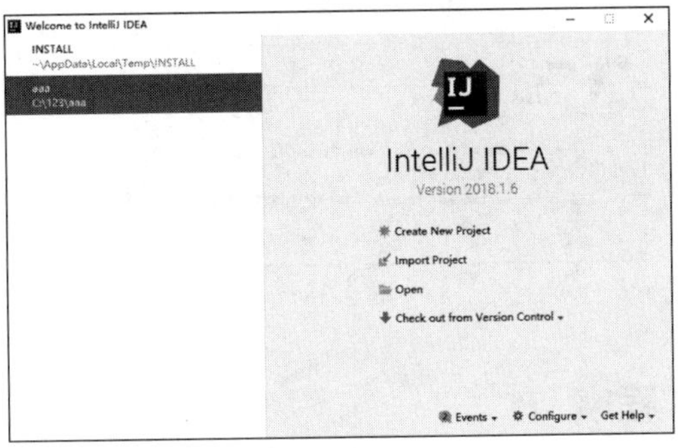

图 2-31

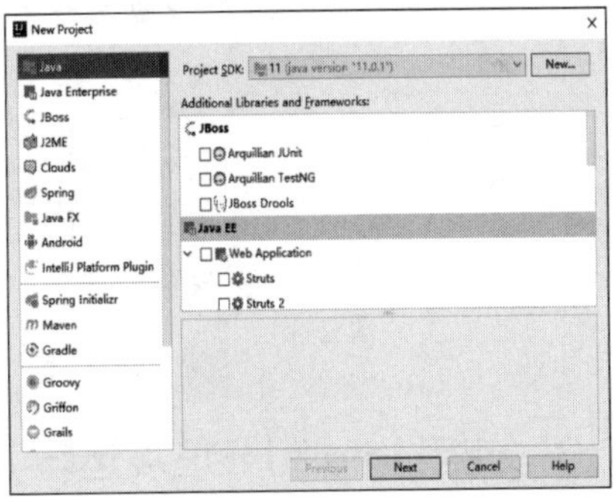

图 2-32

（3）在弹出的新对话框中单击“Next”按钮，如图 2-33 所示。

（4）在弹出的新对话框中设置工程名字和保存路径，例如设置工程名字为“two”，设置保存在“two”目录中。最后单击“Finish”按钮，如图 2-34 所示。

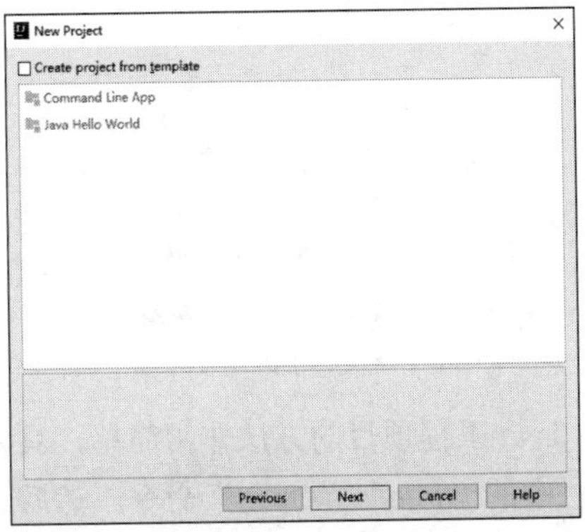

图 2-33

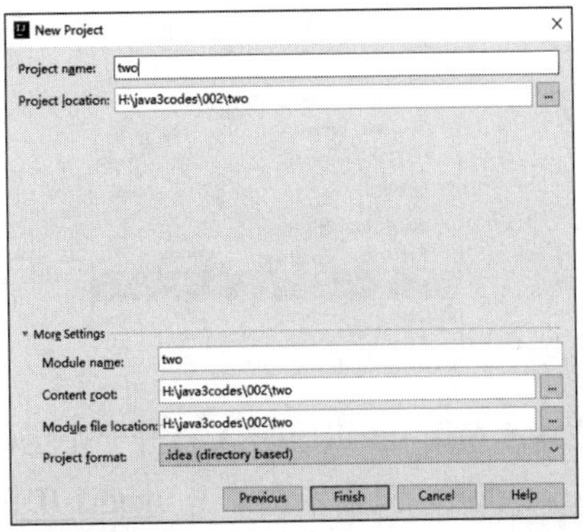

图 2-34

（5）此时会成功创建一个空的 Java 工程，如图 2-35 所示。

（6）将鼠标放在左侧“src”目录上并右击，在弹出的命令中依次选择“New”“JavaClass”，如图 2-36 所示。

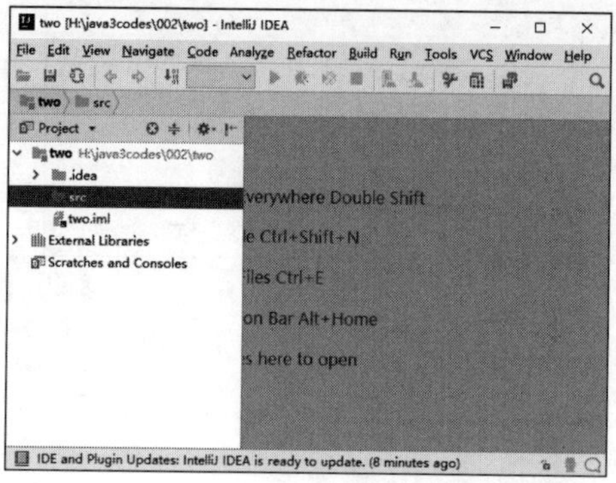

图 2-35

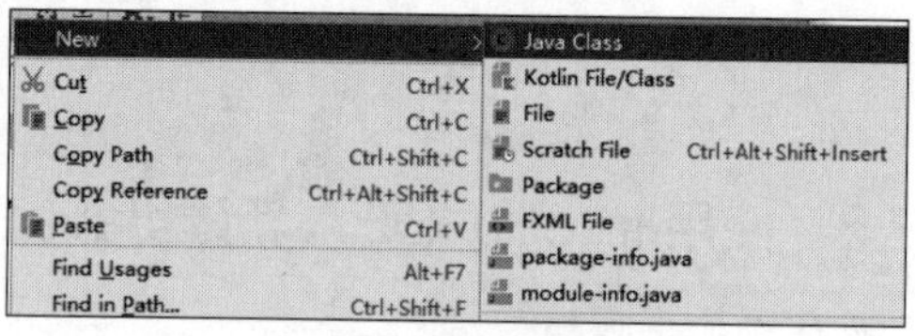

图 2-36

（7）在弹出的对话框中设置程序文件名，例如设置为“First”，单击“OK”按钮。如图 2-37 所示。

（8）此时会创建一个名“First.java”的 Java 程序文件，将本书前面实例 2-1 文件 First.java 中的代码复制到现在刚刚新建的文件 First.java 中，如图 2-38 所示。

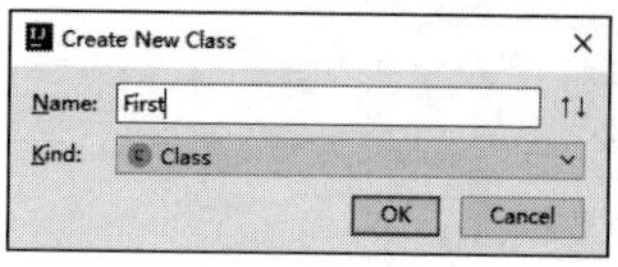

图 2-37

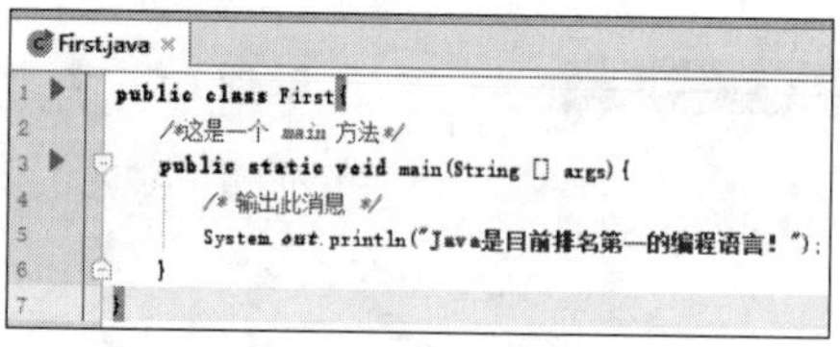

图 2-38

2.2.3 使用 IntelliJ IDEA 运行 Java 程序

具体操作步骤如下：

（1）打开上面刚刚新建的 Java 工程，鼠标右键放在要允许的 Java 文件上面（例如上面的“First.java”），在弹出命令中选择“Run ‘First.main()’”命令会运行文件 First.java，如图 2-39 所示。

（2）运行成功后会在 IntelliJ IDEA 底部显示执行效果，如图 2-40 所示。

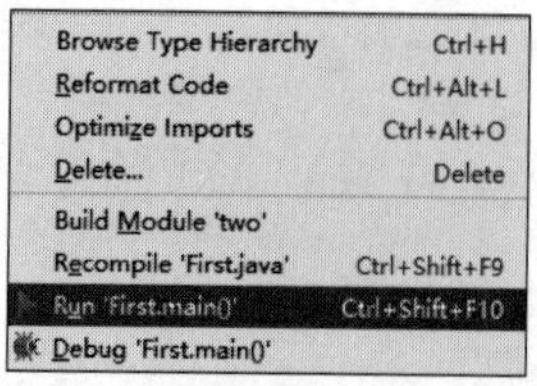

图 2-39

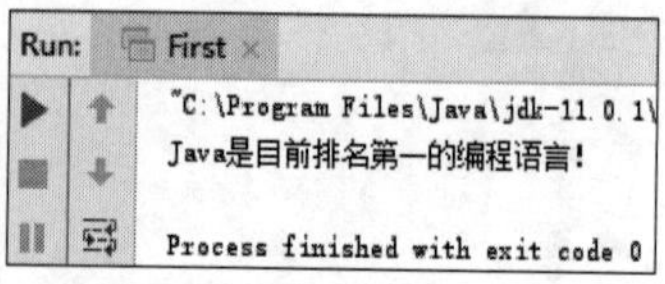

图 2-40

注意：使用 IntelliJ IDEA 打开一个已经存在的 Java 工程项目的方法非常简单，具体方法和 Eclipse 相同，只需依次单击 IntelliJ IDEA 工具栏中的“File”“Open”命令，然后选择工程的所在目录即可打开这个 Java 工程。

第 3 章

Java 基础语法

（视频讲解：66 分钟）

和其他编程语言一样，学习 Java 也要首先要学习其基本语法知识，例如变量、常量、运算符和数据类型等。在本章的内容中，将首先讲解 Java 语言的基本语法知识，主要包括量、数据类型、标识符、关键字、运算符、表达式、字符串和注释等方面的知识，为读者步入本书后面知识的学习打下基础。

3.1 关键字、标识符和注释

关键字、标识符和注释是 Java 语言中的基本语法元素，也是最简单的语法元素。在本节的内容中，将详细讲解 Java 关键字、标识符和注释的知识和用法，为读者步入本书后面知识的学习打下基础。

↑扫码看视频（本节视频课程时间：4 分 26 秒）

3.1.1 关键字

关键字指的是Java系统保留使用的标识符，也就是说这些标识符只有Java系统才能使用，程序员不能使用这样的标识符。例如在 First.java 中，public 就是一个关键字。另外，关键字还只是 Java 中的特殊保留字，在表 3-1 中列出了 Java 语言中的常用关键字。

表 3-1

abstract	boolean	break	byte	case	catch	char	class	const	continue
default	do	double	else	extends	final	finally	float	for	goto
if	implements	import	instanceof	int	interface	long	nafive	new	package
private	protected	public	return	short	static	strictfp	super	switch	synchronized
this	throw	throws	transient	try	void	volatile	while	assert	

另外，true、false 和 null 也都是 Java 中定义的特殊字符，虽然它们不属于关键字，但也不能被用作为类名、方法名和变量名等。另外，表中的 goto 和 const 是两个保留字（reserved word），保留字的意思是 Java 现在还未使用这两个单词作为关键字，但可能在未来的 Java 版本中使用这两个单词作为关键字。

3.1.2 标识符

标识符指的赋予类，方法或变量的名称，在Java语言中，我们通常会用标识符来识别类名、变量名、方法名、类型名和数组名和文件名。例如在文件 First.java 中，代码行“public class first”中的“first”就是一个标识符，它标识的是一个类，该类被命名为“first”。

按照 Java 的语法规定，标识符可以由大小写字母、数字、美元符号（$）组成，但不能以数字开头，标识符没有最大长度限制，例如下面都是合法的标识符。

```
Chongqin$
D3Tf
Two
$67.55
```

关于标识符的合法性，主要可以参考下面的 4 条规则。

（1）标识符不能以数字开头，如 7788。

（2）标识符中不能出现规定以外的字符，如 You’are、deng@qq.com。

（3）标识符中不能出现空格。

（4）标识符中只能出现美元字符 $，而不能包含 @、# 等特殊字符。

由于标识符是严格区分大小写的，因此在 Java 语言中，no 和 No 是完全不同的，除此之外，还需要注意的是，虽然 $ 符号在语法上是被允许使用的，但我们会在编码规范中建议读者尽量不要使用它，因为它很容易带来混淆。

注意：

（1）在 Java 8 版本中，如果在标识符中使用了下画线“_”，那么 Java 编译器会将其标记为警告。如果在 lambda（正则）表达式中使用了下画线“_”，则直接将其标记为错误。

（2）从 Java 10 版本开始，在任何情况下使用下画线“_”都会被标记为错误。

3.1.3 注释

代码中的注释是程序设计者与程序阅读者之间通信的桥梁，它可以最大限度地提高团队开发的效率。另外，注释也是程序代码可维护性的重要环节之一。所以程序员不能为写注释而写注释，而应该以提高代码的可读性和可维护性而写注释。

因为注释不会影响程序的运行，和程序代码的功能无关。所以说即使没有注释，也不会妨碍程序的功能，尽管如此，我们还是建议读者养成在代码中添加注释的习惯。在 Java 程序中有如下三种添加注释的方式：

（1）单行（single-line）注释：使用双斜杠“//”写一行注释内容。

（2）块（block）注释：使用“/*……*/”格式（以单斜杠和一个星号开头，以一个星号和单斜杠结尾）可以写一段注释内容。

（3）文档注释：使用“/**……*/”格式（以单斜杠和两个星号开头，以一个星号和单斜杠结尾）可以生成 Java 文档注释，文档注释一般用于方法或类。

例如在前面的实例文件 First.java 中，我们还可以在代码中添加以下注释：

```
/*
多行注释开始：
开始定义一个类
类的名字是First
```

```
First 中的 F 是大写的
*/
public class First{
    /**
    * 文档注释部分
    * main 是一个方法，程序的执行总是从这个方法开始
    * @author toppr（作者信息）
    *
    */
    public static void main(String [] args){
        /* 虽然是多行注释，但是也可以只写一行：输出此消息 */
        System.out.println("Java 是目前排名第一的编程语言！ ");        // 双斜杠单行注释：
                                                                       能够输出显示一段文本

    }
}
```

在上述代码中，我们对三种注释方式都做了示范，其中单行注释和块注释部分很容易理解，而文档注释通常由多行构成，一般分多行分别介绍某个类或方法的功能、作者、参数和返回值的信息。

3.2　变量和常量

Java 语言中的基本数据类型，按其取值的特点可以分为常量和变量两种。在程序执行过程中，其值不发生改变的被称为常量，其值可变的被称为变量。常量和变量其实很容易区别，一旦给常量定义一个值后，其值就永远不会发生改变。

↑扫码看视频（本节视频课程时间：13 分 30 秒）

3.2.1　常量

在 Java 语言中，在定义后其值永远不变的量就是常量。其值不能改变是指不随时间变化的某些量和信息，也可以是表示某一数值的字符或字符串。在 Java 程序中，常量名经常用大写字母来表示，具体格式如下所示。

```
final double PI=value;
```

其中 PI 是常量的名称，value 是常量的值。

实例 3-1：定义几个 Java 常量

源码路径：下载包 \daima\ 第 3 章 \3-1

实例文件 Math.java 的主要代码如下所示。

```
public class Math    {
//定义一个全局常量 PI
public final double PI = 3.1415926;
public final intaa = 24;
public final intbb = 36;
public final intcc = 48;
public final intdd = 60;
public String str1="hello";
public String str2="aa";
public String str3="bb";
public String str4="cc";
public String str5="dd";
 public String str6="ee";
```

```
public String str7="ff";

public String str8="gg";
public String str9="hh";
public String str10="ii";
publicBooleanmm=true;
publicBooleannn=false;
}
```

在上述代码中，分别定义了不同类型的常量，既有double类型，也有int类型、String类型、Boolean 类型，有关这些类型的基本知识，将在本章后面的内容中进行详细介绍。

在 Java 语言中，常量也被称为直接量，直接量是指在程序中通过源代码直接指定的值，例如在“int a=5;”这行代码中，我们为变量 a 所分配的初始值 5 就是一个直接量。

并不是所有数据类型都可以指定直接量的，能指定直接量的通常只有三种类型：基本类型、字符串类型和 null 类型。具体来说，Java 支持如下 8 种类型的直接量。

- int 类型的直接量：在程序中直接给出的整型数值，可分为十进制、八进制和十六进制三种，其中八进制需要以 0 开头，十六进制需要以 Ox 或 OX 开头。例如 123、012（对应十进制的 10）、Ox12（对应 10 进制的 18）等。
- long 类型的直接量：在整数数值后添加 l 或 L 后就变成了 long 类型的直接量，例如 3L，Ox12L(对应 10 进制的 18L)。
- float 类型的直接量：在一个浮点数后添加 f 或 F 就是 float 类型的直接量，这个浮点数可以是标准小数形式，也可以是科学计数法形式。例如 5.34F、3.14E5f。
- double 类型的直接量：直接给出一个标准小数形式或者科学计数法形式的浮点数就是 double 类型的直接量。例如 5.34、3.14E5。
- boolean 类型的直接量：这个类型的直接量只有两个 true 和 false。
- char 类型的直接量：char 型的直接量有 3 种形式，分别是用单引号括起的字符、转义字符和 Unicode 值表示的字符。例如‘a’、‘\n’和‘\u0061’。
- String 类型的直接量：一个用双引号括起来的字符序列就是 String 类型的直接量。
- null 类型的直接量：这个类型的直接量只有一个值，null。

在上面的 8 种类型的直接量中，null 类型是一种特殊类型，它只有一个值：null，而且这个直接量可以赋给任何引用类型的变量，用于表示这个引用类型变量中保存的地址为空，即还未指向任何有效对象。

3.2.2 变量

Java 为了传递数据，将数值可以变化的量称为变量。在声明变量时都必须为其分配一个类型，不管在什么样的程序设计中都会涉及变量的知识。在 Java 程序中，声明变量的格式与声明常量的格式相似，但有所不同，具体格式如下所示。

```
typeSpencifier varName=value;
```

- typeSpencifier：是 Java 中合法的数据类型，这和常量是一样的。
- varname：变量名，变量和常量的最大的区别是 value 的值是可有可无，而且还可以对其进行动态初始化。

Java 语言中的变量分为局部变量和全局变量，全局变量中也称作成员变量，变量被定义在一个类中，在所有的方法和函数之外，局部变量在一个方法或者一个函数中。

1. 局部变量

局部变量，顾名思义，就是在一个方法块或一个函数内起作用，超过这个范围，它将没有任何作用。由此可以看出，变量在程序中是随时可以改变的，随时都在传递数据。下面的实例演示了用变量计算三角形、正方形和长方形的面积的方法。

实例 3-2：计算三角形、正方形和长方形的面积

源码路径：下载包 \daima\ 第 3 章 \3-2

实例文件 PassTest.java 的主要代码如下所示。

```
public class PassTest    {
   //定义类 PassTest
   public static void main(String args[]){
    //三角形面积
    int a3=12,b3=34;                                        //赋值 a3 和 b3
    int s3=a3*b3/2;                                         //面积公式
   //输出结果
   System.out.println("计算的三角形面积为"+s3);
   //正方形面积
   double a1=12.2;                                          //赋值 a1
   double s1=a1*a1;                                         //面积公式
   //输出结果
   System.out.println("计算的正方形面积为"+s1);             //长方形面积
   double a2=388.1,b2=332.3;                                //赋值 a2 和 b2
   double s2=a2*b2;                                         //面积公式
          System.out.println("计算的长方形面积为"+s2);      //输出结果
   }
}
```

执行后会输出：

```
计算的三角形面积为 204
计算的正方形面积为 148.83999999999997
计算的长方形面积为 128965.63000000002
```

2. 全局变量

明白了局部变量后就不难理解全局变量，其实它就是比局部变量的作用区域更大的变量，能在整个程序内起作用。例如在下面的实例中输出了全局变量的值。

实例 3-3：输出各种变量的值

源码路径：下载包 \daima\ 第 3 章 \3-3

实例文件 Quan.java 的主要代码如下所示。

```
public class Quan {
    //定义变量 x, y, z, z1, a, b, c, d, e
    byte x;
    short y;                                               //定义变量 y
    int z;                                                 //定义变量 z
    int z1;                                                //定义变量 z1
    long a;                                                //定义变量 a
    float b;                                               //定义变量 b
    double c;                                              //定义变量 c
    char d;                                                //定义变量 d
    boolean e;                                             //定义变量 e
//下面设置 z1 的值，并分别输出 x, y, z, a, b, c, d, e 的值
    public static void main(String[] args){
     int z1=111;                                           //给 z1 赋值
     System.out.println(" 打印数据 z="+z1);
     //下面开始分别输出数据
```

```
        Quan m=new Quan();
        System.out.println(" 打印数据 x="+m.x);                    //输出 x 的值

        System.out.println(" 打印数据 y="+m.y);                    //输出 y 的值
        System.out.println(" 打印数据 z="+m.z);                    //输出 z 的值
        System.out.println(" 打印数据 a="+m.a);                    //输出 a 的值
        System.out.println(" 打印数据 b="+m.b);                    //输出 b 的值
        System.out.println(" 打印数据 c="+m.c);                    //输出 c 的值
        System.out.println(" 打印数据 d="+m.d);                    //输出 d 的值
        System.out.println(" 打印数据 e="+m.e);                    //输出 e 的值
    }
}
```

在上述实例代码中，全局变量将对这个程序产生作用，但是局部可以随时更改这个变量的值，在上面的程序里，定义了两个 int 类型变量 z 和 z1；在局部中将重新定义这个变量，在这个局部中变量的值将会发生改变，将上面的程序运行，在这里定义了 byte 变量“x”、short 变量“y”、int 变量“z”和“z1”、float 变量“b”、double 变量“c”、char 变量“d”、“Boolean”变量 e，都未赋予值，但是在执行的时候都出现的值，这说明不管什么类型的变量，都有默认值，未给变量定义值，它将以默认值产生，读者认识了全局变量。执行后会输出：

```
打印数据 z=111
打印数据 x=0
打印数据 y=0
打印数据 z=0
打印数据 a=0
打印数据 b=0.0
打印数据 c=0.0
打印数据 d=
```

注意：在面对变量作用域的问题时，一定要了解变量要先定义后才能使用，但也不是在变量定义后的语句一直都能使用前面定义的变量。我们可以用大括号将多个语句括起来形成一个复合语句，变量只能在定义它的复合语句中使用。例如下面的演示代码。

```
public class TestScope{
    public static void main(String[] args) {
        int x = 12;
{
                    int q = 96;              // x 和 q 都可用
                    int x = 3;               //错误的定义，Java 中不允许有这种嵌套定义
                    System.out.println("x is "+x);
                    System.out.println("q is "+q);
             }
             q = x;
             System.out.println("x is "+x);
    }
}
```

3.3 数据类型

Java 语言之所以推出这么多的数据类型，主要原因是使 Java 语言更好地解决项目问题。我们可以用一种数据类型表示一种数据，这样可以更好地使用程序处理问题。在本节的内容中，将详细讲解 Java 数据类型的知识。

↑扫码看视频（本节视频课程时间：18 分 31 秒）

3.3.1 为什么引入数据类型

引入数据类型的根本原因是我们人类需要，对程序员来讲，操作一个任意形式的变量，是很不容易掌握的一件事情，也很容易出错。通过引入数据类型的概念后，可以限制人为的操作，从而降低操作难度、降低出错率、提高计算机内存的使用率。在项目中如果要处理整数、小数、英文字符、中文字符等元素，这些元素在计算机中都是用不同类型的数据表示的，每种类型计算机都会委派指定大小的内存进行处理。例如遇到 short 类型计算机会委派占用 2 个 byte（字节）的内存来处理，遇到 int 类型会委派 4 个 byte 的内存来处理。如果不引入数据类型的概念，要处理整数和英文字符等不同类的元素，计算机该怎么办？

计算机只能设置一个固定大小的内存来处理各种元素，假如设置得太小，例如 2 个 byte，可能会发生因为太小而不能处理的情况。如果设置得太大，例如 1000 个 byte，则可能会发生因为太大而出现过度消耗内存的情况。

Java 中的数据类型可以分为简单数据类型和引用数据类型两种。简单数据类型是 Java 的基础类型，它包括整数类型、浮点类型、字符类型和布尔类型。引用数据类型是由简单数据类型组成，是用户根据自己的需要定义并实现其运算的类型，如类、接口、数组。Java 数据类型的具体分类如图 3-1 所示。

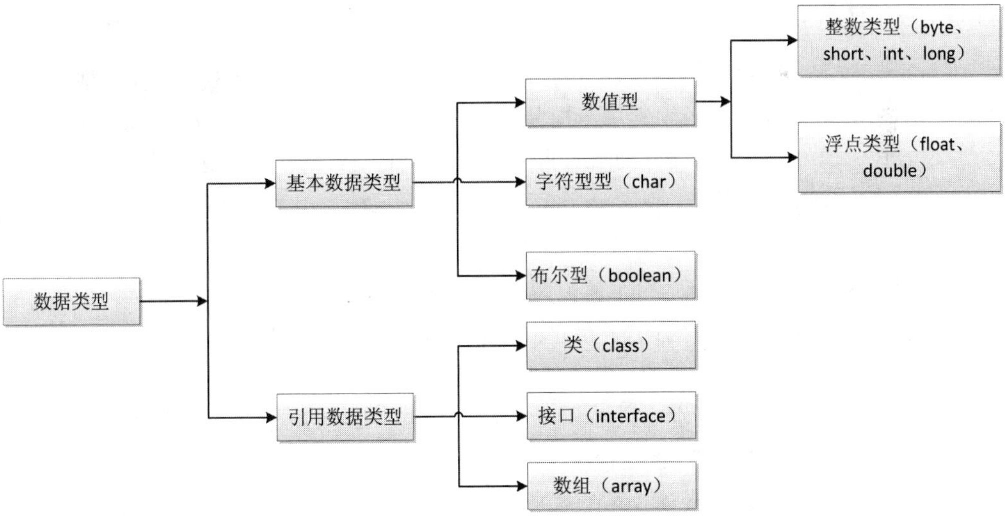

图 3-1

注意：实际上，Java 中还存在另外一种基本类型 void，它也有对应的包装类 java.lang.Void，不过我们无法直接对它们进行操作。

3.3.2 基本数据类型的取值范围

基本数据类型是本章的重点，Java 中的基本类型共有 8 种，基本类型又可以分为三类，分别是字符类型 char，布尔类型 boolean 以及数值类型 byte、short、int、long、float、double。数值类型又可以分为整数类型 byte、short、int、long 和浮点数类型 float、double。Java 中的数值类型不存在无符号的，它们的取值范围是固定的，不会随着机器硬件环境或者操作系统的改变而改变。

Java 中的简单数据类型是最简单的，主要由 byte、short、int、long、char、float、double 和 boolean 组成。Java 中 8 种基本类型的具体取值范围如下表 3-2 所示。

表 3-2

数据类型	说明
byte	8 位，最大存储数据量是 255，存放的数据范围是 -128~127 之间
short	16 位，最大数据存储量是 65536，数据范围是 -32768~32767 之间
int	32 位，最大数据存储容量是 $2^{32}-1$，数据范围是 -2^{31} ～ $2^{31}-1$
long	64 位，最大数据存储容量是 $2^{64}-1$，数据范围 -2^{63} ～ $2^{63}-1$
float	32 位，数据范围在 3.4e-45~1.4e38，直接赋值时必须在数字后加上 f 或 F
double	64 位，数据范围在 4.9e-324~1.8e308，赋值时可以加 d 或 D 也可以不加
boolean	只有 true 和 false 两个取值
char	16 位，存储 Unicode 码，用单引号赋值

注意：Java 决定了每种简单类型的大小，这些大小并不随着机器结构的变化而变化，这种大小的不可更改正是 Java 程序具有很强移植能力的原因之一。

3.3.3 字符型

在 Java 程序中，存储字符的数据类型是数据类型，用字母 char 表示。字符型通常用于表示单个的字符，字符常量必须使用单引号括起来。Java 语言使用 16 位的 Unicode 编码集作为编码方式，而 Unicode 被设计为支持世界上所有书面语言的字符，包括中文字符，所以 Java 程序支持各种语言的字符。在 Java 语言中，有如下三种表示字符型常量形式。

- 直接通过单个字符来指定字符常量：例如‘A’、‘9’和‘0’等。
- 通过转义字符表示特殊字符常量：例如‘\n’、‘\f’等。
- 直接使用 Unicode 值来表示字符常量，格式是’\uXXXX’，其中 XXXX 代表一个 16 进制的整数。

例如在下面的实例中，分别定义了 3 个不同的字符型变量的值表示 3 个符号。

实例 3-4：输出三种特殊符号

源码路径：下载包 \daima\ 第 3 章 \3-4

实例文件 Zifu.java 的主要代码如下所示。

```
public class Zifu {
   public static void main(String args[]){
           char ch1='\u0001';              //赋值 ch1
           char ch2='\u0394';              //赋值 ch2
           char ch3='\uffff';              //赋值 ch2
          System.out.println(ch1);
          System.out.println(ch2);
           System.out.println("港台男歌星: "+ch3);
}
}
```

执行后会输出：

```
_
Δ
?
```

上述实例变量的执行效果只是显示了一些图形，这是什么原因呢？这是因为使用 Unicode 码表示的结果，Unicode 所定义的国际化字符集能表示今天为止的所有字符集，如拉丁文、希腊语等几十种语言，这些大部分是看不懂的，用户不需要掌握。读者需要注意的是，在执行的结果处有一个问号，它有可能是真的问号，有可能是不能显示的符号。但是为了正常输出这些符号，该怎么处理？Java 提供了转义字符，以“\”开头，十六进制计数法用“\”和“U”字开头，后面跟着十六进制数字，常用的转义字符如表 3-3 所示。

表 3-3

转义字符	描述
\0x	八进制字符
\u	十六进制 Unicode 字符
\’	单引号字符
\”	双引号字符
\\	反斜杠
\r	回车
\n	换行
\f	走纸换页
\t	横向跳格
\b	退格

3.3.4 整型

整型是 Java 语言中常用的数据类型，它是有符号的 32 位整数数据类型，整型 int 用在数组、控制语句等多个地方，Java 系统会把 byte 和 short 自动提升为整型 int。类型 int 是最常用的整数类型，在通常情况下，一个 Java 整数常量默认就是 int 类型。对于初学者来说，需要特别注意如下两点。

（1）如果直接将一个较小的整数常量（在 byte 或 short 类型的表数范围内）赋给一个 byte 或 short 变量，系统会自动把这个整数常量当成 byte 或者 short 类型来处理。

（2）如果使用一个巨大的整数常量（超出了 int 类型的表数范围）时，Java 不会自动把这个整数常量当成 long 类型来处理。如果希望系统把一个整数常量当成 long 类型来处理，应在这个整数常量后增加 l 或者 L 作为后缀。通常推荐使用 L，因为 1 很容易跟 l 混淆。

实例 3-5：通过整型类型计算图形周长和面积

源码路径：下载包 \daima\ 第 3 章 \3-5

实例文件 zheng.java 的主要代码如下所示。

```
public class zheng{                                       //定义类 Zheng
public static void main(String args[]){
                                                          //正方形面积
int b=7;                                                  //赋值 b
int L=b*4;                                                //赋值 L
int s=b*b;                                                //赋值 s
System.out.println("计算正方形的周长结果为 "+L);           //输出周长
System.out.println("计算正方形的面积结果为 "+s);           //输出面积
```

```
//三角形面积
    int a3=5,b3=7;                                    //赋值a3和b3
    int s3=a3*b3/2;                                   //计算面积
    System.out.println("三角形的面积为 "+s3);            //输出面积
    }
}
```

执行后会输出：

```
计算正方形的周长结果为 28
计算正方形的面积结果为 49
计算三角形的面积结果为 17
```

注意：其实我们可以把一个较小的整数常量（在 int 类型的表数范围以内）直接赋给一个 long 类型的变量，这并不因为 Java 会把这个较小的整数常量当成 long 类型来处理。Java 依然会把这个整数常量当成 int 类型来处理，只是这个 int 类型的值会由自动类型转换到 long 类型。

3.3.5 浮点型

本书在前面介绍的数据类型有很大的局限性，只能表示整数，如果我要处理小数该怎么办？这时候需要使用浮点型数据，浮点数据用来表示 Java 中的浮点数，浮点类型数据表示有小数部分的数字，总共由两种类型组成：单精度浮点型（float）和双精度浮点型（double），它们的取值范围比整型大许多，下面对其进行讲解。

1．单精度浮点型——float

单精度浮点型是专指占用 32 位存储空间的单精度数据类型，在编程过程中，当需要小数部分且对精度要求不高时，一般使用单精度浮点型，这种数据类型很少用，不作详细讲解。

2．双精度浮点型——double

双精度浮点类型占用类型 64 位存储空间，双精度浮点型在计算中占有很大的比重，双精度浮点型能够保证数值的准确性。在 Java 语言中，double 类型代表双精度浮点数，float 代表单精度浮点数。一个 double 类型的数值占 8 个字节，64 位，一个 float 类型的数值占 4 个字节，32 位。更加详细地说，Java 语言的浮点数有如下两种表示形式。

（1）十进制数形式：这种形式就是平常简单的浮点数，例如 5.12，512.0，.512。浮点数必须包含一个小数点，否则会被当成 int 类型处理。

（2）科学计数法形式：例如 5.12e2（即 5.12*102），5.12E2（也是 5.12*102）。必须指出的是，只有浮点类型的数值才可以使用科学计数形式表示。例如 51200 是一个 int 类型的值，但 512E2 则是浮点型的值。

我们来看一下下面这段对话。

小鸟：在 Java 程序中，能不能把一个浮点型值当成 float 来处理？

表哥：Java 语言的浮点型默认是 double 型，如果希望 Java 把一个浮点型值当成 float 处理，应该在这个浮点型值后面紧跟 f 或 F。例如“5.12”代表的是一个 double 型的常量，它占 64 位的内存空间；5.12f 或者 5.12F 才表示一个 float 型的常量，占 32 位的内存空间。当然，也可以在一个浮点数后添加 d 或 D 后缀，强制指定是 double 类型，但是通常没必要这样做。因为 Java 浮点数使用二进制数据的科学计数法来表示浮点数，因此可能不能精确表示一个浮点数，例如我们把 5.2345556f 值赋给一个 float 类型的变量，接着输出这个变量时看到这个变量的值已经发生改变。如果使用 double 类型的浮点数则比 float 类型的浮点数会更加精确，但如果浮点数的精度足够高（小数点后的数字很多时），依然可能发生这种情况。如果开发者需要精确保存一个浮点数，可以考虑使用 BigDecimal 类。

实例 3-6：计算圆的面积

源码路径：下载包 \daima\ 第 3 章 \3-6

实例文件 zheng.java 的主要代码如下所示。

```
 public class gulinazha{
   public static void main(String args[]) {
           double r=45.5;                              //赋值 r
           final double PI=3.1416;//PI
           double area=PI*r*r;
//面积计算
                                                       //输出面积
           System.out.println("圆的面积是：S="+area);
   }
}
```

执行后会输出：

```
圆的面积是：S=6503.8974
```

3.3.6 布尔型

布尔类型是一种表示逻辑值的简单类型，它的值只能是真或假这两个值中的一个。它是所有的诸如 a<b 这样的关系运算的返回类型。Java 中的布尔型对应只有一个——boolean 类型，用于表示逻辑上的“真”或“假”。boolean 类型的值只能是 true 或 false，不能用 0 或者非 0 来代表。布尔类型在 if、for 等控制语句的条件表达式中比较常见，例如 if 条件控制语句、while 循环控制语句、do 循环控制语句和 for 循环控制语句。

实例 3-7：比较两个数的大小

源码路径：下载包 \daima\ 第 3 章 \3-7

实例文件 Bugu.java 的主要代码如下所示。

```
public class Bugu                                      //定义类
 {
   public static void main(String args[]) {
           boolean fengjie;                            //定义 fengjie
           fengjie = false;                            //赋值 fengjie
             System.out.println(fengjie);
             boolean gulinazha = true;                 //赋值 gulinazha
            System.out.println(gulinazha);
            System.out.println("10 > 9对吗？ " + (10 > 9));
   }
}
```

执行后会输出：

```
false
true
10 > 9对吗？ true
```

3.4 运算符

运算符是程序设计中重要的构成元素之一，例如四则运算符号加、减、乘、除符号就是运算符，而算式“35÷5=7”就是一个表达式。运算符可以细分为算术运算符、位运算符、关系运算符、逻辑运算符和其他运算符。这些运算符号和我们的生活息息相关，如购买游戏装备、订购演唱会门票、计算校园面积等都离不开这些运算符。

↑扫码看视频（本节视频课程时间：22 分 58 秒）

3.4.1 算术运算符

在数学中有加减乘除运算，算术运算（Arithmetic Operators）符就是用来处理数学运算的符号，这是最简单、也最常用的符号。在数字的处理中几乎都会用到算术运算符号，算术运算符可以分为基本运算符、取模运算符和递增或递减运算符等几大类。具体说明如表 3-4 所示。

表 3-4

类型	运算符	说明
基本运算符	+ - * /	加 减 乘 除
取余运算符	%	取余
递增或递减	++ --	递增 递减

1. 基本运算符

在 Java 程序中，使用最广泛的便是基本运算符。在下面的实例中，演示了使用基本运算符的加、减、乘、除四种运算的过程。

实例 3-8：基本的数学运算（加、减、乘、除）

源码路径：下载包 \daima\ 第 3 章 \3-8

实例文件 money.java 的主要代码如下所示。

```
public class money {
    public static void main(String args[])
    {
           int a=8000;
           int b=4000;
           System.out.println(a);
           System.out.println(b);
           int c=a-b;
           System.out.println(c);
           int d=a+b;
           System.out.println(d);
           int e=a*b;
           System.out.println(e);
           int f=a/b;
           System.out.println(f);

    }
}
```

执行后会输出：

```
8000
4000
4000
12000
32000000
2
```

注意：分母为零的情况

在电脑运算中的运算和数学运算符有些不同，一般来说分母不能为零，为零会发生程序错误，但是有时程序分母为零并不是错误，例如下面的演示代码。

```
public class Jiben {
    public static void main(String args[]){
            int AAA=126;
//整形数据分母不能为零
            System.out.println(AAA/0);
    }
}
```

将上述编译后会得到如图 3-2 所示的结果。

```
<terminated> Jiben [Java Application] H:\java\bin\javaw.exe (2018年7月2日 上午10:27:08)
Exception in thread "main" java.lang.ArithmeticException: / by zero
        at Jiben.main(Jiben.java:5)
```

图 3-2

上面的结果提示用户的分母不能为零，如果将上述代码中的“int AAA=126”改为“double AAA=126”后，编译执行后会得到图 3-3 所示的效果。

```
<terminated> Jiben [Java Application]
Infinity
```

图 3-3

在基本运算符中，只要你将分子定义为 double 型，然后分母为零是正确的，而得到的值是无穷大，这一点希望初学者加以理解。

2．求余运算符

求余运算符一般被用在除法中，它的取值不是商，而是取余数，如 5/2，它取的是余数，所以结果是 1，而不是商值结果 2.5。请看下面的实例，演示了使用“%”运算符的过程。

实例 3-9：使用“%”运算符

源码路径：下载包 \daima\ 第 3 章 \3-9

实例文件 Yushu.java 的主要代码如下所示。

```
public class Yushu{
public static void main(String[] args) {
 //求余数
    int A=19%3;
    int K=-19%-3;
    int Q=19%-3;
           int J=-19%3;
           System.out.println("A=19%3 的余数 "+A);
System.out.println("K=-19%-3 的余数 "+K);
           System.out.println("Q=19%-3 的余数 "+Q);
           System.out.println("J=-19%3 的余数 "+J);
}
}
```

执行后会输出：

```
A=19%3 的余数 1
```

```
K=-19%-3 的余数 -1
Q=19%-3 的余数 1
J=-19%3 的余数 -1
```

3．递增递减

递增递减运算符分别是指“++”和“--”，每执行一次，变量将会增加 1 或者减少 1，它可以放在变量的前面，也可以放在变量的后面。无论哪一种都能改变变量的结果，但它们有一些不同，这种变化让初学程序的人也甚感疑惑。递增、递减对于初学程序的人来说是一个难点，初学者一定加强理解，理解的不是 ++ 与 -- 的问题，而是在变量前用还是变量后用的问题。

实例 3-10：使用递增与递减运算符

源码路径：下载包 \daima\ 第 3 章 \3-10

实例文件 Dione.java 的主要代码如下所示。

```
public class Dione{
   public static void main(String args[])        {
          int a=8000;
          int b=4000;
          //数据的递增与递减
          System.out.println(a++);
          System.out.println(a);
          System.out.println(++a);
          System.out.println(b--);
          System.out.println(b);
          System.out.println(--b);
   }
}
```

执行后会输出：

```
8000
8001
8002
4000
3999
3998
```

看了上述执行效果后，相信大多数读者都会一头雾水。在上面程序中，a++ 是先执行程序才加 1，++a 是先加 1 再执行程序，a-- 是先执行 a 的值再减 1，---a 是 a 先减 1，然后再执行程序。代码“system.out.println(a++);”是先执行然后再加 1，所以它输出的值应该是初始值 8000，“system.out.println(a); ”因为前一句代码将其加 1，所以结果有所变化，结果为 8001，“system.out.println(++a)”是先加 1，其结果就是 8002，而后面的代码相信读者也应该懂了。

3.4.2 关系运算符和逻辑运算符

在 Java 程序设计中，关系运算符（Relational Operators）和逻辑运算符（Logical Operator）中显得十分重要。关系运算符是指值与值之间的相互关系，逻辑（logical）关系是指可以用真值和假值链接在一起的方法。

1．关系运算符

在数学运算中有大于或者小于、等于、不等于的关系，在程序中可以使用关系运算符来表示上述关系。在表 3-5 中列出了 Java 中的关系运算符，通过这些关系运算符会产生一个结果，这个结果是一个布尔值，即 true 和 false，在 Java 中任何类型的数据都可以用“==”进行比较是不是相等，用“!=”比较是否不相等，只有数字才能比较大小，关系运算的结果可以直接赋予布尔变量。

表 3-5

类型	说明
==	等于
!=	不等于
>	大于
<	小于
>=	大于等于
<=	小于等于

2．逻辑运算符

布尔逻辑运算符是最常见的逻辑运算符，用于对 Boolean 型操作数进行布尔逻辑运算，在 Java 中的布尔逻辑运算符如图 3-6 所示。

表 3-6

类型	说明
&&	与 (AND)
||	或（OR）
∧	异或（XOR）
|	简化或（Short-circuit OR）
&	简化并（Short-circuit AND
!	非（NOT）

逻辑运算符与关系运算符的结果一样，都是Boolean类型的值。在Java程序设计中，“&&”和“||”布尔逻辑运算符不总是对运算符右边的表达式求值，如果使用逻辑与“&”和逻辑“|”，则表达式的结果可以由运算符左边的操作数单独决定。通过表 3-7 读者可以了解常用逻辑运算符号“&&”、“||”、“!”运算后的结果。

表 3-7

A	B	A&&B	A||B	!A
false	false	false	false	true
false	true	false	true	true
true	false	false	true	false
true	true	true	true	false

实例 3-11：使用关系运算符比较数字和字符

源码路径：下载包 \daima\ 第 3 章 \3-11

实例文件 guanxi.java 的主要代码如下所示。

```
public class guanxi{
   public static void main(String args[]){
     char a='k';                           //赋值 a
```

```
        char b='k';                             //赋值b
        char c='A';                             //赋值c
        int d=100;                              //赋值d
        int e=101;                              //赋值e
         System.out.println(a==b);
         //下面开始分别输出对应的运算结果
         System.out.println(b==c);
         System.out.println(b!=c);
         System.out.println(d<e);
    }
}
```

执行后会输出：

```
true
false
true
true
```

3.4.3 位运算符

在 Java 程序中，使用位运算符来操作二进制数据。位运算（Bitwise Operators）可以直接操作整数类型的位，这些整数类型包括 long、int、short、char 和 byte。Java 语言中位运算符的具体说明如表 3-8 所示。

表 3-8

位逻辑运算符	说明
~	按位取反运算
&	按位与运算
|	按位或运算
^	按位异或运算
>>	右移
>>>	右移并用 0 填充
<<	左移

在表 3-9 中，演示了操作数 A 和操作数 B 按位逻辑运算的结果。

表 3-9

操作数 A	操作数 B	A|B	A&B	A^B	~A
0	0	0	0	0	1
0	1	1	0	1	1
1	0	1	0	1	0
1	1	1	1	0	0

移位运算符是把数字的位向右或向左移动，产生一个新的数字。Java 的右移运算符有两个，分别是 >> 和 >>>。

- >>：能够把第一个操作数的二进制码右移指定位数后，左边空出来的位以原来的符号位来填充。即如果第一个操作数原来是正数，则左边补 0。如果第一个操作数是负数，则左边补 1。

- \>>>：能够把第一个操作数的二进制码右移指定位数后，左边空出来的位总是以 0 来填充。

实例 3-12：对两个整数实现位运算

源码路径：下载包 \daima\ 第 3 章 \3-12

实例文件 WeiOne.java 的具体实现代码如下所示。

```
public class wei {
    public static void main(String[] args){
①  int a=129;

②  int b=128;
③  System.out.println("a 和 b  与的结果是: "+(a&b));
    }
}
```

①分别定义两个 cha 类型的变量 a 和 b，并分别设置它们的初始值。

②使用 println() 函数打印输出“a&b”的结果。因为 a 的值是 1。

29，转换成二进制就是 10000001，而“b”的值是 128，转换成二进制就是 10000000。根据与运算符的运算规律，只有两个位都是 1，结果才是 1，所以“a&b”的运算过程是：

```
a        10000001
b        10000000
a&b      10000000
```

由此可以知道 10000000 的结果就是 10000000，转换成十进制就是 128。

3.4.4　条件运算符

在 Java 语言中，条件运算符是一种特殊的运算符，也被称为三目运算符。与前面所讲解运算符有很大不同，在 Java 中提供了一个三元运算符，其实这跟后面讲解的 if 语句有相似之处，条件运算符的目的是决定把哪儿值赋给前面的变量。在 Java 语言中使用条件运算符的语法格式如下所示。

```
变量 = (布尔表达式) ? 为 true 时所赋予的值: 为 false 时所赋予的值;
```

那么，我们看一下下面代码的含义。

```
min=(a<b)?a:b;
```

在上述代码中，其中“(a<b)?a:b”是一个条件运算符表达式，它是这样执行的：如果 a<b 的结果为真，则表达式取 a 的值，否则取 b 的值。

实例 3-13：使用条件运算符判断成绩是否优秀

源码路径：下载包 \daima\ 第 3 章 \3-13

实例文件 tiao.java 的主要代码如下所示。

```
public class tiao {
    public static void main(String args[]){
            double gulinazha=98;                    // 赋值 gulinazha 的初始值为 98
            String Tiao=(gulinazha>=90)?" 优秀! ":" 不到 90 分, 不够优秀! ";
            System.out.println(Tiao);               // 输出结果
    }
}
```

在上述代码中，设置如果变量 gulinazha 大于或等于 90，则输出“优秀！”的提示，反之就输出“不到 90 分，不够优秀！”的提示。因为在代码中设置的“gulinazha=98”，所以

执行后会输出：

```
优秀！
```

3.4.5 赋值运算符

赋值运算符是一个等号，Java 语言中的赋值运算与在其他计算机语言中的运算一样，起到一个赋值的作用。在 Java 中使用赋值运算符的格式如下所示。

```
var = eXPression;
```

在上述格式中，变量 var 的类型必须与表达式 expression 的类型一致。赋值运算符有一个有趣的属性，它允许我们对一连串变量进行赋值。例如在下面的代码中，使用了一个赋值语句对变量 x、y、z 都赋值为 100。这是因为“=”运算符产生右边表达式的值，因此 z = 100 的值是 100，然后该值被赋给 y，并依次被赋给 x。使用“字符串赋值”是给一组变量赋与同一个值的简单办法。在赋值时类型必须匹配，否则将会出现编译错误。

```
int x, y, z; x = y = z = 100; // set x, y, and z to 100
```

如果变量 var 的类型与表达式 expression 的类型不一致后则会发生错误。请看下面的实例，演示赋值类型不匹配时发生的错误。

实例 3-14：赋值类型不匹配的错误

源码路径：下载包 \daima\ 第 3 章 \3-14

实例文件 fuzhi.java 的主要代码如下所示。

```
public class fuzhi
 {
   public static void main(String args[]){

//定义的字节数据
            byte a=9;
            byte b=7;
            byte c=a+b;                              //发生错误
            System.out.println(c);
   }
}
```

在上述代码中，执行后发现提示类型不匹配，执行效果如图 3-4 所示。

```
Exception in thread "main" java.lang.Error: Unresolved compilation problem:
        Type mismatch: cannot convert from int to byte

        at fuzhi.main(fuzhi.java:8)
```

图 3-4

3.4.6 运算符的优先级

所谓的优先级就是先计算谁的问题，例如加、减、乘、除就是先计算乘、除后计算加、减，乘、除的运算符优先级高于加、减运算符的优先级。

数学中的运算都是从左向右运算的，在 Java 中除了单目运算符、赋值运算符和三目运算符外，大部分运算符也是从左向右结合的，单目运算符、赋值运算符和三目运算符是从右向左结合的，也就是它们是从右向左运算的。乘法和加法是两个可结合的运算，也就是说，这两个运算符左右两边的操作符可以互换位置而不会影响结果。运算符有不同的优先级，所谓优先级就是在表达式运算中的运算顺序，表 3-10 中列出了包括分隔符在内的所有运算符的优先级顺序，上一行中的运算符总是优先于下一行的。

表 3-10

<table>
<tr><th>运算符</th><th>Java 运算符</th></tr>
<tr><td>分隔符</td><td>. [](){}，；</td></tr>
<tr><td>单目运算符</td><td>++ -- ～!</td></tr>
<tr><td>强制类型转换运算符</td><td>(type)</td></tr>
<tr><td>乘法 / 除法 / 求余</td><td>*　/　%</td></tr>
<tr><td>加法 / 减法</td><td>+ -</td></tr>
<tr><td>移位运算符</td><td><<>>>>></td></tr>
<tr><td>关系运算符</td><td><<= >=　> instanceof</td></tr>
<tr><td>等价运算符</td><td>==　!=</td></tr>
<tr><td>按位与</td><td>&</td></tr>
<tr><td>按位异或</td><td>^</td></tr>
<tr><td>按位或</td><td>|</td></tr>
<tr><td>条件与</td><td>&&</td></tr>
<tr><td>条件或</td><td>||</td></tr>
<tr><td>三目运算符</td><td>?:</td></tr>
<tr><td>赋值</td><td>= += -= *= /= &= |= ^= %= <<= >>= >>>=</td></tr>
</table>

根据表 3-8 所示的运算符的优先级，假设 int a=3，开始分析下面 b 的计算过程。

```
int b= a+2*a
```

上述程序先执行 2*a 得到 6，再计算 a+6 得到 9。

我们可以使用小括号来改变程序的执行过程，例如：

```
int b=(a+2)*a
```

上述代码则先执行 a+2 得到 5，再用 5*a 得 15。

再看下面的实例，演示了结合使用表达式常与运算符的过程。

实例 3-15：四则混合运算

源码路径：下载包 \daima\ 第 3 章 \3-15

实例文件 biaoone.java 的主要代码如下所示。

```
public class biaoone {
   public static void main(String args[]){
    int a=231;                                   //int 类型变量 a 赋值为 231
    int b=4;                                     //int 类型变量 b 赋值为 4
int h=56;                                        //int 类型变量 h 赋值为 56
int k=45;                                        //int 类型变量 k 赋值为 45
int x=a+h/b;                                     //int 类型变量 x 赋值为一个运算表达式
int y=h+k;                                       //int 类型变量 y 赋值为一个运算表达式
System.out.println(x);
System.out.println(y);
System.out.println(x==y);
}
}
```

执行后的效果如图 3-5 所示。

```
245
101
false
```

图 3-5

注意：书写 Java 运算符的两点注意事项

（1）不要把一个表达式写得过于复杂，如果一个表达式过于复杂，则把它分成几步来完成。

（2）不要过多地依赖运算符的优先级来控制表达式的执行顺序，这样可读性太差，尽量使用小括号来控制表达式的执行顺序。

3.5 类型转换

在 Java 程序中，有时不同基本类型的值需要在不同类型之间进行转换。但是在运算处理之前，不同类型的数据要事先转换成同一种数据类型，然后才能运算。具体的转换方法有两种，一种是自动转换，另一种是强制转换。

↑扫码看视频（本节视频课程时间：6 分 47 秒）

3.5.1 自动类型转换

如果系统支持把某个基本类型的值直接赋给另一种基本类型的变量，则这种方式被称为自动类型转换。当把一个取值范围小的数值或变量直接赋给另一个取值范围大的变量时，系统将可以进行自动类型转换。

在 Java 语言中，所有数值型变量之间都可以进行类型转换，取值范围小的可以向取值范围大的进行自动类型转换。就如有两瓶水，当把小瓶里水倒入大瓶中时不会有任何问题。Java 支持自动转换的类型如图 3-6 所示。

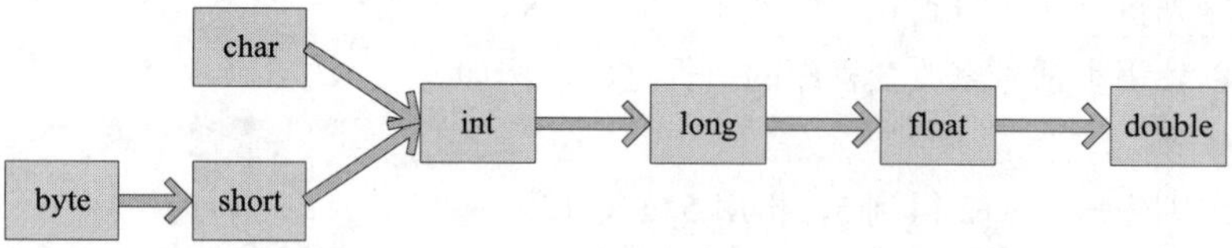

图 3-6

在图 3-6 所示的类型图中，箭头左边的数值可以转换为箭头右边的数值。当把任何基本类型的值和字符串值进行连接运算时，基本类型的值将自动类型转换为字符串类型。虽然字符串类型不再是基本类型，而是引用类型。因此如果希望把基本类型的值转换对应的字符串，可以把基本类型的值和一个空字符串进行连接。例如在下面的实例中，演示了在 Java 程序中实现自动转换的过程。

实例 3-16：将整数自动转换为 float 类型

源码路径：下载包 \daima\ 第 3 章 \3-16

实例文件 zidong.java 的主要代码如下所示。

```
public class zidong
{
   public static void main(String[] args)
   {
```

```
            int a   = 6;
            //int 可以自动转换为 float 类型
            float f = a;
            // 下面将输出 6.0
            System.out.println(f);
            // 定义一个 byte 类型的整数变量
            byte b = 9;
            // 下面代码将出错，byte 型不能自动类型转换为 char 型
            //char c = b;
            // 下面是 byte 型变量可以自动类型转换为 double 型
            double d = b;
            // 下面将输出 9.0
            System.out.println(d);
    }
}
```

执行后会输出：

```
6.0
9.0
```

3.5.2　强制转换

如果希望把图 3-6 中箭头右边的类型转换为左边的类型，则必须使用强制转换实现。Java 中强制类型转换的语法格式如下所示。

```
(targetType)value
```

强制类型转换的运算符是一个小括号“()”，例如下面实例中演示了在 Java 程序中实现强制类型转换的过程。

实例 3-17：实现 int、byte 和 double 类型之间的强制转换

源码路径：下载包 \daima\ 第 3 章 \3-17

实例文件 qiangzhi.java 的具体实现代码如下所示。

```
public class qiangzhi {
    public static void main(String[] args) {
            int iValue = 233;
            // 强制把一个 int 类型的值转换为 byte 类型的值
            byte bValue = (byte)iValue;
            // 将输出 -23
            System.out.println(bValue);
            double dValue = 3.98;
            // 强制把一个 double 类型的值转换为 int
            int toI = (int)dValue;

            //  将输出 3
            System.out.println(toI);
    }
}
```

在上述代码中，当把一个浮点数强制类型转换为一个整数时，Java 将直接截断浮点数的小数部分。除此之外，上面程序还把一个 233 强制类型转换为 byte 型整数，从而变成了 -23，这就是典型的溢出。执行后会输出：

```
-23
3
```

第 4 章

使用条件语句

（视频讲解：22 分钟）

在 Java 程序中有许多条件语句，条件语句在很多教材中也被称为分支结构。通过使用条件语句，可以判断不同条件的执行结果。在本章的内容中，将带领读者朋友一起领略 Java 语言中的条件语句的基本知识，并通过具体实例的实现过程来讲解各个知识点的具体使用方法，为大家步入本书后面知识的学习打下基础。

4.1 使用 if 语句

在 Java 程序中，能够根据 if 后的布尔表达式的结果值来选择执行语句。也就是说，if 语句有“如果…则”之意。例如招聘单位设置应聘人员的年龄必须大于 18 周岁，如果小于 18 则直接淘汰，这就是一个经典地 if 语句用法。

↑扫码看视频（本节视频课程时间：12 分 09 秒）

4.1.1 if 语句介绍

Java 语言中的 if 语句有三种，分别是 if 语句、if-else 语句和 if-else…if-else 语句。if 语句由保留字符 if、条件语句和位于后面的语句组成，条件语句通常是一个布尔表达式，结果为 true 和 false。如果条件为 true，则执行语句继续处理其后的下一条语句；如果条件为 false，则跳过该语句并继续处理紧跟着的整个 if 语句的下一条语句；当条件 condition 为 true 时，执行 stwatement1；当 condition 为 false 时，则执行 statement2 语句，其执行流程如图 4-1 所示。

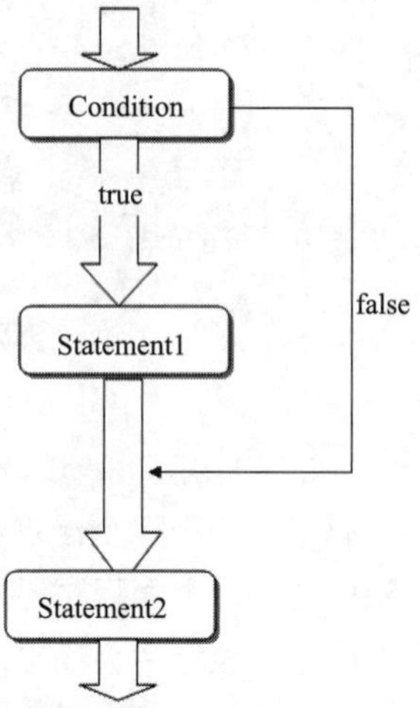

图 4-1

在 Java 程序中，使用 if 语句的语法格式如下所示。

```
if（条件表达式）
```

语法说明：if 是该语句中的关键字，后续紧跟一对小括号，该对小括号任何时候不能省略，小括号的内部是具体的条件，语法上要求该表达式结果为 boolean 类型。后续为功能的代码，也就是当条件成立时执行的代码，在书写程序时，一般为了直观的表达包含关系，功能代码一般需要缩进。

例如在下面这段代码中，第一个 if 条件是判断变量 a 的值是否大于等于零，如果该条件成立则执行输出，第二个 if 条件是判断变量 a 是否为偶数，如果成立也输出。

```
int a = 10;
    if (a >= 0)
System.out.println ("a 是正数 ") ;
    if ( a % 2 == 0)
System.out.println ("a 是偶数 ") ;
```

再看下面的这段代码：

```
int m = 20;
   if ( m > 20)
     m += 20;
System.out.println (m) ;
```

按照前面的语法格式说明，只有“m+=20;”这行代码属于功能代码，而后续的输出语句和前面的条件形成顺序结构，所以该程序执行以后输出的结果为 20。如果当条件成立时，需要执行的语句有多句，此时可以使用语句块来进行表述，具体语法格式如下所示。

```
  if (条件表达式) {
功能代码块;
  }
```

使用这种语法格式，使用一个代码块来代替前面的功能代码，这样可以在代码块内部书写任意多行的代码，而且也使整个程序的逻辑比较清晰，所以在实际的代码编写中推荐使用该种逻辑。

实例 4-1：判断成绩是否及格

源码路径：下载包 \daima\ 第 4 章 \4-1

实例文件 Ifkong.java 的主要代码如下所示。

```
public class Ifkong{
   public static void main(String args[]){
          intchengji = 45;
          if(chengji>60){
System.out.println(" 成绩及格 ");
          }
             System.out.println(" 成绩不及格 ");
   }
```

在上述实例代码中，没有满足 if 语句中的条件，所以没有执行 if 语句里面的内容。执行后会输出：

```
成绩不及格
```

4.1.2　if 语句的延伸

在前面介绍的 if 语句中，并不能对条件不符合的内容进行处理，这是不可饶恕的错误。因为这是不允许的，所以 Java 引进了另外一种条件语句：if-else，其基本语法格式如下所示。

```
if (condition)
statement1;
else
statement2;
```

在上述格式中，如果满足 condition 条件则执行 statement1，如果不满足则执行 statement2。if-else 语句的执行流程如图 4-2 所示。

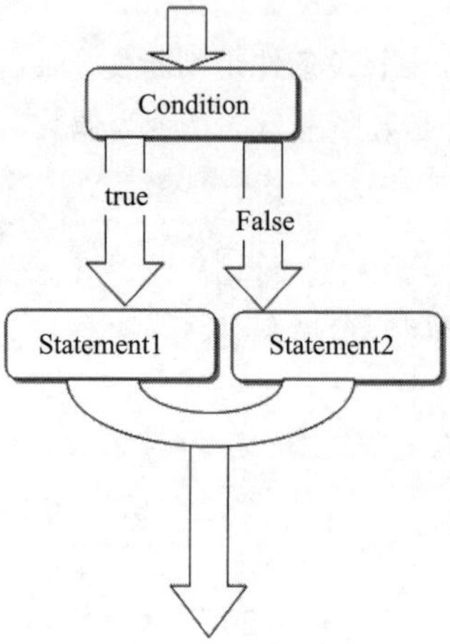

图 4-2

实例 4-2：对两种条件给出不同的答案

源码路径：下载包 \daima\ 第 4 章 \4-2

实例文件 Ifjia.java 的主要代码如下所示。

```
public class Ifjia {
   public static void main(String args[]){
           int cainv = 100;
           if(cainv>99) {
                   System.out.println(" 你的成绩大于 99");
           }
           else {
                   System.out.println(" 你的成绩小于 99");
              }
           System.out.println(" 检验完毕！ ");
   }
 }
```

执行后会输出：

```
你的成绩大于 99
检验完毕！
```

注意：在 Java 程序中，变量名可以是中文。

4.1.3 多个条件判断的 if 语句

在 Java 程序中，if 语句实际上是一种十分强大的条件语句，它可以对多种情况进行判断。可以判断多条件的语句是 if-else-if，其语法格式如下所示。

```
if (condition1)
statement1;
else if (condition2)
statement2;
else
statement3
```

上述格式首先会判断第一个条件 condition1，当为 True 时执行 statement1，当为 false 时则执行 statement1 后面的代码；当 condition2 为 true 时执行 statement2，当 condition 为 false

时则执行 statement3。if-else-if 语句的执行流程图如图 4-3 所示。

注意：在 Java 程序中，if...else 可以嵌套无限次，只要遇到正确的 condition 条件，就会执行相关的语句，然后结束整个程序的运行。

接下来看下面的实例，演示了判断多个条件并给出不同输出值的过程。

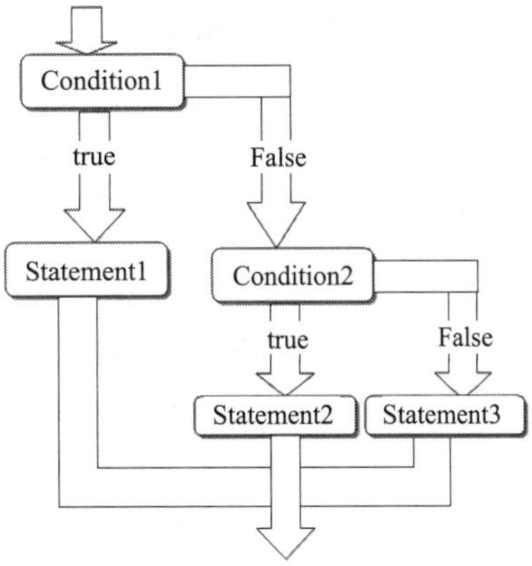

图 4-3

实例 4-3：模拟抽奖系统

源码路径：下载包 \daima\ 第 4 章 \IfDuo.java

实例文件是 IfDuo.java 的具体实现代码如下所示。

```
public class IfDuo {
    public static void main(String args[]){
    int 总成绩 = 580;                                    // 小鸟的成绩是 580
    if(总成绩 >610)                                       // 如果成绩大于 610
            System.out.println("成绩优秀，iPhone 手机一部！");
    else if(总成绩 >570)                                  // 如果成绩大于 570 小于等于 610
            System.out.println("成绩很好，华为荣耀一部！");
    else if(总成绩 >450)                                  // 如果成绩大于 450 小于等于 570
            System.out.println("成绩还行，100 元手机话费充值卡！");
    else if(总成绩 >390)                                  // 如果成绩大于 390 小于等于 450
            System.out.println("成绩一般，继续学习吧！");
    else                                                  // 如果成绩小于等于 390
    System.out.println("成绩太差，不给你吃饭了！");
    System.out.println("检查完毕");

    }
}
```

执行后会输出：

```
成绩很好，华为荣耀一部！
检查完毕
```

if-else-if 语句是嵌套的语句，是可以多状态进行判断的语句。其实 if 语句可以对一件事物进行多个条件的限制，也可以对一件事物限制多个条件。

注意：要按照逻辑顺序书写 else if 语句

每个 else if 语句在书写时是有顺序的，在实际书写时，必须按照逻辑上的顺序进行书写，否则将出现逻辑错误。else if 语句是 Java 语言中提供的一个多分支条件语句，但是在判断某些问题时，书写会比较麻烦，所以在语法中提供了另外一个语句——switch 语句来更好地实现多分支语句的判别。

4.2　使用 switch 语句

在 Java 语言中，switch 有“开关”之意，switch 语句是为了判断多条件而诞生的。使用 switch 语句的方法和使用 if 嵌套语句的方法十分相似，但是 switch 语句更加直观、更加容易理解。在本节的内容中将详细讲解在 Java 程序中使用 switch 语句的知识。

↑扫码看视频（本节视频课程时间：9 分 39 秒）

4.2.1 switch 语句基础

在 Java 语言中，switch 语句能够一个对条件进行多次判断，具体语法格式如下所示。

```
switch(整数选择因子) {
case 整数值 1 : 语句 ; break;
case 整数值 2 : 语句 ; break;
case 整数值 3 : 语句 ; break;
case 整数值 4 : 语句 ; break;
case 整数值 5 : 语句 ; break;
//..
default: 语句 ;
}
```

在上述格式中，“整数选择因子”必须是 byte、short、int 和 char 类型，每个 value 必须是与“整数选择因子”类型兼容的一个常量，而且不能重复。“整数选择因子”是一个特殊的表达式，能产生整数值。switch 能将整数选择因子的结果与每个整数值比较。若发现相符的，就执行对应的语句（简单或复合语句）。如果没有发现相符的，就执行 default 语句。

注意：上面的定义中，每一个 case 均以一个 break 结尾，这样可使执行流程跳转至 switch 主体的末尾。这是构建 switch 语句的一种传统方式，但 break 是可选的。若省略 break，会继续执行后面的 case 语句的代码，直到遇到一个 break 为止。尽管通常不想出现这种情况，但对有经验的程序员来说，也许能够善加利用。注意最后的 default 语句没有 break，因为执行流程已到了 break 的跳转目的地。当然，如果考虑到编程风格方面的原因，完全可以在 default 语句的末尾放置一个 break，尽管它并没有任何实际的用处。

在 Java 语言中，switch 语句的执行流程如图 4-4 所示。

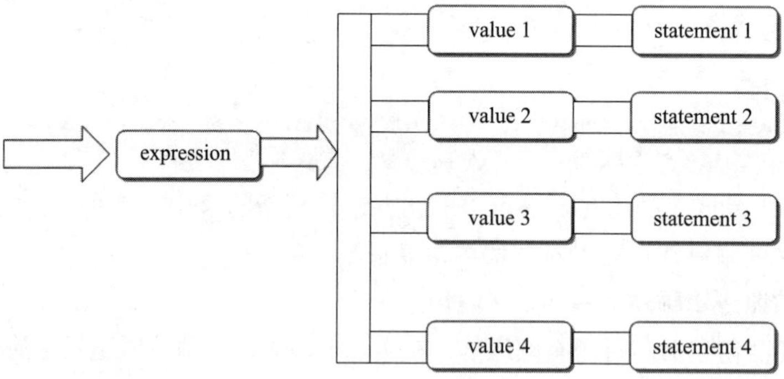

图 4-4

例如在下面的实例中，演示了使用 switch 语句的过程。

实例 4-4：判断数字的大小

源码路径：下载包 \daima\ 第 4 章 \4-4

实例文件 switchtest1.java 的具体代码如下所示。

```
public class switchtest1{
   public static void main(String args[]){
public static void main(String args[]){
    int a=567;             //定义 int 型变量 a，设置 a 的初始值为 567
    switch(a){
         case 555:         //如果 a 的值等于 555，则输出文本提示 "现在 a 的值是 555"
            System.out.println(«现在 a 的值是 555");
```

```
                break;
            case 557:           // 如果 a 的值等于 557，则输出文本提示 " 现在 a 的值是 557"
                System.out.println(« 现在 a 的值是 557");
                break;
            case 567:           // 如果 a 的值等于 567，则输出文本提示 " 现在 a 的值是 567"
                System.out.println(« 现在 a 的值是 567");
                break;
            default:            // 如果前面的 3 个 case 条件都不成立，则输出下面文本提示 "no"
                System.out.println(«no»);
        }
    }
}
```

执行后会输出：

```
现在 a 的值是 567
```

4.2.2　没有 break 时的情形

在前面讲解演示的代码中，多次出现了 break 语句，其实在 switch 语句可以没有这个关键字。一般来说，当 switch 遇到一些关键字“break”时，程序会自动结束 switch 语句，如果把 switch 语句中的 break 关键字去掉了，程序将自动运行，一直到程序结束。例如在下面的实例代码中，如果将 break 关键字去掉，则会执行 switch 后面的所有分支条件语句。

实例 4-5：执行 switch 后面的所有分支条件语句

源码路径：下载包 \daima\ 第 4 章 \4-5

实例文件 switchone1.java 的具体代码如下所示。

```
public static void main(String args[])
{
        int a=11;
        switch(a)
        {
                case 11:
                   System.out.println("a=11");

                case 22:
                   System.out.println(",a=22");

                case 33:
                   System.out.println("a=33");
                break;
                default:
                   System.out.println("no");
        }
}
```

在上述代码中，没有在前两个 switch 分支语句中使用 break，执行后会输出：

```
a=11
a=22
a=33
```

通过上面的实例可以看出，如果删除 break，则程序在找到符合条件的内容后还会继续执行，所以 break 语句在 switch 语句中十分重要，如果没有 break 语句很有可能会发生意外。

4.2.3　case 没有执行语句

在本章前面讲解的内容中，switch 中的 case 语句都有执行语句，倘若 case 中没有执行语句会怎么样呢？下面将通过一个具体实例进行讲解。

实例 4-6：在 case 语句后没有执行的代码

源码路径：下载包 \daima\ 第 4 章 \4-6

实例文件 Switchcase.java 的具体代码如下所示。

```
public class Switchcase {
    public static void main(String args[]){
            int a=111;
            switch(a){
                    case 111:                               //没有执行的代码
                    case 222:                               //没有执行的代码
                  case 333:                                 //有执行的代码，打印输出：
System.out.println("a=111|a=222|a=333");
                    default:
System.out.println("no");
            }
    }
}
```

执行后会输出：

```
a=111|a=222|a=333
no
```

由此可见，当 case 中没有可以执行的语句时，程序会忽略这行代码去运行后面有执行语句的程序。

4.2.4 default 可以不在末尾

通过前面的学习，很多初学者可能会误认为 default 一定位于 switch 的末尾。其实不然，它可以位于 switch 的任意位置，请看下面的实例代码。

实例 4-7：将 default 放在第一个 case 分支中

源码路径：下载包 \daima\ 第 4 章 \4-7

实例文件 switch1.java 的具体实现代码如下所示。

```
public class switch1 {
    public static void main(String args[]){
            int a=1997;                     //定义 int 类型的变量 a，初始值是 1997
            switch(a){                      //使用 switch 判断 a 的值
                   case 1992:               //如果是 1992
                     System.out.println("a=1992");
                     default:
                     System.out.println("no");
                   case 1997:               //满足这个条件，开始执行后面的所有代码
                     System.out.println("a=1997");
                case 2008:                  //如果是 2008
                     System.out.println("a=2008");
            }
    }
}
```

上述代码很好理解，含义是 a 对应着哪一个就从哪一句语句向下执行，直到程序结束为止。如果下面没有相对应的程序，则从 default 开始执行，直到程序结束为止。执行后会输出：

```
a=1997
a=2008
```

第 5 章

使用循环语句

（视频讲解：19 分钟）

在上一章的内容中，为了实现条件判断我们学习了条件语句，让程序的执行顺序发生了变化。为了满足循环和跳转等功能，在本章将为读者详细讲解 Java 中循环语句的知识，主要包括 for 语句、while 语句、do...while 语句和跳转语句。希望读者认真学习，为步入本书后面知识的学习打下基础。

5.1 使用 for 循环语句

在 Java 程序中主要有三种循环语句，分别是 for 循环、while 循环语句和 do…while 循环语句。在本节的内容中，首先讲解使用 for 循环语句的知识，为读者步入本书后面知识的学习打下基础。

↑扫码看视频（本节视频课程时间：5 分 33 秒）

5.1.1 for 循环介绍

在 Java 程序中，for 语句是最为常见的一种循环语句，for 循环是一个功能强大且形式灵活的结构，其语法格式如下所示。

```
for (initialization;condition;iteration) {
}
```

上述格式的结构非常清晰，for 循环语句由三个部分组成，分别是变量的声明和初始化、布尔表达式、循环表达式，每一部分都用分号分隔。如只有一条语句需要重复，大括号就没有必要。

在 Java 语言中，for 循环语句的执行过程如下所示。

（1）当循环启动时先执行其初始化部分，通常这是设置循环控制变量值的一个表达式，作为控制循环的计数器。重要的是要理解初始化表达式仅被执行一次。

（2）计算条件 condition 的值。条件 condition 必须是布尔表达式，它通常将循环控制变量与目标值相比较。如果这个表达式为真则执行循环体，如果为假则终止循环。

（3）执行循环体的反复部分，这部分通常是增加或减少循环控制变量的一个表达式。接下来重复循环，首先计算条件表达式的值，然后执行循环体，接着执行反复表达式。这个过程不断重复直到控制表达式变为假。如图 5-1 展示了 for 循环的上述执行流程。

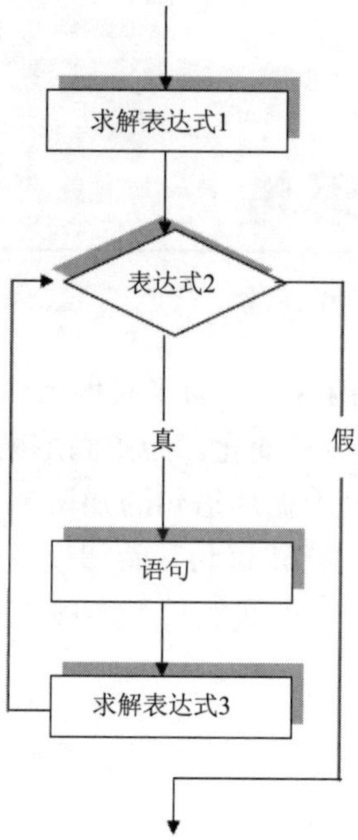

图 5-1

例如在下面的实例中，演示了使用 for 循环语句输出 10 个选项的过程。

实例 5-1：输出整数 0 到 9

源码路径：下载包 \daima\ 第 5 章 \5-1

实例文件 Forone1.java 的主要代码如下所示。

```
public class Forone1 {
    public static void main(String args[]) {
          //a 的初始值为 0，只要小于 10 就执行循环，每循环一次，a 的值加 1
            for(int a=0;a<10;a++){
                      System.out.println("到底去哪儿度假啊，选"+a+"号的行程方案？ ");
            }
    }
}
```

执行后会输出：

```
0
1
2
3
4
5
6
7
8
9
```

5.1.2 嵌套使用 for 循环

当在 Java 程序中使用 for 循环语句时是可以嵌套的。也就是说，可以在一个 for 语句中使用另外一个 for 语句。嵌套使用 for 循环语句的形式是：

```
for(m){
```

```
for (n) {
}
}
```

上述嵌套的执行方式是 M 循环执行一次，内循环执行 N 次，然后外循环执行第二次，内循环再执行 N 次，直到外循环执行完为止，内循环也会终止。

实例 5-2：使用嵌套 for 语句显示人民币符号和美元符号

源码路径：下载包 \daima\ 第 5 章 \5-2

实例文件 fortwo3.java 的具体实现代码如下所示。

```
public static void main(String[] args) {
        // 第一层 for 嵌套语句
    for(int a=0;a<3;a++)  // 设置 a 的初始值是 0，只要 a 小于 3，就循环执行 a 递增加 1 操作
    {
        // 第二层 for 嵌套语句
          for(int b=a;b<3;b++)// 设置 b 的初始值等于 a，只要 b 小于 3，就循环执行 b 递增加 1
                                                                                    操作
        {
          System.out.println("$");      // 循环打印输出美元符号
        }

        System.out.print(" ￥");           // 循环打印输出人民币符号
    }
 }
```

在上面的代码中，在一个 for 语句中使用了另外一个 for 语句，这就是 for 语句的嵌套。双重嵌套语句是最常用的 for 语句嵌套形式，上面这段代码使用嵌套显示了人民币和美元符号，执行后会输出：

```
$
$
$
￥$
$
￥$
￥
```

实例 5-3：在屏幕中输出一个用“*”摆放的菱形

源码路径：下载包 \daima\ 第 5 章 \5-3

实例文件 fortwo4.java 的主要代码如下所示。

```
public static void main(String[] args) {
    // 首先把菱形看成上下，上五下四，所以第一个 for 有 5 次，第二个 for4 次
    for(int i=1;i<=5;i++){
    // 将空格和 * 分开看，看 " " 的变化，i=1 时，它是 4 ，2 的时候是 3，找规律
        for(int j=1;j<=5-i;j++)
          System.out.print(" ");
        for(int k=1;k<=2*i-1;k++)// 找规律，i 是 1 3 5 7 奇数嘛
          System.out.print('*');
        // 换一行

        System.out.println();
    }
     for(int i=1;i<=4;i++){
        for(int j=1;j<=i;j++)// 空格 1 2 3 4 so
          System.out.print(" ");
        for(int k=7;k>=2*i-1;k--)//* 7 5 3 1 倒着来的奇数
          System.out.print('*');
          System.out.println();
    }
```

```
}
```

执行后的效果如图 5-2 所示。

```
    *
   ***
  *****
 *******
*********
 *******
  *****
   ***
    *
```

图 5-2

5.2 使用 while 循环语句

在 Java 程序中，除了 for 循环语句以外，还可以使用 while 语句实现循环功能，其特点和 for 语句十分类似。在本节的内容中将详细讲解使用 while 循环语句的知识。

↑扫码看视频（本节视频课程时间：5 分 11 秒）

5.2.1 while 循环基础

在 Java 程序中，while 循环语句的最大的特点是不知道循环多少次使用它，当不知道语句块或者语句需要重复执行多少次时，使用 while 语句是最好的选择。当 while 的表达式是真时，while 语句重复执行一条语句或者语句块。使用 while 语句的基本格式如下所示。

```
while (condition) {
语句
}
```

在上述格式中，当 condition 为真时将循环执行大括号中的循环，一直到条件为假时再退出循环体，如果第一次条件表达式就是假，那么 while 循环将被忽略，如果条件表达式一直为真，那么 while 循环将一直执行。while 语句的执行流程如图 5-3 所示。

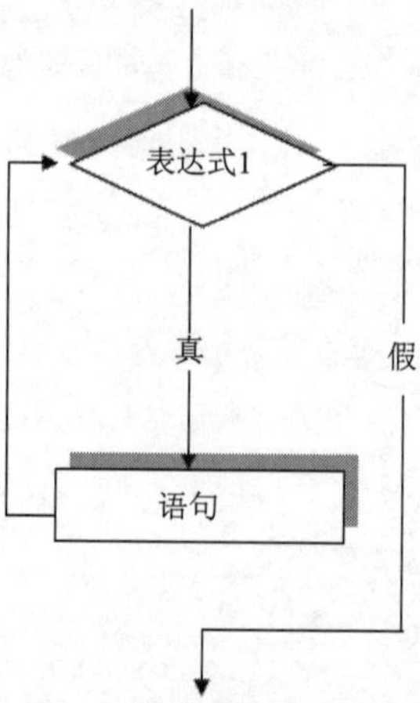

图 5-3

实例 5-4：循环输出 18 个数字

源码路径：下载包 \daima\ 第 5 章 \5-4

实例文件 whileone.java 的主要代码如下所示。

```
public class whileone{
    public static void main(String args[]){
            int X=0;        //定义 int 类型的变量 X，设置其初始值为 0
            while(X<18) //使用 while 循环，循环条件设为 X 小于 18
            {
                    System.out.print(X);
                    X++;
            }
    }
}
```

上述代码会打印输出变量 X 的值。只要满足循环条件 X 小于 18，则循环输出 X 的值，并且每次循环 X 值都会递增加 1，循环直到 X 不小于 18 为止。由此可以看出，while 语句和 for 循环的语句在结构上有很大不同。执行效果如图 5-4 所示。

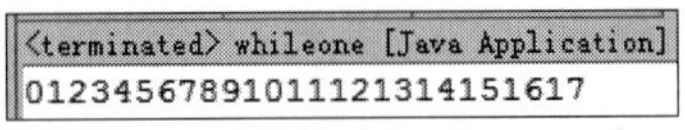

图 5-4

在 Java 编程应用中，经常联合使用 if 语句和 while 循环，下面的实例演示了联合使用 if 和 while 的用法。

实例 5-5：输出能够整除 7 的数字

源码路径：下载包 \daima\ 第 5 章 \5-5

实例文件 whilethree.java 的具体实现代码如下所示。

```
public static void main(String[] args) {
    int x=0;                                //定义 int 类型变量 x 的初始值为 0
    while(++x<=78)                          //只要 x 值小于等于 78 就执行后面的循环
    if ((x%7)==0)                           //如果 x 能够整除 7 则输出 x 的值
       System.out.print(x+"\n");            //换行显示
}
```

运行上述代码后会输出：

```
7
14
21
28
35
42
49
56
63
70
77
```

注意：如果 while 循环的循环体部分和迭代语句合并在一起，且只有一行代码，此时可以省略 while 循环后面的花括号。但是这种省略花括号的做法可能会降低程序的可读性。在使用 while 循环时，一定要保证循环条件有变成 false 的时候，否则这个循环将成为一个死循环，即永远无法结束这个循环。

5.2.2　do-while 循环语句

在许多 Java 程序中会出现这种情况：当条件为假时也需要执行语句一次。初学者可以这么理解，在执行一次循环后再测试表达式。在 Java 语言中，我们可以使用 do-while 语句实现上述功能描述的循环。

在 Java 语言中，do-while 循环语句的特点是至少会执行一次循环体，因为条件表达式在循环的最后。使用 do-while 循环语句的格式如下所示。

```
do{
}
while (condition)
```

上述格式非常容易理解，do-while 语句先执行一次再判断表达式，如果表达式为真则循环继续，如果表达式为假则循环到此结束。do…while 循环语句的执行流程如图 5-5 所示。也就是说，在 do-while 语句中无论如何都要执行代码一次。

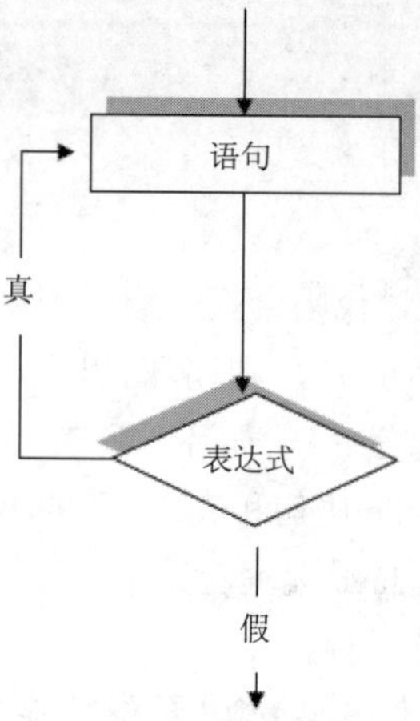

图 5-5

实例 5-6：使用 do-while 语句输出 0 到 7

源码路径：下载包 \daima\ 第 5 章 \5-6

实例文件 doone.java 的主要代码如下所示。

```
public static void main(String args[]){
            int x=0;                    //int 类型的变量 x 初始值为 0
            do{                         // 开始 do while 循环
                    System.out.println(x);
                    x++;
            }while(x<8);                //x 小于 8 则一直循环
}
```

执行后会输出：

```
0
1
2
3
4
5
6
7
```

实例 5-7：计算 1+2+3+….+100 的和

源码路径：下载包 \daima\ 第 5 章 \5-7

实例文件 dothree.java 的具体实现代码如下所示。

```
public static void main(String args[]){
        int i = 1;                  //int 类型的变量 i，初始值为 1
        int sum = 0;                //int 类型的变量 sunm，初始值为 0
        do{                         // 开始 do while 循环
          sum += i++;               // 计算数字的和
        }
        while(i<=120);              // 小于等于 120 就执行循环
        System.out.println(sum);
}
```

在编写上述 do-while 代码时，一定不要忘记 while() 语句后面的分号“;”，初学者容易漏掉这个分号，这样会造成编译和运行时报错。执行后会输出：

```
5050
```

5.3　使用跳转语句

在 Java 程序中使用条件语句和循环语句时，有时候需要不让循环继续执行下去，此时就需要特定的关键字来实现跳转功能，例如 break。在 Java 程序中，通过跳转语句可以将执行转到指定的位置，所以跳转语句常用于项目内的无条件转移控制。

↑扫码看视频（本节视频课程时间：8 分 48 秒）

5.3.1　break 语句

在本章前面的内容中已经接触了 break 语句，了解到在 switch 语句里可以终止一个语句。其实除了这个功能外，break 也能实现其他功能，例如可以退出一个循环。break 语句可以根据用户使用的不同，可以分为无标号退出循环和有标号退出循环两种。

1．无标号退出循环

无标号退出循环是指直接退出循环，当在循环语句中遇到 break 语句时循环会立即终止，循环体外面的语句也将会重新开始。例如在下面的实例中演示了在 if 中使用无标号退出循环的过程。

实例 5-8：使用 break 终止循环的执行

源码路径：下载包 \daima\ 第 5 章 \5-8

实例文件 break1.java 的具体实现代码如下所示。

```
public static void main(String args[]){
        for(intdd=0;dd<19;dd++){          //使用 for 循环，dd 小于 19 循环就执行下去
              if(dd==3){                  //如果 dd 等于 3 则执行后面的 break
//跳转功能从此开始
                    break;
              }
              System.out.println(dd);
        }
   }
```

在上面的代码中，不管 for 循环有多少次循环，它都会在“d=3”时终止程序，执行后会输出：

```
0
1
2
```

其实 break 语句不但可以用在 for 语句中，而且还可以用在 while 语句和 do-while 语句中，例如下面的实例演示了在 while 循环语句中使用 break 的过程。

实例 5-9：在 while 循环语句中使用 break

源码路径：下载包 \daima\ 第 5 章 \5-9

实例文件 break2.java 的主要代码如下所示。

```
   public static void main(String args[]){
         int A=0;                           //int 类型变量 A 的初始值为 0
         while(A<18){                       //A 小于 18 就执行 while 循环
               if(A==7){                    //A 等于 7 就执行 break
                     break;
               }
               System.out.println(A); //输出 A 的值
```

```
                A++;
            }
        }
}
```

执行后会输出：

```
0
1
2
3
4
5
6
```

2. 有标号的 break 语句

在 Java 程序中，只有在嵌套的语句中才可以使用有标号的 break 语句。在嵌套的循环语句中，可以在循环语句前面加一个标号，在使用 break 语句时，就可以使用 break 后面紧接着一个循环语句前面的标号来退出该标号所在的循环。例如在下面的实例中，演示了使用有标号的 break 语句的过程。

实例 5-10：使用有标号的 break 语句

源码路径：下载包 \daima\ 第 5 章 \5-10

实例文件 breakyou.java 的主要实现代码如下所示。

```
public static void main(String args[]){
①     out:for(int X=0;X<10;X++){
②         System.out.println("X="+X);
③         for(int Y=0;Y<10;Y++){
④             if(Y==7){
⑤                 break out;
               }
⑥             System.out.println("Y="+Y);
           }
       }
}
```

行①为外层 for 循环设置标号“out”，在循环中设置变量 *X* 的初始值是 0，只要 *X* 的值小于 10，就执行 for 循环，并且每次循环时设置 *X* 的值递增 1。

行②⑥分别输出 *X* 和 *Y* 的值。

行③在内层 for 循环中设置变量 *Y* 的初始值是 0，只要 *Y* 的值小于 10，就执行 for 循环，并且每次循环时设置 *Y* 的值递增 1。

行④⑤使用 if 语句设置当 *Y* 的值等于 7 时，执行⑤中的 break 语句，break 语句的功能是终止 out 循环语句的执行。

程序运行后，先执行外层循环，再执行内层循环。输出 *X*=0，然后内层循环语句输出 *Y*=0，然后依次输出 *Y*=1，*Y*=2，*Y*=3，*Y*=4，等等。当 *Y*=7 时，将会执行 break 语句，退出 out 循环（外层循环）语句，从而退出循环。执行后会输出：

```
X=0
Y=0
Y=1
Y=2
Y=3
Y=4
Y=5
Y=6
```

注意：标号要有意义

读者们一定要注意，带标号的 break 语句只能放在这个标号所指定的循环里面，如果放到别的循环体里面会出现编译错误。另外，break 后的标号必须是一个有效的标号，即这个标号必须在 break 语句所在的循环之前定义，或者在其所在循环的外层循环之前定义。当然如果把这个标号放在 break 语句所在循环之前定义，会失去标号的意义，因为 break 默认就是结束其所在的循环。通常紧跟 break 之后的标号，必须在 break 所在循环的外层循环之前定义才有意义。

5.3.2 使用 return 语句

在 Java 程序中，使用 return 语句可以返回一个方法的值，并把控制权交给调用它的语句。使用 return 语句的语法格式如下所示。

```
return[ 表达式 ];
```

在上述格式中，“表达式”是一个可选参数，表示要返回的值，它的数据类型必须同方法声明中的返回值类型一致，这可以通过强制类型转换实现。在编写 Java 程序时，return 语句被放在方法的最后，用于退出当前的程序，并返回一个值。如果把单独的 return 语句放在一个方法中间时会出现编译错误，如果用户要把 return 语句放在中间，可以使用条件语句 if，然后将 return 语句放在一个方法中间，用来实现在程序中未执行的全部语句退出。

实例 5-11：使用 return 语句结束循环的执行

源码路径：下载包 \daima\ 第 5 章 \5-11

实例文件 return1.java 的主要代码如下所示。

```
    public static void main(String[] args) {
            for (int i = 1; ; i++) {                //使用 for 循环
                if (i == 4) return;                 //如果 i 等于 4 则停止循环
                System.out.println(" 第 "+i+" 家 ");

            }
    }
```

在上述代码中，当 i=4 时结束循环。执行后会输出：

```
第 1 家
第 2 家
第 3 家
```

5.3.3 使用 continue 跳转语句

在 Java 语言中，continue 跳转语句相对于不如前面几种跳转语句应用得多，其作用是强制一个循环提前返回，也就是让循环继续执行，但不执行本次循环剩余的循环体中的语句。例如下面的实例演示了使用 continue 语句的过程。

实例 5-12：使用 continue 改变 for 循环的运行结果

源码路径：下载包 \daima\ 第 5 章 \5-12

实例文件 conone.java 的主要实现代码如下所示。

```
public static void main(String args[]){
            for(int i = 0;i<=5;i++){
                if(i ==3)continue;
                System.out.println(" 值是： "+i);
```

```
    }
}
```

在上述代码中，先进入 for 循环，循环输出 i 的值 0、1、2。当 i 的值等于 3 时执行 continue 语句，此时不会执行后面的打印语句。然后循环重新开始，打印输出整数 4 和 5。也就是说，在循环语句中使用 continue 时会跳出本次循环，继续执行下一次循环。本实例执行后会输出：

```
值是：0
值是：1
值是：2
值是：4
值是：5
```

第 6 章

操作字符串

（视频讲解：22 分钟）

在 Java 中通常以串的整体作为操作对象，例如在串中查找某个子串、求取一个子串、在串的某个位置上插入一个子串以及删除一个子串等。在 Java 程序中，字符串作为一种十分重要的处理对象，为 Java 程序的灵活性做出了巨大贡献。在本章的内容中将详细讲解操作 Java 字符串的基本知识，为读者步入本书后面知识的学习打下基础。

6.1 Java 字符串的初始化

字符串（String）是由 0 个或多个字符组成的有限序列，是编程语言中表示文本的数据类型。例如“太阳”“小猫、月亮”“I love you!”等都是合法的字符串。在使用字符串之前，需要先初始化字符串。

↑扫码看视频（本节视频课程时间：3 分 09 秒）

在 Java 程序中，使用关键字 new 来创建 String 实例，具体格式如下所示。

```
String a=new String();
```

在上面的这段代码中创建了一个名为 String 的类，并把它赋给变量，但此时只是一个空的字符串，接下来就为这个字符串赋值，具体赋值代码如下所示。

```
a="I am a person Chongqing"
```

在 Java 程序中，我们可以将上述两句代码合并，这样可以产生一种简单的字符串表示。

```
String s=new String("I am a person Chongqing");
```

除了上面的表示方法，还有如下一种表示字符串的形式。

```
String s=("I am a person Chongqing");
```

实例 6-1：实现 Java 字符串的初始化

源码路径：下载包 \daima\ 第 6 章 \6-1

实例文件 wangfeng.java 的主要代码如下所示。

```
public class wangfeng {
    public static void main(String[] args) {
        String str = "我是老师";
        System.out.println("你好这位学员，");
        String cde = "请问你的理想是什么？";
        System.out.println(str + cde);
        String xueyuan = "我是大黑牛！";
```

```
        String lixiang = "我的理想是学好 Java！ ";
        System.out.println("你好汪峰老师，");
        System.out.println(xueyuan + lixiang);
    }
}
```

执行后会输出：

```
你好这位学员，
我是汪老师请问你的理想是什么？
你好汪老师，
我是大黑牛！我的目标是学好 java！
```

注意：字符串并不是原始的数据类型，它应是复杂的数据类型，对它进行初始化的方法不只一种，但也没有规定谁更优秀，用户可以根据自己的习惯使用。

6.2 使用 String 类操作字符串

在 Java 程序中，不但可以使用类 String 来创建字符串，而且还可以使用类 String 中的方法操作字符串。在本节的内容中将详细讲解使用类 String 操作字符串的知识，为读者步入本书后面知识的学习打下基础。

↑扫码看视频（本节视频课程时间：11 分 08 秒）

6.2.1 获取指定索引位置的字符

在 Java 程序中，通过索引方法 charAt() 可以返回 string 指定索引的位置，用户需要注意的是，它的数字是从零开始，其使用格式如下所示。

```
public char charAt(int index)
```

参数“index”是一个整型值，表示要返回字符的索引号。例如下面的实例返回了某个字符串指定索引的字符。

实例 6-2：返回某个字符串指定索引的字符

源码路径：下载包 \daima\ 第 6 章 \6-2

实例文件 Ref.java 的主要代码如下所示。

```
public class Ref {                                        // 创建类
    public static void main(String args[]) {              // 主方法
        String str = "你好，汪老师，我是你的歌迷！ ";       // 定义字符串 str
        char mychar = str.charAt(6);                      // 将字符串 str 中索引位置是
                                                                        5 的字符返回
    // 输出信息
        System.out.println("字符串 str 中索引位置是 6 的字符为：" + mychar);
    }
}
```

执行后的效果如图 6-1 所示。由此可见，索引是从 0 开始计数的。

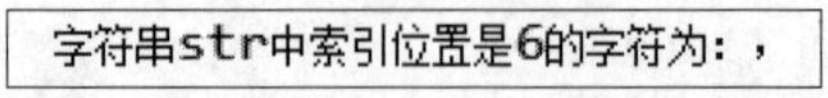

图 6-1

6.2.2 追加字符串

在 Java 程序中，追加字符串是指在字符串的末尾添加字符串，追加字符串功能可以通过 String 类中的方法 concat() 实现，具体语法格式如下所示。

```
public String concat (String str)
```

在上述格式中，参数“str”表示字符串被连接到该字符串的结束位置，此方法会返回一个字符串，表示此对象字符串参数字符的串联。例如下面的实例演示了追加字符串的过程。

实例 6-3：在字符串后面追加字符串（好好 + 学习）

源码路径：下载包 \daima\ 第 6 章 \6-3

实例文件 suoyin.java 的主要代码如下所示。

```
public static void main(String args[]) {
    String s = "好好";                              //定义字符串变量 s，初始值为"好好"
    s = s.concat("学习 Java，");                    //在 s 后面追加字符串"学习 Java，"
    String m=s.concat("这是你的首要任务！");          //在 s 后面追加字符串"这是你的首要
                                                                        任务！"
    System.out.println(m);
}
```

执行后会输出：

```
好好学习 Java，这是你的首要任务！
```

6.2.3 连接多个字符串

在 Java 程序中，可以使用“+”连接多个字符串。例如下面的实例演示了使用“+”连接两个对象的过程。

实例 6-4：使用“+”连接两个对象

源码路径：下载包 \daima\ 第 6 章 \6-4

实例文件 Join.java 的主要代码如下所示。

```
public static void main(String args[]) {                    // 主方法
        String s1 = new String("我最喜欢的歌曲是");          // 声明 String 对象 s1
        String s2 = new String("《勇敢的心》");              // 声明 String 对象 s2
        String s = s1 + " " + s2;                          // 将对象 s1 和 s2 连接后的结
                                                                    果赋值给 s
        System.out.println(s);                             // 将 s 输出
}
```

执行后会输出：

```
我最喜欢的歌曲是 《勇敢的心》
```

6.2.4 比较字符串

比较字符串是指将两个字符串进行比较，查看两者是否相同。在 Java 程序中，可以使用方法 equalsIgnoreCase() 和 equals() 来比较两个字符串，这两个方法的具体说明如下所示。

（1）equals() 方法

使用 equals() 方法的语法格式如下所示：

```
public boolean equals(Object anObject)
```

方法 equals() 能够比较字符串与指定的对象，其结果是 true，当且仅当参数不为 null，并且是一个 String 对象，这个对象表示相同的字符序列。参数“anObject”表示这个 String

为比较的对象，此方法返回 true，如果给定对象代表一个字符串则返回 false。

（2）equalsIgnoreCase() 方法

使用 equalsIgnoreCase() 方法的语法格式如下所示：

```
public Boolean equalsIgnoreCase(String s)
```

如果相同则返回值 true，如果不相同则返回值 false。请看下面的实例，功能是能够判断两个指定的字符串是否相等。

实例 6-5：判断两个指定的字符串是否相等

源码路径：下载包 \daima\ 第 6 章 \6-5

实例文件 Opinion.java 的主要代码如下所示。

```
public static void main(String args[]) {        // 主方法
        String s1 = new String("abc");          // 创建字符串对象 s1
        String s2 = new String("ABC");          // 创建字符串对象 s2
        String s3 = new String("abc");          // 创建字符串对象 s3
        boolean b = s1.equals(s2);              // 使用 equals() 方法比较 s1 与 s2
// 使用 equalsIgnoreCase() 方法比较 s1 与 s2
        boolean b2 = s1.equalsIgnoreCase(s2);
        System.out.println(s1 + " equals " + s2 + " :" + b);
// 输出信息
        System.out.println(s1 + " equalsIgnoreCase " + s2 + " :" + b2);
}
```

执行后的效果如图 6-2 所示。

```
<terminated> Opinion [Java Application] C:
abc equals ABC :false
abc equalsIgnoreCase ABC :true
```

图 6-2

6.2.5 获得字符串长度

在 Java 程序中，通过类 String 中的方法 length() 可以获取指定字符串的长度，长度是等于 Unicode 代码单元中的字符串的数目。使用方法 length() 的语法格式如下所示。

```
publicint length()
```

例如下面的实例演示了获得字符串长度的方法。

实例 6-6：获取字符串的长度

源码路径：下载包 \daima\ 第 6 章 \6-6

实例文件 bijiao.java 的主要代码如下所示。

```
public static void main(String args[]){
   String x="student";                          //变量 x
   String xx="STUDENT";                         //变量 xx
   String y="古力娜扎";                          //变量 y
   String z="古力娜扎、郑爽";                     //变量 z
   System.out.println(x.length());              //输出字符串的长度
   System.out.println(xx.length());             //输出字符串的长度
   System.out.println(y.length());              //输出字符串的长度
   System.out.println(z.length());              //输出字符串的长度
 }
```

执行后的效果如图 6-3 所示。

```
7
7
4
6
```

图 6-3

6.2.6 替换字符串

替换操作包含两个动作，第一个是查找，第二个是替换。在 Java 程序中，可以使用方法 replace() 实现替换字符串功能。使用方法 replace() 的语法格式如下所示。

```
public String replace(char oldChar, char newChar)
```

上述格式很容易理解，参数“oldChar”表示旧的字符，“newChar”表示新的字符。例如下面的实例演示了使用替换字符串的过程。

实例 6-7：替换字符串中的某一个文字

源码路径：下载包 \daima\ 第 6 章 \6-7

实例文件 Tihuan.java 的主要代码如下所示。

```
    public static void main(String args[]){
            String x="远离狗仔队，我的女朋友姓郑，你们猜去吧！";
            String y=x.replace('郑','古');
                    System.out.println(y);
        }
```

执行后会输出：

```
远离狗仔队，我的女朋友姓古，你们猜去吧！
```

6.2.7 截取字符串

有的时候需要从长的字符串中截取一段字符串。在 Java 程序中，截取字符串功能可以通过方法 substring() 实现，此方法有如下两种使用格式。

（1）第一种：

```
public String substring (int begin)
```

此方法返回一个新的字符串，即这个字符串的子串。子字符串的字符开始在指定的索引并延伸到这个字符串的结束。参数“begin”表示开始的索引，会返回一个指定的子串。

（2）第二种：

```
public String substring (intbeginIndex, intendIndex)
```

此方法返回一个新的字符串，即这个字符串的子串。子字符串开始于指定的 beginIndex，并延伸到索引 endIndex - 1 处的字符。参数“beginIndex”表示开始的索引，包括首尾的值。参数“endIndex”表示结束索引值。此方法会返回一个指定的子串。

实例 6-8：截取一个字符串，并输出截取后的结果

源码路径：下载包 \daima\ 第 6 章 \6-8

实例文件 Subs.java 的主要代码如下所示。

```
    public static void main(String args[]) {                  // 主方法
            String str = "hello word";                         // 定义的字符串
            String substr = str.substring(0, 3);               // 对字符串进行截取
```

```
        System.out.println(substr);                         // 输出截取后的字符串
    }
```

执行后会输出：

```
hel
```

6.2.8 字符串的大小写互转

在 Java 程序中，有时需要对字符串的字母进行转换。在类 String 中提供了专用方法进行大小写互换。可以使用方法 toLowerCase() 将大写字母转换成小写字母，具体语法格式如下所示。

```
public String toLowerCase()
```

使用方法 toUpperCase() 可以将小写字母转换为大写字母，其语法格式如下所示。

```
Public String toUpperCase()
```

实例 6-9：对指定的字符串实现大小写转换

源码路径：下载包 \daima\ 第 6 章 \6-9

实例文件 UpAndLower.java 的主要代码如下所示。

```
    public static void main(String args[]) {                // 主方法
        String str = new String("abc DEF");                 // 创建的字符串 str
        String newstr = str.toLowerCase();                  //使用 toLowerCase() 方法
                                                                    实行小写转换
        String newstr2 = str.toUpperCase();                 //使用 toUpperCase() 方法
                                                                    实行大写转换
        System.out.println(newstr);                         // 将转换后的结果输出
        System.out.println(newstr2);
    }
```

执行后会输出：

```
abc def
ABC DEF
```

6.2.9 消除字符串中的空白字符

在字符串中可能会存在空白字符，但有时在一些特定的环境中并不需要这样的空白字符，此时我们需要去除这些空白字符。在 Java 程序中，可以使用 trim() 方法去除掉空白字符，使用此方法的语法格式如下所示。

```
pbulic String trim()
```

实例 6-10：去掉字符串开头的空白字符

源码路径：下载包 \daima\ 第 6 章 \6-10

实例文件 Daxiao1.java 的主要代码如下所示。

```
    public static void main(String args[]){
        String a=" hello world ";                           //定义字符串 a
        System.out.println(a);                              //输出字符串的值

        a=a.trim();                                         //去掉字符串首尾的空格
        System.out.println(a);                              //输出处理后的字符串的值
    }
```

执行后的效果如图 6-4 所示。

```
hello world
hello world
```

图 6-4

6.2.10 查找字符串

在 Java 程序中，可以使用类 String 中的方法 indexOf() 和方法 lastIndexOf() 来查找字符串中的某个内容。在下面的内容中将详细讲解这两个方法的基本知识。

（1）方法 indexof()

在 Java 程序中，方法 indexOf() 有如下所示的四种使用格式。

● 第一种使用格式：

```
public int indexOf(intch)
```

此方法的功能是返回指定字符在此字符串中第一次出现的位置。

● 第二种使用格式：

```
public int indexOf(intch, intfromIndex)
```

此方法的功能是在指定的索引开始搜索，返回指定的字符在此字符串中第一次出现的索引位置。

● 第三种使用格式：

```
public int indexOf(String str)
```

此方法的功能是返回指定的字符在此字符串中第一次出现的索引。参数“str”是一个字符串的值。

● 第四种使用格式：

```
public int indexOf(String str, intfromIndex)
```

此方法的功能是在指定的索引开始搜索，返回指定的字符在此字符串中第一次出现的索引。参数“str”表示要搜索的子串，参数“fromIndex”表示开始搜索的索引位置。

（2）方法 lastIndexOf()

在 Java 程序中，方法 lastIndexOf() 有如下所示的四种使用格式。

● 第一种使用格式：

```
public int lastIndexOf(intch)
```

此方法的功能是返回在字符串中最后一次出现指定字符的索引位置。

● 第二种使用格式：

```
public int lastIndexOf(intch, intfromIndex)
```

此方法的功能是在指定的索引开始搜索，返回指定的字符在此字符串中最后一次出现的索引位置。

● 第三种使用格式：

```
public int lastIndexOf(String str)
```

此方法的功能是返回指定的字符在此字符串中最后一次出现的索引位置。

● 第四种使用格式：

```
public int lastIndexOf(String str, intfromIndex)
```

此方法的功能是在指定的索引开始搜索，返回指定的字符在此字符串中最后一次出现的索引位置。

实例 6-11：查找字符串 str 中空字符的位置

源码路径：下载包 \daima\ 第 6 章 \6-11

实例文件 Test.java 的主要代码如下所示。

```
public static void main(String args[]) {                       // 主方法
        String str = "We are students";                         // 定义字符串 str
        // 将空字符串在 str 中的索引位置赋值给变量 size
        int size = str.lastIndexOf("");
        System.out.println(" 空字符在字符串 str 中的索引位置是多少？ " );
        // 将变量 size 输出
        System.out.println(" 空字符在字符串 str 中的索引位置是：" + size);
        System.out.println(" 字符串 str 的长度是多少？ " );
        // 将字符串 str 的长度输出
        System.out.println(" 字符串 str 的长度是：" + str.length());
}
```

执行后会输出：

```
空字符在字符串 str 中的索引位置是多少？
空字符在字符串 str 中的索引位置是：15
字符串 str 的长度是多少？
字符串 str 的长度是：15
```

6.3 使用类 StringBuffer

StringBuffer 是 Java 语言中另外一个重要的操作字符串的类，当需要对字符串进行大量的修改时，使用 StringBuffer 类是最佳的选择。在下面的内容中将详细讲解使用类 StringBuffer 操作字符串的知识。

↑扫码看视频（本节视频课程时间：7 分 08 秒）

根据笔者多年来的总结，得出类 StringBuffer 主要有如下三个功能。

（1）追加字符

在类 StringBuffer 中实现追加字符功能的方法是 append，其语法格式如下所示。

```
public synchronized StringBuffer append(boolean b)
```

（2）插入字符

前面的追加字符方法总是在末尾添加内容，倘若需要在字符中添加内容，就需要使用方法 insert()，其语法格式如下所示。

```
public synchronized StringBuffer insert (int offset, String s)
```

上述格式的含义是：将第二个参数的内容添加到第一个参数指定的位置，换句话说，第一个参数表示要插入的起始位置，第二个参数是需要插入的内容，它可以是包括 String 的任何数据类型。

（3）颠倒字符

颠倒字符方法能够将字符颠倒，例如“我是谁”，颠倒过来就变成“谁是我”。颠倒字符方法 reverse() 的语法格式如下所示。

```
public synchronizedStringBuffer reverse()
```

例如下面的实例演示了使用追加字符函数的过程。

实例 6-12：使用追加字符函数

源码路径：下载包 \daima\ 第 6 章 \6-12

实例文件 zhui.java 的具体实现代码如下所示。

```
public class zhui {
    public static void main(String args[]){
            //定义字符串 x1
            StringBuffer x1 = new StringBuffer("入门到精通是");
            //追加字符串
            x1.append("，大多数 Java 学习者的选择");
            System.out.println(x1);                    //输出追加后的字符串
            //定义字符串 x2
            StringBuffer x2 = new StringBuffer("我喜欢 Java");
        System.out.println(x2);                        //输出追加后的字符串
            x2.append(2019);                           //追加数字
            //定义字符串 x3
            StringBuffer x3 = new StringBuffer("我要学好 Java");
            x3.append("继续辉煌！");                    //追加字符串
        System.out.println(x3);                        //输出追加后的字符串
            }
}
```

执行后会输出：

```
入门到精通是大多数 Java 学习者的选择
我喜欢 Java
我要学好 Java 继续辉煌!
```

第 7 章

使用数组

（视频讲解：30 分钟）

在 Java 程序中，还有一种十分特殊的数据——数组。数组是 Java 程序中最常见的一种数据结构，能够将相同类型的数据用一个标识符来封装到一起，构成一个对象序列或基本类型序列。数组比我们前面所学习的数据类型的存储效率要高，在本章将详细讲解数组和数组操作的基本知识，为读者步入本书后面知识的学习打下基础。

7.1 最简单的一维数组

在一个数组中可以拥有多个元素，这些元素可以是基本数据类型或复合类型。按照数组元素类型的不同，可以将数组分为数值数组、字符数组、指针数组、结构数组等各种类型。按照数组内的维数来划分，可以将数组分为一维数组和多维数组。在 Java 编程应用中，一维数组最为常见，本节将详细讲解 Java 一维数组的基本知识。

↑扫码看视频（本节视频课程时间：6 分 17 秒）

7.1.1 声明一维数组

在 Java 程序中，数组是某一类元素的集合体，每一个元素都拥有一个索引值，只需要指定索引值就可以取出对应的数据。在 Java 中声明一维数组的格式如下所示。

```
int[] array;
```

也可以使用下面的格式：

```
int array[];
```

虽然上述两种格式的形式不同，但是含义是一样的。上述各个参数的具体说明如下所示。

- int：数组元素类型。
- array：数组名称。
- []：一维数组的内容都是通过这个符号括起来。

另外，除了上面声明的整型数组外，还可以声明多种数据类型的数组，例如下面的代码。

```
boolean[] array;                              //声明布尔数组
float[] array;                                //声明浮点数组
double[] array;                               //声明双精度数组
```

7.1.2 创建一维数组

创建数组实质上就是为数组申请相应的存储空间，数组的创建需要用大括号“{}”括起来，然后将一组相同类型的数据放在存储空间里，Java 编译器负责管理存储空间的分配。创建 Java 数组的方法十分简单，具体格式如下所示。

```
int[] a={1,2,3,5,8,9,15};
```

上述代码创建了一个名为 a 的整形数组，但是为了访问数组中的特定元素，应指定数组元素的位置序数，也就是索引和下标，一维数组具体结构如图 7-1 所示。

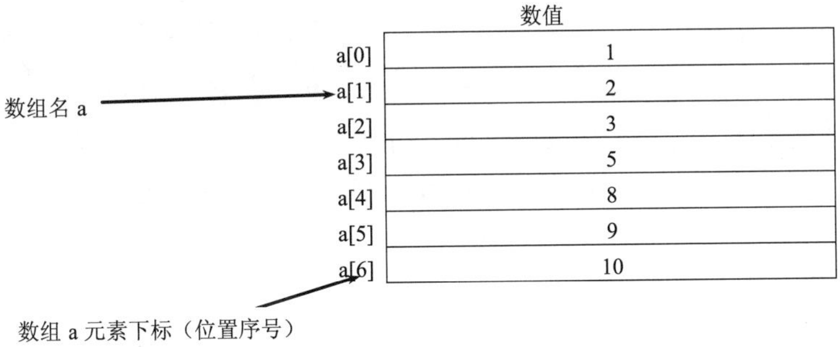

图 7-1

上面这个数组的名称是 a，方括号的值为序号即下标，这样就可以很清楚地表示每一个数组元素，数组 a 的第一个值就用 a[0] 表示，第 2 个值就用 a[1]，依此类推。请看下面的实例，演示创建并输出一维数组中数据的过程。

实例 7-1：创建并输出一维数组中的数据

源码路径：下载包 \daima\ 第 7 章 \7-1

实例文件 shuzuone1.java 的主要代码如下所示。

```
public static void main(String[] args) {
        int[] X={12,13,24,77,68,39,60};          //定义数组 X，有初始值
        int[] Y;                                  //定义数组 Y，没有初始值
        Y=X;                                      //将数组 X 的值赋给数组 Y
        for(int i=0;i<X.length;i++)               //循环输出数组 X 和 Y 中的元素
        {
                Y[i]++;
                System.out.println(X[i]);
                System.out.println(Y[i]);
        }
}
```

因为数组基数都是从零开始的，所以最大数组下标为“length-1”，在上述代码中，数组 Y 没有任何元素，它只是被实例化的一个对象，告诉编译器为它分配一定的存储空间，然后数组 X 赋值给 Y，这个编译操作实际上就是将 X 数组的内存地址赋给数组 Y。在上述代码中，Y 数组并没有赋值。执行后会输出：

```
13
13
14
14
25
25
78
78
69
69
40
40
61
61
```

7.1.3 初始化一维数组

在 Java 程序中，一定要将数组看作是一个对象，它的数据类型和前面基本数据类型相同。在很多时候我们需要对数组进行初始化处理，在初始化的时候需要规定数组的大小，当然也可以初始化数组中的每一个元素。下面的代码演示了初始化一维数组的方法。

```
int[] a=new int[8];
int[] a=new int{1,2,3,4,5,6,7,8};
int[] a={1,2,3,4};
```

在初始化数组的时候，当使用关键字 new 创建数组后，一定要明白它只是一个引用，直到将值赋给引用，开始进行初始化操作后才算是真正的结束，在上面三种初始化数组的方法中，读者可以根据自己的习惯选择一种初始化的方法。所以对上述代码的具体说明如下所示。

- int：数组类型。
- a：数组名称。
- new：对象初始化语句。

实例 7-2：初始化一维数组，并将数组值输出打印

源码路径：下载包 \daima\ 第 7 章 \7-2

实例文件 shuzuchu.java 的主要代码如下所示。

```
import java.util.Random;                                    // 插入 Random 包
public class shuzuchu{
    public static void main(String[] args) {
    Random rand=new Random();                               // 实例化 Random 类对象
    //随机产生 0-20 之间的数作为 int 数组的长度
    int[]x=new int[rand.nextInt(12)];
    double[]y=new double[rand.nextInt(12)];
    //随机产生 0-20 之间的数作为 int 数组的长度
    System.out.println("x 的长度为 "+x.length);
            System.out.println("y 的长度为 "+y.length);
            for(int i=0;i<x.length;i++){
                    x[i]=rand.nextInt(12);                  // 随机产生 0-20 之间数的赋给数组 a
              // 打印数组 a
              System.out.println("x["+i+"]="+x[i]);
}
            for(int i=0;i<y.length;i++){
              // 随机产 double 数的赋给数组 b
              y[i]=rand.nextDouble();
            System.out.println("y["+i+"]="+y[i]);// 打印数组 b
            }
    }
}
```

执行后的效果如图 7-2 所示。因为生成的数据是随机的，所以每次执行效果都不同。

```
x的长度为4
y的长度为0
x[0]=11
x[1]=3
x[2]=0
x[3]=9
```

图 7-2

7.2　二维数组

在 Java 语言的多维数组中，二维数组是应用最为广泛的一种数组。二维数组是指有两个底标的数组，初学者可以将二维数组理解成一个围棋棋盘，要描述一个元素的位置，必须通过纵横两个底标来描述。下面将详细讲解 Java 语言中二维数组的基本知识，为读者步入本书后面知识的学习打下基础。

↑扫码看视频（本节视频课程时间：10 分 07 秒）

7.2.1　声明二维数组

在前面学习声明一维数组的知识时会发现，声明二维数组的方法和声明一维数组的方法十分相似。很多程序员将二维数组习惯地看作是一个特殊的一维数组，其每一个元素又是一个数组。在 Java 程序中，声明二维数组的语法格式如下所示。

```
float A[][];
char B[][];
int C[][];
```

上述代码中各个参数的具体说明如下所示。

- float：数组类型；
- A：数组名称；
- char：数组类型；
- B：数组名称。

数组 A 的元素可以存放在 float 型数据。

7.2.2　创建二维数组

在 Java 程序中，创建二维数组的过程实际上就是在电脑上申请一个存储空间的过程。例如下面是一段创建二维数组的代码，创建了一个二维数组，其中 A 是数组名，实质上此二维数组相当于一个 2 行 4 列的矩阵。

```
int A[][]=
{1,3,5,7},
{2,4,6,8};
```

应该如何取出某个多维数组中的值呢？可以使用下标来显示某个数组中的值，具体格式如下所示。

```
Array[i-1][j-1]
```

上述代码中各个参数的具体说明如下所示。

- i：数组的行数；
- j：数组的列数。

下面以一个二维数组为例，读者可以看一下 3 行 4 列的数组内部结构，此数据的结构如表 7-1 所示。

表 7-1

	列 1	列 2	列 3	列 4
行 0	A[0] [0]	A[0] [1]	A[0] [2]	A[0] [3]
行 1	A[1] [0]	A[1] [1]	A[1] [2]	A[1] [3]
行 2	A[2] [0]	A[2] [1]	A[2] [2]	A[2] [3]

例如在下面的例子中，演示了创建二维数组并输出打印里面数据的过程。

实例 7-3：创建二维数组并输出打印里面的数据

源码路径：下载包 \daima\ 第 7 章 \7-7-3

实例文件 shuzuer.java 的主要代码如下所示。

```
    public static void main(String[] args) {
            int [][] Aa={                                      //定义并初始化一个二维数组
                            {11,12,23,24},
                            {15,26,27,18},
                            {19,10,17,18},
                            {13,14,15,16},
                            {17,18,19,20},
            };
            System.out.println("输出数据：");
            for(int i=0;i<Aa.length;i++)                       //此 for 循环语句表示以行进行循环
                    for(int j=0;j<Aa[i].length;j++){
                                                               //此 for 循环语句以每行的列数进行循环
                            System.out.println("Aa["+i+"]["+j+"] ="+Aa[i][j]);
                    }
    }
```

在上述代码中，使用 for 循环语句打印输出了二维数组中的数据。在打印二维数组时，第一个 for 循环语句表示以行进行循环，第二个循环语句以每行的列数进行循环，这样就达到了取得二维数组中每个值的功能。执行后会输出：

输出数据：

```
Aa[0][0] =11
Aa[0][1] =12
Aa[0][2] =23
Aa[0][3] =24
Aa[1][0] =15
Aa[1][1] =26
Aa[1][2] =27
Aa[1][3] =18
Aa[2][0] =19
Aa[2][1] =10
Aa[2][2] =17
Aa[2][3] =18
Aa[3][0] =13
Aa[3][1] =14
Aa[3][2] =15
Aa[3][3] =16
Aa[4][0] =17
Aa[4][1] =18
Aa[4][2] =19
Aa[4][3] =20
```

7.2.3 初始化二维数组

在 Java 程序中，初始化二维数组的方法和初始化一维数组的方法一样，具体语法格式如下：

```
array=new int[]…[]{第一个元素的值，第二个元素的值，第三个元素的值，…};
```

或者用对象数组的语法实现：

```
array=new int[]…[]{new 构造方法（参数列），{new 构造方法（参数列），…};
```

各个参数的具体说明如下所示。

- array：数组名称；
- new：实例化对象语句；
- int：数组元素类型。

在 Java 程序中，二维数组是多维数组中的一种，为了使数组的结构显得更加清晰，建议使用多个大括号“{}”括起来。下面以二维数组为例，如果希望第一维有三个索引，第二维有两个索引，就可以使用下列语法来指定元素的初始值。

```
integer[][]array=new Integer[][]{
{new Integer(1), new Integer(2)},
{new Integer(3), new Integer(4)},
{new Integer(5), new Integer(6)},
}
```

上述代码中各个参数的具体说明如下所示。

- array：数组名称；
- int：数组元素类型；
- new：实例化对象语句；
- Integer：数组元素类型。

再看下面的实例，演示了使用两种方法初始化并输出二维数组数据的过程。

实例 7-4：打印输出二维数组中的数据

源码路径：下载包 \daima\ 第 7 章 \7-4

实例文件 shuzuerchu.java 的主要代码如下所示。

```
    public static void main(String args[]){
        //第一种，直赋值法
        int[][] arr1 = {{1,2}, {2, 3}, {4, 5}};
        System.out.println("第 1 种方法：");
        for(int i=0; i<3; ++i)                              //循环遍历二维数组的行
          for(int j=0; j<2; ++j)                            //循环遍历二维数组的列
            System.out.println(arr1[i][j]);

        //第二种，new 关键字赋值法
        int[][] arr2 = new int[4][3];
        System.out.println(第 2 种方法：是：");
        for(int i=0; i < arr2.length; ++i)                  //循环遍历二维数组的行
          for(int j=0; j<arr2[i].length; ++j)               //循环遍历二维数组的列
             arr2[i][j] = i*j;                              //行和列的乘积赋值
        for(int i=0; i<arr2.length; ++i)                    //重新循环遍历二维数组的行
          for(int j=0; j<arr2[i].length; ++j)               //重新循环遍历二维数组的列
             System.out.println(arr2[i][j]);
    }
```

在上述代码中，使用 for 循环语句打印输出了二维数组中的数据。在打印二维数组时，第一个 for 循环语句表示以进行循环，第二个循环语句以每行的列数进行循环，这样就达到了取得二维数组中每个值的功能。执行后会输出：

```
第 1 种方法：
```

```
1
2
2
3
4
5
第 2 种方法：
0
0
0
0
1
2
0
2
4
0
3
6
```

7.3 三维数组

在 Java 程序中，三维数组也是多维数组的一种，是二维数组和一维数组的升级。在一些情况下，一维数组和二维数组很可能不能描述一种相同类型的数据，这个时候可以考虑用三维数组。在本节将详细讲解三维数组的基本知识，为步入本书后面知识的学习打下基础。

↑扫码看视频（本节视频课程时间：2 分 34 秒）

7.3.1 声明三维数组

在 Java 程序中，声明三维数组的方法十分简单，和声明一维数组、二维数组的方法相似，具体格式如下所示。

```
float a[][][];
char b[][][];
```

上述代码中各个参数的具体说明如下所示。

- float：数组类型；
- a：数组名称；
- b：数组名称。

在 Java 程序中，创建一个三维数组的方法也十分简单，例如下面的代码。

```
int[][][] a=new int[2][2][3];
```

在上面创建数组的代码中，定义了一个 2*2*3 的三维数组，我们可以将其想象成一个 2*3 的二维数组即可。

7.3.2 初始化三维数组

在 Java 程序中，初始化三维数组的方法十分简单，例如下面的代码就是初始化了一个三维数组。

```
int[][][]a={
```

```
 // 初始化三维数组
{{1,2,3}, {4,5,6}}
{{7,8,9},{10,11,12}}
}
```

上述代码非常简单，只是定义了并且初始化了三维数组的元素值而已。

实例 7-5：创建三维数组，然后输出打印数组内元素

源码路径：下载包 \daima\ 第 7 章 \7-5

实例文件 shuzuduo1.java 的主要代码如下所示。

```
public static void main(String args[]){
           int[][][] a=new int[2][2][];                    // 初始化三维数组，三个维度
                                                               的长度分别是 2、2、空
           a[0][0]=new int[2];                             // 在三维中二数组元素初始化
           a[0][0][0]=1;                                   // 三维数组元素赋值为 1
           a[0][0][1]=2;                                   // 三维数组元素赋值为 2
           a[0][1]=new int[2];                             // 在三维中二数组元素初始化
           a[0][1][0]=3;                                   // 三维数组元素赋值为 3
           a[0][1][1]=4;                                   // 三维数组元素赋值为 4
           a[1][0]=new int[2];                             // 在三维中二数组元素初始化
           a[1][0][0]=5;                                   // 三维数组元素赋值为 5
           a[1][0][1]=6;                                   // 三维数组元素赋值为 6
           a[1][1]=new int[2];                             // 在三维中二数组元素初始化
           a[1][1][0]=1;                                   // 三维数组元素赋值为 1
           a[1][1][1]=1;                                   // 三维数组元素赋值为 1
           for(int i=0;i<a.length;i++){                    // 遍历三维中的第 1 维元素
             for(int j=0;j<a[0].length;j++){               // 遍历三维中的第 2 维元素
               for(int z=0;z<a[0][0].length;z++){          // 遍历三维中的第 3 维元素
                System.out.println("a["+i+"]["+j+"]["+z+"]="+a[i][j][z]);
}
}
}
}
```

执行后的效果如图 7-3 所示。

```
a[0][0][0]=1
a[0][0][1]=2
a[0][1][0]=3
a[0][1][1]=4
a[1][0][0]=5
a[1][0][1]=6
a[1][1][0]=1
a[1][1][1]=1
```

图 7-3

7.4　操作数组

在 Java 程序中，定义数组和初始化数组方法都十分简单，读者在学习的过程中除了掌握定义和初始化的知识外，还要掌握操作数组的方法。数组是相同数据类型的一次集合，操作数组具有很大的意义。在本节的内容中将详细讲解几种常用的操作数组的方法。

↑扫码看视频（本节视频课程时间：9 分 44 秒）

7.4.1 复制数组

复制数组是指复制一个数组内的数值。在 Java 程序中，可以使用 System 中的方法 arraycopy() 实现复制数组功能。方法 arraycopy() 的语法格式如下所示。

```
System.arraycopy(arrayA,0,arrayB,0,a.length);
```

上述各个参数自左至右的具体说明如下所示：

- array A：来源数组名称；
- 第 1 个 0：来源数组起始位置；
- array B：目的数组名称；
- 第 2 个 0：目的数组起始位置；
- a.length：复制来源数组元素的个数。

上述复制数组方法 arraycopy() 具有一定的局限性，我们可以改写这个方法，让此方法的功能更加强大，可以复制数组内的任何元素。具体格式如下所示。

```
System.arraycopy(arrayA,2,arrayB,3,3);
```

上述格式的参数自左至右具体说明如下所示：

- array A：来源数组名称。
- 2：来源数组起始位置第 2 个元素。
- array B：目的数组名称。
- 3：目的数组起始位置第 3 个元素。
- 3：在来源数组第 2 个元素开始复制 3 个元素。

实例 7-6：复制一维数组中的元素

源码路径：下载包 \daima\ 第 7 章 \7-6

实例文件 shuzucopy.java 的主要代码如下所示。

```
public static void main(String[] args) {
        int X;                                          //定义 int 变量 X
        //定义并初始化 int 类型数组 Y
        int Y[] = { 10, 9, 8, 7, 6, 5, 4, 3, 2, 1, 0 };
        //定义并初始化 int 类型数组 Z
        int Z[] = new int[11];
        System.arraycopy(Y, 0, Z, 0, Y.length);         //复制数组 Y 中的所有元素
        for (X = 0; X < Y.length; X++)
                System.out.print(Z[X] + "\n");
        System.out.println();
}
```

执行后会输出：

```
10
9
8
7
6
5
4
3
2
1
0
```

7.4.2 比较数组

比较数组就是检查两个数组是否相同，如果相同则返回一个布尔值 true，如果不相同则返回布尔值 flase。在 Java 中可以使用方法 equalse() 比较数组是否相等，如果两个数组相同就会返回 true，如果两个数组不相同就会返回 false。具体格式如下所示。

```
Arrays.equalse(arrayA,arrayB);
```

其中参数 arrayA 和 arrayB 是指代比较数组的名称。

实例 7-7：比较两个一维数组

源码路径：下载包 \daima\ 第 7 章 \7-7

实例文件 shuzugong3.java 的主要代码如下所示。

```
import java.util.Arrays;
public class shuzugong3 {
public static void main(String[] args){
  int[]a1={1,2,3,4,5,6,7,8,9,0};                    //初始化第一个数组 a1
  int[]a2=new int[9];                               //初始化第二个数组 a2

  System.out.println(Arrays.equals(a1, a2));        //比较数组 a1 和 a2
  int[]a3={1,2,3,4,5,6,7,8,9,0};                    //初始化第三个数组 a3
  System.out.println(Arrays.equals(a1, a3));        //比较数组 a1 和 a3
  int[]a4={1,2,3,4,5,6,7,8,9,5};                    //初始化第四个数组 a4
  System.out.println(Arrays.equals(a1, a4));        //比较数组 a1 和 a4
 }
}
```

执行后的效果如图 7-4 所示。

```
false
true
false
```

图 7-4

注意：在比较数组的时候，一定要在程序前面加上一句"import.java.util.Arrays;"，这段代码的意思插入软件包 Arrarys，否则程序会自动报错。

7.4.3 搜索数组中的元素

在 Java 程序中，可以使用方法 binarySearch() 搜索数组中的某一个元素，其语法格式如下所示。

```
int i=binarySearch (a, "abcde") ;
```

参数"a"表示搜索数组的名称，参数"abcde"表示需要在数组中查找的内容。

实例 7-8：使用 binarySearch() 搜索数组内元素

源码路径：下载包 \daima\ 第 7 章 \7-8

实例文件 shuzuserch.java 的具体实现代码如下所示。

```
public static void main(String[] args) {
    int[] Aa={6,2,5,4,6,2,3};                        //初始化一维数组 Aa
    Arrays.sort(Aa);                                 //排序数组元素
    System.out.print("排列数组 Aa 中的元素！ ");
    System.out.print("排序后的数组为：");
for(int i=0;i<Aa.length;i++){                        //遍历数组元素
     System.out.print(+Aa[i]+" ");                   //输出排序后的结果
```

```
        }
        System.out.println();
        System.out.print(" 数组 Aa 中有元素 4 吗？ ");
        int location=Arrays.binarySearch(Aa, 4);                  // 搜索数组元素 4
           System.out.println(" 有！ 4 的位置是 "+location+",Aa["+location+"]="+Aa[locati
on]);
    }
```

执行后会输出：

```
排列数组 Aa 中的元素！排序后的数组为：2 2 3 4 5 6 6
数组 Aa 中有元素 4 吗？有！ 4 的位置是 3,Aa[3]=4
```

7.4.4 排序数组

排序数组是指对数组内的元素进行排序，在 Java 程序中可以使用方法 sort() 实现排序功能。使用方法 sort() 的语法格式如下所示。

```
Arrays.sort(a);
```

参数“a”表示待排序数组名称。

实例 7-9：使用 sort() 排序数组内元素

源码路径：下载包 \daima\ 第 7 章 \7-9

实例文件 shuzugong6.java 的主要实现代码如下所示。

```
public static void main(String[] args)
{
                  String []a=new String[] {"123","XYZ","ABCD","256"};
                  Arrays.sort(a);
                  System.out.println(Arrays.asList(a));
}
```

执行后会输出：

```
[123, 256, ABCD, XYZ]
```

7.4.5 填充数组

在 Java 程序中，可以使用方法 fill() 向一个数组中填充元素，此方法的功能十分有限，只能使用同一个数值进行填充。例如在下面的代码中，“a”是指将要填充数组的名称，这段代码的功能是将数值 11 填充到数组 a 中。

```
int a []=new int[10];
Arrays.fill(array,11);
```

实例 7-10：使用 fill() 向数组中添加新的元素

源码路径：下载包 \daima\ 第 7 章 \7-10

实例文件 shuzugong7.java 的主要实现代码如下所示。

```
    public static void main(String[] args) {
                  int size=0;                          // 定义 int 类型变量 size 的初始值是 0
                  if(args.length!=0)                   // 如果参数 args 长度不为 0
                          size=Integer.parseInt(args[0]);         // 强制转换为整型
                  int[]a1=new int[size];                          // 新建数组 a1
                  Arrays.fill(a1, 11);                            // 填充数据 11
                  for(int i=0;i<a1.length;i++){                   // 遍历操作
                          System.out.print("a1["+i+"]="+a1[i]+" ");
                                                       // 输出数组 a 中的元素
                  }
                  System.out.println();
         }
```

在 Eclipse 中需要依次选择“Run” | “Run configurations”命令后才能运行上述代码，执行效果如图 7-5 所示。

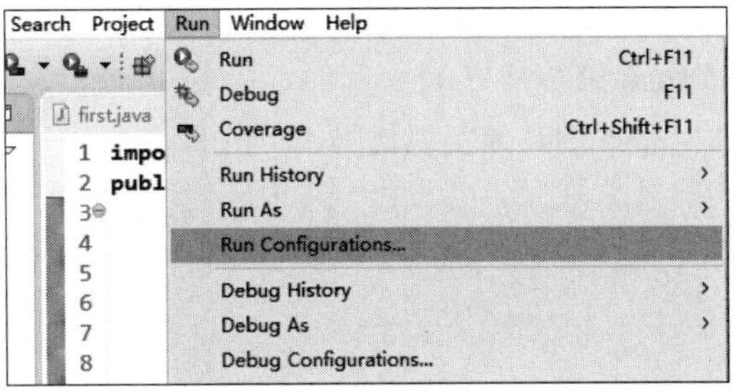

图 7-5

如果直接执行上述程序后只会看到一片空白，这是因为缺少环境变量的原因，我们需要在“Run configurations”对话框中进行设置，如图 7-6 所示。

单击右边的“Arguments”选项卡，在“Program arguments”中设置参数，这里需要将其值设置成“7”，设置完成后，如图 7-7 所示。

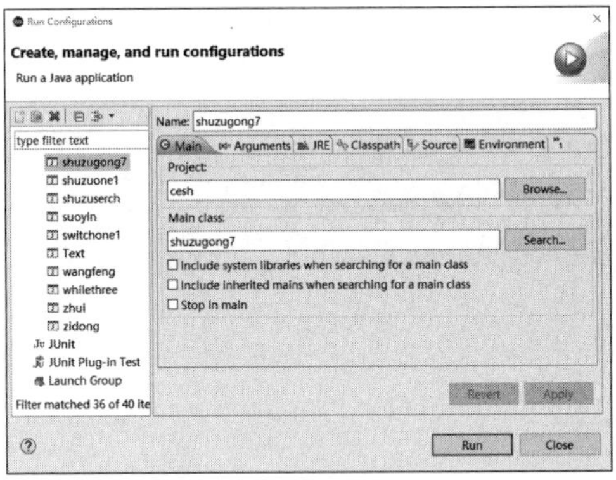

图 7-6

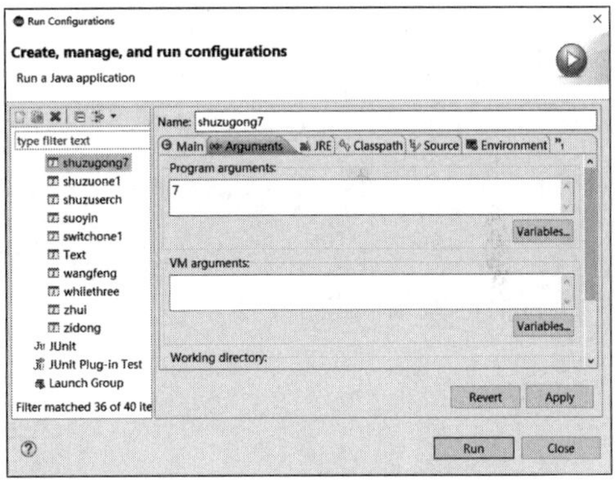

图 7-7

设置完成后将会得到如图 7-8 所示的效果。

```
a1[0]=11 a1[1]=11 a1[2]=11 a1[3]=11 a1[4]=11 a1[5]=11 a1[6]=11
```

图 7-8

7.5 数组的高级用法

除了在本章前面介绍的知识外，在 Java 体系中的数组知识还有其他高级用法。在本节的内容中，将讲解深入研究 Java 数组的基本知识，为读者步入本书后面知识的学习打下基础。

↑扫码看视频（本节视频课程时间：3 分 58 秒）

7.5.1 动态数组

在 Java 程序中，动态数组是一种可以任意伸缩数组长度的对象，其中比较常用的动态数组是 ArrayList。ArrayList 是在 Java API 中自带的 java.util.ArrayList。例如在下面的演示实例中，将 ArrayList 作为 Java 的动态数组。

实例 7-11：将 ArrayList 作为 Java 动态数组

源码路径：下载包 \daima\ 第 7 章 \7-11

实例文件 JavaArrayList.java 的具体实现代码如下所示。

```
import java.util.ArrayList;
public class JavaArrayList {
 public static void main(String[]args) {
  //Java 动态数组的初始化
  ArrayList<String> al=new ArrayList<String>();
  //向 Java 动态数组中添加数据
  al.add("a");                                                    //添加元素 a
  al.add("b");                                                    //添加元素 b
  al.add("c");                                                    //添加元素 c
  //输出 Java 动态数组
  for(int i=0;i<al.size();i++){
   String alEach=(String)al.get(i);
   System.out.println(alEach);
  }
  al.remove(1);                                //删除数组中的某个元素，删除第二个元素
  al.add(1,"2");                               //修改 Java 动态数组，把新的元素放到第二个位置
  ////输出 Java 动态数组
  for(int i=0;i<al.size();i++) {
   String alEach=(String)al.get(i);
   System.out.println(alEach);
  }
 }
}
```

执行后的效果如图 7-9 所示。

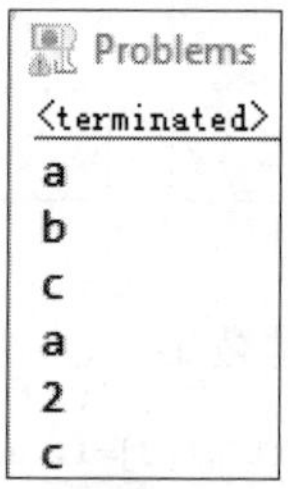

图 7-9

注意：其实除了 ArrayList 之外，Java 中的动态数组还有一种格式，此种格式需要从动态初始化谈起。动态初始化只指定数组的长度，由系统为每个数组元素指定初始值，动态初始化的语法格式如下所示。

```
arryName=new type [length];
```

在上述格式中，需要指定一个 int 整型的 length 参数，这个参数指定了数组的长度，也就是可以容纳数组元素的个数。此处的 type 必须与定义数组时使用的 type 类型相同，或者是定义数组时使用的 type 类型的子类。

7.5.2 使用 foreach 循环

在 Java 程序中，foreach 语句是从 Java1.5 开始出现的特征，在遍历数组和遍历集合方面，foreach 为开发人员提供了极大的方便。从实质上说，foreach 语句是 for 语句的特殊简化版本，

但是 foreach 语句并不能完全取代 for 语句，任何的 foreach 语句都可以改写为 for 语句版本。在 Java 程序中，foreach 并不是一个关键字，习惯上将这种特殊的 for 语句格式称之为“foreach”语句。从英文字面意思理解 foreach 也就是“for 每一个”的意思。使用 foreach 语句的语法格式如下所示。

```
for(type 元素变量 x : 遍历对象 obj){
引用了 x 的 java 语句;
}
```

在上述格式中，“元素类型 t”是数组元素或集合元素的类型，“元素变量 x”是一个形参名，foreach 循环将自动将数组元素、集合元素依次赋给该变量。

实例 7-12：使用 foreach 遍历输出数组中的元素

源码路径：下载包 \daima\ 第 7 章 \7-12

实例文件 TestForEach.java 的主要代码如下所示。

```
    public static void main(String[] args) {
            String[] books = {"神舟五号" ,
                    "神舟六号","神舟七号","神舟九号","神舟十号"
                    };
            System.out.println("我国的载人飞船有：");
            //使用 foreach 循环来遍历数组元素，其中 book 将会自动迭代每个数组元素
            for (String book : books){
                    System.out.println(book);
            }
    }
```

从上面的程序中可以看出，使用 foreach 循环遍历数组元素无须获得数组长度，也无须根据索引来访问数组元素。foreach 循环和普通循环不同的是，它无须循环条件，无须循环迭代语句，这部分都由系统来完成，foreach 循环自动迭代数组的每个元素，当每个元素都被迭代一次后，foreach 循环自动结束。执行后的效果如图 7-10 所示。

```
我国的载人飞船有：
神舟五号
神舟六号
神舟七号
神舟九号
神舟十号
```

图 7-10

7.5.3 数组和内存

在 Java 程序中，数组是一种引用数据类型，数组引用变量只是一个引用，数组元素和数组变量在内存里是分开存放的。在接下来的内容中，将深入介绍数组在内存中的运行机制。

1. 内存中的数组

数组引用变量只是一个引用，这个引用变量可以指向任何有效的内存，只有当该引用指向有效内存后，才可通过该数组变量来访问数组元素。与所有引用变量相同的是，引用变量是访问真实对象的根本方式。也就是说，如果我们希望在程序中访问数组，则只能通过这个数组的引用变量来访问它。实际的数组元素被存储在堆（heap）内存中；数组引用变量是一个引用类型的变量，被存储在栈（stack）内存中。

当一个方法执行时，每个方法都会建立自己的内存栈，在这个方法内定义的变量将会逐个放入栈内存里，随着方法的执行结束，这个方法的内存栈也将自然销毁。所以在所有方法中定义的变量都是放在栈内存中的；当我们在程序中创建一个对象时，这个对象将被保存到运行时数据区域中，以便于反复利用（因为对象的创建成本通常较大），运行时的数据区域就是堆内存，堆内存中的对象不会随着方法的结束而销毁，即使方法结束后，这个对象还可能被另一个引用变量引用，这个对象依然不会被销毁。只有当一个对象没有任何引用变量引用它的时候，系统垃圾回收机制才会在合适的时候回收它。

如果堆内存中数组不再有任何引用变量指向自己，则这个数组将成为垃圾，该数组所占的内存将会被系统的垃圾回收机制回收。因此，为了让垃圾回收机制回收一个数组所占的内存空间，则可以将该数组变量赋为 null，也就切断了数组引用变量和实际数组之间的引用关系，实际数组也就成为垃圾。

只要类型相互兼容，可以让一个数组变量指向另一个实际的数组，这种操作会使我们产生数组的长度可变的错觉。

程序员在进行程序开发时，不要仅仅停留在代码表面，而要深入底层的运行机制，才可以对程序的运行机制有更准确的把握。当我们看一个数组时，一定要把数组看成两个部分：一个是数组引用，也就是在代码中定义的数组引用变量；还有一个是实际数组本身，这个部分是运行在系统内存里的，通常无法直接访问它，只能通过数组引用变量来访问它。

2．初始化基本类型数组

对于基本类型数组来说，数组元素的值直接存储在对应的数组元素中，因此在初始化数组时，先为此数组分配内存空间，然后直接将数组元素的值存入对应数组元素中。例如在下面的实例代码中，定义了一个 int[] 类型的数组变量，采用动态初始化的方式初始化了该数组，并显式的为每个数组元素赋值。

实例 7-13：初始化基本类型数组

源码路径：下载包 \daima\ 第 7 章 \7-13

实例文件 jiben.java 的具体实现代码如下所示。

```
public static void main(String[] args)
        //定义一个 int[] 类型的数组变量
        int[] iArr;
        //动态初始化数组，数组长度为 5
        iArr = new int[5];

        //采用循环方式为每个数组元素赋值。
        for (int i = 0; i <iArr.length ; i++ ){
                iArr[i] = i + 10;
        }
}
```

上述代码的执行过程代表基本类型数组初始化的典型过程，在执行第一行代码“int[] iArr;”时，仅定义一个数组变量，在执行“int[] iArr;”后，仅在栈内存中定义一个空引用（就是 iArr 数组变量），这个引用并未指向任何有效的内存，也就无法指定数组的长度。当执行“iArr= new int[5];”动态初始化后，系统将负责为该数组分配内存空间，并分配默认的初始值，所有数组元素都被赋为 0。

3. 初始化引用类型数组

引用类型数组的数组元素是引用，因此情况变得更加复杂：每个数组原则上存储的还是引用，它指向另一块内存，在这块内存里存储了有效数据。

如果一个内存中的对象没有任何引用的话，就说明这个对象已经不再被使用了，从而可以成为被垃圾回收的候选。不过由于垃圾回收器的运行时间不确定，可被垃圾回收的对象实际被回收的时间是不确定的。对于一个对象来说，只要有引用的存在，它就会一直存在于内存中。如果这样的对象越来越多，超出了 JVM 中的内存总数，JVM 就会抛出 OutOfMemory 错误。虽然垃圾回收的具体运行是由 JVM 来控制的，但是开发人员仍然可以在一定程度上与垃圾回收器进行交互，其目的在于更好地帮助垃圾回收器管理好应用的内存。这种交互方式就是从 JDK 1.2 开始引入的 java.lang.ref 包。

（1）强引用

在一般的 Java 程序中，见得最多的就是强引用（strong reference）。例如“Date date = new Date()”其中的 date 就是一个对象的强引用。对象的强引用可以在程序中到处传递。很多情况下，会同时有多个引用指向同一个对象。强引用的存在限制了对象在内存中的存活时间。假如对象 A 中包含一个对象 B 的强引用，那么一般情况下，对象 B 的存活时间就不会短于对象 A。如果对象 A 没有显式的把对象 B 的引用设为 null 的话，就只有当对象 A 被垃圾回收之后，对象 B 才不再有引用指向它，才可能获得被垃圾回收的机会。

除了强引用之外，在 java.lang.ref 包中提供了对一个对象的不同引用方式。JVM 的垃圾回收器对于不同类型的引用有着不同的处理方式。

（2）软引用

软引用（soft reference）在强度上弱于强引用，通过类 SoftReference 来表示。它的作用是告诉垃圾回收器，程序中的哪些对象是不那么重要，当内存不足的时候是可以被暂时回收的。当 JVM 中的内存不足的时候，垃圾回收器会释放那些只被软引用所指向的对象。如果全部释放完这些对象之后，内存还不足，才会抛出 OutOfMemory 错误。软引用非常适合于创建缓存。当系统内存不足的时候，缓存中的内容是可以被释放的。比如考虑一个图像编辑器的程序。该程序会把图像文件的全部内容都读取到内存中，以方便进行处理。而用户也可以同时打开多个文件。当同时打开的文件过多的时候，就有可能造成内存不足。如果使用软引用来指向图像文件内容的话，垃圾回收器就可以在必要的时候回收掉这些内存。

第 8 章 类和方法

（视频讲解：64 分钟）

Java 是一门面向对象的语言，Java 为我们提供了定义类、定义属性、方法等最基本的功能。类被认为是一种自定义的数据类型，可以使用类来定义变量，所有使用类定义的变量都是引用变量，它们将会引用到类的对象，对象由类负责创建。类用于描述客观世界里某一类对象的共同特征，而对象则是类的具体存在，Java 程序使用类的构造器来创建该类的对象。在本章将详细讲解 Java 面向对象的一些知识与面向对象的一些特性，重点学习类和方法的相关知识，为读者步入本书后面知识的学习打下基础。

8.1 面向对象基础

在学习本章的内容之前，我们需要先弄清楚什么是面向对象，掌握面向对象编程思想是学好 Java 语言的前提。在本节的内容中将简要介绍面向对象编程的基础知识，为读者步入本书后面知识的学习打下基础。

↑扫码看视频（本节视频课程时间：15 分 50 秒）

8.1.1 面向对象介绍

在目前的软件开发领域中有两种主流的开发方法，分别是结构化开发方法和面向对象开发方法。早期的编程语言如 C、Basic、Pascal 等都是结构化编程语言，随着软件开发技术的逐渐发展，人们发现面向对象可以提供更好的可重用性、可扩展性和可维护性，于是催生了大量的面向对象的编程语言，如 C++、Java、C# 和 Ruby 等。

一般认为，面向对象编程（Object-Oriented Programming，OOP）起源于 20 世纪 60 年代的 Simula 语言，发展至今，它已经是一种理论完善，并可由多种面向对象程序设计语言（Object-Oriented Programming Language，OOPL）来实现的技术了。由于存在很多原因，所以在国内大部分程序设计人员并没有很深入地了解 OOP 以及 OOPL 理论，对纯粹的 OOP 思想以及动态类型语言更是知之甚少。

对象的产生通常基于两种方式，它们分别是以原型对象为基础产生新对象和以类为基础产生新对象。

8.1.2　Java 的面向对象编程

面向对象编程方法是 Java 编程的指导思想。在使用 Java 语言进行编程时，应该首先利用对象建模技术（OMT）来分析目标问题，抽象出相关对象的共性，对它们进行分类，并分析各类之间的关系。然后再用类来描述同一类对象，归纳出类之间的关系。Coad 和 Yourdon（Coad/Yourdon 方法由 P.Coad 和 E.Yourdon 于 1990 年推出，Coad 是指 Peter Coad，而 Yourdon 是指 Edward Yourdon）在对象建模技术、面向对象编程和知识库系统的基础之上设计了一整套面向对象的方法，具体分为面向对象分析（OOA）和面向对象设计（OOD）。它们共同构成了系统设计的过程，如图 8-1 所示。

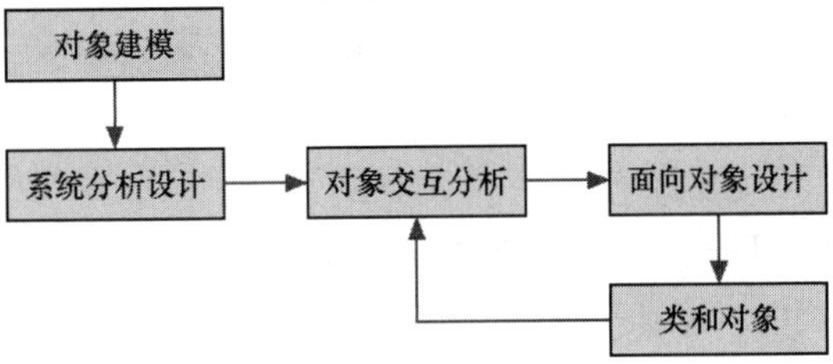

图 8-1

8.1.3　Java 面向对象的几个核心概念

1．类

只要是一门面向对象的编程语言（例如 C++、C# 等），那么就一定会有类这个概念。类是指将相同属性的东西放在一起，类是一个模板，能够描述一类对象的行为和状态。请看下面两个例子。

（1）在现实生活中，可以将人看成一个类，这类称为人类。

（2）如果某个男孩想找一个对象（女朋友），那么所有的女孩都可能是这个男孩的女朋友，所有的女孩就是一个“类”。

Java 中的每一个源程序至少都会有一个类，例如在本书前面介绍的实例中，用关键字 class 定义的都是类。Java 是面向对象的程序设计语言，类是面向对象的重要内容，我们可以把类当成一种自定义数据类型，可以使用类来定义变量，这种类型的变量统称为引用型变量。也就是说，所有类都引用数据类型。

2．对象

对象是实际存在某个类中的每一个个体，因而也被称为实例（instance）。对象的抽象是类，类的具体化就是对象，也可以说类的实例是对象。类用来描述一系列对象，类会概述每个对象包括的数据和行为特征。因此，我们可以把类理解成某种概念、定义，它规定了某类对象所共同具有的数据和行为特征。

接着前面的两个例子。

（1）人这个“类”的范围实在是太笼统了，人类里面的秦始皇是一个具体的人，是一个客观存在的人，我们就将秦始皇称为一个对象。

（2）想找对象（女朋友）的男孩已经找到目标了，他的女朋友名叫“大美女”。注意，假设叫这个名字的女孩人类中仅有这一个，此时名叫“大美女”的这个女孩就是一个对象。

在面向对象的程序中，首先要将一个对象看作一个类，假定人是对象，任何一个人都是一个对象，类只是一个大概念而已，而类中的对象是具体的，它们具有自己的属性（例如漂亮、身材好）和方法（例如会作诗、会编程）。

3. Java 中的对象

通过上面的讲解可知，我们的身边有很多对象，例如车、狗、人等。所有这些对象都有自己的状态和行为。拿一条狗来说，它的状态有：名字、品种、颜色；行为有：叫、摇尾巴和跑。

现实对象和软件对象之间十分相似。软件对象也有状态和行为，软件对象的状态就是属性，行为通过方法来体现。在软件开发过程中，方法操作对象内部状态的改变，对象的相互调用也是通过方法来完成的。

注意：类和对象有以下区别。

（1）类描述客观世界里某一类事物的共同特征，而对象则是类的具体化，Java 程序使用类的构造器来创建该类的对象。

（2）类是创建对象的模板和蓝图，是一组类似对象的共同抽象定义。类是一个抽象的概念，不是一个具体的事物。

（3）对象是类的实例化结果，是真实的存在，代表现实世界中的某一事物。

4. 属性

属性有时也称为字段，用于定义该类或该类的实例所包含的数据。在 Java 程序中，属性通常用来描述某个对象的具体特征，是静态的。例如姚明（对象）身高为 2.6m，小白（对象）的毛发是棕色的，二郎神（对象）额头上有只眼睛等，都是属性。

5. 方法

方法用于定义该类或该类实例的行为特征或功能实现。每个对象都有自己的行为或者是使用它们的方法，比如说一只狗（对象）会跑、会叫等。我们把这些行为称为方法，它是动态的，可以使用这些方法来操作一个对象。

6. 类的成员

属性和方法都被称为所在类的成员，因为它们是构成一个类的主要部分，如果没有这两样东西，那么类的定义也就没有内容了。

8.2 类

无论是什么开发语言，只要是一门面向对象的语言，就一定存在“类”这一概念，例如 C++、C# 和 PHP 等。类是指将相同属性的东西放在一起，Java 中的每一个源程序至少都会有一个类。在下面的内容中将详细讲解 Java 语言中类的知识。

↑扫码看视频（本节视频课程时间：14 分 3 秒）

Java 是面向对象的程序设计语言，类是面向对象的重要内容，我们可以把类当成一种自定义数据类型，可以使用类来定义变量，这种类型的变量统称为引用型变量。也就是说，所有类是引用数据类型。在面向对象的程序中，首先要将一个对象看作一个类，假定人是对象，任何一个人都是一个对象，类是一个大概念，所以这些对象具有一定的属性和方法。例如在下面的代码中，定义一个名为 person 的人类，这是具有一定特效的一类事物，而 tom 则是类的一个对象实例，其代码如下所示。

```
class person {
//人具有 age 属性
int age;
//人具有 name 属性
String name;
//人具有 shut 方法
void shut(){
        System.out.println("My name is"+name);
}
public static void main(String args[]){
//类及类属性和方法的使用
person Tom=new person();
Tom.age=27;
Tom.name="TOM";
Tom.shut();
}
```

在一个类中只有属性和方法，其中属性是描述对象的，方法是让对象实现功能的。

8.2.1　定义类

在 Java 语言中，定义类的语法格式如下所示。

```
[修饰符] class 类名{
零个到多个构造器的定义…
零个到多个属性…
零个到多个方法…
}
```

在上面定义类的语法格式中，修饰符跟前面学习的变量、常量中的修饰符一样。类中的修饰符可以是 public、final 或 static，或者完全省略这两个修饰符，类名只要是一个合法的标识符即可，但这仅仅满足的是 Java 的语法要求；如果从程序的可读性方面来看，Java 类名必须是由一个或多个有意义的单词连缀而成，每个单词首字母大写，其他字母全部小写，单词与单词之间不要使用任何分隔符。在定义一个类时可以包含三种最常见的成员，分别是构造器、属性和方法。这三种成员都可以定义零个或多个，如果三种成员都只定义了零个，这说明是定义了一个空类，这没有太大的实际意义。类中各个成员之间的定义顺序没有任何影响，各个成员之间可以相互调用。但需要注意的是，static 修饰的成员不能访问没有 static 修饰的成员。

8.2.2　定义属性

属性有时也被称为字段，在 Java 官方中被称为 Filed。属性用于定义该类或该类的实例所包含的数据，方法则用于定义该类或该类的实例的行为特征或功能实现。构造器用于构造该类的实例，Java 语言通过关键字 new 来调用构造器，从而返回该类的实例。构造器是一个类创建对象的根本途径，如果一个类没有构造器，这个类通常将无法创建实例。为此 Java 语言提供了构造器机制，系统会为该类提供一个默认的构造器。一旦程序员为一个类提供了构造器，系统将不再为该类提供构造器。在 Java 程序中定义属性的语法格式如下所示。

```
[修饰符] 属性类型属性名 [=默认值];
```

上述格式的具体说明如下所示。

- 修饰符：修饰符可以省略，也可以是 public、protected、private、static、final，其中 public、protected、private 最多只能出现其中之一，可以与 static、final 组合起来修饰属性。
- 属性类型：属性类型可以是 Java 语言允许的任何数据类型，包括基本类型和现在介绍的引用类型。
- 属性名：属性名则只要是一个合法的标识符即可，但这只是从语法角度来说的；如果从程序可读性角度来看，属性名应该由一个或多个有意义的单词连缀而成，第一个单词首字母小写，后面每个单词首字母大写，其他字母全部小写，单词与单词之间不需使用任何分隔符。
- 默认值：在定义属性时可以定义一个可选的默认值。

8.2.3 定义方法

在 Java 程序中，定义方法的语法格式如下所示。

```
[修饰符] 方法返回值类型方法名 [=形参列表];
{
由零条或多条可执行语句组成的方法体
}
```

- 修饰符：可以省略，也可以是 public、protected、private、static、final、abstract，其中 public、protected、private 这三个最多只能出现其中之一；abstract 和 final 最多只能出现其中之一，它们可以与 static 组合起来共同修饰方法。
- 方法返回值类型：返回值类型可以是 Java 语言允许的任何数据类型，包括基本类型和引用类型；如果声明了方法返回值类型，则在方法体内必须有一个有效的 return 语句，该语句返回一个变量或一个表达式，这个变量或者表达式的类型必须与此处声明的类型匹配。如果在一个方法中没有返回值，则必须使用 void 来声明没有返回值。
- 方法名：方法名命名规则与属性命名规则基本相同，但通常建议方法名以英文中的动词开头。
- 形参列表：形参列表用于定义该方法可以接受的参数，形参列表由零组到多组“参数类型形参名”组合而成，多组参数之间以英文逗号“,”隔开，形参类型和形参名之间以英文空格隔开。一旦在定义方法时指定了形参列表，则调用该方法时必须传入对应的参数值——谁调用方法，谁负责为形参赋值。

在定义方法时，需要注意在方法体中的多条可执行性语句之间有严格的执行顺序，排在方法体前面的语句总是先执行，排在方法体后面的语句总是后执行。其实你在本书前面的章节中已经多次接触过方法，其中在使用得最多的是“public static void main(String args[]){}”，在这段代码中就使用了方法 main()，在下面的代码中也定义了几个方法。

```
// 定义一个无返回值的方法
public void cheng(){
System.out.println("我已经长大了");
//…
}
```

```
//定义一个有返回值的方法
public int Da(){
int a=100;
return a;
```

8.2.4 定义构造器

在 Java 程序中，构造器是一个特殊的方法，定义构造器的语法格式与定义方法的语法格式非常像。在 Java 中定义构造器的语法格式如下所示。

```
[修饰符] 构造器名 (形参列表);
{
由零条或多条可执行语句组成的构造器执行体
}
```

上述格式的具体说明如下所示。

- 修饰符：修饰符可以省略，也可以是 public、protected、private 其中之一。
- 构造器名：构造器名必须和类名相同。
- 形参列表：和定义方法形参列表的格式完全相同。

构造器不能定义返回值类型声明，也不能使用 void 定义构造器没有返回值。如果为构造器定义了返回值类型，或使用 void 定义构造器没有返回值，编译时不会出错，但 Java 会把这个所谓的构造器当成方法来处理。

8.3 修饰符

在前面讲解定义属性和方法的知识时，曾经提到过修饰符的问题。在 Java 语言中，为了严格控制访问权限，特意引进了修饰符这一概念。在本节的内容中将详细讲解 Java 修饰符的知识。

↑扫码看视频（本节视频课程时间：6 分 33 秒）

8.3.1 public 修饰符

在 Java 程序中，如果将属性和方法定义为 public 类型，那么此属性和方法所在的类及其子类，同一个包中的类，不同包中的类都可以访问这些属性和方法。例如在下面的实例中，演示了在类中创建 public 类型属性和方法的过程。

实例 8-1：输出显示歼 20 的飞行里程

源码路径：下载包 \daima\ 第 8 章 \8-1

实例文件 Leitwo1.java 的主要代码如下所示。

```
class textone {                                         //定义类 textone
    public int a;                                       //int 类型的属性 a
    public void print()                                 //定义打印方法 print()
    {
            System.out.println("歼 20 的飞行里程可达 "+a+" 公里 ");//打印输出的文本
    }
}
public class Leitwo1{
    public static void main(String args[]){
```

```
            textone aa=new textone();                    //新建类 textone 的实例对象 aa
            aa.a=8000;                                   //给对象 aa 的属性 a 赋值为 8000
            aa.print();                                  //调用方法 print()
    }
}
```

在上面的实例代码中，类 Leitwo1 可以随意访问类 textone 中的方法和属性。执行效果如图 8-2 所示。

歼20的飞行里程可达8000公里

图 8-2

8.3.2 使用 private 修饰修饰符

在 Java 程序中，如果将属性和方法定义为 private 类型，那么该属性和方法只能在自己的类中被访问，在其他类中不能被访问。例如下面的实例代码很好地说明了这一特点。

实例 8-2：使用 private 修饰符输出姓名和学号

源码路径：下载包 \daima\ 第 8 章 \8-2

实例文件 leitwo3.java 的具体实现代码如下所示。

```
public class Leitwo3 {                                      //定义类
    private String uname;                                   //定义私有字符串属性 uname
    private int uid;                                        //定义私有整型属性 uid
    public String getuname() {                              //定义方法 getuname() 返回名字
                              return uname;
    }
    private int getuid(){                                   //定义方法 getuid() 返回编号
            return uid;
    }
    //下面是定义一个构造方法 Leitwo3()
    public Leitwo3(String uname,int uid){
            this.uname=uname;
            this.uid=uid;
    }
    public static void main(String args[])
    {
            //创建两个 eitwo3 实例对象 PrivateUse1 和 PrivateUse2
            Leitwo3 PrivateUse1=new Leitwo3("唐唐",21002);
            Leitwo3 PrivateUse2=new Leitwo3("古古",61002);
            String a1=PrivateUse1.getuname();
            System.out.println("姓名："+a1);        //输出 PrivateUse1 的姓名
            int a2=PrivateUse1.getuid();
            System.out.println("学号："+a2);        //输出 PrivateUse1 的编号

            String a3=PrivateUse2.getuname();
            System.out.println("姓名："+a3);        //输出 PrivateUse2 的姓名
            int a4=PrivateUse2.getuid();
            System.out.println("学号："+a4);        //输出 PrivateUse2 的编号
    }
}
```

执行上述代码后会输出：

```
姓名：唐唐
学号：21002
姓名：古古
学号：61002
```

8.3.3　使用 protected 保护修饰符

在编写 Java 应用程序时，如果使用了修饰符“protected”修饰属性和方法，那么该属性和方法只能在自己的子类和类中被访问。例如下面的实例演示了使用 protected 私有修饰符的过程。

实例 8-3：输出显示歼 20 列装和形成战力的年份

源码路径：下载包 \daima\ 第 8 章 \8-3

实例文件 leitwo4.java 的具体实现代码如下所示。

```
public class Leitwo4 {
    protected int a;                                    //定义保护的 int 类型的属性 a
    protected void print(){                             //定义打印输出方法 print()
            System.out.println(a+"年");                  //输出属性 a 的值
    }
     public static void main(String args[]){
            System.out.println("歼 20 列装的年份是：");
            Leitwo4 a1=new Leitwo4();                   //新建 Leitwo4 对象实例 a1
            a1.a=2017;                                  //a1 中的属性 a 赋值为 2017
            a1.print();                                 //调用方法 print()
            System.out.println("歼 20 形成战力的年份是：");
            Leitwo4 a2=new Leitwo4();                   //新建 Leitwo4 对象实例 a2
            a2.a=2018;                                  //a2 中的属性 a 赋值为 2018
            a2.print();                                 //调用方法 print()
    }
}
```

执行上述代码后的效果如图 8-3 所示。

```
歼20列装的年份是:
2017年
歼20形成战力的年份是:
2018年
```

图 8-3

8.3.4　其他修饰符

除了前面讲解的三个修饰符外，在 Java 中还有许多其他的修饰符，具体说明如下所示。

- 默认修饰符：如果没有指定访问控制修饰符，则表示使用默认修饰符，这时变量和方法只能在自己的类及该类同一个包下的类中访问。
- static：被 static 修饰的变量为静态变量，被 static 修饰的方法为静态方法。
- final：被 final 修饰的变量在程序在整个执行过程中最多赋一次值，所以经常它被定义为常量。
- transient：它只能修饰非静态的变量。
- volatile：和 transient 一样，它只能修饰变量。
- abstract：被 abstract 修饰的成员称作抽象方法，
- synchronized：该修饰符只能应用于方法，不能修饰类和变量。

例如下面的实例演示了使用默认修饰符创建属性和方法的过程。

实例 8-4：使用默认修饰符创建属性和方法

源码路径：下载包 \daima\ 第 8 章 \8-4

实例文件 leitwo5.java 的主要代码如下所示。

```
public class leitwo5 {
    int a;                                          //定义 int 类型的属性 a
    int b;                                          //定义 int 类型的属性 b
    void print(){                                   //定义方法 print()
            int c=a+b;                              //定义 int 类型的属性 c，赋值为 a+b
            System.out.println("a+b="+c);           //打印输出 a+b 的值
    }
    public static void main(String args[]){
            leitwo5 a1=new leitwo5();               //定义类 leitwo5 的对象实例 a1
            a1.a=2;                                 //赋值 a 的值为 2
            a1.b=3;                                 //赋值 b 的值为 3
            a1.print();                             //调用方法 print() 打印输出 a+b 的值

    }
}
```

在上面的实例代码中，属性全局变量和方法的访问权限修饰符都是默认的，由于类 UserOne1 中的变量和方法都是默认的，所以类在 UserOne1 中访问默认的方法 Print()，由此可见，变量和方法对于自己所在的类并且在默认的包（包的知识在后面讲解）下的类都是可见的。执行后会输出：

```
a+b=5
```

8.4 使用方法

在 Java 程序中，方法是类或对象行为特征的抽象，是类或对象中最重要的组成部分之一。Java 中的方法完全类似于传统结构化程序设计里的函数，Java 里的方法不能独立存在，所有的方法都必须定义在类里。方法在逻辑上要么属于类，要么属于对象。

↑扫码看视频（本节视频课程时间：8 分 13 秒）

8.4.1 方法的所属性

不论是从定义方法的语法上来看，还是从方法的功能上来看，都不难发现方法和函数之间的相似性。实际上，方法确实是由传统的函数发展而来的，但方法与传统的函数有着显著不同。在结构化的编程语言里，函数是老大，整个软件由一个一个的函数组成。在面向对象编程语言里，类才是老大，整个系统由一个一个的类组成。因此在 Java 语言中，方法不能独立存在，方法必须属于类或对象。在 Java 中如果需要定义一个方法，则只能在类体内定义，不能独立定义一个方法。一旦将一个方法定义在某个类体内，如果这个方法使用 static 修饰，则这个方法属于这个类，否则这个方法属于这个类的对象。

Java 语言是静态的，当定义一个类之后，只要不再重新编译这个类文件，该类和该类的对象所拥有的方法是固定的，永远都不会改变。因为 Java 中的方法不能独立存在，它必须属于一个类或者一个对象，因此方法也不能像函数那样被独立执行。在执行方法时必须使用类或对象来作为调用者。即所有方法都必须使用“类，方法”或“对象，方法”的格式来调用。此处可能会产生一个问题，当在同一个类里不同方法之间相互调用时，不可以直接调用吗？在此需要明确一个道理：当在同一个类的一个方法调用另外一个方法时，如果被调方法是普通方法，则默认使用 this 作为调用者，如果被调方法是静态方法，则默认使用类作为调用者。从表面上看起来某些方法可以被独立执行，但实际上还是使用 this 或者类作为调用者。由此可见，永远不要把方法当成独立存在的实体，正如现实世界里由类和对象组成，而方法只能作为类和对象的附属，Java 语言中的方法也是一样。讲到此处，可以总结 Java 方法的所有属性主要体现在如下几个方面。

- 方法不能独立定义，方法只能在类体中定义。
- 从逻辑意义上来看，方法要么属于该类本身，要么属于该类的一个对象。
- 永远不能独立执行方法，执行方法必须使用类或对象作为调用者。

8.4.2　传递方法参数

在 Java 语言中，方法是不能独立存在的，调用方法也必须使用类或对象作为主调者。如果在声明方法时包含形参声明，则调用方法时必须给这些形参指定参数值，调用方法时，实际传给形参的参数值也被称为实参。究竟 Java 的实参值是如何传入方法的呢？这是由 Java 方法的参数传递机制来控制的。传递 Java 方法的参数的方式只有一种，即使用值传递方式。值传递是指将实际参数值的副本（复制品）传入方法中，而参数本身不会受到任何影响。例如下面的实例演示了传递方法参数的过程。

实例 8-5：传递方法的参数

源码路径：下载包 \daima\ 第 8 章 \8-5

实例文件 chuandi.java 的主要代码如下所示。

```
    public static void swap(int a , int b){
        //下面三行代码实现 a、b 变量的值交换
        int tmp = a;                              //定义一个临时变量来保存 a 变量的值
        a = b;                                    //把 b 的值赋给 a
        b = tmp;                                  //把临时变量 tmp 的值赋给 a
        System.out.println("swap 方法里，a 的值是 " + a + "; b 的值是 " + b);
    }
    public static void main(String[] args) {
        int a = 6;                                //定义 int 变量 a 并赋值为 6
        int b = 9;                                //定义 int 变量 a 并赋值为 9
        swap(a , b);                              //调用方法 swap 交换 a 和 b 的值
        System.out.println(" 交换结束后，实参 a 的值是 " + a + "; 实参 b 的值是 " + b);
    }
}
```

执行后的效果如图 8-4 所示。

```
swap方法里，a的值是9；b的值是6
交换结束后，实参a的值是6；实参b的值是9
```

图 8-4

在上述实例代码中，swap() 方法里 a 和 b 的值是 9、6，交换结束，实参 a 和 b 的值依然是 6、9。从执行结果可以看出，main() 方法里的变量 a 和 b，并不是 swap() 方法里的 a 和 b。正如前面讲的：a 和 b 只是 main() 方法里变量 a 和 b 的复制品。Java 程序总是从 main() 方法开始执行，main() 方法开始定义了 a、b 两个局部变量。当程序执行 swap() 方法时，系统进入 swap() 方法，并将 main() 方法中的 a、b 变量作为参数值传入 swap() 方法，swap() 方法的只是 a、b 的副本，而不是 a、b 本身，进入 swap() 方法后系统中产生了四个变量。在 main() 方法中调用 swap()

方法时，main() 方法还未结束。因此，系统分别为 main 方法和 swap() 方法分配两块栈区，分别用于保存 main 方法和 swap 方法的局部变量。main() 方法中的 a、b 变量作为参数值传入 swap() 方法，实际上是在 swap 方法栈区中重新产生了两个变量 a、b，并将 main() 方法栈区中 a、b 变量的值分别赋给 swap() 方法栈区中的 a、b 参数（就是 swap() 方法的 a、b 形参进行了初始化）。此时，系统存在两个 a 变量、两个 b 变量，只是存在于不同的方法栈区中而已。程序在 swap() 方法交换 a、b 两个变量的值，实际上是对覆盖区域的 a、b 变量进行交换，交换结束后 swap() 方法中输出 a、b 变量的值，看到 a 的值为 9，b 的值为 6。由此可以得出，main() 方法栈区中的 a、b 的值并未有任何改变，程序改变的只是 swap() 方法栈中的 a、b。由此可以得出值传递的实质是：当系统开始执行方法时，系统为形参执行初始化，即把实参变量的值赋给方法的形参变量，方法中操作的并不是实际的实参变量。

8.4.3 长度可变的方法

从 JDK 1.5 之后，在 Java 程序中可以定义形参长度可变的参数，从而允许为方法指定数量不确定的形参。如果在定义方法时，在最后一个形参的类型后增加三点“…”，则表明该形参可以接受多个参数值，多个参数值被当成数组传入。例如在下面的实例代码中，定义了一个形参长度可变的方法。

实例 8-6：定义一个形参长度可变的方法

源码路径：下载包 \daima\ 第 8 章 \8-6

实例文件 Bian.java 的具体实现代码如下所示。

```
//定义了形参个数可变的方法
public static void test(int a , String... books)
{
        //books 被当成数组处理
        for (String tmp : books){
                System.out.println(tmp);
        }
        //输出整数变量 a 的值
        System.out.println(a);
}
public static void main(String[] args) {
        //调用 test 方法，为 args 参数可以传入多个字符串
        test(2000 , "歼15" , "歼20");
        //调用 test 方法，为 args 参数可以传入多个字符串
        test(1400 , new String[]{"歼10B" , "歼30"});

}
```

在上述代码中，当我们调用 test() 方法时，books 参数可以传入多个字符串作为参数值。从 test() 方法体的代码来看，形参个数可变的参数其实就是一个数组参数。执行效果如图 8-5 所示。

```
歼15
歼20
2000
歼10B
歼30
1400
```

图 8-5

8.4.4　构造方法

当使用一个类创建对象的时候，Java 会调用该类的构造方法，构造方法的命名必须与类名一致，不然将会发生编译错误。构造方法之所以特殊，是因为无论是否定义构造方法，所有的类都会自动定义构造方法。倘若用户定义了构造方法，则以用户定义为准，如果没有定义，则调用默认的构造方法。在 Java 中声明构造方法的格式如下所示。

```
[构造方法修饰符] 方法名([参数列表]){
方法体
}
```

实例 8-7：在类中创建一个构造方法

源码路径：下载包 \daima\ 第 8 章 \8-7

实例文件 leione.java 的主要代码如下所示。

```
public class leione {
    String gname;                                    //定义字符串属性 gname
    int gid;                                         //定义 int 类型 gid
    float gprice;                                    //定义 float 类型 gprice;
    public void print(){                             //定义方法 print()
            System.out.println(gname+", 产品序列号 "+gid+", 造价成本是 "+gprice+" 万
                                                                    美元 ");
    }
    public static void main(String args[]){
            leione book1=new leione();               //新建 leione 对象实例 book1
            book1.gname=" 歼 10B";                   //给对象实例 book1 的 gname 属性赋值
            book1.gid=10005601;                      //给对象实例 book1 的 gid 属性赋值
            book1.gprice=4000;                       //给对象实例 book1 的 gprice 属性赋值
            book1.print();                           //调用方法 print()
      leione book2=new leione();                     //新建 leione 对象实例 book2
            book2.gname=" 歼 15";                    //给对象实例 book2 的 gname 属性赋值
            book2.gid=1222002;                       //给对象实例 book2 的 gid 属性赋值
            book2.gprice=6500;                       //给对象实例 book2 的 gprice 属性赋值
            book2.print();                           //调用方法 print()
    }
}
```

执行后的效果如图 8-6 所示。

```
歼10B,产品序列号10005601,造价成本是4000.0万美元
歼15,产品序列号1222002,造价成本是6500.0万美元
```

图 8-6

8.4.5　递归方法

在 Java 程序中，如果一个方法在其方法体内调用它自身，这被称为方法的递归。方法递归包含了一种隐式的循环，它会重复执行某段代码，但这种重复执行无须循环控制。例如有如下数学题。

```
已知有一个数列：f(0)=1，f(1)=4，f(n+2)=2*f(n+1)+f(n)，其中 n 是大于 0 的整数，求 f(10) 的值。
```

上述数学题目可以使用递归来求得，例如在下面的实例代码中，定义了方法 fn 来计算 f（10）的值。

实例 8-8：使用递归计算 f（10）的值

源码路径：下载包 \daima\ 第 8 章 \8-8

实例文件 digui.java 的具体实现代码如下所示。

```
    public static int fn(int n){                    //定义计算递归的方法 fn()
            if (n == 0){                            //如果 n 等于 0 则返回 1
                    return 1;
            }
            else if (n == 1){                       //如果 n 等于 1 则返回 4
                    return 4;
            }
            else{                                   //如果 n 是其他值则执行后面的递归计算公式
                    //方法中调用它自身，就是方法递归
                    return 2 * fn(n - 1) + fn(n - 2);
            }
    }
    public static void main(String[] args) {
                    //输出 fn(10) 的结果
            System.out.println(fn(10));

    }
}
```

执行后会输出：

```
10497
```

在上述代码中，对于 fn（10）来说，等于 2*fn（9）+fn（8），其中 fn（9）又等于 2*fn（8）+fn（7）……以此类推，最终得到 fn（2）等于 2*fn（1）+ fn（0），即 fn（2）是可计算的，然后顺序反算回去，就可以最终得到 fn（10）的值。仔细看上面递归的过程会发现，当一个方法不断地调用它本身时，必须在某个时刻方法的返回值是确定的，即不再调用它本身。否则这种递归就变成了无穷递归，类似于死循环。因此定义递归方法时规定：递归一定要向已知方向递归。

注意：递归是非常有用的，例如我们希望遍历某个路径下的所有文件，但这个路径下的文件夹的深度是未知的，此时就可以使用递归来实现这个需求，在系统中可以定义一个方法，该方法接受一个文件路径作为参数，该方法可遍历出当前路径下所有文件和文件路径，即在该方法里再次调用该方法本身来处理该路径下的所有文件路径。由此可见，只要一个方法的方法现实中再次调用了方法本身，就是递归方法。

8.5 使用 this 关键字

在前面讲解变量的知识时，曾经将变量分为局部变量和全局变量两种。此时大家可以试想一下，当局部变量和全局变量数据类型和名称都相同时，此时全局变量将会被隐藏，不能使用。为了解决这个问题，Java 规定可以使用关键字 this 去访问全局变量。

↑扫码看视频（本节视频课程时间：2 分 25 秒）

在 Java 程序中，使用 this 关键字的语法格式如下所示。

```
this.成员变量名
this.成员方法名()
```

例如下面的实例演示了使用 this 关键字的过程。

实例 8-9：使用 this 引用全局变量

源码路径：下载包 \daima\ 第 8 章 \8-9

实例文件 leithree1.java 的具体实现代码如下所示。

```
public String color=" 粉红 ";                            // 定义全局变量
                                                        // 定义一个方法
public void hu(){
        String color=" 咖啡 ";                           // 定义局部变量
        System.out.println (" 歼 20 的涂装颜色是 "+color+" 色的 ");
                                                        // 此处应用了局部变量
        System.out.println(" 歼 15 的涂装颜色是 "+this.color+" 色的 ");
                                                        // 此处应用了全局变量
}
```

执行上述代码不会产生任何结果，这是因为没有编写 main() 方法。但是 this 在方法 hu 里已经顺利访问了全局变量，如果要它显示则需要编写一个 main() 方法，然后在 main() 方法调用这个 hu() 方法。编写 main() 方法的代码如下所示。

```
public static void main(String args[]){
        leithree1 bb=new leithree1();
        bb.hu();
}
```

执行后的效果如图 8-7 所示。

歼20的涂装颜色是咖啡色的
歼15的涂装颜色是粉红色的

图 8-7

注意：Java 中的 this 关键字总是指向调用的对象。根据 this 出现位置的不同，this 作为对象的默认引用有如下两种情形。

（1）在构造器中引用该构造器执行初始化的对象。

（2）在方法中引用调用该方法的对象。

8.6　使用类和对象

在 Java 程序中，使用对象实际上就是引用对象的方法和变量，通过点 “.” 可以实现对变量的访问和对方法的调用。在 Java 程序中，方法和变量都有一定的访问权限，例如 public、protected 和 private 等，通过一定的访问权限来允许或者限制其他对象的访问。

↑扫码看视频（本节视频课程时间：4 分 47 秒）

8.6.1　创建和使用对象

在 Java 程序中，一般通过关键字 new 来创建对象，电脑会自动为对象分配一个空间，然后访问变量和方法，不同的对象变量也是不同的，方法由对象调用。例如下面的实例演示了在类中创建和使用对象的过程。

实例 8-10：在类中创建和使用对象

源码路径：下载包 \daima\ 第 8 章 \8-10

实例文件 leidui1.java 的主要代码如下所示。

```
public class leidui1 {
```

```
    int X=12;                                    //定义int类型的属性X值为12
    int Y=23;                                    //定义int类型的属性Y值为23
    public void printFoo(){                      //定义方法printFoo()
      System.out.println("X="+X+",Y="+Y);
    }
    public static void main(String args[]){
            System.out.println("坐标是：");
            leidui1 Z=new leidui1();             //新建类leidui1的对象实例Z
            Z.X=41;                              //将X赋值为41
            Z.Y=75;                              //将Y赋值为75
            Z.printFoo();                        //调用方法printFoo()
            leidui1 B=new leidui1();
            B.X=23;                              //将X赋值为23
            B.Y=38;                              //将Y赋值为38
            B.printFoo();                        //调用方法printFoo()
    }
}
```

执行后会输出：

```
战机即将飞往指定空域，  X=41,Y=75
X=23,Y=38
```

8.6.2 使用静态变量和静态方法

在 Java 程序中，只要使用修饰符 static 修饰某个变量和方法，那么这个变量和方法就被称作静态变量和静态方法。在 Java 程序中，当访问静态变量和静态方法时只需要类名，然后通过运算“.”即可以实现对变量的访问和对方法的调用。例如在下面的实例中，演示了使用静态变量和静态方法的过程。

实例 8-11：输出显示飞机的当前坐标

源码路径：下载包 \daima\ 第 8 章 \8-11

实例文件 leijing1.java 的主要代码如下所示。

```
public class leijing1 {
    static int X;                                //定义静态int类型变量X
    static int Y;                                //定义静态int类型变量Y
     //定义方法printJingTai()打印输出X和Y的值
    public void printJingTai(){
            System.out.println("X="+X+",Y="+Y);
    }
    public static void main(String args[]){
            leijing1 Aa=new leijing1();          //新建类leijing1的对象实例Aa
            System.out.println("改变飞行计划，战机即将飞往新的空域，具体坐标是：");
            Aa.X=4;                              //将X赋值为4
            Aa.Y=5;                              //将Y赋值为5
            leijing1.X=112;                      //重新赋值类leijing1的变量的X值
            leijing1.Y=252;                      //重新赋值类leijing1的变量的Y值
            Aa.printJingTai();                   //调用方法printJingTai()
            leijing1 Bb=new leijing1();          //新建类leijing1的对象实例Bb
            Bb.X=3;                              //将X赋值为3
            Bb.Y=8;                              //将Y赋值为8
            leijing1.X=131;                      //重新赋值类leijing1的变量的X值
            leijing1.Y=272;                      //重新赋值类leijing1的变量的Y值
            Bb.printJingTai();                   //调用方法printJingTai()

    }
}
```

在上述代码中，用 new 运算符创建了一个对象。执行后会输出：

```
具体坐标是：
X=112,Y=252
X=131,Y=272
```

8.7　抽象类和抽象方法

在明白了类的知识之后，就很容易理解抽象类。在 Java 语言中，只要在类的前面加一个关键字“abstract”就构成了抽象类。有了抽象类后，就必定有抽象方法，抽象方法就是抽象类里的方法。

↑扫码看视频（本节视频课程时间：4 分 15 秒）

8.7.1　抽象类和抽象方法基础

在 Java 程序中，抽象方法和抽象类必须使用 abstract 修饰符来定义，有抽象方法的类只能被定义成抽象类，类中可以没有抽象方法。所谓抽象类是指只声明方法的存在而不去实现它的类，抽象类不能进行实例化，也就是不能创建其对象。在 Java 程序中定义抽象类时，要在关键字 class 前面加上关键字 abstract，具体其格式如下所示。

```
abstract class 类名{
类体
}
```

在 Java 程序中，使用抽象方法和抽象类的规则如下所示。

- 抽象类必须使用 abstract 修饰符来修饰，抽象方法也必须使用 abstract 修饰符来修饰，方法不能有方法体。
- 抽象类不能被实例化，无法使用 new 关键字来调用抽象类的构造器创建抽象类的实例。
- 抽象类里不包含抽象方法，这个抽象类也不能创建实例。
- 抽象类可以包含属性、方法(普通方法和抽象方法都可以)、构造器、初始化块、内部类、枚举类六种成分。抽象类的构造器不能用于创建实例，主要是用于被其子类调用。
- 含有抽象方法的类（包括直接定义了一个抽象方法；继承了一个抽象父类，但没有完全实现父类包含的抽象方法；以及实现了一个接口，但没有完全实现接口包含的抽象方法三种情况）只能被定义成抽象类。

抽象类同样能包含和普通类相同的成员，只是抽象类不能创建实例，普通类不能包含抽象方法，而抽象类可以包含抽象方法。抽象方法和空方法体的方法不是同一个概念。例如 public abstract void test( ) 是一个抽象方法，它根本没有方法体，即方法定义后面没有一对花括号；但 public void test( ){} 是一个普通方法，它已经定义了方法体，只是这个方法体为空而已，即它的方法体什么也不做，因此这个方法不能使用 abstract 来修饰。例如下面的实例演示了使用抽象类和抽象方法的过程。

实例 8-12：收获苹果和桔子

源码路径：下载包 \daima\ 第 8 章 \8-12

（1）首先新建一个名为 Fruit 的抽象类，实例文件 Fruit.java 的具体实现代码如下所示。

```
public abstract class Fruit {
```

```
    //定义抽象类
    public String color;                                    //定义颜色变量
    //定义构造方法
    public Fruit(){
           color="红色";                                    //对变量color进行初始化

    }
    //定义抽象方法
    public abstract void harvest();                         //收获的方法
}
```

（2）因为抽象类是不会具体实现的，如果不实现，那么这个类将不会有任何意义。所以接下来可以新建一个类来继承这个抽象类（继承的特性将在下一章讲解），实例文件 pingguo.java 的具体实现代码如下所示。

```
public class pingguo extends Fruit{
   public void harvest() {
               System.out.println("苹果已经收获！");
   }
}
```

（3）新建一个名为 Juzi 的类，实例文件 Juzi.java 的具体实现代码如下所示。

```
public class Juzi{
   public void harvest() {
          System.out.println("橘子已经收获！");
   }
}
```

（4）新建一个名为 zong 的类，实例文件 zong.java 的具体实现代码如下所示。

```
public class zong{
   public static void main(String[] args){
               System.out.println("调用苹果类的harvest()方法的结果：");
               pingguo pingguo=new pingguo();
               pingguo.harvest();
               System.out.println("调用橘子类的harvest()方法的结果：");
               Juzi orange=new Juzi();
               orange.harvest();
        }
}
```

到此为止，整个程序编写完毕，执行后会输出：

```
调用苹果类的harvest()方法的结果：
苹果已经收获！
调用橘子类的harvest()方法的结果：
橘子已经收获！
```

8.7.2 抽象类必须有一个抽象方法

在 Java 程序中，抽象类的最大规则是必须有一个抽象方法，下面通过一段实例代码来演示这个规则的具体用法。

实例 8-13：展示汽车的油量变化

源码路径：下载包 \daima\ 第 8 章 \8-13

实例文件 leichou.java 的具体实现代码如下所示。

```
abstract class Cou{                                //定义抽象类 Cou
    int a1;                                        //定义 int 变量类型 a1
    int b1;                                        //定义 int 变量类型 b1
    Cou(int a,int b){                              //构造方法 Cou()
            a1=a;
            b1=b;
    }
    abstract int mathtext();                       //抽象方法 mathtext()
}
class Cou1 extends Cou{                            //定义类 Cou1，使用了继承，将在本书后面讲解
    Cou1(int a,int b){                             //构造方法 Cou1()
            super(a,b);
    }

    int mathtext(){                                //普通方法 Cou()
            return a1+b1;                          //返回 a 和 b 的和
    }
}

class Cou2 extends Cou{                            //定义类 Cou2，使用了继承，将在本书后面讲解
    Cou2(int a,int b){                             //构造方法 Cou2()
            super(a,b);                            //调用父类中的同参方法
    }
    int mathtext(){                                //定义方法 mathtext()，返回 a1 和 b1 的差
            return a1-b1;
    }
}
public class leichou  {
    public static void main(String args[]){
            Cou1 abs1=new Cou1(3000,2000);//新建类 Cou1 的对象实例 abs1，赋值两个参数
            Cou2 abs2=new Cou2(4000,2000);//新建类 Cou1 的对象实例 abs2，赋值两个参数
            Cou abs;
            abs=abs1;
            System.out.println("加油后，汽车的油量是"+abs.mathtext()+"升");
            abs=abs2;
            System.out.println("开过一段距离后， 汽车的油量是"+abs.mathtext()+"升");
    }
}
```

执行后会输出：

```
加油后，汽车的油量是 5000 升
开过一段距离后，汽车的油量是 2000 升
```

8.7.3 抽象类的作用

在 Java 程序中，抽象类不能创建实例，它只能当成父类来被继承。从语义的角度看，抽象类是从多个具体类中抽象出来的父类，它具有更高层次的抽象。从多个具有相同特征的类中抽象出一个抽象类，以这个抽象类作为其子类的模板，从而避免了子类设计的随意性。Java 抽象类体现的就是一种模板模式的设计，抽象类作为多个子类的通用模板，子类在抽象类的基础上进行扩展、改造，但子类总体上会大致保留抽象类的行为方式。如果编写一个抽象父类，父类提供了多个子类的通用方法，并把一个或多个方法留给其子类实现，这就是一种模板模式，模板模式也是最常见、最简单的设计模式之一。

请看下面一个模板模式的演示代码，在这个演示的抽象父类中，父类的普通方法依赖于一个抽象方法，而抽象方法则推迟到子类中提供实现。

实例 8-14：父类把一个或多个方法留给其子类实现

源码路径：下载包 \daima\ 第 8 章 \8-14

（1）编写实例文件 moban.java，具体实现代码如下所示。

```
public abstract class moban{
    //转速
    private double turnRate;
    public moban(){
    }
    //把返回车轮半径的方法定义成抽象方法
    public abstract double getRadius();
    public void setTurnRate(double turnRate){
            this.turnRate = turnRate;
    }
    //定义计算速度的通用算法
    public double getSpeed(){
    //速度等于车轮半径 * 2 * PI * 转速
    return java.lang.Math.PI * 2 * getRadius() * turnRate;
    }
}
```

在上述代码中，定义了抽象类 moban 来表示车速度，在里面定义了一个 getSpeed() 方法，该方法用于返回当前车速，getSpeed() 方法依赖于 getRadius 方法的返回值。对于抽象类 SpeedMeter 来说，它无法确定车轮的半径，所以 getRadius() 方法必须推迟到其子类中来实现。

（2）接下来开始编写子类 zilei 的代码，该子类实现了其抽象父类的 getRadius() 方法，不但可以创建类 moban 的对象，也可通过该对象来取得当前速度。子类文件 zilei.java 的具体实现代码如下所示。

```
public class zilei extends moban{
    public double getRadius(){
            return 0.28;
    }
    public static void main(String[] args) {
            zilei csm = new zilei();
            csm.setTurnRate(15);
            System.out.println(csm.getSpeed());
    }
}
```

执行后会输出：

```
26.389378290154266
```

注意：使用模板模式的两条规则

（1）抽象父类可以只定义需要使用的某些方法，其余则留给其子类实现。

（2）父类中可能包含需要调用的其他系列方法的方法，这些被调方法既可以由父类实现，也可以由其子类实现。在父类中提供的方法只是定义了一个通用算法，其实现也许并不完全由自身实现，而必须依赖于其子类的辅助。

8.8 软件包

为了更好地组织类，Java 提供了包机制，用于区别类名的命名空间。在 Java 程序中插入软件包的方法十分简单，只需使用一行程序命令即可。在本节的内容中将详细讲解定义包和插入软件包的方法，通过具体实例演示了在 Java 中使用软件包的过程。

↑扫码看视频（本节视频课程时间：6 分 35 秒）

8.8.1 定义软件包

在 Java 程序中定义软件包的方法十分简单，只需要在 Java 源程序中的第一句添加调用代码行即可。在 Java 中定义包的格式如下所示。

```
package 包名;
```

package 声明了多程序中的类属于哪个包，在一个包中可以包含多个程序，在 Java 程序中还可以创建多层次的包，具体格式如下所示。

```
package 包名1[.包名2[.包名3]];
```

例如下面的代码创建一个多层次的包。

```
package aaa.bbb;                    //这个程序在 aaa 目录下的文件夹 bbb 中
public class UseFirst {
    public static void main(String args[]){
            System.out.println("这个程序定义了一个包");
    }
}
```

上述程序文件会被保存在 aaa 目录下的文件夹 bbb 中，如图 8-8 所示。

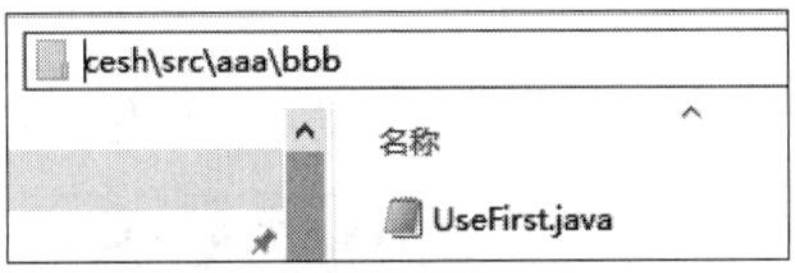

图 8-8

由此可见，定义软件包的过程实际上就是新建了一个文件夹，它将编译后的文件放在新建的文件夹中，定义软件包实际上完成的就是这个事情。

8.8.2 在 Eclipse 定义软件包

使用 Eclipse 定义软件包的方法十分简单，其具体操作过程如下所示。

（1）使用鼠标选择项目，右击，在弹出的快捷菜单中依次选择“New”|“Package”，如图 8-9 所示。

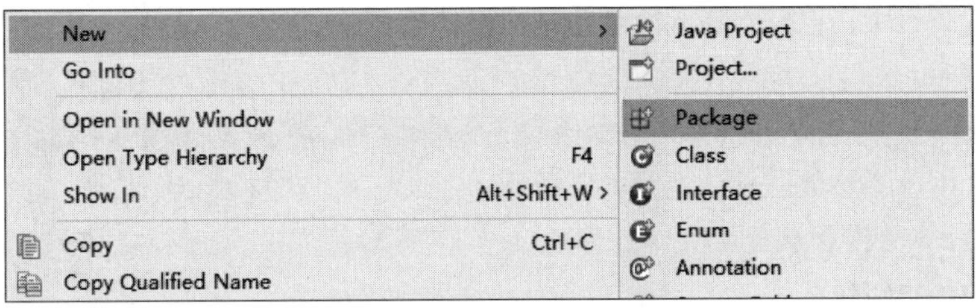

图 8-9

（2）在打开的“Java Package”对话框中输入需要建立的软件包名，如果需要建立多级包，只需要用点“.”隔开即可，如图 8-10 所示。

（3）单击“Finish”按钮，然后开始建立源代码。选择新建的包，右击，在弹出的快捷菜单中依次选择“new”|“class”命令，在打开的新窗口中输入一个类名，例如 student，如图 8-11 所示。

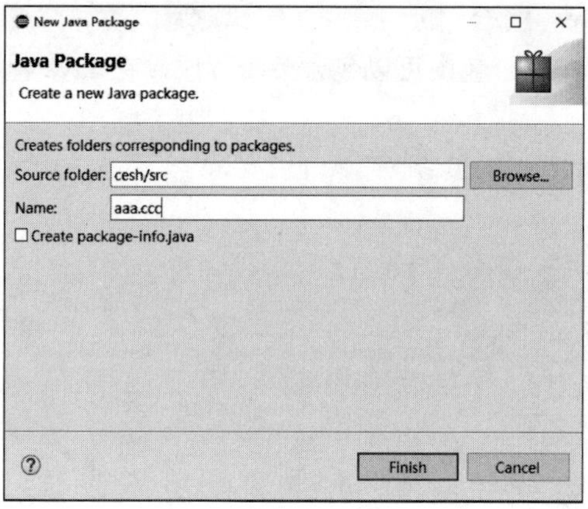

图 8-10

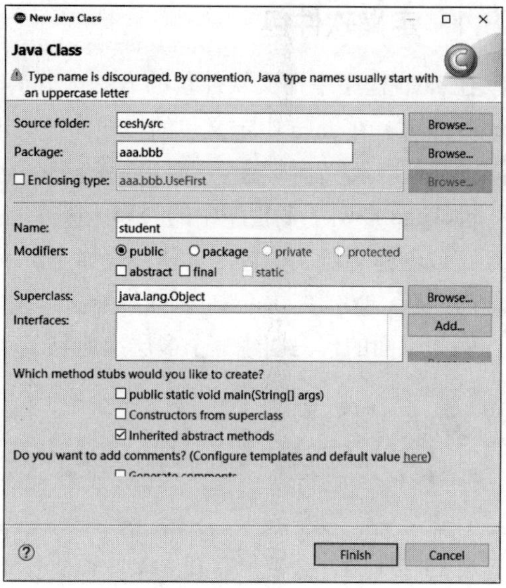

图 8-11

（4）单击“Finish”按钮后，这个类将会自动添加软件包名，如图 8-12 所示。

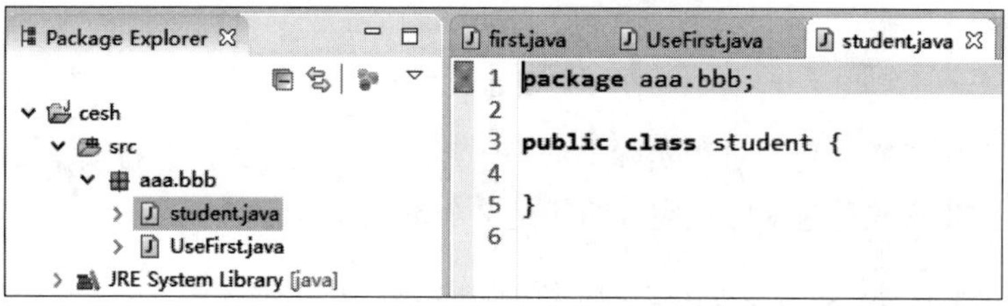

图 8-12

8.8.3 在程序里插入软件包

在 Java 程序中插入软件包的方法十分简单，只需使用 import 语句插入所需要的类即可。在本书的数组一章中，已经对插入软件包这个概念有了初次接触。在 Java 程序中插入软件包的格式如下所示。

```
import 包名1[.包名2…].(类名1*);
```

上述格式中各个参数的具体说明如下所示。

- 包名 1：一级包；
- 包名 2：二级包；
- 类名：是需要导入的类的类名。也可使用 * 号，它表示将导入这个包中的所有类。

例如下面的实例演示了在类中插入一些特定包的过程。

实例 8-15：在类中插入一些特定的包

源码路径：下载包 \daima\ 第 8 章 \8-15

实例文件 leibao.java 的主要代码如下所示。

```
package bao.acv;

class leibao{
```

```
    int a;                                      //定义 int 类型变量 a
    int b;                                      //定义 int 类型变量 b
    public void print(){                        //定义方法 print()
            System.out.println("a="+a+",b="+b);
    }
}
public class BaoTwo{
    public static void main(String args[]){
            leibao a1=new leibao();             //新建类的 leibao 对象实例 a1
            a1.a=121;                           //给 a 赋值为 121
            a1.b=232;                           //给 b 赋值为 232
            a1.print();                         //调用方法 print()
    }
}
```

在上述代码中，第一行代码中的“bao.acv”就是一个包，这说明实例文件 leibao.java 被保存在“bao\acv”目录下。执行后会输出：

```
a=121,b=232
```

第9章

继承、重载、接口和构造器

（视频讲解：43分钟）

在本书上一章的内容中，已经讲解了类和方法的基本知识，并且通过具体实例演示了类和方法在Java中的作用。在本章的内容中，将进一步讲解Java语言在面向对象方面的核心技术，逐一讲解继承、重载、接口和构造器的基本知识和具体用法，为读者步入本书后面知识的学习打下基础。

9.1 类的继承

在Java程序中，类的继承是新的类从已有的类中取得已有的特性，诸如数据成员、成员函数等。类的派生是从已有的类产生新类的过程，这个已有的类称之为基类或者父类，而新类则称之为派生类或者子类，派生类具有基类的数据成员和成员函数，同时增加了新的成员。从派生类的角度，根据其拥有的基类数目的不同，可以分为单继承和多继承。一个类只有一个直接基类时，称为单继承；而一个类同时有多个直接继承类时，称为多继承。

↑扫码看视频（本节视频课程时间：12分18秒）

9.1.1 父类和子类

继承是面向对象的特点之一，利用继承可以创建一个公共类，这个类具有多个项目的共同属性，然后一些具体的类继承该类，同时可以加上自己特有的属性。在Java语言中实现继承的方法十分简单，具体格式如下所示。

```
<修饰符>class<子类名>extends<父类名>{
[<成员变量定义>]…
[<方法的定义>]…
}
```

在Java程序中，通常把子类称为父类的直接子类，把父类称为子类的直接超类。假如类A继承了类B的子类，则必须符合下面的要求。

- 存在另外一个类C，类C是类B的子类，类A是类C的子类，那么可以判断出类A是类B的子类。
- 在Java程序中，一个类只能有一个父类，也就是说，在extends关键字前只能有一个类，它不支持多重继承。

例如在下面的实例中新建了两个类，让其中一个类继承另一个类。

实例9-1：使用类的继承

源码路径：下载包\daima\第9章\9-1

实例文件 Jione1.java 的主要代码如下所示。

```
class jitwo{                                                 //定义类 jitwo
    String name;                                             //String 类型属性 name
    int age;                                                 //int 类型属性 age
    long number;                                             //long 类型属性 number;
    jitwo(long number,String name,int age)                   //构造方法
    {
            System.out.println("姓名:  "+name);             //输出姓名
            System.out.println("年龄: " +age);              //输出年龄
            System.out.println("手机:  " +number);          //输出手机号
    }
}

class super2b extends jitwo{                         //定义子类 super2b，父类是 jitwo
    super2b(long number,String name,int age,boolean b)   //构造方法
    {
            super(number,name,age);                          //调用父类同参数方法
            System.out.println("喜欢电竞吗? "+b);           //输出是否喜欢电竞
    }
}

public class Jione1{
    public static void main(String args[]){
            //新建 super2b 实例对象 abc1，并分别赋值参数
            super2b abc1=new super2b(1506907006,"王公子",31,true);
    }
}
```

在上述代码中，类 super2b 继承了父类 jitwo 的属性和方法，执行后的效果如图 9-1 所示。

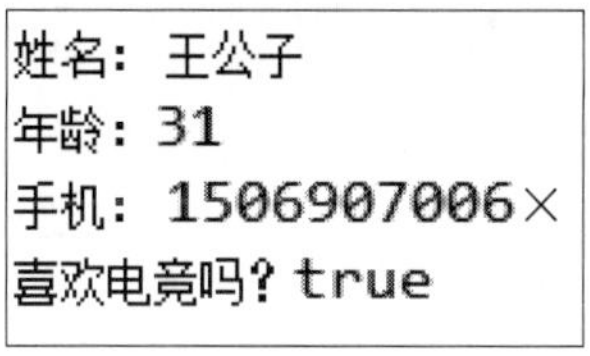

图 9-1

9.1.2　调用父类的构造方法

在 Java 程序中，构造方法是类中比较重要的方法，一个子类可以十分简单的访问构造方法，具体格式如下所示。

```
super(参数);
```

例如下面的实例演示了用子类访问父类构造方法的过程。

实例 9-2：输出品类为商业大佬自传的图书信息

源码路径：下载包 \daima\ 第 9 章 \9-2

实例文件 Newgou.java 的主要代码如下所示。

```
public class Newgou {                                  //定义类 Newgou
    String bname;                                      //String 类型属性 bname
    int bid;                                           //int 类型属性 bid
    int bprice;                                        //int 类型属性 bprice
    Newgou(){                                          //构造方法 Newgou()
        bname="《王健林自传》";                        //赋值书名
            bid=322221;                                //赋值编号
            bprice=42;                                 //赋值价格
    }
```

```
    Newgou(Newgou a){                                   //构造方法 Newgou(Newgou a)
            bname=a.bname;                              //书名赋值
            bid=a.bid;                                  //编号赋值
            bprice=a.bprice;                            //价格赋值
    }
    Newgou(String name,int id,int price){
      bname=name;                                       //书名赋值
      bid=id;                                           //编号赋值
      bprice=price;                                     //价格赋值
     }
    void print(){                                       //输出图书信息
       System.out.println("书名："+bname+"序号："+bid+"  价格："+bprice);
    }
}
class Newgou1 extends Newgou{      //定义类 Newgou1，父类是 Newgou
    String Newgou;                                      //String 类型属性 Newgou
    Newgou1(){                                          //定义构造方法 Newgou1()
      super();                                          //调用父类的构造方法
      Newgou="作家出版社";                              //赋值
    }
     Newgou1( Newgou1 b){                               //定义构造方法
      super(b);                                         //调用父类的构造方法
      Newgou=b.Newgou;
     }
    Newgou1(String x,int y,int z,String aa){            //定义构造方法
      super(x,y,z);                                     //调用父类的构造方法
      Newgou=aa;
    }
}
class text1{
public static void main(String args[]){
    Newgou1 a1=new Newgou1();                           //定义类 Newgou1 的实例对象 a1
    //定义类 Newgou1 的实例对象 a2 并赋值参数
    Newgou1 a2=new Newgou1("《马化腾自传》",343006,45,"中国新世界出版集团");

    Newgou a3=new Newgou(a2);                           //定义类 Newgou 的实例对象 a3
    System.out.println(a1.Newgou);                      //输出实例对象 a1 的值
    a1.print();
    System.out.println(a2.Newgou);                      //输出实例对象 a2 的值
    a2.print();
    a3.print();
    }
}
```

执行后会输出：

```
作家出版社
书名：《王健林自传》序号：322221  价格：42
中国新世界出版集团
书名：《马化腾自传》序号：343006  价格：45
书名：《马化腾自传》序号：343006  价格：45
```

9.1.3 访问父类的属性和方法

在 Java 程序中，一个类的子类可以访问父类中的属性和方法，具体语法格式如下所示。

```
Super.[方法和全局变量];
```

例如在下面的实例文件中，演示了使用子类访问父类中的属性的过程。

实例 9-3：使用子类访问父类的属性

源码路径：下载包 \daima\ 第 9 章 \9-3

实例文件 text2.java 的主要代码如下所示。

```
class supertwo1{                                        //定义类 supertwo1
    int a=11;                                           //int 类型属性 a 的初始值是 11
    int b=29;                                           //int 类型属性 b 的初始值是 29
}
//定义子类 supertwo2，父类是 supertwo1
class supertwo2 extends supertwo1{
    int a=57;                                           //int 类型属性 a 的初始值是 57
    int b=89;                                           //int 类型属性 b 的初始值是 89
    //构造方法
    supertwo2(int x,int y,int z,int q){
            super.a=x;                                  //调用父类被子类隐藏的变量 a
            super.b=y;                                  //调用父类被子类隐藏的变量 b
        a=z;
        b=q;
    }
    void print(){                                       //定义方法 print()
            System.out.println(""+super.a);
            System.out.println(""+super.b);
            System.out.println(""+a);
            System.out.println(""+b);
            }

}
class text2{
    public static void main(String args[]){
            System.out.println("我的身价走向趋势（单位：亿元人民币）");
            //定义类 supertwo2 的实例对象 a1，并分别赋值其 4 个参数
            supertwo2 a1=new supertwo2(110,220,230,240);
            a1.print();                                         //调用方法 print()
    }
}
```

在上述代码中分别新建一个父类和子类，然后让子类去访问父类的属性，然后通过 text2 类进行实例化调用。执行后会输出：

```
我的身价走向趋势（单位：亿元人民币）
110
220
230
240
```

9.1.4　多重继承

不要被“多重”吓到，多重继承十分容易也十分简单。在 Java 程序中，假如类 B 继承了类 A，而类 C 又继承了类 B，这种情况就叫作多重继承。例如下面的实例演示了使用多重继承的过程。

实例 9-4：实现 3 个类的多重继承

源码路径：下载包 \daima\ 第 9 章 \9-4

实例文件 Duolei.java 的主要代码如下所示。

```
class Duolei {                                  //定义类 Duolei
    String bname;                               //定义 String 类型的属性变量 bname
    int     bid;                                //定义 int 类型的属性变量 bid
    int     bprice;                             //定义 int 类型的属性变量 bprice
    Duolei(){                                   //定义构造方法 Duolei() 用于初始化
        bname="羊肉串";                          //设置 bname 的值是 "羊肉串"
        bid=14002;                              //设置 bid 的值是 14002
        bprice=45;                              //设置 bprice 的值是 45
    }
    Duolei(Duolei a) {                          //定义构造方法 Duolei()，并且它有参数
```

```
        bname=a.bname;                        //为 bname 赋值
        bid=a.bid;                            //为 bid 赋值
        bprice=a.bprice;                      //为 bprice 赋值
    }
    Duolei(String name,int id,int price) { //定义构造方法 Duolei()，并且它有参数
        bname=name;                           //为 bname 赋值
        bid=id;                               //为 bid 赋值
        bprice=price;                         //为 bprice 赋值

    }
    void print()    {                         //定义方法 print()，打印输出小吃信息
        System.out.println("小吃名："+bname+"  序号："+bid+"  价格："+bprice);
    }
}
class Badder extends Duolei    {              //定义子类 Badder，父类是 Duolei
    String badder;                            //定义 String 类型的属性变量 badder
    Badder()                                  //定义无参构造方法
    {
        super();                              //调用父类同参构造方法
        badder="沙县小吃";                     //badder 赋值为"沙县小吃"
    }
    Badder( Badder b)                         //定义有参构造方法
    {
        super(b);                             //调用父类同参构造方法
        badder=b.badder;                      //为 badder 赋值
    }

    Badder(String x,int y,int z,String aa)    //定义有参构造方法
    {
        super(x,y,z);                         //调用父类同参构造方法
        badder=aa;                            //为 badder 赋值
    }
}
//定义子类 Factory，父类是 Badder，根据继承关系可知，类 Factory 是类 Duolei 的孙子
                                              class Factory extends Badder
{
    String factory;                           //定义 String 类型的属性变量 factory
    Factory()                                 //定义无参构造方法
    {
        super();                              //调用父类同参构造方法
        factory="成都小吃";                    //赋值 factory
    }

    Factory(Factory c)                        //定义有参构造方法
    {
        super(c);                             //调用父类同参构造方法
        factory=c.factory;                    //赋值 factory
    }
    //定义有参构造方法
    Factory(String x,int y,int z,String l,String n)
    {
        super(x,y,z,l);                       //调用父类同参构造方法
        factory=n;                            //赋值 factory
    }
}

public class zero{
    public static void main(String args[]){
        Factory a1=new Factory();    //Factory 对象 a1 调用孙子类中的构造方法
                                                                      Factory()
        //Factory 对象 a1 调用孙子类中的构造方法 Factory()，注意参数
        Factory a2=new Factory("希望火腿",92099,25,"沙县蒸饺","金华小吃");
```

```
            Factory a3=new Factory(a2);             //Factory 对象 a1 调用孙子类中的构造
                                                                  方法 Factory()
            System.out.println(a1.badder);          // 输出 a1 的 badder 值
            System.out.println(a1.factory);         // 输出 a1 的 factory 值
            a1.print();                             // 调用 print() 方法
            System.out.println(a2.badder);          // 输出 a2 的 badder 值
            System.out.println(a2.factory);         // 输出 a2 的 factory 值
            a2.print();                             // 调用 print() 方法
            a3.print();                             // 调用 print() 方法
        }
}
```

执行上述代码后会输出：

```
沙县小吃
成都小吃
小吃名：羊肉串   序号：14002   价格：45
沙县蒸饺
金华小吃
小吃名：希望火腿   序号：92099   价格：25
小吃名：希望火腿   序号：92099   价格：25
```

9.1.5 重写父类方法

在 Java 程序中，子类扩展了父类，子类是一个特殊的父类。在大多数时候，子类总是以父类为基础，然后增加额外新的属性和方法。但是也有一种例外情况，子类需要重写父类的方法。例如飞鸟类都包含了飞翔的方法，鸵鸟作为一种特殊的鸟类，也是鸟的一个子类，所以鸵鸟可以从飞鸟类中获得飞翔方法。但是鸵鸟不会飞，所以这个飞翔方法不适合鸵鸟，为此鸵鸟需要重写鸟类的方法。为了说明上述问题，我们通过下面的实例来说明重写父类的方法。

实例 9-5：过滤掉父类中的方法

源码路径：下载包 \daima\ 第 9 章 \9-5

本实例的具体实现流程如下所示。

（1）首先在文件 feiniao.java 中定义类 feiniao，具体实现代码如下所示。

```
public class feiniao{                    // 定义类 feiniao
    // 定义 feiniao 类中的 fly 方法
    public void fly(){
            System.out.println(" 我会飞 ...");
    }
}
```

（2）然后编写文件 tuoniao.java，在里面定义类 tuoniao，此类扩展了类 feiniao，重写了 feiniao 类的 fly 方法。文件 tuoniao.java 的具体实现代码如下所示。

```
public class tuoniao extends feiniao{                   // 定义类 tuoniao，父类是 feiniao
    public void fly()                                   // 重写 feiniao 中的 fly 方法
    {
            System.out.println(" 我只能在地上跑 ...");
    }
    public void callOverridedMethod(){                  // 定义方法 callOverridedMethod()
            super.fly();      // 在子类方法中通过 super 来显式调用父类被覆盖的方法。
    }
    public static void main(String[] args){
            tuoniao os = new tuoniao();                 // 创建 Ostrich 对象

            os.fly();         // 执行 Ostrich 对象的 fly 方法，将输出 " 我只能在地上跑 ..."
            os.callOverridedMethod();
```

```
    }
}
```

上述子类包含与父类同名方法的现象被称为方法重写，也被称为方法覆盖（Override）。执行上述代码后会输出：

```
我只能在地上跑 ...
我会飞 ...
```

注意：我们可以说子类重写了父类的方法，也可以说子类覆盖了父类的方法。Java 方法的重写要遵循“两同两小一大”规则，“两同”是指方法名相同、形参列表相同，“两小”是指子类方法返回值类型应比父类方法返回值类型更小或相等，子类方法声明抛出的异常类应比父类方法声明抛出的异常类更小或相等。“一大”是指子类方法的访问权限应比父类方法更大或相等。特别需要指出的是，覆盖方法和被覆盖方法要么都是类方法，要么都是实例方法，不能一个是类方法，一个是实例方法。

9.2 重写和重载

在面向对象的编程语言中，重写和重载十分重要，它们都能体现出 Java 的优越性。虽然两者的名字十分接近，但是实际上却相差得很远，两者并不是同一概念。在本节的内容中，将详细讲解 Java 重写和重载的知识。

↑扫码看视频（本节视频课程时间：8 分 09 秒）

9.2.1 重写

重写是建立在 Java 里面的类的继承的基础之上，能够使 Java 语言结构变得更加丰富。对于初学者来说很难理解重写，但是只要明白它的思想就变得十分简单。重写实际上就是重写子类，重新编写父类的方法以达到自己的需要。例如下面的实例演示了使用方法重写的过程。

实例 9-6：一个没有具体意义方法重写

源码路径：下载包 \daima\ 第 9 章 \9-6

实例文件 chongxie.java 的具体实现代码如下所示。

```
public class chongxie                  //定义父类
{
   void print()                        //定义方法 print()，使其输出文本 " 父类的方法 "
   {
       System.out.println(" 父类的方法 ");
   }
}
class Chongxieone extends chongxie //定义子类 Chongxieone，其父类是 chongxie
{
   void print()                        //在子类中也定义了方法 print()，这就是重写方法
   {
      System.out.println(" 子类 ，重写了父类的方法 ");
   }
}
```

虽然上述代码执行后没有显示任何结果，但是在父类中“有 void print(){}”这个方法，通过在子类中重写此方法来达到子类需要的要求。另外，在编写 Java 程序时避免不了子类都有重写父类，新定义的类必然会有新的特征，不然这个类也没有意义。上述实例的目的只是让你明白如何重写，但是没有实际意义。再看下面的实例，能够输出学生的信息。

实例 9-7：输出显示 ×× 集团的信息

源码路径：下载包 \daima\ 第 9 章 \9-7

实例文件 gongsi.java 的具体实现代码如下所示。

```
class Cxie{                                     //定义类 Cxie，将作为后面类的父类
    String sname;                               //字符串类型属性 sname
    int sid;                                    //整数类型属性 sid
    int snumber;                                //整数类型属性 snumber
    void print(){                               //定义方法 print() 打印输出信息
            System.out.println("公司名: "+sname+"  序号: "+sid+"公司人数: "
                                                             +snumber);
    }
    Cxie( String name,int id,int number){  //构造方法
            sname=name;                         //用属性赋值函数参数
            sid=id;                             //用属性赋值函数参数
            snumber=number;                     //用属性赋值函数参数

    }
}
class Cxietwo extends Cxie{                     //定义子类 Cxietwo
    String sadder;                              //字符串类型属性 sadder
    Cxietwo(String x,int y,int z,String aa){        //构造方法
            super(x,y,z);                       //调用父类中的构造方法
            sadder=aa;
    }
    void print(){                               //在子类中重新定义方法 print() 打印输出信息
            System.out.println("公司类型: "+sname+"股票号码: "+sid+"员工人数: "
                                                +snumber+"  地址: "+sadder);
    }
}

class gongsi{
    public static void main(String args[]){
            System.out.println("XX 集团的基本信息 ");
            Cxietwo a1=new Cxietwo("独角兽",110101,27000,"XX 大厦 ");
                                        //为新建对象赋值
            a1.print();                 //调用方法 print() 打印输出信息
    }
}
```

在上述代码中，最终执行的是重写后的方法。执行上述代码后会输出：

```
XX 集团的基本信息
公司类型: 独角兽股票号码: 110101 员工人数: 27000  地址: XX 大厦
```

注意：在 Java 程序中，重写有自己的规则，初学者需要牢记这些规则。

（1）父类中的方法并不是在任何情况下都可以重写的，当父类中的方法控制修饰符为 private 时，该方法只能被自己的类访问，不能被外部的类访问，在子类是不能被重写的；

（2）如果定义父类的方法为 public，在子类中绝对不定义为 private，或者程序运行时会报错。在这一方面，Java 规定重写方法的权限不能比被重写的方法更严格。

9.2.2 重载

在 Java 程序中，重写和重载虽然不是同一个概念，但是它们也有相似之处，那就是它们都能体现出 Java 的优越性。重载大大减少了程序员的编码负担，开发者不需要记住那些复杂而难记的名称即可实现项目需求。在 Java 程序中，同一类中可以有两个或者多个方法具有相同的方法名，只要它们的参数不同即可，这就是方法的重载。Java 中的重载规则十分简单，参数决定了重载方法的调用。当调用重载方法时，确定要调用哪个参数是基于其参数的，如果是 int 参数调用该方法，则调用自带的 int 方法，如果是 double 参数调用该方法，则调用自带的 double 的重载方法。例如下面的实例演示了演示方法重载的过程。

实例 9-8：显示继承人的信息

源码路径：下载包 \daima\ 第 9 章 \9-8

实例文件 Czai.java 的主要代码如下所示。

```
public class Czai{                              //定义类 Czai
    String ename;                               //定义 String 类型的属性成员 ename
    int age;                                    //定义 int 类型的属性成员 age
    void print(){                               //定义方法 print() 打印输出信息，注意没有参数
            System.out.println("姓名："+ename+" 年龄："+age);
    }
    void print(String  a,int b){                //重载方法 print()，注意有两个不同类型参数
                                                                                   a 和 b
            System.out.println("姓名："+a+" 年龄："+b);
    }
    void print(String a,int b,int c){           //重载方法 print()，注意有 3 个不同类型参数
                                                                                 a、b、c
            System.out.println("姓名："+a+" 年龄："+b+" 当前身价："+c+"亿");
    }
    void print (String a,int b,double c){ //重载方法 print()，注意有 3 个不同类型参数
                                                                                 a、b、c
            System.out.println("姓名："+a+" 年龄："+b+" 当前身价："+c+"亿");
    }
    public static void main(String args[]){
            Czai a1=new Czai();                 //新建实例对象
            a1.ename="老大";                     //名字赋值
            a1.age=65;                          //年龄赋值
            System.out.println("继承人信息：");
            a1.print();
            a1.print("老二",63);                 //调用前面有 2 个参数的 print() 方法
            a1.print("老三",58,10025);           //调用前面有 3 个参数的 print() 方法，注意
                                                                          第 3 个参数是整数
            a1.print("老四",55,20.1);            //调用前面有了 3 个参数的 print() 方法，注意
                                                                          第 3 个参数是浮点数
    }
}
```

执行后会输出：

```
继承人信息：
姓名：老大 年龄：65
姓名：老二 年龄：63
姓名：老三 年龄：58 当前身价：10025亿
姓名：老四 年龄：55 当前身价：20.1亿
```

9.2.3 联合使用重写与重载

从笔者前面讲解的知识中可以知道，重写是指在子类中重写编写父类继承过来的方法，

让方法具有新的功能。而重载是在一个类中同方法名不同参数的方法，它们两个针对的对象不同。在同一段 Java 代码中，有可能会同时出现重写和重载。例如下面的实例演示了联合使用重写和重载的过程。

实例 9-9：××集团的财产继承分配方案

源码路径：下载包 \daima\ 第 9 章 \9-9

实例文件 textyo.java 的主要实现代码如下所示。

```
class Cfang{                                    //定义类 Cfang
    int a=101;                                  //属性 a 的初始值是 101
    int b=902;                                  //属性 b 的初始值是 902
    int print(){                                //定义方法 print()，注意没有参数
            return a+b;                         //返回 a 和 b 的和
    }
    int print(int a,int b){                     //定义方法 print()，注意有两个参数
            return a+b;
    }
}

class Cfang1 extends Cfang{                     //定义子类 Cfang1
    int print (){                               //重写方法 print()，注意没有参数
            return a;
    }

    double print(int a,double b){               //重写方法 print()，注意有两个参数
            return a+b;
    }
}

public class textyo{
    public static void main(String args[]){
            Cfang a1=new Cfang();               //新父类建对象实例 a1
            Cfang1 a2=new Cfang1();             //新建子类对象实例 a2
            a1.a=1;                             //将 a 赋值为 1
            a1.b=2;                             //将 b 赋值为 2

            System.out.println("X 集团财产继承分配方案公布，被分成 4 份，具体金额：");
            System.out.println(a1.print()+" 亿港币 ");// 调用方法 print()
            System.out.println(a1.print(13,22)+" 亿港币 ");// 调用方法 print()
            a2.a=4;                             //将 a 赋值为 4
            a2.b=5;                             //将 b 赋值为 5
            System.out.println(a2.print()+" 亿港币 ");          //调用方法 print()
            System.out.println(a2.print(33,22)+" 亿港币 ");// 调用方法 print()
    }
}
```

执行上述代码后会输出：

```
X 集团财产继承分配方案公布，被分成 4 份，具体金额：
3 亿港币
35 亿港币
4 亿港币
55 亿港币
```

9.3 隐藏和封装

在 Java 程序中，可以通过某个对象直接访问其属性，但是这可能会引起一些潜在的问题。例如将某个类 Person 的 age 属性直接设为 10000，虽然这在语法上没有任何问题，但是违背了自然现实。为此在 Java 中推出了封装这一概念，可以将将类和对象的属性进行封装处理。

↑扫码看视频（本节视频课程时间：10 分 31 秒）

9.3.1 Java 中的封装

封装（Encapsulation）是面向对象三大特征之一，是指将对象的状态信息隐藏在对象内部，不允许外部程序直接访问对象内部信息，而是通过该类所提供的方法来实现对内部信息的操作和访问。封装是面向对象编程语言对客观世界的模拟，客观世界里的属性都被隐藏在对象内部，外界无法直接操作和修改。例如 Person 对象中的 age 属性，只能随着岁月的流逝，age 属性才会增加，而我们不能随意修改 Person 对象的 age 属性。概括起来，在 Java 中封装类或对象的目的如下所示。

- 隐藏类的实现细节。
- 让使用者只能通过事先预定的方法来访问数据，从而可以在该方法里加入控制逻辑，限制对属性的不合理访问。
- 进行数据检查，从而有利于保证对象信息的完整性。
- 便于修改，提高代码的可维护性。

为了在 Java 程序中实现良好的封装，需要从如下两个方面考虑。

- 将对象的属性和实现细节隐藏起来，不允许外部直接访问。
- 把方法暴露出来，让方法来操作或访问这些属性。

封装有两个方面的含义，一是把该隐藏的隐藏起来，二是把该暴露的暴露出来。这两个含义都需要使用 Java 提供的访问控制符来实现。

9.3.2 使用访问控制符

在 Java 程序中提供了三个访问控制符，分别是 private、protected 和 public，分别代表了三个访问控制级别。除此之外，还有一个不加任何访问控制符的访问控制级别 default，也就是说，Java 一共提供了四个访问控制级别，由小到大分别是 private、default、protected 和 public。其中 default 并没有对应的访问控制符，当不使用任何访问控来修饰类或类成员时，系统默认使用 default 访问控制级别。访问控制符用于控制一个类的成员是否可以被其他类访问，对于局部变量来说，其作用域就是它所在的方法，不可能被其他类访问，因此不能使用访问控制符来修饰。上述这四个访问控制级别的具体说明如下所示。

- private：如果类里的一个成员（包括属性和方法）使用 private 访问控制修饰时，这个成员只能在该类的内部被访问。很显然，这个访问控制符用于修饰属性最合适。使用 private 来修饰属性就可以把属性隐藏在类的内部。
- default：如果类里的一个成员（包括属性和方法）或者一个顶级类不使用任何访问控

制符修饰，我们就称它是默认访问控制，default 访问控制的成员或顶级类可以被相同包下的其他类访问。

- protected：如果一个成员（包括属性和方法）使用 protected 访问控制符修饰，那么这个成员既可以被同一个包中其他类访问，也可以被不同包中的子类访问。在通常情况下，如果使用 protected 来修饰一个方法，通常是希望其子类来重写这个方法。
- public：这是一个最宽松的访问控制级别，如果一个成员（包括属性和方法）或者一个顶级类使用了 public 修饰，这个成员或顶级类就可以被所有类访问，不管访问类和被访问类是否处于同一包中，是否具有父子继承关系。

注意：在 Java 程序中，顶级类可以使用访问控制符修饰，但是顶级类只能有两种访问控制级别，分别是 public 和 defaul（默认的）。顶级类不能使用 private 和 protected 修饰，因为顶级类既不处于任何类的内部，也就没有其外部类的子类了，因此 private 和 protected 访问控制符对顶级类没有意义。

例如在下面的实例代码中，使用合理的访问控制符定义了一个类 Persion。

实例 9-10：使用访问控制符改变程序的执行效果

源码路径：下载包 \daima\ 第 9 章 \9-10

实例文件 Person.java 的主要实现代码如下所示。

```
public class Person{                                    // 定义类 Person
    private String name;                                // 私有属性 name
    private int age;                                    // 私有属性 age
    public Person(){                                    // 构造方法 Person()，没有参数
    }
    public Person(String name , int age){ // 构造方法 Person()，两个参数
            this.name = name;                           // 赋值 name
            this.age = age;                             // 赋值 age
    }
    public void setName(String name){                   // 定义方法 setName() 设置 name
            // 执行合理性校验，要求用户名必须在 2 ～ 6 位之间
            if (name.length() > 6 || name.length() < 2){
                    System.out.println(" 您设置的人名不符合要求 ");
                    return;
            }
            else{                                       // 如果名字合理则赋值 name
                    this.name = name;
            }
    }
    public String getName(){                            // 定义方法 getName() 获取 name 值
            return this.name;
    }
    public void setAge(int age){                        // 定义方法 setAge() 设置 Age
            // 执行合理性校验，要求用户年龄必须在 0 ～ 100 之间
            if (age > 100 || age < 0){
                    System.out.println(" 您设置的年龄不合法 ");
                    return;
            }
            else{                                       // 如果年龄合理则赋值 age
                    this.age = age;
            }
    }
    public int getAge(){                                // 定义方法 getAge( 获取 Age 值
            return this.age;
    }
}
```

通过上述代码定义了 Person 类，该类的 name 和 age 属性只能在 Person 类内才可以操作和访问，在 Person 类之外只能通过各自对应的 setter 和 getter 方法来操作和访问它们。

注意：在使用 Java 中的访问控制符时，应该遵循如下三条基本原则。

（1）类里的绝大部分属性都应该使用 private 修饰，除了一些 static 修饰的、类似全局变量的属性，才可能考虑使用 public 修饰。除此之外，有些方法只是用于辅助实现该类的其他方法，这些方法被称为工具方法，工具方法也应该使用 private 修饰。

（2）如果某个类主要用作其他类的父类，该类里包含的大部分方法可能仅希望被其子类重写，而不想被外界直接调用，则应该使用 protected 修饰这些方法。

（3）希望暴露出来给其他类自由调用的方法应该使用 public 修饰。因此，类的构造器通过使用 public 修饰，暴露给其他类中创建该类的对象。因为顶级类通常都希望被其他类自由使用，所以大部分顶级类都使用 public 修饰。

9.4 接口

在 Java 程序中，接口一样起着一个中介的作用。定义接口的方法和定义类的方法十分相似，并且在接口里面也有方法，在接口中可以派生出新的类。在本节的内容中，将详细讲解接口的基本知识，为读者步入本书后面知识的学习打下基础。

↑扫码看视频（本节视频课程时间：12 分 02 秒）

9.4.1 定义接口

一旦在 Java 程序中创建接口后，接口的方法和抽象类中的方法一样，它的方法是抽象的，也就是说，接口不具备有实现的功能，它只是指定要做什么，而不管具体怎么做。一旦定义了接口后，任何类都可以实现这个接口，它与类不同，一个类只可以继承一个类，但是一个类可以实现多个接口，这在编写程序时解决了一个类要具备多个方面的特征。在 Java 中创建接口的语法格式如下所示。

```
[public] interface<接口名>{
[<常量>]
[<抽象方法>]
}
```

- public：接口的修饰符只能是 public，因为只有这样，接口才能被任何包中的接口或类访问。
- interface：接口的关键字。
- 接口名：它的定义法则和类名一样。
- 常量：在接口中不能声明变量，因为接口要具备三个特征，公共性、静态的和最终的。

9.4.2 接口中的量和方法

在 Java 程序中，在接口中只能声明常量，不能声明变量。在 Java 接口中，有的方法必须是抽象方法。

1. 接口里的量

在 Java 程序中的接口里只能有常量，主要原因是这样能保证实现该接口的所有类可以访问相同的常量。例如下面的实例演示了在定义的接口中使用常量的过程。

实例 9-11：在接口中使用常量

源码路径：下载包 \daima\ 第 9 章 \9-11

实例文件 Jie.java 的主要代码如下所示。

```
interface Jiechang{                                    //定义接口 Jiechang
    int a=100;                                         //a 的初始值是 100
    int b=200;                                         //b 的初始值是 200
    int c=323;                                         //c 的初始值是 323
    int d=234;                                         //d 的初始值是 234
    int f=523;                                         //f 的初始值是 523
    void print();                                      //声明方法 print()
    void print1();                                     //声明方法 print1()
}

class Jiedo implements Jiechang{
    public void print(){                               //定义方法 print()，输出 a 和 b 的和
            System.out.println("老二获得的财产是：");
            System.out.println(a+b);
    }

    public void print1(){                              //定义方法 print1()，输出 c、d 和 f 的和
            System.out.println("老大获得的财产是：");
            System.out.println(c+d+f);
    }
}

public class Jie{
    public static void main(String args[]){
            Jiedo a1=new Jiedo();                      //定义 Jiedo 对象实例 a1
            a1.print();                                //调用方法 print()
            a1.print1();                               //调用方法 print1()
    }
}
```

执行后会输出：

```
老二获得的财产是：
300
老大获得的财产是：
1080
```

2. 接口中的方法

在 Java 程序中，接口里的方法都是抽象的或者公有的，在声明方法的时候可以省掉关键字 public 和 abstract，因为它的方法都是公有的和抽象的，不需要关键字修饰，当然添加了修饰符也没有错。例如下面的实例代码演示了在接口中使用方法的流程。

实例 9-12：在接口中使用方法

源码路径：下载包 \daima\ 第 9 章 \9-12

实例文件 cuofang.java 的主要实现代码如下所示。

```
interface newjie{                                      //定义接口 newjie
    void print();                                      //声明方法 print()
    public void print1();                              //声明方法 print1()
    abstract void print2();                            //声明抽象方法 print2()
    public abstract void print3();                     //声明抽象方法 print3()
```

```
    abstract public void print4();          //声明抽象方法print4()
}

class newjie1 implements newjie{           //定义类newjie1，并声明使用接口newjie
    public void print(){                    //定义方法print()
            System.out.println("newjie接口里第一方法没有修饰符");
    }
    public void print1(){                   //定义方法print1()
            System.out.println("newjie接口里第二个方法有修饰符public");
    }
    public  void print2(){                  //定义方法print2()
            System.out.println("newjie接口里第三个方法有修饰符abstract");
    }

    public  void print3()  {                //定义方法print3()
            System.out.println("newjie接口里第四个方法有修饰符public和abstract");
    }

    public void print4(){                   //定义方法print4()
            System.out.println("newjie接口里第五个方法有修饰符abstract和public");
    }
}
public class coufang{
    public static void main(String args[]){
            newjie1 a1=new newjie1();
            a1.print();                     //调用方法print()

            a1.print1();                    //调用方法print1()
            a1.print2();                    //调用方法print2()
            a1.print3();                    //调用方法print3()
            a1.print4();                    //调用方法print4()
    }
}
```

在上述代码中定义了一个接口，在接口里定义了方法，其实这五个方法是相同的。在编写程序时，建议读者使用第一种方式编写。执行上述代码后的效果如图 9-2 所示。

```
newjie接口里第一方法没有修饰符
newjie接口里第二个方法有修饰符public
newjie接口里第三个方法有修饰符abstract
newjie接口里第四个方法有修饰符public和abstract
newjie接口里第五个方法有修饰符abstract和public
```

图 9-2

9.4.3 实现接口

实际上在本书前面的学习中，读者已经接触到了接口的实现。在接口实现的过程中，一是能为所有的接口提供实现的功能，能遵循重写的所有规则，能保持相同的返回数据类型。例如在下面的实例中，演示了编写一个类去实现一个接口的过程。

实例 9-13：通过接口实现数学运算

源码路径：下载包 \daima\ 第 9 章 \9-13

实例文件 jieshi.java 的主要代码如下所示。

```
interface JieOne{                                  //定义接口JieOne
    int add(int a,int b);
}
interface JieTwo{                                  //定义接口JieTwo
    int sub(int a,int b);
```

```
}
interface JieThree{                                    //定义接口 JieThree
   int mul(int a,int b);
}
interface JieFour{                                     //定义接口 JieFour
   int umul(int a,int b);
}
//定义类 JieDuo，使用了上面的 4 个接口 JieOne,JieTwo,JieThree,JieFour
class JieDuo implements JieOne,JieTwo,JieThree,JieFour{

   public int add(int a,int b){                        //定义方法 add() 返回 a 和 b 的和
         return a+b;
   }
   public int sub(int a,int b){                        //定义方法 sub() 返回 a 和 b 的差
         return a-b;
   }
   public int mul(int a,int b){                        //定义方法 sub() 返回 a 和 b 的积
         return a*b;
   }
   public int umul(int a,int b){                       //定义方法 sub() 返回 a 和 b 商
         return a/b;
   }
}
public class jieshi{
   public static void main(String args[]){
     JieDuo aa=new JieDuo();                                 //新近实例对象 aa
     System.out.println("a+b="+aa.add(2400,1200));           //提供具体实现方法
     System.out.println("a-b="+aa.sub(2400,1200));           //提供具体实现方法
     System.out.println("a*b="+aa.mul(2400,1200));           //提供具体实现方法
     System.out.println("a/b="+aa.umul(2400,1200));          //提供具体实现方法
   }}
}
```

执行后的效果如图 9-3 所示。

```
a+b=3600
a-b=1200
a*b=2880000
a/b=2
```

图 9-3

9.4.4 引用接口

在编写 Java 程序时，我们可以创建接口类型的引用变量。接口的引用变量能够存储一个指向对象的引用值，这个对象可以实现任何该接口的类的实例，用户可以通过接口调用该对象的方法，这些方法在类中必须是抽象方法。例如下面的实例代码演示了引用接口的过程。

实例 9-14：引用接口计算数学题

源码路径：下载包 \daima\ 第 9 章 \9-14

实例文件 jieyin.java 的主要实现代码如下所示。

```
interface diyijie{                          //定义接口 diyijie，在里面声明方法 add
   int add(int a,int b);
}
interface dierjie{                          //定义接口 dierjie，在里面声明方法 sub
   int sub(int a,int b);
}
interface disanjie{                         //定义接口 disanjie，在里面声明方法 mul
```

```
    int mul(int a,int b);
}
interface disijie{                          //定义接口 disijie，在里面声明方法 umul
    int umul(int a,int b);
}
//定义类 jiekouniu，使用上面的 4 个接口 diyijie,dierjie,disanjie,disijie
class jiekouniu implements diyijie,dierjie,disanjie,disijie{
    public int add(int a,int b){            //定义方法 add 返回 a+b
            return a+b;
    }
    public int sub(int a,int b){            //定义方法 add 返回 a-b
            return a-b;
    }
    public int mul(int a,int b){            //定义方法 add 返回 a*b
            return a*b;
    }
    public int umul(int a,int b){           //定义方法 add 返回 a/b
            return a/b;

    }
}
class jieyin{
    public static void main(String args[]){
            jiekouniu aa=new jiekouniu();
            //接口的引用执行对象的引用
            diyijie  bb=aa;
            dierjie  cc=aa;
            disanjie  dd=aa;
            disijie ee=aa;
            //对象引用并调用方法
            System.out.println("a+b="+aa.add(14,22));
            System.out.println("a-b="+aa.sub(42,32));
            System.out.println("a*b="+aa.mul(44,22));
            System.out.println("a/b="+aa.umul(24,22));
            System.out.println("a+b="+bb.add(23,42));
            System.out.println("a-b="+cc.sub(32,12));
            System.out.println("a*b="+dd.mul(42,24));
            System.out.println("a/b="+ee.umul(342,22));
}
}
```

执行后的效果如图 9-4 所示。

```
a+b=36
a-b=10
a*b=968
a/b=1
a+b=65
a-b=20
a*b=1008
a/b=15
```

图 9-4

9.4.5 接口的继承

在 Java 程序中，接口的继承和类继承不一样，接口完全支持多继承，即一个接口可以有多个直接父接口。和类继承相似，子接口扩展某个父接口，将会获得父接口里定义的所有抽象方法、常量属性、内部类和枚举类定义。当一个接口继承多个父接口时，多个父接口排在

extends 关键字之后，多个父接口之间以英文逗号“,”隔开。例如在下面的实例中定义了三个接口，其中第三个接口继承了前面的两个接口。

实例 9-15：实现三个接口之间的继承

源码路径：下载包 \daima\ 第 9 章 \9-15

实例文件 jicheng.java 的主要实现代码如下所示。

```
interface interfaceA{                              //定义接口 interfaceA
    int PROP_A = 5;                                //定义变量 PROP_A 的值是 5
    void testA();                                  //声明方法 testA()
}
interface interfaceB{                              //定义接口 interfaceB
    int PROP_B = 6;                                //定义变量 PROP_B 的值是 6
    void testB();                                  //声明方法 testB()
}
//定义接口 interfaceC，继承自接口 interfaceA 和 interfaceB

interface interfaceC extends interfaceA, interfaceB{
    int PROP_C = 7;                                //定义变量 PROP_C 的值是 7
    void testC();                                  //声明方法 testC()
}
public class jicheng {
    public static void main(String[] args){
            System.out.println(interfaceC.PROP_A);
            System.out.println(interfaceC.PROP_B);
            System.out.println(interfaceC.PROP_C);
    }
}
```

在上面的代码中，接口 interfaceC 继承了 interfaceA 和 interfaceB，所以 interfaceC 中获得了它们的常量。在方法 main 中通过 interfaceC 来访问 PROP_A、PROP_B 和 PROP_C 常量属性。执行后的效果如图 9-5 所示。

```
5
6
7
```

图 9-5

第 10 章

多态、包装类、内部类和枚举类

（视频讲解：45 分钟）

在本书前面两章的内容中，已经详细讲解了 Java 面向对象的基本知识，通过具体实例演示了各个知识点的用法。在本章的内容中将继续讲解 Java 在面向对象方面的核心技术，逐一讲解多态、块初始化、包装类、类成员、final 修饰符、内部类和枚举类的基本知识和具体用法，为读者步入本书后面知识的学习打下基础。

10.1 多态

“polymorphism（多态）”一词来自希腊语，意为“多种形式”。多数 Java 程序员把多态看作对象的一种能力，使其能调用正确的方法版本。尽管如此，这种面向实现的观点导致了多态的神奇功能，胜于仅仅把多态看成纯粹的概念。

↑扫码看视频（本节视频课程时间：9 分 47 秒）

10.1.1 何谓多态

多态性是面向对象程序设计代码重用的一个重要机制。Java 语言中的多态总是子类型的多态，几乎是机械式产生了一些多态的行为，使我们不去考虑其中涉及的类型问题。多态是面向对象语言中很普遍的一个概念，我们经常把多态看得过于简单，但实际上有四种不同类型的多态。在面向对象中，通常把多态分为两个大类（分别是特定的和通用的），四个小类（分别是强制的、重载的、参数的和包含的）。它们的结构如图 10-1 所示。

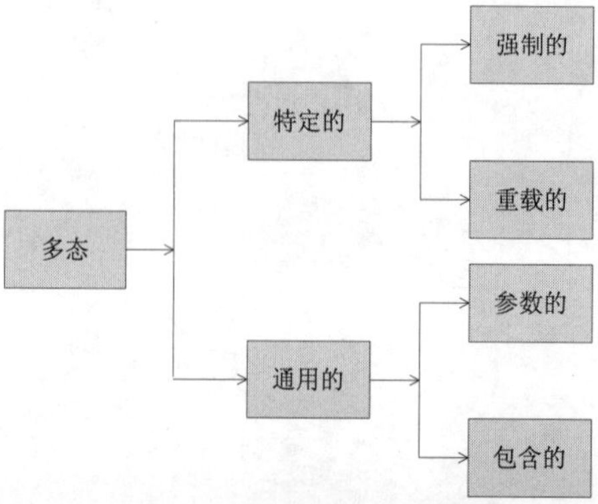

图 10-1

图 10-1 体现了在这样一个体系中，多态表现为多种形式的能力。通用的多态引用有相同结构类型的大量对象，它们有着共同的特征。特定的多态涉及的是小部分没有相同特征的对象。这四种多态的具体说明如下所示。

- 强制的：一种隐式实现类型转换的方法；
- 重载的：将一个标志符用作多个意义；
- 参数的：为不同类型的参数提供相同的操作；
- 包含的：类包含关系的抽象操作。

（1）强制的多态

强制多态隐式的将参数按某种方法，转换成编译器认为正确的类型以避免错误。例如在以下的表达式中，编译器必须决定二元运算符‘+’所应做的工作。

```
2.0 + 2.0
2.0 + 2
2.0 + "2"
```

第一个表达式将两个 double 的操作数相加，在 Java 中特别声明了这种用法。

第二个表达式将 double 型和 int 相加，在 Java 中没有明确定义这种运算，不过编译器隐式的将第二个操作数转换为 double 型，并作 double 型的加法。这对程序员来说十分方便，否则将会抛出一个编译错误，或者强制程序员显式的将 int 转换为 double。

第三个表达式将 double 与一个 String 相加，在 Java 中没有定义这样的操作，所以编译器将 double 转换成 String 类型，并将它们做串联。

强制多态也会发生在方法调用中。假设类 Derived 继承了类 Base，类 C 有一个原型为 m（Base）的方法，在下面的代码中，编译器隐式的将类 Derived 的对象 derived 转化为类 Base 的对象。这种隐式的转换使方法 m（Base）使用所有能转换成 Base 类的所有参数。

```
C c = new C();
Derived derived = new Derived();
c.m( derived );
```

并且隐式的强制转换可以避免类型转换的麻烦，减少编译错误。当然编译器仍然会优先验证符合定义的对象类型。

（2）重载的多态

重载允许用相同的运算符或方法去表示截然不同的意义。‘+’在上面的程序中有两个意思，一是表示两个 double 型的数相加，二是表示两个串相连。另外还有整型相加、长整型等，这些运算符的重载依赖于编译器根据上下文做出的选择。以往的编译器会把操作数隐式转换为完全符合操作符的类型。虽然 Java 明确支持重载，但是不支持用户定义的操作符重载。

Java 支持用户定义的函数重载。在一个类中可以有相同名字的方法，这些方法可以有不同的意义。在这些重载 的方法中必须满足参数数目不同、相同位置上的参数类型不同的条件，这些不同可以帮助编译器区分不同版本的方法。

编译器以这种唯一表示的特征来表示不同的方法，比用名字表示更为有效。因为如此，所有的多态行为都能编译通过。

强制和重载的多态都被分类为特定的多态，因为这些多态都是在特定的意义上的。这些被划入多态的特性给程序员带来了很大的方便。强制多态排除了麻烦的类型和编译错误。重载多态像一块糖，允许程序员用相同的名字表示不同的方法，这非常方便。

（3）参数的多态

参数多态允许把许多类型抽象成单一的表示。例如在一个名为 List 的抽象类中，描述了一组具有同样特征的对象，提供了一个通用的模板。我们可以通过指定一种类型以重用这个抽象类。这些参数可以是任何用户定义的类型，很多用户都可以使用这个抽象类，因此参数多态毫无疑问成为最强大的多态。

Java 实际上并不支持真正的安全类型风格的参数多态，这也是 java.util.List 和 java.util 的其他集合类是用原始的 java.lang.Object 写的原因。Java 的单根继承方式解决了部分问题，但没有发挥出参数多态的全部功能。

（4）包含的多态

包含多态通过值的类型和集合的包含关系实现了多态的行为。在包括 Java 在内的众多面向对象的语言中，包含关系是子类型的。所以 Java 的包含多态是子类型的多态。在早期，Java 开发者们所提及的多态就特指子类型的多态。通过一种面向类型的观点，我们可以看到子类型多态的强大功能。

10.1.2 演示 Java 中的多态

在前面已经讲解了 Java 多态的理论知识，接下来将通过一个具体实例来讲解多态在 Java 程序中的作用。

实例 10-1：认识第一个多态程序

源码路径：下载包 \daima\ 第 10 章 \10-1

实例文件 duotai.java 的主要实现代码如下所示。

```
class jiBaseClass                                       //定义基类jiBaseClass
{
    public int book = 6;                                //定义属性book的初始值是6
    public void base(){                                 //定义方法base()输出文本

            System.out.println("老邓头说：父类的普通方法");
    }
    public void test(){                                 //定义方法test()输出文本
            System.out.println("父类的被覆盖的方法");
    }
}
//定义子类duotai
public class duotai extends jiBaseClass{
    //重新定义一个book实例属性覆盖父类的book实例属性
    public String book = "《青年公寓》";                //为属性book重新赋值为《青年公寓》
    public void test(){                                 //在子类中重写方法test()
            System.out.println("子类的覆盖父类的方法");
    }
    public void sub()                                   //在子类中重写方法sub()
    {
            System.out.println("子类的普通方法");
    }
    public static void main(String[] args){
            //下面编译时类型和运行时类型完全一样，因此不存在多态
            jiBaseClass bc = new jiBaseClass();
            //输出 6
            System.out.println(bc.book);
            //下面两次调用将执行jiBaseClass的方法
```

```
        bc.base();
        bc.test();

        // 下面编译时类型和运行时类型完全一样，因此不存在多态
        duotai sc = new duotai();
        // 输出 "《青年公寓》""
        System.out.println(sc.book);
        // 下面调用将执行从父类继承到的 base 方法
        sc.base();
        // 下面调用将执行从当前类的 test 方法
        sc.test();

        // 下面调用将执行从当前类的 sub 方法
        sc.sub();

        // 下面编译时类型和运行时类型不一样，多态发生
        jiBaseClass ploymophicBc = new duotai();
        // 输出 6 —— 表明访问的是父类属性
        System.out.println(ploymophicBc.book);
        // 下面调用将执行从父类继承到的 base 方法
        ploymophicBc.base();
        // 下面调用将执行从当前类的 test 方法
        ploymophicBc.test();
        //jiBaseClass 类没有提供 sub 方法，这是因为 sanYin 的编译类型是 jiBaseClass
        // 所以下面代码编译时会出现错误。
        //sanYin.sub();
    }
}
```

执行后会输出：

```
6
父类的普通方法
父类的被覆盖的方法
《青年公寓》
父类的普通方法
子类的覆盖父类的方法
子类的普通方法
6
父类的普通方法
子类的覆盖父类的方法
```

在上述代码的 main() 方法中显式创建了三个引用变量，其中前两个引用变量 bc 和 sc 的编译时类型和运行时类型完全相同，因此调用它们的属性和方法非常正常，完全没有任何问题。但第三个引用变量 sanYin 则比较特殊，它编译时的类型是 BaseClass，而运行时的类型是 SubClass，当调用该引用变量的 test 方法时，实际执行的是类 SubClass 中覆盖后的 test() 方法，这就是多态。

因为子类其实是一种特殊的父类，所以 Java 允许把一个子类对象直接赋给一个父类引用变量，而无须任何类型转换。当把一个子类对象直接赋给父类引用变量时，例如上面的"BaseClass sanYin=SubClass0;"，这个引用变量 sanYin 的编译时的类型是 BaseClass，而运行时类型是 SubClass。当运行时调用该引用变量的方法时，其方法行为总是像子类方法的行为，而不是像父类方法行为。此时会出现相同类型的变量、执行同一个方法时呈现出不同的行为特征，这就是多态。

引用变量在编译阶段只能调用其编译时类型所具有的方法，但是在运行时则执行它运行时类型所具有的方法。因此在编写 Java 代码时，引用变量只能调用声明该变量时所用类里包

含的方法。例如我们通过“Object m = new Person()”代码定义一个变量 m，则此 m 能调用 Object 类的方法，而不能调用在类 Person 中定义的方法。

与方法不同的是，对象的属性则不具备多态性：如上面的 sanYin 引用变量，程序中输出它的 book 属性时，并不是输出在 SubClass 类里定义的实例属性，而是输出 BaseClass 类的实例属性。表上面看，在上面的代码中显式创建了三个对象，其实在内存里至少创建了五个对象，因为当系统创建 sc 和 sanYin 两个变量所引用的对象时，系统会隐式为其各自创建对应的父类对象，其父类对象可以在 SubClass 类通过 super 引用来访问。不管是 sc 变量，还是 sanYin 变量，它们都可以访问到两个 book 属性，其中一个来自于 BaseClass 类里定义的实例属性，一个来自于 SubClass 类里定义的实例属性。当通过引用变量来访问其包含的实例属性时，系统总是试图访问它编译时类所定义的属性，而不是它运行时类所定义的属性。

注意：多态的核心

在 Java 程序中，多态的核心是类型的一致性。对象上的每一个引用和静态的类型检查器都要确认这样的依附。当一个引用成功的依附于另一个不同的对象时，有趣的多态现象就产生了。我们也可以把几个不同的引用依附于同一个对象。

多态依赖于类型和实现的分离，多用来把接口和实现分离。多态行为会用到类的继承关系所建立起来的子类型关系。Java 接口同样支持用户定义的类型，相对地，Java 的接口机制启动了建立在类型层次结构上的多态行为。

10.2 引用类型

其实在前面的内容中曾经涉及过引用类型的知识，但是都没有深入详解，这是因为读者还不具备深入学习引用类型所需要的知识。在本节的内容中将详细讲解 Java 引用类型的知识，为读者步入本书后面知识的学习打下基础。

↑扫码看视频（本节视频课程时间：6 分 50 秒）

10.2.1 四种引用类型

为了解决内存泄漏的问题，Java 才引进的引用类型的知识。在 Java 程序中，对于需要长期运行的应用程序来说，如果无用的对象所占用的内存空间不能得到及时地释放的话，那么在一个局部的时间段内便形成了事实上的内存泄漏。如果要及时地释放内存，在 Java 中最稳妥的方法就是在使用完对象之后立刻执行”object=null”语句。当然，这也是一种理想状态。为此在 JDK 中引入了四种对象引用类型，通过如下四种引用类型强行调用垃圾回收方法 System.gc() 来解决内存泄漏问题。

（1）强引用：在日常编程应用中所用的大多数引用类型都属于强引用类型，方法是显式执行”object=null”语句。

（2）软引用：被软引用的对象，如果内存空间足够，垃圾回收器是不会回收它的，如果内存空间不足，垃圾回收器将回收这些对象占用的内存空间。在 Java 中软引用对应着 java.lang.ref.SoftReference 类，一个对象如果要被软引用，只需将其作为参数传入 SoftReference

类的构造方法中就行了。

（3）弱引用：与前面的软引用相比，被弱引用了的对象拥有更短的内存时间（也就是生命周期）。垃圾回收器一旦发现了被弱引用的对象，不管当前内存空间是不是足够，都会回收它的内存，弱引用对应着 java.lang.ref.WeakReference 类，同样的道理。一个对象如果想被弱引用，只需将其作为参数传入 WeakReference 类的构造方法中就行了。

（4）虚引用：虚引用不是一种真实可用的引用类型，完全可以视为一种“形同虚设”的引用类型。设计虚引用的目的在于结合引用关联队列，实现对对象引用关系的跟踪。在 Java 中虚引用对应着 java.lang.ref.PhantomReference 类。一个对象如果要被虚引用，只需将其作为参数传入 PhantomReference 类的构造方法中就行了，同时作为参数传入的还有引用关联队列 java.lang.ref.ReferenceQueue 的对象实例。

例如在下面的实例中，演示了上述四种引用类型的用法。

实例 10-2：使用引用类型回收资源

源码路径：下载包 \daima\ 第 10 章 \10-2

实例文件 TestReferences.java 的主要实现代码如下所示。

```
public class TestReferences{                    //定义类 TestReferences
    public static void main(String[] args) {
        int length=10;                          //定义 int 类型变量 length 的初始值是 10
        //创建 length 个 MyObject 对象的强引用
        Set<MyObject> a = new HashSet<MyObject>();
        for(int i = 0; i < length; i++){              //使用 for 循环输出创建的强引用
            MyObject ref=new MyObject("Hard_" + i);
            System.out.println("创建强引用：" +ref);
            a.add(ref);
        }
        //a=null;
        System.gc();
        //创建 length 个 MyObject 对象的软引用
        Set<SoftReference<MyObject>> sa = new HashSet<SoftReference<MyObject>>();
        for(int i = 0; i < length; i++) {             //使用 for 循环输出创建的软引用
                    SoftReference<MyObject> ref=new SoftReference<MyObject>(new
                                                   MyObject("Soft_" + i));
            System.out.println("创建软引用：" +ref.get());
            sa.add(ref);
        }
        System.gc();
        //创建 length 个 MyObject 对象的弱引用
        Set<WeakReference<MyObject>> wa = new HashSet<WeakReference<MyObject>>();
        for(int i = 0; i < length; i++){              //使用 for 循环输出创建的弱引用
                    WeakReference<MyObject> ref=new WeakReference<MyObject>(new
                                                   MyObject("Weak_" + i));
            System.out.println("创建弱引用：" +ref.get());
            wa.add(ref);
        }
        System.gc();
        //创建 length 个 MyObject 对象的虚引用
        ReferenceQueue<MyObject> rq = new ReferenceQueue<MyObject>();
         Set<PhantomReference<MyObject>> pa = new HashSet<PhantomReference<MyObj
                                                                    ect>>();
        for(int i = 0; i < length; i++){              //使用 for 循环输出创建的虚引用
            PhantomReference<MyObject> ref = new PhantomReference<MyObject>(new
                                               MyObject("Phantom_" + i), rq);
            System.out.println("创建虚引用：" +ref.get());
            pa.add(ref);
        }
```

```
        System.gc();
    }
}
class MyObject{                                    //定义类 MyObject
    private String id;                             //私有成员 id
    public MyObject(String id) {                   //构造方法 MyObject
        this.id = id;
    }
    public String toString(){                      //定义方法 toString() 返回 id
        return id;
    }
    public void finalize() {                       //定义方法 finalize() 输出回收对象
        System.out.println("回收对象：" + id);
    }
}
```

在上述代码中，类 SoftReference、WeakReference 和 PhantomReference 都继承自抽象类 java.lang.ref.Reference。在抽象类 Reference 定义了方法 clear() 来撤销引用关系，定义方法 get() 来返回被引用的对象。执行后将依次输出如下创建不用引用并分别释放的过程。

```
创建强引用：Hard_0
创建强引用：Hard_1
创建强引用：Hard_2
创建强引用：Hard_3
创建强引用：Hard_4
创建强引用：Hard_5
创建强引用：Hard_6
创建强引用：Hard_7
创建强引用：Hard_8
创建强引用：Hard_9
创建软引用：Soft_0
创建软引用：Soft_1
创建软引用：Soft_2
创建软引用：Soft_3
创建软引用：Soft_4
创建软引用：Soft_5
创建软引用：Soft_6
创建软引用：Soft_7
创建软引用：Soft_8
创建软引用：Soft_9
创建弱引用：Weak_0
创建弱引用：Weak_1
创建弱引用：Weak_2
创建弱引用：Weak_3
创建弱引用：Weak_4
创建弱引用：Weak_5
创建弱引用：Weak_6
创建弱引用：Weak_7
创建弱引用：Weak_8
创建弱引用：Weak_9
创建虚引用：null
创建虚引用：null
创建虚引用：null
创建虚引用：null
创建虚引用：null
创建虚引用：null
创建虚引用：null
创建虚引用：null
创建虚引用：null
创建虚引用：null
回收对象：Phantom_0
回收对象：Phantom_9
回收对象：Phantom_8
```

```
回收对象：Phantom_7
回收对象：Phantom_6
回收对象：Phantom_5
回收对象：Phantom_4
回收对象：Phantom_3
回收对象：Phantom_2
回收对象：Phantom_1
回收对象：Weak_9
回收对象：Weak_8
回收对象：Weak_7
回收对象：Weak_6
回收对象：Weak_5
回收对象：Weak_4
```

10.2.2　使用 instanceof 运算符

在 Java 程序中，instanceof 是一个二元操作符，和 = =、>、< 等是同一类元素。由于 instanceof 是由字母组成的，所以也是 Java 的保留关键字。instanceof 的作用是测试它左边的对象是否为右边的类的实例，返回一个 boolean 类型的 instanceof。例如在下面的代码中声明了一个 String 对象引用，指向了一个 String 对象，然后用 instancof 来测试它所指向的对象是否是 Object 类的一个实例。因为这是真的，所以返回结果 true，也就是 isObject 的值为 true。

```
String s = "I AM an Object!";
boolean isObject = s instanceof Object;
```

在使用 instanceof 运算符时需要注意，运算符前面操作数的编译时的类型要么与后面的类型相同，要么与后面的类有父子继承关系，否则会引起编译错误。例如在下面的 Java 程序中，演示了使用 instanceof 运算符的方法和错误用法的情形。

实例 10-3：某某的出场费最高吗

源码路径：下载包 \daima\ 第 10 章 \10-3

实例文件 ceshi.java 的主要实现代码如下所示。

```
    public static void main(String[] args) {
            //声明 hello 时使用 Object 类，则 hello 的编译类型是 Object，Object 是所有类的父类
            //但 hello 变量的实际类型是 String
            Object hello = "Hello";
            //String 是 Object 类的子类，所以返回 true。
            //输出字符串是否是 Object 类的实例
            System.out.println((hello instanceof Object));
            //输出字符串是否是 String 类的实例
            System.out.println((hello instanceof String));
            //输出字符串是否是 Math 类的实例
            System.out.println((hello instanceof Math));
            //String 实现了 Comparable 接口，所以返回 true。
            //输出字符串是否是 Comparable 接口的实例："
            System.out.println( (hello instanceof Comparable));
            //String a = "Hello";
            //String 类既不是 Math 类，也不是 Math 类的父类，所以下面的代码编译无法通过
            //System.out.println((a instanceof Math));
    }
```

在上述代码中，前面几行使用 instanceof 运算符的代码能够正常运行，最后一行代码将会出现编译错误，原因是类型不相配。执行后会输出：

```
true
true
```

```
false
true
```

注意：在 Java 中使用 instanceof 运算符的最主要目的是：在执行强制类型转换之前，首先判断前一个对象是否是后一个类的实例是否可以成功地转换，从而保证代码更加健壮。

10.2.3 引用变量的强制类型转换

在编写 Java 程序时，引用变量只能调用它编译时类型的方法，而不能调用它运行时类型的方法，即使它实际所引用对象确实包含该方法。如果需要让这个引用变量来调用它运行时类型的方法，必须使用强制类型转换把它转换成运行时类型，强制类型转换需要借助于类型转换运算符。在 Java 程序中，类型转换运算符是小括号“()”，使用类型转换运算符的语法格式如下所示。

```
(type)variable
```

上述格式很容易理解，能够将变量 variable 转换成一个 type 类型的变量，这种类型转换运算符可以将一个基本类型变量转换为另一个类型。除此之外，此类型转换运算符还可以将一个引用类型变量转换成其子类类型。例如下面的实例演示了使用强制类型转换的过程。

实例 10-4：实现 Object 类型和 String 类型之间的强制转换

源码路径：下载包 \daima\ 第 10 章 \10-4

实例文件 qiangzhuan.java 的主要实现代码如下所示。

```
public static void main(String[] args) {
        double d = 13.4;
        long l = (long)d;

        int in = 5;
        //下面代码编译时出错：试图把一个数值型变量转换为 boolean 型，
        //编译时候会提示 : 不可转换的类型
        //boolean b = (boolean)in;
        Object obj = "小牛牛，你收到了吗？ ";
        //obj 变量的编译类型为 Object，是 String 类型的父类，可以强制类型转换
        //而且 obj 变量实际上也是 String 类型，所以运行时也可以通过
        String objStr = (String)obj;
        System.out.println("老邓头转账进行中 .....");
        System.out.println("系统繁忙，请稍等 ....");
        System.out.println("转账金额 "+l+" 万 ");
        System.out.println(objStr);

        System.out.println("银行系统故障！ ");
        //定义一个 objPri 变量，编译类型为 Object，实际类型为 Integer
        Object objPri = new Integer(5);
        //objPri 变量的编译类型为 Object，是 String 类型的父类，可以强制类型转换
        //而 objPri 变量实际上类型是 Integer 类型，所以下面代码运行时引发
                                          ClassCastException 异常
        String str = (String)objPri;
}
```

在上述代码中，因为变量 objPri 的实际类型是 Integer 类型，所以运行上述代码时会引发 ClassCastException 异常。执行效果如图 10-2 所示。

```
老邓头转账进行中.....
系统繁忙，请稍等.....
转账金额13万
小牛牛，你收到了吗？
银行系统故障！
Exception in thread "main" java.lang.ClassCastException: java.lang.Integer cannot be
	at qiangzhuan.main(qiangzhuan.java:26)
```

图 10-2

为了解决上述异常，在进行类型转换之前应先通过 instanceof 运算符来判断是否可以成功转换。

10.3　组合

在前面曾经讲解了继承的知识，继承是实现类重用的重要手段，但是继承会破坏封装。相比之下，在 Java 程序中通过组合也可以实现类的重用，而采用组合方式来实现类的重用则能提供更好地封装性。

↑扫码看视频（本节视频课程时间：2 分 08 秒）

在 Java 程序中，如果需要重复使用一个类，除了把这个类当成基类来继承之外，还有什么其他办法吗？当然有，我们还可以把该类当成另一个类的组合成分，从而允许新类直接复用该类的 public 方法。不管是继承还是组合，都允许在新类（对于继承来说是子类）中直接复用旧类的方法。对于继承来说，子类可以直接获得父类的 public 方法。当在程序中使用子类时，可以直接访问该子类从父类那里继承到的方法。而组合能够把旧类对象作为新类的属性嵌入，用于实现新类的功能。我们看到的只是新类的方法，而不能看到嵌入在对象中的方法。因此，通常需要在新类里使用 private 来修饰嵌入的旧类对象。如果仅从类复用的角度来看，会很容易发现父类的功能等同于被嵌入类，都是将自身的方法提供给新类使用。在 Java 程序中，子类和组合关系里的整体类都可以复用原有类的方法，这样可以实现自身的功能。例如下面的实例演示了实现代码复用的过程。

实例 10-5：实现代码复用

源码路径：下载包 \daima\ 第 10 章 \10-5

实例文件 fuyong.java 的主要实现代码如下所示。

```
class dongwu{                                    //定义基类 dongwu
    private void beat(){                         //定义方法 beat() 输出文本
            System.out.println("休息...");
    }
    public void breath(){                        //定义方法 breath() 输出文本
            beat();                              //调用方法 beat()
            System.out.println("走路...");
    }
}
//定义子类 niao，继承自 dongwu，直接复用父类的 breath 方法

class niao extends dongwu{
    public void fly(){
            System.out.println("飞翔...");
    }
}
```

```
                                // 定义子类 nnn，继承自 dongwu，直接复用父类的 breath 方法
class nnn extends dongwu{
    public void run(){                                      // 定义方法 run() 输出文本
            System.out.println("奔跑 ...");
    }
}
public class fuyong{
    public static void main(String[] args){
            niao b = new niao();
            b.breath();                                     // 调用方法 breath()
            b.fly();                                        // 调用方法 fly()
            nnn w = new nnn();
            w.breath();                                     // 调用方法 breath()
            w.run();                                        // 调用方法 run()
    }
}
```

在上述代码中，niao 和 nnn 继承于 dongwu，从而允许让 nnn 和 niao 可以获得 dongwu 的方法，从而复用了 dongwu 提供的 breath() 方法。通过这种使用方式，相当于让类 nnn 和类 niao 同时有父类 dongwu 的 breath() 方法，这样类 niao 和类 nnn 都可以直接调用 dongwu 里面定义的 breath() 方法。执行后的效果如图 10-3 所示。

```
休息...
走路...
飞翔...
休息...
走路...
奔跑...
```

图 10-3

10.4 初始化块

Java 使用构造器来对单个对象进行初始化操作，在使用构造器时需要先把整个 Java 对象的状态初始化完成，然后将 Java 对象返回给程序，从而让该 Java 对象的信息更加完整。在 Java 中与构造器功能类似的是初始化块，能够实现对 Java 对象的初始化操作。

↑扫码看视频（本节视频课程时间：5 分 02 秒）

10.4.1 何谓初始化块

在 Java 语言的类中，初始化块和属性、方法、构造器处于平等的地位。在一个类里可以有多个初始化块，在相同类型的初始化块之间是有顺序的，其中前面定义的初始化块先执行，后面定义的初始化块后执行。在 Java 程序中实现初始化块的语法格式如下所示。

```
修饰符 {
// 初始化块的可知性代码
}
```

在 Java 中有两种初始化块，分别是静态初始化块和非静态初始化块。这两种初始化块的具体说明如下所示：

- 静态初始化块：使用 static 定义，当类装载到系统时执行一次。如果在静态初始化块中想初始化变量，则只能初始化类变量，即 static 修饰的数据成员。
- 非静态初始化块：在每个对象生成时都会被执行一次，可以初始化类的实例变量。非静态初始化块会在构造函数执行时，且在构造函数主体代码执行之前被运行。

实例 10-6：老同学之间的对话

源码路径：下载包 \daima\ 第 10 章 \10-6

实例文件 ren.java 的主要代码如下所示。

```
public class ren{
    // 下面定义一个初始化块
    {
            int a = 6;                          // 定义局部变量 a 的初始值是 6
            // 在初始化块中
            if (a > 4){                         // 如果 a 大于 4
                    System.out.println("A 说：疏影啊，我们 4 年多没见了吧！ ");
            }
            System.out.println("B 说：看你这脑子，好像 6 年了吧！ ");
    }
    // 定义第二个初始化块
    {
            System.out.println("A 说：你越来越漂亮了啊！ ");
    }
    // 定义无参数的构造器
    public ren(){
            System.out.println("B 说：是吗，上学的时候你都不搭理我！ ");
    }
    public static void main(String[] args) {
            new ren();
    }
}
```

执行后会输出：

```
A 说：疏影啊，我们 4 年多没见了吧！
B 说：看你这脑子，好像 6 年了吧！
A 说：你越来越漂亮了啊！
B 说：是吗，上学的时候你都不搭理我！
```

在上面的实例代码中定义了一个类 ren，在里面既包含构造器，也包含初始化块。当创建 Java 对象时，系统总是先调用在该类中定义的初始化块。如果在一个类中定义了两个普通初始化块，则先执行前面定义的初始化块，后面定义的初始化块后执行。由此可见，初始化的作用和构造器相似，都用于对 Java 对象执行指定初始化操作，它们之间依然存在一些差异。

注意：当 Java 创建一个对象时，系统先为该对象的所有实例属性分配内存，然后程序开始对这些实例属性执行初始化，其初始化顺序是先执行初始化块或声明属性时指定的初始值，然后再执行构造器里指定的初始值。虽然初始化块也是 Java 类中的一种成员，但是因为没有名字和标识，所以无法通过类和对象来调用初始化块。只有在创建 Java 对象时才隐式执行初始化块，并且是在执行构造器之前执行。

10.4.2　静态初始化块

如果在 Java 程序中使用 static 修饰符定义了初始化块，则称这个初始化块为静态初始化块。静态初始化块是类相关的，系统将在类初始化阶段执行静态初始化块，而不是在创建对象时才执行。因此静态初始化块总是比普通初始化块先执行。

在 Java 程序中，静态初始化块的作用是初始化处理整个类，通常用于对类属性执行初始化处理，但是不能初始化处理实例属性。与普通初始化块类似的是，系统在类初始化阶段执行静态初始化块时，不仅会执行本类的静态初始化块，还会一直上溯到 java.lang.Object 类（如果它包含静态初始化块），先执行 java.lang.Object 类的静态初始化块，然后执行其父类的静态初始化块……最后才执行该类的静态初始化块。只有经过上述过程才能完成该类的初始化过程。只有完成类的初始化工作后，才可以在系统中使用这个类，包括访问这个类的方法和属性，或者用此类来创建实例。例如下面的实例演示了在 Java 中使用静态初始化块的方法。

实例 10-7：优先执行静态初始化块

源码路径：下载包 \daima\ 第 10 章 \10-7

实例文件 jing.java 的主要实现代码如下所示。

```
class gen{                                          //定义类 gen
    static{                                         //下面定义静态初始化块
            System.out.println("gen 的静态初始化块 ");
    }
    {
            System.out.println("gen 的普通初始化块 ");
    }
    public gen(){                                   //定义无参构造方法
            System.out.println("gen 的无参数的构造器 ");
    }

}
class zhong extends gen{
    static{                                         //下面定义静态初始化块
            System.out.println("zhong 的静态初始化块 ");
    }
    {                                               //下面定义普通初始化块
            System.out.println("zhong 的普通初始化块 ");
    }
    public zhong(){                                 //定义无参构造方法
            System.out.println("zhong 的无参数的构造器 ");
    }
    public zhong(String msg)    {                   //定义有参构造方法
            //通过 this 调用同一类中重载的构造器
            this();
            System.out.println("zhong 的带参数构造器，其参数值：" + msg);
    }
}
class xiao extends zhong{
    static{                                         //下面定义静态初始化块
            System.out.println("xiao 的静态初始化块 ");
    }
    {                                               //下面定义普通初始化块
            System.out.println("xiao 的普通初始化块 ");
    }
    public xiao()  {                                //定义无参构造方法
            //通过 super 调用父类中有一个字符串参数的构造器
            super("AAAA");
            System.out.println(" 执行 xiao 的构造器 ");
    }
 }
public class jing{
    public static void main(String[] args) {
            new xiao();
            new xiao();
```

```
        }
    }
```

在上述代码中定义了三个类 gen、zhong 和 xiao，这三个类都提供了静态初始化块和普通初始化块，并且在类 zhong 中使用了 this 调用了重载构造器，而在 xiao 中使用 super 显式调用了其父类指定的构造器。在上述代码执行了两次“new xiao();”，创建了两个 xiao 对象。当第一次创建一个对象 xiao 时，因为系统中还不存在 xiao 类，因此需要先加载并初始化类 xiao。在初始化类时 xiao 会先执行其顶层父类的静态初始化块，然后再执行其连接父类的静态初始化块，最后才执行 xiao 本身的静态初始化块。当初始化类 xiao 成功后，类 xiao 将在该虚拟机中一直存在。当第二次创建实例 xiao 时，无须再次初始化 xiao 类。执行后的效果如图 10-4 所示。

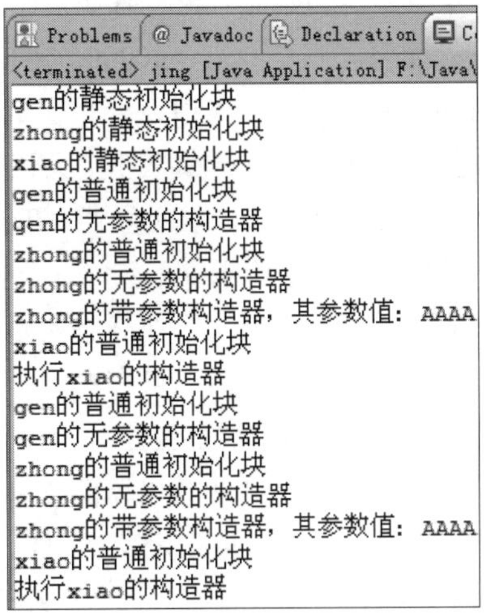

图 10-4

10.5 使用 final 修饰符

在前面曾经简要介绍过 final 修饰符的知识，曾经了解到 final 可以修饰类、变量和方法。通过 final 修饰以后，能够表示其修饰的类、方法和变量不可改变。下面将深入讲解 final 的知识，为提高读者开发的水平做好铺垫。

↑扫码看视频（本节视频课程时间：5 分 26 秒）

10.5.1 用 final 修饰变量

当在 Java 程序中使用 final 修饰变量时，表示该变量一旦获得了初始值之后就不可被改变。final 既可以修饰成员变量，例如类变量和实例变量，也可以修饰局部变量和形参。用 final 修饰的变量不可以被改变，一旦获得初始值之后，该 final 变量的值就不能被重新赋值。在 Java 中用 final 修饰局部变量和全局变量的作用是不同的，原因是 final 变量获得初始值之后不能被重新赋值。

1. 用 final 修饰成员变量

成员变量是随着类初始化或对象初始化而初始化的。当初始化类时，系统会为该类的类属性分配内存，并分配一个默认的值；当创建对象时，系统会为该对象的实例属性分配内存，并分配默认值。也就是说，当执行静态初始化块时可以对类属性赋初始值，当执行普通初始化块、构造器时可对实例属性赋初始值。因此，成员变量的初始值可以在定义该变量时指定默认值，可以在初始化块、构造器中指定初始值，否则成员变量的初始值将是由系统自动分配的初始值。

在 Java 程序中，当使用 final 修饰成员变量时，一旦有了初始值后就不能被重新赋值，所以不可以在普通方法中对成员变量重新赋值。成员变量只能在定义该成员变量时指定默认值，或者在静态初始化块、初始化块和构造器为成员变量指定初始值。如果既没有在定义成员变量时指定初始值，也没有在初始化块、构造器中为成员变量指定初始值，那么这些成员变量的值将一直是 0、’ \u0000’ 、false 或 null，这些成员变量也就失去了存在的意义。当使用 final 修饰成员变量时，要么在定义成员变量时指定初始值，要么在初始化块和构造器中为成员变量赋初始值。如果在定义该成员变量时指定了默认值，则不能在初始化块和构造器中为该属性重新赋值。综上所述，final 在修饰类属性、实例属性时能够指定初始值的一定范围，具体说明如下所示。

- 修饰类属性时：可在静态初始化块中、声明该属性时指定初始值。
- 修饰实例属性时：可在非静态初始化块、声明该属性、构造器中指定初始值。

2. 用 final 修饰局部变量

当在 Java 程序中初始化局部变量时，局部变量必须由程序员显式初始化。因此使用 final 修饰局部变量时既可以指定默认值，也可以不指定默认值。如果在定义修饰的局部变量时没有指定默认值，则可以在后面代码中对该 final 变量赋一个初始值，但是前提是只能一次，不能重复赋值。如果在定义 final 修饰的局部变量时已经指定默认值，则在后面的代码中不能再对该变量赋值。在下面的实例中，演示了使用 final 修饰局部变量和形参的情形。例如下面的实例演示了使用 final 修饰成员变量的方法。

实例 10-8：使用 final 修饰成员变量

源码路径：下载包 \daima\ 第 10 章 \10-8

实例文件 chengyuan.java 的主要代码如下所示。

```
public class chengyuan{
    //定义成员变量时指定默认值，合法。
    final int a = 6;
    final String str;
    final int c;
    final static double d;
    //下面是初始化块，可以对没有指定默认值的实例属性指定初始值
    {
            //在初始化块中为实例属性指定初始值，合法
            str = "Hello";
            //定义 a 属性时已经指定了默认值，不能为 a 重新赋值，下面赋值语句非法
            //a = 9;
    }
    //下面是静态初始化块，可对没有指定默认值的类属性指定初始值
    static{
            d = 5.6;                  //在静态初始化块中为类属性指定初始值，合法
    }
public chengyuan(){                   //构造器，可对没有指定默认值、且没有在初始化块中指定初
                                                            始值的实例属性指定初始值
            c = 5;
    }
    public void changeFinal(){
            //d = 1.2;                          //普通方法不能为 final 修饰的成员变量赋值
            //ch = 'a';                         //不能在普通方法中为 final 成员变量指定初始值
    }
    public static void main(String[] args){
            chengyuan tf = new chengyuan();        //新建对象实例 tf
            System.out.println(tf.a);              //输出 a 的值

            System.out.println(tf.c);              //输出 c 的值
```

```
        System.out.println(tf.d);                    //输出 d 的值
    }
}
```

执行后的效果如图 10-5 所示。

```
6
5
5.6
```

图 10-5

上面的实例代码演示了初始化 final 成员变量的各种情形，和普通成员变量不同的是，final 成员变量（包括实例属性和类属性）必须由程序员显式初始化，系统不会对 final 成员进行隐式初始化。所以如果想在构造器、初始化块中对 final 成员变量进行初始化，一定要在初始化之前就访问成员变量的值。

10.5.2　使用 final 方法

在 Java 程序中不能重写用 final 修饰的方法，如果不希望子类重写父类中的某个方法，则可以使用 final 来修饰该方法。在 Java 中的 Object 类中有一个 final 方法——getClass()，因为 Java 不希望任何类重写这个方法，所以使用 final 把这个方法密封起来。但对于该类提供的方法 toString() 和 equals() 允许子类重写，所以没有使用 final 修饰该方法。例如下面的代码试图重写 final 方法，执行后将会引发编译错误。

```
public class cuowu{                                        //定义类 cuowu
    public static void test(){}
}
class Sub extends cuowu{                                   //定义子类 Sub
    //下面方法定义将出现编译错误，不能重写 final 方法
    public void test(){}
}
```

上述代码中的父类是 cuowu，在该类中定义的方法 test() 是一个 final 方法，如果其子类试图重写这个方法则会引发编译错误。

在 Java 程序中，对于 private 方法来说，因为它仅在当前类中可见，其子类无法访问该方法。如果在子类中定义一个与父类 private 方法有相同方法名、相同形参列表号、相同返回值类型的方法，这也不是方法重写，只是重新定义了一个新方法。即使使用 final 修饰了一个 private 访问权限的方法，仍然可以在其子类中定义与该方法具有相同方法名、相同形参列表、相同返回值类型的方法。例如在下面的代码中，在子类中“重写”了父类的 private final 方法。

```
public class chongsi{
    private final void test(){}
}
class mmm extends chongsi{
    //下面方法定义将不会出现问题
    public void test(){}
}
```

在 Java 程序中，用 final 修饰的方法只是不能被重写，并不是不能被重载。例如下面的实例演示了使用 final 方法的过程。

实例 10-9：在子类中设置不重写父类中的某个方法

源码路径：下载包 \daima\ 第 10 章 \10-9

实例文件 FinalMethod.java 的主要实现代码如下所示。

```
class Parents {                                               //定义父类
    private final void doit() {                               //在父类中定义 doit()
            System.out.println("A 说：我比你胖！ \n");
    }

    final void doit2() {                                      //在父类中定义 doit2()
            System.out.println("B 说：我比你高！ \n");
    }

    public void doit3() {                                     //在父类中定义 doit3()
            System.out.println("C 说：我比你俩苗条！ \n");
    }
}

class Sub extends Parents {                                   //定义子类
    public final void doit() {                                //在子类中定义一个 doit() 方法
            System.out.print("D 说：你是我儿媳妇！ \n");
    }
    //      final void doit2(){                               //final 方法不能覆盖
    //              System.out.println(" 子类 .doit2()");
    //      }
    public void doit3() {                                     //在父类中定义 doit3()
            System.out.println("A 说的话怎么不见了？ ");
    }
}

public class FinalMethod {
    public static void main(String[] args) {
            Sub s = new Sub();                                // 实例化
            s.doit();                                         // 调用 doit() 方法
            Parents p = s;                                    // 执行向上转型操作
            // p.doit();                                      //不能调用 private 方法
            p.doit2();
            p.doit3();
    }
}
```

执行后会输出：

```
D 说：你是我儿媳妇！
B 说：我比你高！

A 说的话怎么不见了？
```

10.5.3 使用 final 类

在 Java 程序中，被定义为 final 的类不能被继承。如果希望一个类不允许被任何类继承，并且不允许其他人对这个类进行任何改动，则可以将这个类设置为 final 的形式。在 Java 程序中，使用 final 类的语法格式如下所示。

```
final 类名{}
```

实例 10-10：设置一个不允许被任何类继承的类

源码路径：下载包 \daima\ 第 10 章 \10-10

实例文件 FinalClass.java 的主要实现代码如下所示。

```
final class FinalClass {                          //定义类 FinalClass，使用 final 修饰
    int a = 139;                                  //定义变量 a 的初始值是 139
    void doit() {                                 //定义方法 doit()
    }
```

```
    public static void main(String args[]) {
            FinalClass f = new FinalClass();
            f.a++;                          // 变量 a 的值递增加 1
            System.out.println("A 的体重是 "+f.a+" 斤吗？ ");
    }
}
```

执行后会输出：

```
A 的体重是 140 斤吗？
```

10.6　内部类

内部类是指在一个外部类的内部再定义一个类。内部类作为外部类的一个成员，并且依附于外部类而存在的。内部类可以是静态的，可以使用 protected 和 private 来修饰，而外部类只能使用 public 和缺省包的访问权限。Java 中的内部类主要有成员内部类、局部内部类、静态内部类和匿名内部类等。

↑扫码看视频（本节视频课程时间：10 分 42 秒）

10.6.1　何谓内部类

在 Java 程序中，通常把类定义成一个独立的程序单元。在某些情况下，可以把一个类放在另一个类的内部定义，这个定义在其他类内部的类就被称为内部类（有的地方也叫嵌套类），包含内部类的类被称为外部类（有的地方也叫宿主类）。Java 从 JDK 1.1 开始引入了内部类，内部类的主要作用如下所示。

- 内部类提供了更好的封装，可以把内部类隐藏在外部类之内，不允许同一个包中的其他类访问该类。假设需要创建一个名为 mmm 的类，类 mmm 需要组合一个 mmmLeg 的属性，mmmLeg 只有在 mmm 类里才有效，离开了类 mmm 之后就没有任何意义。在这种情况下，可以把 mmmLeg 定义成 mmm 的内部类，不允许其他类访问 mmmLeg。
- 内部类成员可以直接访问外部类的私有数据，因为内部类被当成其外部类成员，同一个类的成员之间可以互相访问。但外部类不能访问内部类的实现细节，例如内部类的属性。
- 匿名内部类适合用于创建那些仅需要一次使用的类。对于前面介绍的命令模式，当需要传入一个 Command 对象时，重新专门定义 PrintCommand 和 AddCommand 两个实现类可能没有太大的意义，因为这两个实现类可能仅需使用一次。在这种情况下，使用匿名内部类会更加方便。

注意：为什么需要内部类

典型的情况是，内部类继承自某个类或实现某个接口，内部类的代码操作创建其外围类的对象。所以你可以认为内部类提供了某种进入其外围类的窗口。使用内部类最吸引人的原因是每个内部类都能独立地继承自一个（接口的）实现，所以无论外围类是否已经继承了某个（接口的）实现，对于内部类都没有影响。如果没有内部类提供的可以继承多个具体的或抽象的类的能力，一些设计与编程问题就很难解决。从这个角度看，内部类使得多重继承解决方案变得完整。接口解决了部分问题，而内部类有效地实现了“多重继承”。

10.6.2 非静态内部类

定义内部类的方法非常简单，只要把一个类放在另一个类内部定义即可。此处的“类内部”包括类中的任何位置，甚至在方法中也可以定义内部类（方法里定义的内部类被称为局部内部类）。在 Java 中定义内部类的语法格式如下所示。

```
public class 类名{
//此处定义内部类
}
```

在大多数情况下，内部类都被作为成员内部类定义，而不是作为局部内部类。成员内部类是一种与属性、方法、构造器和初始化块相似的类成员；局部内部类和匿名内部类则不是类成员。Java 中的成员内部类分为两种，分别是静态内部类和非静态内部类，使用 static 修饰的成员内部类是静态内部类，没有使用 static 修饰的成员内部类是非静态内部类。因为内部类可以作为其外部类的成员，因此可以使用任意访问控制符来修饰，例如 private 和 protected 等。例如下面的实例演示了非静态内部类的用法。

实例 10-11：设置衣服的颜色和具体位置

源码路径：下载包 \daima\ 第 10 章 \10-11

实例文件 feijing.java 的主要代码如下所示。

```
public class feijing{
    private double weight;
    //外部类的两个重载的构造器
    public feijing(){}
    public feijing(double weight){
            this.weight = weight;
    }
    //定义一个内部类
    private class feijingLeg{
            //内部类的两个属性
            private double length;
            private String color;
            //内部类的两个重载的构造器
            public feijingLeg(){}
            public feijingLeg(double length , String color){
                    this.length = length;
                    this.color = color;
            }
            public void setLength(double length){
                    this.length = length;
            }
            public double getLength(){
                    return this.length;
            }
            public void setColor(String color){
                    this.color = color;
            }
            public String getColor(){
                    return this.color;
            }
            //内部类方法

            public void info(){
                    System.out.println("A说：我的衣服颜色是" + color + "，在饭店门口
                                                    东边" + length+"米的地方等你！");
                    //直接访问外部类的private属性：weight
```

```
                System.out.println("B说：原来说这里啊，离我很近，只有" + weight+
                                                                     "米远！");
            }
    }
    public void test(){
            feijingLeg cl = new feijingLeg(50.5 , "灰色");
            cl.info();
    }
    public static void main(String[] args){
            feijing feijing = new feijing(800);
            feijing.test();
    }
}
```

执行后会输出：

```
A说：我的衣服颜色是灰色，在饭店门口东边50.5米的地方等你！
B说：原来说这里啊，离我很近，只有800.0米远！
```

在上面的实例代码中，在类 feijing 中定义了一个名为 feijingLeg 的非静态内部类，并在类 feijingLeg 的实例方法中直接访问类 feijing 中的 private 访问权限的实例属性。代码中的加黑部分是一个普通的类定义，因为把此类定义放在了另一个类的内部，所以就成为一个内部类，我们可以使用 private 修饰符来修饰这个类。在外部类 feijing 中包含了一个 test 方法，在该方法里创建了一个 feijingLeg 对象，并调用了该对象的 info 方法。当在外部类中使用非静态内部类时，与平时使用的普通类并没有太大的区别。如果编译上述程序，会看到在文件所在路径生成了两个 class 文件，一个是 feijing.class，另一个是 feijing$feijingLeg.class，前者是外部类 feijing 的 class 文件，后者是内部类 feijingLeg 的 class 文件。因为在非静态内部类中可以直接访问外部类的 private 成员，所以上述代码中的加黑部分就是在类 feijingLeg 的方法内直接访问其外部类的 private 属性。这是因为在非静态内部类对象中保存了一个它寄存的外部类对象的引用（当调用非静态内部类的实例方法时，必须有一个非静态内部类实例，而非静态内部类实例必须寄存在外部类实例里）。

10.6.3　成员内部类

在 Java 程序中，成员内部类作为外部类的一个成员存在，与外部类的属性、方法并列。例如下面的实例演示了使用成员内部类的过程。

实例 10-12：在外部类或外部类的非静态方法中实现内部类对象实例

源码路径：下载包 \daima\ 第 10 章 \10-12

实例文件 OuterClass.java 的主要实现代码如下所示。

```
public class OuterClass {                            //定义外部类
    innerClass in = new innerClass();               // 在外部类实例化内部类对象引用
    public void ouf() {
            in.inf();                               // 在外部类方法中调用内部类方法
    }

 class innerClass {                                  //定义内部类
            innerClass() {                          // 内部类构造方法
            }
            public void inf() {                     // 内部类成员方法
            }
            int y = 0;                              // 定义内部类成员变量
    }
```

```
    public innerClass doit() {              // 外部类方法，返回值为内部类引用
            // y=4;                         //外部类不可以直接访问内部类成员变量
            in.y = 4;
            return new innerClass();        // 返回内部类引用
    }
    public static void main(String args[]) {
            OuterClass out = new OuterClass();
            // 内部类的对象实例化操作必须在外部类或外部类中的非静态方法中实现
            OuterClass.innerClass in = out.doit();
            OuterClass.innerClass in2 = out.new innerClass();
    }
}
```

10.6.4 局部内部类

在 Java 程序中，在方法中定义的内部类称为局部内部类。与局部变量类似，局部内部类不能有访问说明符，因为它不是外部类的一部分，但是它可以访问当前代码块内的常量，和此外部类的所有成员。例如下面的实例演示了使用局部内部类的过程。

实例 10-13：使用局部内部类访问当前代码块内的常量

源码路径：下载包 \daima\ 第 10 章 \10-13

实例文件 OutInterface2.java 的主要实现代码如下所示。

```
interface OutInterface2 { // 定义一个接口
}
class OuterClass3 {
    public OutInterface2 doit(final String x) { // doit() 方法参数为 final 类型
            // 在 doit() 方法中定义一个内部类
            class InnerClass2 implements OutInterface2 {
                    InnerClass2(String s) {
                            s = x;
                            System.out.println(s);
                    }
            }
            return new InnerClass2("doit");
    }
}
```

10.7 枚举类

在大多数情况下，Java 类的对象是有限并且固定的，例如季节类，它只有春、夏、秋、冬四个对象。像这种实例有限而且固定的类，在 Java 里被称为枚举类。在本节的内容中，将详细讲解 Java 枚举类的知识，为读者步入本书后面知识的学习打下基础。

↑扫码看视频（本节视频课程时间：5 分 53 秒）

10.7.1 枚举类的方法

在 Java 程序中，所有的枚举类都继承自 java.lang.Enum 类，所以枚举类可以直接使用 java.lang.Enum 类中所包含的方法。在类 java.lang.Enum 类中提供了如下表 10-1 所示的常用方法。

表 10-1

方法	功能描述
int compareTo(Eo)	用于指定枚举对 toString()，同一个枚举实例只能与相同类型的枚举实例进行比较。如果该枚举对象位于指定枚举对象之后则返回正整数，如果该枚举对象对象位于指定枚举对象之前，则返回负整数，否则返回零
String name()	返回此枚举实例的名称，这个名字就是定义枚举类时列出的所有枚举值之一。与此方法相比，大多数程序员应该优先考虑使用 toString() 方法，因为 toString() 方法型能够返回用户友好的名称
int ordinal()	返回枚举值在枚举类中的索引值（就是枚举值在枚举声明中的位置，第一个枚举值的索引值为零）
String toString()	返回枚举常量的名称，与 name 方法相似，但方法 toString() 更加常用
public static <T extends Enum<T>>T valueOf(Class<T> enumType, String name)	这是一个静态方法，能够返回指定枚举类中指定名称的枚举值。名称必须与在该枚举类中声明枚举值时所用的标识符完全匹配，不允许使用额外的空白字符

10.7.2　手动实现枚举类

在 Java 程序中，可以通过如下方式手动实现枚举类。

- 通过 private 将构造器隐藏起来。
- 把此类的所有可能实例都使用 public static final 属性保存起来。
- 提供一些静态方法允许其他程序根据特定参数来获取与之匹配实例。

例如下面的实例演示了在 Java 中实现枚举类的方法，首先定义一个名为 jijie 的类，然后在里面分别为四个季节定义了四个对象，这样类 jijie 就被定义为一个枚举类。

实例 10-14：输出显示“秋天是一个天高云淡的季节”

源码路径：下载包 \daima\ 第 10 章 \10-14

（1）编写文件 jijie.java，创建一个不可变的类，主要实现代码如下所示。

```
public class jijie{
    //把 Season 类定义成不可变的，将其属性也定义成 final
    private final String name;                          //私有属性
    private final String desc;                          //私有属性
    public static final jijie SPRING = new jijie("春天" , "小桥流水");
                                                        //包装成不可变
    public static final jijie SUMMER = new jijie("夏天" , "烈日高照");
                                                        //包装成不可变
    public static final jijie FALL = new jijie("秋天" , "天高云淡");
                                                        //包装成不可变
    public static final jijie WINTER = new jijie("冬天" , "惟余莽莽");
                                                        //包装成不可变
    public static jijie getSeaon(int jijieNum){
            switch(jijieNum){                           //使用 switch
                    case 1 :                            //case 值为 1 则返回 SPRING 对应的值
                            return SPRING;
                    case 2 :                            //case 值为 2 则返回 SUMMER 对应的值
                            return SUMMER;
                    case 3 :                            //case 值为 3 则返回 SPRING 对应的值
                            return FALL;
                    case 4 :                            //case 值为 4 则返回 FALL 对应的值
                            return WINTER;
                    default :                           //默认则返回 null 值
                            return null;
            }
    }
```

```
    //将构造器定义成private访问权限
    private jijie(String name , String desc){
            this.name = name;
            this.desc = desc;
    }
    //只为name和desc属性提供getter方法
    public String getName(){
             return this.name;
    }

    public String getDesc(){
             return this.desc;
    }
}
```

在上述代码中，类 jijie 是一个不可变类，在此类中包含了四个 static final 常量属性，这四个常量属性就代表了该类所能创建的对象。当其他程序需要使用 jijie 对象时，不但可以使用 Season.SPRING 方式来获取 jijie 对象，也可通过 getjijie 静态工厂方法获得 jijie 对象。

（2）编写文件 Testjijie.java，使用上面定义的 jijie 类进行测试，具体实现代码如下所示。

```
public class Testjijie{                          //定义类Testjijie
    public Testjijie(jijie s){                   //构造方法Testjijie输出文本信息
            System.out.println(s.getName() + "，是一个"+ s.getDesc() + "的季节");
    }
    public static void main(String[] args) {
            new Testjijie(jijie.FALL);       //直接使用jijie的FALL常量代表一个Season
                                                                              对象
    }
}
```

从上面的演示代码可以看出，使用枚举类的好处是可以使程序更加健壮，避免创建对象的随意性。执行后的效果如图 10-6 所示。

秋天，是一个天高云淡的季节

图 10-6

10.7.3 枚举类型

枚举类型是从 JDK 1.5 开始引入的，Java 引进了一个全新的关键字 enum 来定义一个枚举类。例如下面就是一个典型枚举类型的定义代码。

```
public enum Color{
RED，BLUE，BLACK，YELLOW，GREEN
}
```

在上述代码中，enum 很像一个特殊的 class 类，实际上 enum 声明定义的类型就是一个类。而这些类都是类库中 Enum 类的子类（java.lang.Enum），它们继承了 Enum 中的许多有用的方法。我们对代码进行编译之后发现，编译器将 enum 类型单独编译成了一个字节码文件：Color.class。例如下面的实例演示了使用枚举类型的过程。

实例 10-15：使用枚举类型显示当前的季节

源码路径：下载包 \daima\ 第 10 章 \10-15

（1）首先在程序 jijieEnum.java 中定义一个枚举类，具体代码如下所示。

```
public enum jijieEnum{                          //定义一个枚举
    SPRING,SUMMER,FALL,WINTER;                  //4个枚举成员
}
```

编译上述程序后将会生成一个 jijieEnum.class 文件，这表明枚举类是一个特殊的 Java 类，关键字和 class、interface 关键字的作用大致相似。在定义枚举时需要显式列出所有枚举值，如上面的“SPRING,SUMMER,FALL,WINTER;”，在所有枚举值之间用逗号“,”隔开，枚举值列举结束后以英文分号作为结束。这些枚举值代表了该枚举类的所有可能实例。如果要使用该枚举类的某个实例，可以使用 EnumClass.variable 的形式，如 jijieEnum.SPRING。

（2）编写文件 TestEnum.java 测试上面定义的枚举类 jijieEnum，具体实现代码如下所示。

```
    public void judge(jijieEnum s){         //定义方法
            //switch 语句里的表达式可以是枚举值
            switch (s)
            {
                    case SPRING:
                            System.out.println("A 说：万物复苏的春天，我是春天之神！ ");
                            break;
                    case SUMMER:
                            System.out.println("B 说：盛夏的果实，我是夏天之神！ ");
                            break;
                    case FALL:
                            System.out.println("C 说：天高云淡之秋，我是秋天之神！ ");
                            break;
                    case WINTER:
                            System.out.println("D 说：惟余莽莽之冬日，我是冬天之神！ ");
                            break;
            }
    }
    public static void main(String[] args){
            //所有枚举类都有一个 values 方法，返回该枚举类的所有实例
            for (jijieEnum s : jijieEnum.values()){
                    System.out.println(s);
            }
            new TestEnum().judge(jijieEnum.SPRING);
    }
```

通过上述代码测试了枚举类 jijieEnum 的用法，该类通过 values 方法返回了 jijieEnum 枚举类的所有实例，并通过循环迭代输出了 jijieEnum 枚举类的所有实例。并且 swiitch 表达式中还使用了 jijieEnum 对象作为表达式，这是 JDK 1.5 增加枚举后 switch 扩展的功能，switch 表达式可以是任何枚举类实例。不仅如此，当 switch 表达式使用枚举类型变量时，后面 case 表达式中的值直接使用枚举值的名字，无须添加枚举类作为限定。执行后会输出：

```
SPRING
SUMMER
FALL
WINTER
A 说：万物复苏的春天，我是春天之神！
```

第 11 章

集合

（视频讲解：62 分钟）

在 Java 程序中，集合是一种特别有用的工具类，能够存储数量不等的多个对象，并且可以实现常用数据结构，例如栈和队列等。除此之外，还可以使用集合保存具有映射关系的关联数组。在本章的内容中，将详细讲解 Java 集合技术的基本知识，为读者步入本书后面知识的学习打下基础。

11.1 Java 集合概述

在 Java 程序中，集合就像一种容器，可以把多个对象（实际上是对象的引用，但习惯上都称对象）“丢进”该容器中。在 JDK 1.5 之前，Java 集合就会丢失容器中所有对象的数据类型，把所有对象都当成 Object 类型处理，从 JDK1.5 增加了泛型以后，Java 集合可以记住容器中对象的数据类型，从而可以编写更简洁、健壮的代码。

↑扫码看视频（本节视频课程时间：4 分 57 秒）

Java 语言中的集合大致上可以分为四种体系，分别是 Set、List、Map 和 Queue，具体说明如下所示。

- Set：代表无序、不可重复的集合；
- List：代表有序、重复的集合；
- Map：代表具有映射关系的集合。
- Queue：从 JDK1.5 以后增加的一种体系集合，代表一种队列集合实现。

上述 Java 集合的框架如图 11-1 所示。

在图 11-1 所示的框架图由如下三部分组成。

- 集合接口：6 个接口（短虚线表示），表示不同集合类型，是集合框架的基础。
- 抽象类：5 个抽象类（长虚线表示），对集合接口的部分实现。可扩展为自定义集合类。

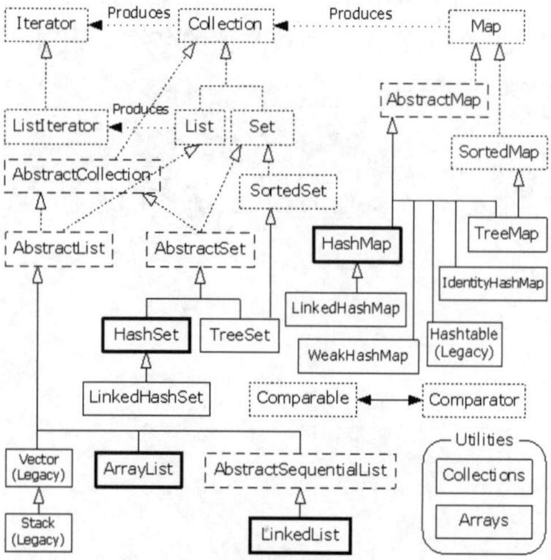

图 11-1

- 实现类：8 个实现类（实线表示），对接口的具体实现。

在很大程度上，一旦理解了接口就代表理解了整个框架。虽然总要创建接口特定的实现，但访问实际集合的方法应该限制在接口方法的使用上。所以允许我们更改基本的数据结构而不必改变其他代码。Java 集合框架中主要存在如下接口。

- Collection：接口是一组允许重复的对象。
- Set 接口：继承于 Collection，但不允许重复，使用自己内部的一个排列机制。
- List 接口：继承于 Collection，允许重复，以元素安插的次序来放置元素，不会重新排列。
- Map 接口：是一组成对的“键－值”对象，即所持有的是“key-value”对。Map 中不能有重复的 key，它拥有自己的内部排列机制。

在 Java 程序中，容器中的元素类型都为 Object，从容器取得元素时必须将它转换成原来的类型。

11.2　Collection 接口和 Iterator 接口

在本节的内容中，将详细讲解 Collection 接口和 Iterator 接口的知识。其中 Collection 接口用于表示任何对象或元素组，想要尽可能以常规方式处理一组元素时，就使用这一接口。

↑扫码看视频（本节视频课程时间：4 分 26 秒）

11.2.1　基础知识介绍

在 Java 语言的接口 Collection 中，主要存在如下类别的功能方法。

（1）单元素添加、删除操作，见表 11-1。

表 11-1

方法	功能描述
boolean add(Object o)	将对象添加给集合
boolean remove(Object o)	如果集合中有与 o 相匹配的对象，则删除对象 o

（2）查询操作，见表 11-2。

表 11-2

方法	功能描述
int size()	返回当前集合中元素的数量
boolean isEmpty()	判断集合中是否有任何元素
boolean contains(Object o)	查找集合中是否含有对象 o
Iterator iterator()	返回一个迭代器，用来访问集合中的各个元素

（3）组操作（作用于元素组或整个集），见表 11-3。

表 11-3

方法	功能描述
boolean containsAll(Collection c)	查找集合中是否含有集合 c 中所有元素
boolean addAll(Collection c)	将集合 c 中所有元素添加给该集合
void clear()	删除集合中所有元素
void removeAll(Collection c)	从集合中删除集合 c 中的所有元素
void retainAll(Collection c)	从集合中删除集合 c 中不包含的元素

（4）将 Collection 转换为 Object 数组，见表 11-4。

表 11-4

方法	功能描述
Object[] toArray()	返回一个内含集合所有元素的 array
Object[] toArray(Object[] a)	返回一个内含集合所有元素的 array。运行期间返回的 array 和参数 a 的类型相同，需要转换为正确的类型

除此之外，我们还可以把集合转换成其他任何对象数组。但是不能直接把集合转换成基本数据类型的数组，集合必须持有对象。因为一个接口实现必须实现所有的接口方法，调用程序就需要一种途径来知道一个可选的方法是不是不受到支持。如果调用一种可选方法时，会抛出 UnsupportedOperationException 异常表示操作失败，这是因为方法不受支持。此异常类继承于 RuntimeException 类，避免了将所有集合操作放入 try-catch 块。

在接口 Collection 中没有提供 get() 方法，如果要遍历 Collectin 中的元素，就必须使用 Iterator。

（1）AbstractCollection 抽象类

类 AbstractCollection 提供了具体“集合框架”类的基本功能。虽然我们可以自行实现 Collection 接口的所有方法，但是除了方法 iterator() 和方法 size() 可以在恰当的子类中实现外，其他所有方法都由类 AbstractCollection 来提供实现。如果子类不覆盖某些方法，可选的如 add() 之类的方法将抛出异常。

（2）Iterator 接口

接口 Collection 中的方法 iterator() 能够返回一个 Iterator。Iterator 接口方法能以迭代方式逐个访问集合中的各个元素，并安全地从 Collection 中除去适当的元素。在 Iterator 接口中包含的内置方法如下表 11-5 所示。

表 11-5

方法	功能描述
boolean hasNext()	判断是否存在另一个可访问的元素
Object next()	返回要访问的下一个元素。如果到达集合结尾，则抛出 NoSuchElementException 异常
void remove()	删除上次访问返回的对象。此方法必须紧跟在一个元素的访问后执行，如果上次访问后集合已被修改，将会抛出 IllegalStateException 异常

在 Iterator 中进行删除操作会对底层 Collection 带来影响。迭代器是故障快速修复（fail-fast）的。这意味当另一个线程修改底层集合的时候，如果正在使用 Iterator 遍历集合，那么

Iterator 就会抛出 ConcurrentModificationException（另一种 RuntimeException 异常）异常并立刻失败。

11.2.2　使用 Collection 接口和 Iterator 接口

例如在下面的实例代码中，演示了使用 Collection 方法操作集合中的元素的过程。

实例 11-1：使用 Collection 方法操作集合中的元素

源码路径：下载包 \daima\ 第 11 章 \11-1

实例文件 yongCollection.java 的主要代码如下所示。

```
import java.util.*;
public class yongCollection{
    public static void main(String[] args) {
            Collection c = new ArrayList();
            //添加元素
            c.add("6S");
            //虽然集合里不能放基本类型的值，但 Java 支持自动装箱
            c.add(6);
            System.out.println(" 本次发布会的产品个数为 :" + c.size());
            //输出集合 c 的元素个数
            //删除指定的元素
            c.remove(6);
            System.out.println(" 本次发布会的产品个数为 :" + c.size());
            //输出集合 c 的元素个数
            //判断是否包含指定字符串，输出集合 c 的是否包含字符串 "6S"
            System.out.println(" 本次发布的产品是否包含 6S ？ " + c.contains("6S"));
            c.add("6S Plus");                          //添加新的字符串元素 "6S Plus"
            System.out.println(" 本次发布的产品有： " + c);//输出集合 c 中的元素个数
            Collection books = new HashSet();
            books.add("6S Plus");                      //添加新的字符串元素 "6S Plus"
            books.add("7S");                           //添加新的字符串元素 "7S"
            //输出集合 c 是否完全包含 books 集合中的元素
            System.out.println("本次发布的产品是否包含books系列？ " + c.containsAll(books));
            //用 c 集合减去 books 集合里的元素
            c.removeAll(books);
            System.out.println(" 本次发布的产品有： " + c);//输出集合 c 中的元素
            c.clear();                                 //删除 c 集合里所有元素
            System.out.println(" 本次发布的产品有： " + c);
            //books 集合里只剩下 c 集合里也同时包含的元素
            books.retainAll(c);
            System.out.println("books 系列产品有 :" + books);//输出集合 books 中的元素
    }
}
```

在上面的实例代码中创建了两个 Collection 对象，一个是集合 c，一个是集合 books，其中集合 c 是 ArrayList，而集合 books 是 HashSet，虽然它们使用的实现类不同。当把它们当成 Collection 来使用时，具体使用方法 remove、clear 等来操作集合元素时是没有任何区别的。当使用 System.out 的 println 方法输出集合对象时，将输出 [elel，ele2，．．．] 的形式，这显然是因为 Collection 的实现类重写了 toString() 方法，所有的 Collection 集合实现类都重写了 toString() 方法，此方法能够一次性地输出集合中的所有元素。执行后会输出：

```
本次发布会的产品个数为 :2
本次发布会的产品个数为 :1
本次发布的产品是否包含 6S ？ true
本次发布的产品有： [6S, 6S Plus]
本次发布的产品是否包含 books 系列？ false
本次发布的产品有： [6S]
```

```
本次发布的产品有：[]
books 系列产品有 :[]
```

11.3 Set 接口

在 Java 程序中，Set 如同一个罐子，一旦把对象“丢进”Set 集合里面，集合里多个对象之间没有明显的顺序。Set 集合与 Collection 基本类似，它没有提供任何额外的方法。所以说 Set 就是一个 Collection，只不过其行为不同。Set 不允许包含相同的元素，如果试图把两个相同元素加入同一个 Set 集合中，则添加操作失败，add 方法会返回 false，并且不会增加新元素。

↑扫码看视频（本节视频课程时间：22 分 28 秒）

11.3.1 基础知识介绍

1. Hash 表

Hash 表是一种数据结构，用于查找对象。Hash 表为每个对象计算出一个整数，称为 Hash Code（哈希码）。Hash 表是个链接式列表的阵列。每个列表称为一个 buckets（哈希表元）。对象位置的计算 index = HashCode % buckets（HashCode 为对象哈希码，buckets 为哈希表元总数）。

当我们添加元素时，有时会遇到已经填充了元素的哈希表元，这种情况称为 Hash Collisions（哈希冲突），这时必须判断该元素是否已经存在于该哈希表中。如果哈希码是合理随机分布的，并且哈希表元的数量足够大，那么哈希冲突的数量就会减少。同时，我们也可以通过设定一个初始的哈希表元数量来更好地控制哈希表的运行。初始哈希表元的数量为：

```
buckets = size * 150% + 1 //size 为预期元素的数量
```

如果哈希表中的元素放得太满，就必须进行 rehashing（再哈希）。再哈希使哈希表元数增倍，并将原有的对象重新导入新的哈希表元中，而原始的哈希表元被删除。load factor（加载因子）决定何时要对哈希表进行再哈希。在 Java 编程语言中，加载因子默认值为 0.75，默认哈希表元为 101。

2. Comparable 接口和 Comparator 接口

在“集合框架”中有两种比较接口，分别是 Comparable 接口和 Comparator 接口。像 String 和 Integer 等 Java 内建类实现 Comparable 接口以提供一定排序方式，但这样只能实现该接口一次。对于那些没有实现 Comparable 接口的类、或者自定义的类，可以通过 Comparator 接口来定义我们自己的比较方式。

（1）Comparable 接口

在包 java.lang 中，接口 Comparable 适用于一个类有自然顺序的时候。假定对象集合是同一类型，该接口允许我们把集合排序成自然顺序。其中方法 int compareTo(Object o) 用于比较当前实例对象与对象 o，如果位于对象 o 之前则返回负值，如果两个对象在排序中位置相同则返回 0，如果位于对象 o 后面则返回正值。

在 Java 中有 20 多个类实现 Comparable 接口。在表 11-6 中展示了 8 种基本类型的自然排序。虽然一些类共享同一种自然排序，但只有相互之间可以比较的类才能排序。

表 11-6

类	排序
BigDecimal,BigInteger,Byte,Double, Float,Integer,Long,Short	按数字大小排序
Character	按 Unicode 值的数字大小排序
String	按字符串中字符 Unicode 值排序

利用 Comparable 接口创建自己的类排的过程，只是实现 compareTo() 方法的问题。通常就是依赖几个数据成员的自然排序。同时类也应该覆盖 equals() 和 hashCode() 以确保两个相等的对象返回同一个哈希码。

（2）Comparator 接口

如果一个类不能用于实现 java.lang.Comparable，或者不喜欢默认的 Comparable 行为，只想提供自己的排序顺序（可能多种排序方式），我们可以实现 Comparator 接口来定义一个比较器，Comparator 接口的内置方法见表 11-7。

表 11-7

方法	功能描述
int compare(Object o1, Object o2)	能够对两个对象 o1 和 o2 进行比较，如果 o1 位于 o2 的前面，则返回负值，如果在排序顺序中认为 o1 和 o2 是相同的则返回 0，如果 o1 位于 o2 的后面则返回正值。与 Comparable 相似，0 返回值不表示元素相等。一个 0 返回值只是表示两个对象排在同一位置。由 Comparator 用户决定如何处理。如果两个不相等的元素比较的结果为零，您首先应该确信那就是您要的结果，然后记录行为。
boolean equals(Object obj)	指示对象 obj 是否和比较器相等。该方法覆写 Object 的 equals() 方法，检查的是 Comparator 实现的等同性，不是处于比较状态下的对象。

3．SortedSet 接口

在 Java 集合框架中提供了一个特殊的 Set 接口 SortedSet，它保持元素的有序顺序。此接口主要用于排序操作，即实现此接口的子类都属于排序的子类，该接口中的内置方法见表 11-8。

表 11-8

方法	功能描述
Comparator comparator()	返回对元素进行排序时使用的比较器，如果使用 Comparable 接口的 compareTo() 方法对元素进行比较，则返回 null
Object first()	返回有序集合中第一个 (最低) 元素
Object last()	返回有序集合中最后一个 (最高) 元素
SortedSet subSet(Object fromElement, Object toElement)	返回从 fromElement(包括) 至 toElement(不包括) 范围内元素的 SortedSet 视图 (子集)
SortedSet headSet(Object toElement)	返回 SortedSet 的一个视图，其内各元素皆小于 toElement
SortedSet tailSet(Object fromElement)	返回 SortedSet 的一个视图，其内各元素皆大于或等于 fromElement

4．AbstractSet 抽象类

类 AbstractSet 覆盖了 Object 类的 equals() 和 hashCode() 方法，见表 11-9，以确保两个相等的集合返回相同的哈希码。如果两个集合大小相等且包含相同元素，则这两个集合相等。按照定义，集合的哈希码是集合中元素哈希码的总和。因此不论集合的内部顺序如何，两个

相等的集合会有相同的哈希码。

表 11-9

方法	功能描述
boolean equals(Object obj)	对两个对象进行比较，以便确定它们是否相同
int hashCode()	返回该对象的哈希码。相同的对象必须返回相同的哈希码

5．HashSet 类和 TreeSet 类

Java 集合框架支持 Set 接口两种普通的实现，分别是 HashSet 和 TreeSet（TreeSet 实现 SortedSet 接口）。

（1）HashSet 类，其中的内置方法见表 11-10。

表 11-10

方法	功能描述
HashSet()	构建一个空的哈希集
HashSet(Collection c)	构建一个哈希集，并且添加集合 c 中所有元素
HashSet(int initialCapacity)	构建一个拥有特定容量的空哈希集
HashSet(int initialCapacity, float loadFactor)	构建一个拥有特定容量和加载因子的空哈希集。LoadFactor 是 0.0 至 1.0 之间的一个数

（2）TreeSet 类，其中的内置方法见表 11-11。

表 11-11

方法	功能描述
TreeSet()	构建一个空的树集
TreeSet(Collection c)	构建一个树集，并且添加集合 c 中所有元素
TreeSet(Comparator c)	构建一个树集，并且使用特定的比较器对其元素进行排序，comparator 比较器没有任何数据，它只是比较方法的存放器。这种对象有时称为函数对象。函数对象通常在“运行过程中”被定义为匿名内部类的一个实例
TreeSet(SortedSet s)	构建一个树集，添加有序集合 s 中所有元素，并且使用与有序集合 s 相同的比较器排序

6．LinkedHashSet 类

类 LinkedHashSet 扩展了 HashSet。如果想跟踪添加给 HashSet 的元素的顺序，使用 LinkedHashSet 实现会有很大的帮助。LinkedHashSet 的迭代器按照元素的插入顺序来访问各个元素，它提供了一个可以快速访问各个元素的有序集合。同时也增加了实现的代价，因为哈希表元中的各个元素是通过双重链接式列表链接在一起的。该类的内置方法见表 11-12。

表 11-12

方法	功能描述
LinkedHashSet()	构建一个空的链接式哈希集
LinkedHashSet(Collection c)	构建一个链接式哈希集，并且添加集合 c 中所有元素
LinkedHashSet(int initialCapacity)	构建一个拥有特定容量的空链接式哈希集
LinkedHashSet(int initialCapacity, float loadFactor)	构建一个拥有特定容量和加载因子的空链接式哈希集。LoadFactor 是 0.0 至 1.0 之间的一个数

11.3.2　使用 HashSet

在 Java 程序中，HashSet 是 Set 接口的典型实现。在大多数时候，当使用 Set 集合时就是使用这个实现类。HashSet 按 Hash 算法来存储中的元素，因此具有很好的存取和查找性能。当向 HashSet 集合中存入一个元素时，HashSet 会调用该对象的 hashCodeO 方法来得到该对象的 hashCode 值，然后根据 HashCode 值来决定该对象在 HashSet 中的存储位置。如果有两个元素通过 equals 方法比较返回 true，但它们的 hashCode() 方法返回值不相等，HashSet 将会把它们存储在不同位置，也就可以添加成功。例如下面的实例演示了使用 HashSet 判断集合元素相同标准的过程。

实例 11-2：使用 HashSet 判断集合元素相同的标准

源码路径：下载包 \daima\ 第 11 章 \11-2

实例文件 yongHashSet.java 的主要代码如下所示。

```
import java.util.*;
//类A的equals方法总是返回true，但没有重写其hashCode()方法
class A{
    public boolean equals(Object obj){
            return true;
    }
}
//类B的hashCode()方法总是返回1，但没有重写其equals()方法
class B{
    public int hashCode(){
            return 1;
    }
}
//类C的hashCode()方法总是返回2，但没有重写其equals()方法
class C{
    public int hashCode(){
            return 2;
    }
    public boolean equals(Object obj){
            return true;
    }
}
public class yongHashSet{
    public static void main(String[] args) {
            HashSet books = new HashSet();
            //分别向books集合中添加2个A对象，2个B对象，2个C对象
            books.add(new A());
            books.add(new A());
            books.add(new B());
            books.add(new B());
            books.add(new C());
            books.add(new C());
            System.out.println(books);
    }
}
```

执行后会输出：

```
[A@9e89d68, B@1, B@1, C@2, A@3b192d32]
```

在上面的实例代码中，分别提供了三个类 A、B 和 C，它们分别重写了 equals()、hashCode() 两个方法中的一个或全部，演示了 HashSet 判断集合元素相同标准的过程。在 books 集合中分别添加了 2 个 A 对象、2 个 B 对象和 2 个 C 对象，其中 C 类重写了 equals()

方法总是返回 true，hashCode() 方法总是返回 2，这将导致 HashSet 将会把两个 C 对象当成同一个对象。

11.3.3 使用 TreeSet 类

在 Java 程序中，TreeSet 是 SortedSet 接口的唯一实现，可以确保集合元素处于排序状态。例如下面的实例演示了 TreeSet 类的基本用法。

实例 11-3：添加、删除 TreeSet 中的数据

源码路径：下载包 \daima\ 第 11 章 \11-3

实例文件 yongTestTreeSet,java 的主要实现代码如下所示。

```
    public static void main(String[] args) {
            TreeSet nums = new TreeSet();
            //向 TreeSet 中添加四个 Integer 对象
            nums.add("iPhone 5");
            nums.add("iPhone 7");
            nums.add("iPhone 6");
            nums.add("iPhone X");
            //输出集合元素，看到集合元素已经处于排序状态
            System.out.println(nums);
            //输出集合里的第一个元素
            System.out.println(nums.first());
            //输出集合里的最后一个元素
            System.out.println(nums.last());
            TreeSet nums1 = new TreeSet();
            //向 TreeSet 中添加四个 Integer 对象
            nums1.add(5);
            nums1.add(2);
            nums1.add(10);
            nums1.add(-9);
            //返回小于 4 的子集，不包含 4
            System.out.println(nums1.headSet(4));
            //返回大于 5 的子集，如果 Set 中包含 5，子集中还包含 5
            System.out.println(nums1.tailSet(5));
            //返回大于等于 -3，小于 4 的子集。
            System.out.println(nums1.subSet(-3 , 4));
    }
```

TreeSet 并不是根据元素的插入顺序进行排序，而是根据元素的实际值来排序的。与 HashSet 集合采用 hash 算法来决定元素的存储位置不同，TreeSet 采用红黑树的数据结构对元素进行排序处理。执行后会输出：

```
[iPhone 5, iPhone 6, iPhone 7, iPhone X]
iPhone 5
iPhone X
[-9, 2]
[5, 10]
[2]
```

TreeSet 经常在 Java 程序中实现排序功能，TreeSet 支持两种排序方法，分别是自然排序和定制排序。具体说明如下所示。

（1）自然排序

TreeSet 会调用集合元素的 compareTo(Object obj) 方法来比较元素之间的大小关系，然后将集合元素按照升序排序，这种排序方式就是自然排列。

在 Java 中提供了一个 Comparable 接口，在该接口中定义了一个 compareTo(Object

obj) 方法，该方法返回一个整数值，实现该接口的类必须实现该方法，实现了该接口的类的对象就可以比较大小。当一个对象调用该方法与另一个对象进行比较时，例如“obj1.compareTo(obj2)”如果该方法返回 0 则表明这两个对象相等，如果该该方法返回一个正整数，则表明 objl 大于 obj2，如果该方法返回一个负整数，则表明 objl 小于 obj2。

大部分类在实现 compareTo(Object obj) 方法都需要将被比较对象 obj 强制类型转换成相同类型，因为只有相同类型的两个实例才会比较大小。当试图把一个对象添加到 TreeSet 集合时，TreeSet 会调用该对象的 compareTo(Object obj) 方法与集合中其他元素进行比较——这就要求集合中其他元素与该元素是同一个类型的实例。也就是说，向 TreeSet 中添加的应该是同一个类型的对象，否则会引发 ClassCastException 异常。

当向 TreeSet 中添加对象时，如果该对象是程序员自定义类的对象，则可以向 TreeSet 中添加多种类型的对象，前提是用户自定义类实现了 Comparable 接口，实现该接口时实现 compareTo(Object obj) 方法时没有进行强制类型转换。但当试图操作 TreeSet 里的集合数据时，不同类型的元素依然会发生 ClassCastException 异常。

当把一个对象加入 TreeSet 集合中时，TreeSet 调用该对象的 compareTo(Object obj) 方法与容器中的其他对象比较大小，然后根据红黑树算法决定它的存储位置。如果两个对象通过 compareTo(Object obj) 比较相等，TreeSet 即认为它们应存储在同一位置。对于 TreeSet 集合而言，它判断两个对象不相等的标准是：两个对象通过 equals 方法比较返回 false，或通过 compareTo(object obj) 比较没有返回 0。即使两个对象是同一个对象，Treeset 也会把它当成两个对象来进行处理。

（2）定制排序

TreeSet 的自然排序是根据集合元素的大小进行的，TreeSet 将它们以升序进行排列。如果需要实现定制排序，例如降序排列可以使用 Comparator 接口的帮助。该接口里包含一个“int compare(T o1，T o2)”方法，此方法用于比较 o1 和 o2 的大小。如果该方法返回正整数则表明 ol 大于 02。如果该方法返回 0 则表明 o1 等于 o2，如果该方法返回负整数则表明 o1 小于 o2。如果需要实现定制排序，则需要在创建 TreeSet 集合对象时提供一个 Comparator 对象与 TreeSet 集合相关联，由该 Comparator 对象负责集合元素的排序逻辑。

在默认情况下，TreeSet 采用自然排序。例如下面的实例演示了 TreeSet 的自然排序用法。

实例 11-4：演示 TreeSet 的自然排序用法

源码路径：下载包 \daima\ 第 11 章 \11-4

实例文件 yongTreeSet.java 的主要代码如下所示。

```
import java.util.*;
//定义类 Z，重写了 equals 方法，总是返回 false，
class Z implements Comparable{
    int age;
    public Z(int age){                    //构造方法
          this.age = age;
    }
    public boolean equals(Object obj){
          return false;
    }
    public int compareTo(Object obj){ //重写了 compareTo(Object obj) 方法，返回正整数
          return 1;
    }
```

```
}
public class yongTreeSet{
    public static void main(String[] args) {
            TreeSet set = new TreeSet();
            Z z1 = new Z(6);
            set.add(z1);
           System.out.println(set.add(z1));
            System.out.println(set);                    //输出 set 集合，将看到有 2 个元素
            ((Z)(set.first())).age = 9;                 //修改 set 集合的第一个元素的 age 属性
           System.out.println(((Z)(set.last())).age); //输出 set 集合的最后一个元素的
                                                                  age 属性，将看到也变成了 9
    }
}
```

在上面的实例代码中，先把同一个对象再次添加到 TreeSet 集合中，因为 z1 对象的方法 equals() 总是返回 false，而且方法 compareTo(object obj) 总是返回 1。这样 TreeSet 会认为 z1 对象和它自己也不相同，所以在此 TreeSet 中添加了两个 z1 对象。执行后的效果如图 11-2 所示。

```
true
[Z@30f39991, Z@30f39991]
9
```

图 11-2

11.3.4　使用 EnumSet 类

在 Java 程序中，类 EnumSet 是一个与枚举类型一起使用的专用 Set 实现。在枚举 set 中所有元素都必须来自单个枚举类型（即必须是同类型，且该类型是 Enum 的子类）。枚举类型在创建 set 时显式或隐式地指定，枚举 set 在内部表示为位向量。使用 EnumSet 类表示的这种形式非常紧凑且高效，此类的空间和时间性能非常高效，足以用作传统上基于 int 的“位标志”的替换形式，具有高品质、类型安全的优势。

在类 EnumSet 中提供了如下表 11-13 所示的内置方法来创建 EnumSet 对象。

表 11-13

方法	功能描述
static EnumSet allOf(Class elementType)	创建一个包含指定枚举类里所有枚举值的 EnumSet 集合
static EnumSet complementOf(EnumSet s)	创建一个其元素类型与指定 EnumSet 里元素类型相同的 EnumSet，新 EnumSet 集合包含原 EnumSet 集合所不包含的、此枚举类剩下的枚举值，即新 EnumSet 集合和原 EnumSet 集合的集合元素加起来就是该枚举类的所有枚举值
static EnumSet copyOf(Collection c)	使用一个普通集合来创建 EnumSet 集合
static EnumSet copyOf(EnumSet s)	创建一个与指定 EnumSet 具有相同元素类型、相同集合元素的 EnumSet
static EnumSet noneOf(Class elementType)	创建一个元素类型为指定枚举类型的空 EnumSet
static EnumSet of(E first，E... rest)	创建一个包含一个或多个枚举值的 EnumSet，传入的多个枚举值必须属于同一个枚举类
static EnumSet range(E from，E to)	创建包含从 from 枚举值到 to 枚举值范围内的所有枚举值的 EnumSet 集合

例如下面实例的功能是使用 EnumSet 保存枚举类中的值。

实例 11-5：使用 EnumSet 保存枚举类中的值

源码路径：下载包 \daima\ 第 11 章 \11-5

实例文件 yongEnumSet.java 的主要代码如下所示。

```
import java.util.*;
enum Season{
   iPhone,SAMSUNG,HUAWEI,GOOGLE
}
public class yongEnumSet{
   public static void main(String[] args) {
            //创建一个 EnumSet 集合，集合元素就是 Season 枚举类的全部枚举值
            EnumSet es1 = EnumSet.allOf(Season.class);
            //输出 [iPhone,SAMSUNG,HUAWEI,GOOGLE]
            System.out.println(es1);
            //创建一个 EnumSet 空集合，指定其集合元素是 Season 类的枚举值。
            EnumSet es2 = EnumSet.noneOf(Season.class);
            //输出 []
            System.out.println(es2);
            //手动添加两个元素
            es2.add(Season.GOOGLE);
            es2.add(Season.iPhone);
            //输出 [iPhone,GOOGLE]
            System.out.println(es2);

            //以指定枚举值创建 EnumSet 集合
            EnumSet es3 = EnumSet.of(Season.SAMSUNG   , Season.GOOGLE);
            //输出 [SAMSUNG,GOOGLE]
            System.out.println(es3);
            EnumSet es4 = EnumSet.range(Season.SAMSUNG   , Season.GOOGLE);
            //输出 [SAMSUNG,HUAWEI,GOOGLE]
            System.out.println(es4);
            //新创建的 EnumSet 集合的元素和 es4 集合的元素有相同类型，
            //es5 的集合元素 + es4 集合元素 = Season 枚举类的全部枚举值
            EnumSet es5 = EnumSet.complementOf(es4);
            //输出 [iPhone]
            System.out.println(es5);
   }
}
```

在上面的实例代码中，演示了 EnEnumSet 集合的常规用法，通过使用 EnumSet 保存了枚举类里的值。执行后会输出：

```
[iPhone, SAMSUNG, HUAWEI, GOOGLE]
[iPhone, GOOGLE]
[SAMSUNG, GOOGLE]
[SAMSUNG, HUAWEI, GOOGLE]
[iPhone]
```

11.4　List 接口

在 Java 程序中，List 接口继承了 Collection 接口以定义一个允许重复项的有序集合，该接口不但能够对列表的一部分进行处理，还添加了面向位置操作。在本节的内容中将详细讲解 List 接口的知识。

↑扫码看视频（本节视频课程时间：9 分 15 秒）

11.4.1 List 接口介绍

在 Java 程序中，List 接口是一个有序集合，在集合中每个元素都有其对应的顺序索引。List 集合允许使用重复元素通过索引来访问指定位置的集合元素。因为 List 集合默认按元素的添加顺序设置元素的索引，例如第一次添加的元素索引为 0，第二次添加的元素索引为 1，依此类推。在 List 接口中包括众多功能强大的方法，具体说明如下所示。

（1）面向位置的操作方法

包括插入某个元素或 Collection 的功能，还包括获取、除去或更改元素的功能。在 List 中搜索元素可以从列表的头部或尾部开始，如果找到元素，还将报告元素所在的位置。在 List 集合中增加了一些根据索引来操作集合元素的方法，这些方法的具体说明见下表 11-14。

表 11-14

方法	功能描述
void add(int index, Object element)	在指定位置 index 上添加元素 element
boolean addAll(int index, Collection c)	将集合 c 的所有元素添加到指定位置 index
Object get(int index)	返回 List 中指定位置的元素
int indexOf(Object o)	返回第一个出现元素 o 的位置，否则返回 -1
int lastIndexOf(Object o)	返回最后一个出现元素 o 的位置，否则返回 -1
Object remove(int index)	删除指定位置上的元素。
Object set(int index, Object element)	用元素 element 取代位置 index 上的元素，并且返回旧的元素

（2）处理集合子集的方法

List 接口不但以位置序列迭代遍历的整个列表，而且还能处理集合的子集。这些方法的具体说明见下表 11-15。

表 11-15

方法	功能描述
ListIterator listIterator()	返回一个列表迭代器，用来访问列表中的元素
ListIterator listIterator(int index)	返回一个列表迭代器，用来从指定位置 index 开始访问列表中的元素
List subList(int fromIndex, int toIndex)	返回从指定位置 fromIndex（包含）到 toIndex（不包含）范围中各个元素的列表视图。对子列表的更改（如 add()、remove() 和 set() 调用）对底层 List 也有影响

1. ListIterator 接口

在 Java 程序中，ListIterator 接口继承于 Iterator 接口，以支持添加或更改底层集合中的元素，还支持双向访问。ListIterator 没有当前位置，光标位于调用 previous() 和 next() 方法返回的值之间，该接口内置方法的具体说明见下表 11-16。

表 11-16

方法	功能描述
void add(Object o)	将对象 o 添加到当前位置的前面
void set(Object o)	用对象 o 替代 next 或 previous 方法访问的上一个元素。如果上次调用后列表结构被修改了，那么将抛出 IllegalStateException 异常

续表

方法	功能描述
boolean hasPrevious()	判断向后迭代时是否有元素可访问
Object previous()	返回上一个对象
int nextIndex()	返回下次调用 next 方法时将返回的元素的索引
int previousIndex()	返回下次调用 previous 方法时将返回的元素的索引

2. AbstractList 和 AbstractSequentialList 抽象类

在 Java 程序中，有两个抽象的 List 实现类：AbstractList 和 AbstractSequentialList。像 AbstractSet 类一样，它们覆盖了 equals() 和 hashCode() 方法以确保两个相等的集合返回相同的哈希码。如果两个列表大小相等且包含顺序相同的相同元素，则这两个列表相等。这里的 hashCode() 实现在 List 接口定义中指定，而在这里实现。

除了 equals() 和 hashCode() 方法之外，AbstractList 和 AbstractSequentialList 还实现了其余 List 方法的一部分。因为数据的随机访问和顺序访问是可以分别实现的，使得具体列表实现的创建更为容易。需要定义的一套方法取决于您希望支持的行为。您永远不必亲自提供的是 iterator 方法的实现。

3. LinkedList 类和 ArrayList 类

在“集合框架”中有两种常规的 List 实现，分别是 ArrayList 和 LinkedList，具体使用哪一种取决于我们的特定需要。如果要支持随机访问，而不必在除尾部的任何位置插入或除去元素，那么 ArrayList 提供可选的集合。但如果需要频繁地从列表的中间位置添加和除去元素，而只要顺序的访问列表元素，那么使用 LinkedList 会更好。

（1）LinkedList 类

LinkedList 类添加了一些处理列表两端元素的方法，具体说明见下表 11-17。

表 11-17

方法	功能描述
void addFirst(Object o)	将对象 o 添加到列表的开头
void addLast(Object o)	将对象 o 添加到列表的结尾
Object getFirst()	返回列表开头的元素
Object getLast()	返回列表结尾的元素
Object removeFirst()	删除并且返回列表开头的元素
Object removeLast()	删除并且返回列表结尾的元素
LinkedList()	构建一个空的链接列表
LinkedList(Collection c)	构建一个链接列表，并且添加集合 c 的所有元素

使用上述新方法可以把 LinkedList 当作一个堆栈、队列或其他面向端点的数据结构。

（2）ArrayList 类

在 Java 程序中，类 ArrayList 封装了一个动态再分配的 Object[] 数组，每个 ArrayList 对象有一个 Capacity，这个 Capacity 表示存储列表中元素数组的容量。当元素添加到 ArrayList 时，它的 Capacity 在常量时间内自动增加。在向一个 ArrayList 对象添加大量元素的程序中，可以使用 ensureCapacity 方法增加 Capacity。这可以减少增加重分配的数量，该类内置方法的具体说明见表 11-18。

表 11-18

方法	功能描述
void ensureCapacity(int minCapacity)	将 ArrayList 对象容量增加 minCapacity
void trimToSize()	整理 ArrayList 对象容量为列表当前大小，程序可使用这个操作减少 ArrayList 对象存储空间

11.4.2 使用 List 接口和 ListIterator 接口

在 Java 程序中，List 接口作为 Collection 接口的子接口，可以使用 Collection 接口里的全部方法。例如下面的实例演示了使用 List 根据索引来操作集合内元素的过程。

实例 11-6：使用 List 根据索引来操作集合内元素

源码路径：下载包 \daima\ 第 11 章 \11-6

实例文件 yongList.java 的主要代码如下所示。

```
import java.util.*;
public class yongList{
    public static void main(String[] args) {
            List books = new ArrayList();
            //向 books 集合中添加三个元素
            books.add(new String("手机"));
            books.add(new String("电脑"));
            books.add(new String("芯片"));
            System.out.println("产品有："+books);
            //将新字符串对象插入在第二个位置
            books.add(1 , new String("5G 研发"));
            for (int i = 0 ; i < books.size() ; i++ ){
                    System.out.println(books.get(i));
            }
            //删除第三个元素
            books.remove(2);
            System.out.println(books);
            //判断指定元素在 List 集合中位置：输出 1，表明位于第二位
            System.out.println(books.indexOf(new String("路由器")));
            //将第二个元素替换成新的字符串对象
            books.set(1, new String("电脑"));
            System.out.println(books);
            //将 books 集合的第二个元素（包括）到第三个元素（不包括）截取称子集合
            System.out.println(books.subList(1 , 2));
    }
}
```

执行后会输出：

```
产品有：[手机, 电脑, 芯片]
手机
5G 研发
电脑
芯片
[手机, 5G 研发, 芯片]
-1

[手机, 电脑, 芯片]
[电脑]
```

上面的实例代码演示了 List 集合的独特用法，List 集合可以根据位置索引来访问集合中的元素，因此 List 增加了一种新的遍历集合元素的方法，即用普通 for 循环来遍历集合元素。

注意：在 List 中还额外提供了方法 iterator，该方法用于返回一个 listIterator 对象，ListIterator 接口继承了 Iterator 接口，提供了专门操作 List 的方法。ListIterator 接口在 Iterator 接口的基础上增加了如下方法。

（1）boolean hasPrevious()：返回该迭代器关联的集合是否还有上一个元素。

（2）Object previous()：返回该迭代器的上一个元素。

（3）void add()：在指定位置插入一个元素。

ListIterator 与普通 Iterator 相比，在 ListIterator 中增加了向前迭代的功能，而 Iterator 只能向后迭代，而且 ListIterator 还可通过 add 方法向 List 集合中添加元素，而 Iterator 只能删除元素。

11.4.3　使用 ArrayList 和 Vector 类

在 Java 程序中，类 ArrayList 和 Vector 作为 List 类的两个典型实现，完全支持前面介绍的 List 接口中的全部功能。由于 Vector 作为一个从 JDK 1.1 就开始有的集合，在最开始的时候，Java 还没有提供系统集合框架，所以在 Vector 中提供了一些方法名很长的方法，例如 addElement(Object obj)，此方法与 add(Object obj) 没有任何区别。从 JDK 1.2 以后，Java 开始提供系统集合框架，将 Vector 改为实现 List 接口作为 List 的实现之一，从而导致 Vector 里有一些功能重复的方法。在 Vector 中还提供了一个名为 stack 子类，用于模拟“栈”的数据结构，“栈”通常是指“后进先出”的容器。最后“push（推进）”进栈的元素，将最先被“pop”出栈。与 Java 中其他集合一样，进栈和出栈的都是 Object，因此从栈中取出元素后必须进行类型转换操作，除非只是使用 Object 具有的操作。所以在类 stack 中有如下表 11-19 所示的方法。

表 11-19

方法	功能描述
Object peek()	返回“栈”的第一个元素，但并不将该元素“pop”出栈
Object pop()	返回“栈”的第一个元素，并将该元素“pop”出栈
Object push(Objecl ilem)	将一个元素“push”进栈，最后一个进“栈”的元素总是位于“栈”顶

例如在下面的实例代码中，演示了将 Vector 作为“栈”功能来使用的过程。

实例 11-7：将 Vector 作为“栈”功能来使用

源码路径：下载包 \daima\ 第 11 章 \11-7

实例文件 yongVector.java 的主要实现代码如下所示。

```
import java.util.*;
public class yongVector{
    public static void main(String[] args) {
            Stack v = new Stack();
            //依次将三个元素push入"栈"
            v.push("荣耀9i");
            v.push("畅享7S");
            v.push("P20 Pro");
```

```
            System.out.println(v);
            //访问第一个元素，但并不将其 pop 出 " 栈 "
            System.out.println(v.peek());
            System.out.println(v);
            //pop 出第一个元素
            System.out.println(v.pop());
            System.out.println(v);
        }
    }
```

上述代码执行后会输出：

```
[荣耀 9i, 畅享 7S, P20 Pro]
P20 Pro
[荣耀 9i, 畅享 7S, P20 Pro]
P20 Pro
[荣耀 9i, 畅享 7S]
```

11.5 Map 接口

在 Java 程序中，Map 接口用于保存具有映射关系的数据，因此在 Map 集合里保存了两组值，其中一组值用于保存 Map 里的 key，另外一组值用于保存 Map 里的 value，key 和 value 都可以是任何引用类型的数据。Map 的 key 不允许重复，即同一个 Map 对象的任何两个 key 通过 equals 方法比较总是返回 false。key 和 value 之间存在单向一对一关系，即通过指定的 key 总能找到唯一的、确定的 value。当从 Map 中取出数据时，只要给出指定的 key，就可以取出对应的 value。在下面的内容中将详细讲解 Java 语言中 Map 接口的基本知识。

↑扫码看视频（本节视频课程时间：12 分 31 秒）

11.5.1 基本知识介绍

在 Java 语言的 Map 接口包含如下几类常用的方法。

（1）添加、删除操作，见下表 11-20。

表 11-20

方法	功能描述
Object put(Object key, Object value)	将互相关联的一个关键字与一个值放入该映像。如果该关键字已经存在，那么与此关键字相关的新值将取代旧值。方法返回关键字的旧值，如果关键字原先并不存在，则返回 null
Object remove(Object key)	从映像中删除与 key 相关的映射
void putAll(Map t)	将来自特定映像的所有元素添加给该映像
void clear()	从映像中删除所有映射

Map 接口中的键和值都可以为 null，但是不能把 Map 作为一个键或值添加给自身。

（2）查询操作，见下表 11-21。

表 11-21

方法	功能描述
Object get(Object key)	获得与关键字 key 相关的值，并且返回与关键字 key 相关的对象，如果没有在该映像中找到该关键字，则返回 null
boolean containsKey(Object key)	判断映像中是否存在关键字 key

续表

方法	功能描述
boolean containsValue(Object value)	判断映像中是否存在 value 值
int size()	返回当前映像中映射的数量
boolean isEmpty()	判断映像中是否有任何映射

（3）视图操作（用于处理映像中的“键 / 值”对组），见下表 11-22。

表 11-22

方法	功能描述
Set keySet()	返回映像中所有关键字的视图集。因为映射中键的集合必须是唯一的，需要用 Set 支持。你还可以从视图中删除元素，同时，关键字和它相关的值将从源映像中被删除，但是不能添加任何元素
Collection values()	返回映像中所有值的视图集，因为映射中值的集合不是唯一的，所以得用 Collection 支持。我们还可以从视图中删除元素，同时值和它的关键字将从源映像中删除，但是不能添加任何元素
Set entrySet()	返回 Map.Entry 对象的视图集，即映像中的关键字 / 值对

因为映射是唯一的，所以要用 Set 支持。我们还可以从视图中删除元素，同时这些元素将从源映像中删除，但是不能添加任何元素。

1．Map.Entry 接口

在 Java 程序中，通过 Map 接口中的 entrySet() 方法可以返回一个实现 Map.Entry 接口的对象集合，集合中的每个对象都是底层 Map 中一个特定的键 / 值对。通过 Map.Entry 接口集合的迭代器，可以获得每一个条目（唯一获取方式）的键或值并对值进行更改。当条目通过迭代器返回后，除非是迭代器自身的 remove() 方法或者迭代器返回的条目的 setValue() 方法，其余对源 Map 外部的修改都会导致此条目集变得无效，同时产生条目行为未定义的后果。

- Object getKey()：返回条目的关键字。
- Object getValue()：返回条目的值。
- Object setValue(Object value)：将相关映像中的值改为 value，并且返回旧值。

2．SortedMap 接口

在 Java 程序中，在集合框架中提供了一个特殊的 Map 接口——SortedMap，SortedMap 用来保持键的有序顺序。接口 SortedMap 中的内置方法如下表 11-23 所示。

表 11-23

方法	功能描述
Comparator comparator()	返回对关键字进行排序时使用的比较器，如果使用 Comparable 接口的 compareTo() 方法对关键字进行比较，则返回 null
Object firstKey()	返回映像中第一个（最低）关键字
Object lastKey()	返回映像中最后一个（最高）关键字
SortedMap subMap(Object fromKey, Object toKey)	返回从 fromKey（包括）至 toKey（不包括）范围内元素的 SortedMap 视图（子集）
SortedMap headMap(Object toKey)	返回 SortedMap 的一个视图，其内各元素的 key 都小于 toKey
SortedSet tailMap(Object fromKey)	返回 SortedMap 的一个视图，里面各元素的 key 皆大于或等于 fromKey

3. AbstractMap 抽象类

在 Java 程序中，和其他抽象集合实现相似，类 AbstractMap 覆盖了 equals() 和 hashCode() 方法以确保两个相等映射返回相同的哈希码。如果两个映射大小相等、包含同样的键且每个键在这两个映射中对应的值都相同，则这两个映射相等。映射的哈希码是映射元素哈希码的总和，其中每个元素是 Map.Entry 接口的一个实现。所以不论映射内部顺序如何，两个相等映射会报告相同的哈希码。

4. HashMap 和 TreeMap 类

在 Java 集合框架中提供了两种常规的 Map 实现，分别是 HashMap 和 TreeMap（TreeMap 实现 SortedMap 接口）。当在 Map 中插入、删除和定位元素时，HashMap 是最好的选择。但是如果要按自然顺序或自定义顺序遍历键，那么选择 TreeMap 会更好。

（1）HashMap 类：主要成员如下表 11-24 所示。

表 11-24

成员	功能描述
HashMap()	构建一个空的哈希映像
HashMap(Map m)	构建一个哈希映像，并且添加映像 m 的所有映射
HashMap(int initialCapacity)	构建一个拥有特定容量的空的哈希映像
HashMap(int initialCapacity, float loadFactor)	构建一个拥有特定容量和加载因子的空的哈希映像

（2）TreeMap 类：主要成员如下表 11-25 所示。

表 11-25

成员	功能描述
TreeMap()	构建一个空的映像树
TreeMap(Map m)	构建一个映像树，并且添加映像 m 中所有元素
TreeMap(Comparator c)	构建一个映像树，并且使用特定的比较器对关键字进行排序
TreeMap(SortedMap s)	构建一个映像树，添加映像树 s 中所有映射，并且使用与有序映像 s 相同的比较器排序

5. LinkedHashMap 类

在 Java 程序中，类 LinkedHashMap 扩展了 HashMap，能够以插入顺序将“关键字 / 值”对添加进链接哈希映像中。像 LinkedHashSet 一样，在 LinkedHashMap 内部也采用双重链接式列表，主要成员如下表 11-26 所示。

表 11-26

成员	功能描述
LinkedHashMap()	构建一个空链接哈希映像
LinkedHashMap(Map m)	构建一个链接哈希映像，并且添加映像 m 中所有映射
LinkedHashMap(int initialCapacity)	构建一个拥有特定容量的空的链接哈希映像
LinkedHashMap(int initialCapacity, float loadFactor)	构建一个拥有特定容量和加载因子的空的链接哈希映像
LinkedHashMap(int initialCapacity, float loadFactor,boolean accessOrder)	构建一个拥有特定容量、加载因子和访问顺序排序的空的链接哈希映像

6．WeakHashMap 类

在 Java 程序中，类 WeakHashMap 是 Map 的一个特殊实现，它使用 WeakReference(弱引用)来存放哈希表关键字，主要成员如下表 11-27 所示。

表 11-27

成员	功能描述
WeakHashMap()	构建一个空的弱哈希映像
WeakHashMap(Map t)	构建一个弱哈希映像，并且添加映像 t 中所有映射
WeakHashMap(int initialCapacity)	构建一个拥有特定容量的空的弱哈希映像
WeakHashMap(int initialCapacity, float loadFactor)	构建一个拥有特定容量和加载因子的空的弱哈希映像

7．IdentityHashMap 类

在 Java 程序中，类 IdentityHashMap 也是 Map 的一个特殊实现。类 IdentityHashMap 不是一般意义上的 Map 实现，它的实现有意的违背了 Map 接口要求通过 equals 方法比较对象的约定。这个类仅使用在很少发生的需要强调等同性语义的情况，主要成员如下表 11-28 所示。

表 11-28

成员	功能描述
IdentityHashMap()	构建一个空的全同哈希映像，默认预期最大尺寸为 21。预期最大尺寸是映像期望把持的键 / 值映射的最大数目
IdentityHashMap (Map m)	构建一个全同哈希映像，并且添加映像 m 中的所有映射
IdentityHashMap (int expectedMaxSize)	构建一个拥有预期最大尺寸的空的全同哈希映像。放置超过预期最大尺寸的键 / 值映射时，将引起内部数据结构的增长，有时可能很费时

11.5.2　使用 HashMap 和 Hashtable 实现类

在 Java 程序中，因为 HashMap 里的 key 不能重复，所以在一个 HashMap 中最多只能有一个 key-value 对的 key 为 null，但可以存在多个 key-value 对的 value 为 null。例如下面的实例演示了将 null 作为 HashMap 的 key 值和 value 值的过程。

实例 11-8：将 null 作为 HashMap 的 key 值和 value 值

源码路径：下载包 \daima\ 第 11 章 \11-8

实例文件 yongNullHashMap.java 的主要实现代码如下所示。

```
import java.util.*;
public class yongNullHashMap{
    public static void main(String[] args) {
      HashMap hm = new HashMap();
      //试图将 2 个 key 为 null 的 key-value 对放入 HashMap 中
      hm.put(null , null);
      hm.put(null , null);
      //将一个 value 为 null 的 key-value 对放入 HashMap 中
      hm.put("a" , null);
      //输出 Map 对象
      System.out.println(hm);
    }
}
```

在上述代码中，试图向 HashMap 中放入三个 key.value 对，其中第 2 行 “hm.put(null ,

null);”处无法将 key-Value 对放入，这是因为 Map 中已经有一个 key-value 对的 key 为 null，所以无法再放入 key 为 null 的 key-value 对。而在第 3 行“hm.put(null , null);”处可以放入该 key-value 对，因为一个 HashMap 中可以有多项 value 为 null。执行后的效果如图 11-3 所示。

```
<terminated> yongNullHashMap
{null=null, a=null}
```

图 11-3

为了成功地在 HashMap、Hashtable 中存储、获取对象，作为 key 的对象必须实现 hashCode 和 equals 方法。与 HashSet 集合不能保证元素的顺序一样，HashMap、Hashtable 也不能保证其中 key-value 对的顺序。和 HashSet 相似的是，HashMap、Hashtable 判断两个 key 相等的标准也是：两个 key 通过 equals 方法比较返回 true，两个 key 的 hashCode 值也相等。除此之外，在 HashMap、Hashtable 中还包含一个名为 containsValue 的方法，用来判断是否包含指定 value。HashMap、Hashtable 判断两个 value 是否相等的标准非常简单，只要两个对象通过 equals 比较返回 true 即可。例如在下面的实例代码中，演示了使用 Hashtable 判断两个 value 是否相等的过程。

实例 11-9：使用 Hashtable 判断两个 value 是否相等

源码路径：下载包 \daima\ 第 11 章 \11-9

实例文件 yongHashtable.java 的主要实现代码如下所示。

```
import java.util.*;
class AAAA{                                    //定义类 AAAA
    int count;                                 //整型成员 count
    public AAAA(int count){                    //构造方法
            this.count = count;
    }
    public boolean equals(Object obj){         //定义方法 equals 比较两个对象是否相等
            if (obj == this){
                    return true;
            }
            if (obj != null &&
                    obj.getClass() == AAAA.class){
                    AAAA a = (AAAA)obj;
                    if (this.count == a.count){

                            return true;
                    }
            }
            return false;
    }
    public int hashCode(){                     //定义哈希方法 hashCode()
            return this.count;                 //返回 count 值
    }
}
class BBBB{                                    //定义类 BBBB
    public boolean equals(Object obj){         //定义比较方法 equals()
            return true;
    }
}
public class yongHashtable{
    public static void main(String[] args) {
            Hashtable ht = new Hashtable();
            ht.put(new AAAA(1598) , "Z1 全面屏 4GB+64GB");  //创建类 AAAA 的实例对象
            ht.put(new AAAA(3898) , "NEX 全面屏 6GB+128GB");//创建类 AAAA 的实例对象
```

```
            ht.put(new AAAA(1232) , new BBBB());
            System.out.println(ht);
            // 只要两个对象通过 equals 比较返回 true，Hashtable 就认为它们是相等的 value。
            // 因为 Hashtable 中有一个 B 对象，它与任何对象通过 equals 比较都相等，所以下面输
                                                                        出 true。
            System.out.println(ht.containsValue("VIVO 手机 "));
            // 只要两个 A 对象的 count 属性相等，它们通过 equals 比较返回 true，且 hashCode 相等
            //Hashtable 即认为它们是相同的 key，所以下面输出 true。
            System.out.println(ht.containsKey(new AAAA(87563)));
            // 下面语句可以删除最后一个 key-value 对
            ht.remove(new AAAA(1232));
            for (Object key : ht.keySet()){
                  System.out.print(key + "---->");
                  System.out.print(ht.get(key) + "\n");
            }
      }
}
```

在上述代码中定义了类 AAAA 和类 BBBB，其中 AAAA 类判断两个 AAAA 对象相等的标准是 count 属性——只要两个 AAAA 对象的 count 属性相等，通过 equals 方法比较会返回 true，它们的 hashCode 也相等。而对象 BBBB 可以与任何对象相等。执行后会输出：

```
{AAAA@f3a=NEX 全面屏 6GB+128GB, AAAA@63e=Z1 全面屏 4GB+64GB, AAAA@4d0=BBBB@7852e922}
true
false
AAAA@f3a---->NEX 全面屏 6GB+128GB
AAAA@63e---->Z1 全面屏 4GB+64GB
```

注意：Hashtable 是一个线程安全的 Map 实现，但 HashMap 是线程不安全的实现，所以 HashMap 比 Hashtable 的性能高一点；但如果有多条线程访问同一个 Map 对象时，使用 Hashtable 实现类会更好。Hashtable 是一个古老的类，它的类名甚至没有遵守 Java 的命名规范——每个单词的首字母都应该大写。也许当初开发 Hashtable 的工程师也没有注意到这一点，后来大量 Java 程序中使用了 Hashtable 类，所以这个类名也就不能改为 hashtable 了，否则将导致大量程序需要改写。与 Vector 类似的是，我们应该尽量少用 Hashtable 实现类，即使需要创建线程安全的 Map 实现类，也可以通过本章后面介绍的 Collections 工具类来把 HashMap 变成线程安全的，而无须使用 Hashtable 实现类。

11.5.3　使用 SortedMap 接口和 TreeMap 实现类

在 Java 程序中，正如 Set 接口派生出了 SortedSet 子接口，SortedSet 接口有一个 TreeSet 实现类一样，Map 接口也派生了一个 SortedMap 子接口，SortedMap 也有一个 TreeMap 实现类。与 TreeSet 类似的是，TreeMap 也是基于红黑树算法对 TreeMap 中所有 key 进行排序，从而保证所有 TreeMap 中的 key-value 对处于有序状态。在 TreeMap 中有如下两种排序方式。

（1）自然排序：TreeMap 的所有 key 必须实现 Comparable 接口，而且所有 key 应该是同一类的对象，否则将会抛出 ClassCastException 异常。

（2）定制排序：在创建 TreeMap 时，传入一个 Comparator 对象，该对象负责对 TreeMap 中所有 key 进行排序。采用定制排序时不要求 Map 的 key 实现 Comparable 接口。

下面的实例以自然排序为例，演示了使用 TreeMap 的基本方法。

实例 11-10：使用 TreeMap 实现自然排序

源码路径：下载包 \daima\ 第 11 章 \11-10

实例文件 yongTreeMap.java 的主要实现代码如下所示。

```
import java.util.*;
//RR 类，重写了 equals 方法，如果 count 属性相等返回 true
// 重写了 compareTo(Object obj) 方法，如果 count 属性相等返回 0;
class RR implements Comparable<Object>{
    int count;
    public RR(int count){
            this.count = count;
    }
    public String toString(){

            return "RR(count 属性 :" + count + ")";
    }
    public boolean equals(Object obj){// 定义比较方法 equals 进行比较，相等会返回 true
            if (this == obj){
                    return true;
            }
            if (obj != null
                    && obj.getClass() == RR.class){
                    RR r = (RR)obj;
                    if (r.count == this.count){    // 相等的依据是 count 相等
                            return true;
                    }
            }
            return false;
    }
    public int compareTo(Object obj){// 定义方法 compareTo 进行比较
            RR r = (RR)obj;                         // 新建 RR 的实例对象 r
            if (this.count > r.count){              // 如果大于 r 的 count 则返回 1
                    return 1;
            }
            else if (this.count == r.count){// 如果等于 r 的 count 则返回 0
                    return 0;
            }
            else{                                   // 如果小于 r 的 count 则返回 -1
                    return -1;
            }
    }
}
public class yongTreeMap{
    public static void main(String[] args) {
            TreeMap tm = new TreeMap();
            tm.put(new RR(3898) , "NEX 全面屏 6GB+128GB");
            tm.put(new RR(1598) , "Z1 全面屏 4GB+64GB");
            tm.put(new RR(2598) , "X21i 迷夜紫 4GB+128GB");
            System.out.println(tm);
            // 返回该 TreeMap 的第一个 Entry 对象
            System.out.println(tm.firstEntry());
            // 返回该 TreeMap 的最后一个 key 值
            System.out.println("tm.lastKey());
            // 返回该 TreeMap 的比 new R(2) 大的最小 key 值。
            System.out.println("tm.higherKey(new RR(2)));
            // 返回该 TreeMap 的比 new R(2) 小的最大的 key — value 对。
            System.out.println(tm.lowerEntry(new RR(2)));
            // 返回该 TreeMap 的子 TreeMap
            System.out.println(tm.subMap(new RR(-1) , new RR(4)));
    }
}
```

执行后会输出：

```
{RR(count 属性 :1598)=Z1 全面屏 4GB+64GB, RR(count 属性 :2598)=X21i 迷夜紫 4GB+128GB,
RR(count 属性 :3898)=NEX 全面屏 6GB+128GB}
```

```
RR(count 属性:1598)=Z1 全面屏 4GB+64GB
RR(count 属性:3898)
RR(count 属性:1598)
null
{}
```

11.5.4 使用类 IdentityHashMap

在 Java 程序中，此 Map 实现类的实现机制与 HashMap 基本相似，但它在处理两个 key 相等时比较独特。在 IdentityHashMap 中，当且仅当两个 key 严格相等 (keyl==key2) 时，IdentityHashMap 才会认为两个 key 相等。对于普通的 HashMap 来说，只要 keyl 和 key2 通过 equals 比较返回 true，且它们的 hashCode 值相等即可。在 IdentityHashMap 中，提供了与 HashMap 基本相似的方法，也允许使用 null 作为 key 和 value。和 HashMap 类似的是，IdentityHashMap 不保证任何 key-value 对之间的顺序，更不能保证它们的顺序能够随着时间的推移保持不变。例如下面的实例演示了使用 IdentityHashMap 类的过程。

实例 11-11：使用类 IdentityHashMap 添加数据

源码路径：下载包 \daima\ 第 11 章 \11-11

实例文件 yongIdentityHashMap.java 的主要实现代码如下所示。

```
    public static void main(String[] args) {
        IdentityHashMap<String, Integer> ihm = new IdentityHashMap<String,
                                                            Integer>();
        //下面两行代码将会向 IdentityHashMap 对象中添加 2 个 key-value 对
        ihm.put(new String("iPhone") , 210000);
        ihm.put(new String("华为") , 190000);
        ihm.put("VIVO" , 175000);      //添加 key 为 VIVO 的值
        ihm.put("VIVO" , 180000);      //添加 key 为 VIVO 的值，只会添加后来的的这个值

        System.out.println(ihm);
    }
```

在上面的代码中，试图向 IdentityHashMap 对象中添加 4 个 key-value 对，前两个 key-value 对中的 key 是新创建的字符串对象，它们通过“==”比较不相等，所以 IdentityHashMap 会把它们当成两个 key 来处理。后两个 key-value 对中的 key 都是字符串直接量，而且它们的字节序列完全相同，Java 会缓存字符串直接量，所以它们通过 == 比较返回 true，IdentityHashMap 会认为它们是同一个 key，只能添加一个 key-value 对。执行后会输出：

```
{iPhone=210000, VIVO=180000, 华为=190000}
```

11.5.5 使用类 EnumMap

在 Java 程序中，EnumMap 是一个与枚举类一起使用的 Map 实现，EnumMap 中所有 key 都必须是单个枚举类的枚举值。在 Java 中创建 EnumMap 时，必须显式或隐式指定它对应的枚举类。EnumMap 在内部以数组形式保存，所以这种实现形式非常紧凑、高效。EnumMap 会根据 key 的自然顺序（即枚举值在枚举类中的定义顺序）来维护 key-value 对的次序。当在程序中通过 keySet()、entrySet()、values() 等方法来遍历 EnumMap 时即可看到这种顺序。EnumMap 不允许使用 null 作为 key 值，但允许使用 null 作为 value。如果试图使用 null 作为 key，会抛出 NullPointerException 异常。如果仅仅只是查询是否包含值为 null 的 key，或者仅仅只是使用删除值为 null 的 key，都不会抛出异常。

在 Java 程序中，与创建普通 Map 有所区别的是，创建 EnumMap 时必须指定一个枚举类，从而将该 EnumMap 和指定枚举类关联起来。例如下面的实例演示了使用类 EnumMap 的过程。

实例 11-12：使用类 EnumMap 添加数据

源码路径：下载包 \daima\ 第 11 章 \11-12

实例文件 TestEnumMap.java 的主要实现代码如下所示。

```
enum jijie{
   iOS,Android,FALL,WINTER
}
public class TestEnumMap{
   public static void main(String[] args) {
         //创建一个 EnumMap 对象，该 EnumMap 的所有 key 必须是 jijie 枚举类的枚举值
         EnumMap<jijie, String> enumMap = new EnumMap<jijie, String>(jijie.class);
         enumMap.put(jijie.Android , "版本多！");
         enumMap.put(jijie.iOS , "苹果专供！");
         System.out.println(enumMap);
   }

}
```

在上述代码中有一个 EnumMap 对象，在创建该 EnumMap 对象时指定它的 key 只能是 Sjiejie 枚举类的枚举值，如果向该 EnumMap 中添加两个 key-value 对后，这两个 key-value 对将会以 Sjiejie 枚举值的自然顺序排序。执行后会输出：

```
{iOS=苹果专供！ , Android=版本多！ }
```

11.6　模拟队列数据结构的 Queue 接口

在 Java 语言中，接口 Queue 用于模拟队列数据结构，队列通常是指“先进先出”（FIFO）的容器。队列的头部是保存在队列中存放时间最长的元素，队列的尾部是保存在队列中存放时间最短的元素。新元素 offer（插入）到队列的尾部，访问元素（poll）操作会返回队列头部的元素。通常在队列中不允许随机访问队列中的元素。

↑扫码看视频（本节视频课程时间：4 分 51 秒）

在接口 Queue 有两个常用的实现类，分别是 LinkedList 和 PriorityQueue。在 Queue 接口中定义了常用的操作方法，见表 11-29。

表 11-29

方法	功能描述
void add(Object e)	将指定元素加入此队列的尾部
Object element()	获取队列头部的元素，但是不删除该元素
boolean offer(Object e)	将指定元素加入此队列的尾部。当使用有容量限制的队列时，此方法通常比 add(Object e) 方法更好
Object peek()	获取队列头部的元素，但是不删除该元素。如果此队列为空，则返回 null
Object poll()	获取队列头部的元素，并删除该元素。如果此队列为空，则返回 null
Object remove()	获取队列头部的元素，并删除该元素

11.6.1　使用类 LinkedList

在 Java 程序中，类 LinkedList 是一个比较奇怪的类，是 List 接口的实现类，也是一个 List 集合，可以根据索引来随机访问集合中的元素。另外，在 LinkedList 中还实现了 Deque 接口。接口 Deque 是 Queue 接口的子接口，它代表一个双向队列。在 Deque 接口中定义了可以双向操作队列的方法，见表 11-30。

表 11-30

方法	功能描述
void addFirst(Object e)	将指定元素插入该双向队列的开头
void addLast(Object e)	将指定元素插入该双向队列的末尾
Iterator descendingIterator()	返回以该双向队列对应的迭代器，该迭代器将以逆向顺序来迭代队列中的元素
Object getFirst()	获取、但不删除双向队列的第一个元素
Object getLast()	获取、但不删除双向队列的最后一个元素
boolean offerFirst(Object e)	将指定的元素插入该双向队列的开头
boolean offerLast(Object e)	将指定的元素插入该双向队列的末尾
Object peekFirst()	获取、但不删除该双向队列的第一个元素；如果此双端队列为空，则返回 null
Object peekLast()	获取、但不删除该双向队列的最后一个元素；如果此双端队列为空，则返回 null
Object polIFirst()	获取、并删除该双向队列的第一个元素；如果此双端队列为空，则返回 null
Object polILast()	获取、并删除该双向队列的最后一个元素；如果此双端队列为空，则返回 null
Object pop()	pop 出该双向队列所表示的栈中第一个元素
void push(Objecte)	将一个元素 push 进该双向队列所表示的栈中（即该双向队列的头部）
Object removeFirst()	获取、并删除该双向队列的第一个元素
Object removeFirstOccurrence(Object o)	删除该双向队列第一次的出现元素 o
removeLast()	获取、并删除该双向队列的最后一个元素
removeLastOccurrence(Object o)	删除该双向队列的最后一次出现的元素 o

因为在类 LinkedList 中还包含了 pop（出栈）和 push（入栈）这两个方法，所以类 LinkedList 不仅可以作为双向队列来使用。并且也可以被当成“栈”来使用。除此之外，LinkedList 还实现了 List 接口，所以还经常被当成 List 来使用。例如下面的实例演示了使用类 LinkedList 的过程。

实例 11-13：使用类 LinkedList 操作列表中的数据

源码路径：下载包 \daima\ 第 11 章 \11-13

实例文件 yongLinkedList.java 的主要代码如下所示。

```
public static void main(String[] args) {
        LinkedList<String> books = new LinkedList<String>();
        //将字符串元素加入队列的尾部
        books.offer("Note 7");
```

```
            //将一个字符串元素入栈
            books.push("Note 8");
            //将字符串元素添加到队列的头部
            books.offerFirst("Note 9");
            for (int i = 0; i < books.size() ; i++ ){
                    System.out.println("最近3年三星盖乐世产品有："+books.get(i));
            }
            //访问、并不删除队列的第一个元素
            System.out.println("三星GALAXY系列的最新产品是："+books.peekFirst());
            //访问、并不删除队列的最后一个元素
            System.out.println("三星GALAXY系列发生爆炸的产品是："+books.peekLast());
            //采用出栈的方式将第一个元素pop出队列
            System.out.println("三星GALAXY系列的最新产品是："+books.pop());
            //下面输出将看到队列中第一个元素被删除
            System.out.println("三星GALAXY系列不是新品是："+books);
            //访问、并删除队列的最后一个元素
            System.out.println("三星GALAXY系列发生爆炸的产品是："+books.pollLast());
            //下面输出将看到队列中只剩下中间一个元素
            System.out.println("当前三星GALAXY系列最具性价比的产品是："+books);
    }
```

在上面的实例代码中，演示了LinkedList作为双向队列、栈和List集合的用法。由此可见，LinkedList是一个功能非常强大集合类。执行后会输出：

```
最近3年三星盖乐世产品有：Note 9
最近3年三星盖乐世产品有：Note 8
最近3年三星盖乐世产品有：Note 7
三星GALAXY系列的最新产品是：Note 9

三星GALAXY系列发生爆炸的产品是：Note 7
三星GALAXY系列的最新产品是：Note 9
三星GALAXY系列不是新品是：[Note 8, Note 7]
三星GALAXY系列发生爆炸的产品是：Note 7
当前三星GALAXY系列最具性价比的产品是：[Note 8]
```

11.6.2 处理优先级的类PriorityQueue

在Java程序中，PriorityQueue是一个基于优先级堆的无界优先级队列。优先级队列的元素按照其自然顺序进行排序，或者根据构造队列时提供的Comparator进行排序，具体取决于所使用的构造方法。优先级队列不允许使用null元素。依靠自然顺序的优先级队列还不允许插入不可比较的对象，这样做可能会导致ClassCastException异常。PriorityQueue队列的头是按指定排序方式确定的最小元素。如果多个元素都是最小值，则头是其中一个元素——选择方法是任意的。队列获取操作poll、remove、peek和element可以访问处于队列头的元素。

在Java程序中， PriorityQueue的优先级队列是无界的，但是有一个内部容量，控制着用于存储队列元素的数组大小。它通常至少等于队列的大小。随着不断向优先级队列添加元素，其容量会自动增加。无须指定容量增加策略的细节。类PriorityQueue及其迭代器实现了接口Collection和接口Iterator的所有可选方法。方法iterator()提供的迭代器不保证以任何特定的顺序遍历优先级队列中的元素。如果需要按顺序遍历，建议使用Arrays.sort(pq.toArray())。例如下面的实例演示了PriorityQueue类的基本用法。

实例11-14：找出队列中的最小值

源码路径：下载包\daima\第11章\11-14

实例文件usePriorityQueue.java的主要实现代码如下所示。

```
    public static void main(String[] args) {
        PriorityQueue<Integer> pq = new PriorityQueue<Integer>();
        //下面代码是依次向pq中加入四个元素
        pq.offer(8);
        pq.offer(-1);
        pq.offer(10);
        pq.offer(0);
        //输出pq队列，并不是按元素的加入顺序排列，而是按元素的大小顺序排列
        System.out.println(pq);
        //访问队列第一个元素，其实就是队列中最小的元素：-3
        System.out.println(pq.peek());
    }
```

执行后的效果如图 11-4 所示。

```
[-1, 0, 10, 8]
-1
```

图 11-4

11.7　集合工具类 Collections

在 Java 语言中，集合的若干接口和若干个子类是最常使用的，但是在 JDK 中提供了一种集合操作的工具类——Collections，可以直接通过此类方便地操作集合。Collections 是一个能操作 Set、List 和 Map 等集合的工具类。在该工具类里提供了大量方法集合元素进行排序、查询和修改等操作，还提供了将集合对象设置为不可变、对集合对象实现同步制等方法。

↑扫码看视频（本节视频课程时间：2 分 45 秒）

11.7.1　排序操作

在 Java 工具类 Collections 中，提供了下表 11-31 中的方法来对 List 集合元素进行排序。

表 11-31

方法	功能描述
static void reverse(List list)	反转指定 List 集合中元素的顺序
static void shuffle(Listlist)	对 List 集合元素进行随机排序 (shuffle 方法模拟了“洗牌”动作)
static void sort(List list)	根据元素的自然顺序对指定 List 集合的元素按升序进行排序
static void sort(List list，Comparator c)	根据指定 Comparator 产生的顺序对 List 集合的元素进行排序
static void swap(List list，int i，int j)	将指定 List 集合中 i 处元素和 j 处元素进行交换
static void rotate(Listlist. int distance)	当 distance 为正数时，将 list 集合的后 distance 个元素移到前面；当 distance 为负数时，将 list 集合的前 distance 个元素移到后面。该方法不会改变集合的长度

例如在下面的实例代码中，演示了使用 Collections 工具类来操作 List 集合的过程。

实例 11-15：使用 Collections 操作 List 集合

源码路径：下载包 \daima\ 第 11 章 \11-15

文件 TestSort.java 的主要代码如下所示。

```
import java.util.*;
```

```
public class TestSort{
    public static void main(String[] args) {
            ArrayList<String> nums = new ArrayList<String>();
            nums.add("iPhon9");    //添加数据 iPhon9
            nums.add("iPhon6");    //添加数据 iPhon6
            nums.add("iPhon8");    //添加数据 iPhon8
            nums.add("iPhon7");    //添加数据 iPhon7
            System.out.println(nums);
            //将 List 集合元素的次序反转
            Collections.reverse(nums);
            System.out.println("nums);
            //将 List 集合元素的按自然顺序排序
            Collections.sort(nums);
            System.out.println(nums);
            //将 List 集合元素的按随机顺序排序
            Collections.shuffle(nums);
            //每次调试运行后，打印输出的次序不固定
            System.out.println(nums);
    }

}
```

执行后会输出：

```
[iPhon9, iPhon6, iPhon8, iPhon7]
[iPhon7, iPhon8, iPhon6, iPhon9]
[iPhon6, iPhon7, iPhon8, iPhon9]
[iPhon9, iPhon7, iPhon6, iPhon8]
```

11.7.2 查找和替换操作

在集合类 Collections 中，提供了下表 11-32 中的方法用于查找、替换集合元素。

表 11-32

方法	功能描述
static int binarySearch(List list，Object key)	使用二分搜索法搜索指定 List 集合，以获得指定对象在 List 集合中的索引。如果要该方法可以正常工作，必须保证 List 中的元素已经处于有序状态
static Object max(Collection coll)	根据元素的自然顺序，返回给定集合中的最大元素
static Object max(Collection coll，Comparator comp)	根据指定 Comparator 产生的顺序，返回给定集合的最大元素
static Object min(Collection coll)	根据元素的自然顺序，返回给定集合中的最小元素
static Object min(Collection coll，Comparator comp)	根据指定 Comparator 产生的顺序，返回给定集合的最小元素
static void fill(List list，Object obj)	使用指定元素 obj 替换指定 List 集合中的所有元素
static int frequency(Collection c，Object o)	返回指定集合中等于指定对象的元素数量
static int indexOfSubList(List source，List target)	返回子 List 对象在母 List 对象中第一次出现的位置索引；如果母 List 中没有出现这样的子 List，则返回 -1
static int lastIndexOfSubList(List source，List target)	返回子 List 对象在母 List 对象中最后一次出现的位置索引；如果母 List 中没有出现这样的子 List，则返回 -1
static boolean replaceAll(List list，Object oldVal，Object newVal)	使用一个新值 newVal 替换 List 对象所有的 oldVal（旧值）

实例 11-16：使用 Collections 查找集合中的元素

源码路径：下载包 \daima\ 第 11 章 \11-16

实例文件 yongSearch.java 的主要代码如下所示。

```
import java.util.*;

public class yongSearch
{
    public static void main(String[] args)
    {
        ArrayList nums = new ArrayList();
        nums.add(2);
        nums.add(-5);
        nums.add(3);
        nums.add(0);
        //输出：[2, -5, 3, 0]
        System.out.println(nums);
        //输出最大元素，将输出 3
        System.out.println(Collections.max(nums));
        //输出最小元素，将输出 -5
        System.out.println(Collections.min(nums));
        //将 nums 中的 0 使用 1 来代替
        Collections.replaceAll(nums , 0 , 1);
        //输出：[2, -5, 3, 1]
        System.out.println(nums);
        //判断 -5 在 List 集合中出现的次数，返回 1
        System.out.println(Collections.frequency(nums , -5));
        //对 nums 集合排序
        Collections.sort(nums);
        //输出：[-5, 1, 2, 3]
        System.out.println(nums);
        //只有排序后的 List 集合才可用二分法查询，输出 3
        System.out.println(Collections.binarySearch(nums , 3));
    }
}
```

执行后会输出：

```
[2, -5, 3, 0]
3
-5
[2, -5, 3, 1]
1
[-5, 1, 2, 3]
3
```

11.8　其他集合类

除了在本章前面介绍的集合类之外，在 Java 中还有很多其他重要的集合类，例如 Stack 类和属性类。在本节的内容中将详细讲解使用 Java 语言其他集合类的知识。

↑扫码看视频（本节视频课程时间：3 分 33 秒）

11.8.1　Stack 类

在 Java 程序中，栈是采用先进后出的数据存储方式，每一个栈都包含一个栈顶，每次出栈是将栈顶的数据取出。经常上网的读者应该清楚地知道，在浏览器中存在一个后退的按钮，每次后退都是后退到上一步的操作，那么实际上这就是一个栈的应用，采用的是一个先进后出的操作。在 Java 程序中可以使用 Stack 类进行栈的操作，类 Stack 是 Vector 的子类。定义

Stack 类的语法格式如下所示。

```
public class Stack extends Vector
```

在类 Stack 中常用的操作方法如表 11-33 所示。

表 11-33

序号	方法	类型	描述
1	public boolean empty()	常量	测试栈是否为空
2	public E peek()	常量	查看栈顶，但不删除
3	public E pop()	常量	出栈，同时删除
4	public E push(E item)	普通	入栈
5	public int search(Object o)	普通	在栈中查找

实例 11-17：实现入栈和出栈操作

源码路径：下载包 \daima\ 第 11 章 \11-17

实例文件 jinchu.java 的主要实现代码如下所示。

```
import java.util.Stack;
public class jinchu {
 public static void main(String args[]) {
     // 实例化 Stack 对象
     Stack<String> s = new Stack<String>();
     s.push("Pixel");                                       // 入栈
     s.push("Pixel L");                                     // 入栈
     s.push("Pixel 2");                                     // 入栈
     System.out.print(s.pop() + "、");                      // 出栈
     System.out.print(s.pop() + "、");                      // 出栈

     System.out.println(s.pop() + "、");                    // 出栈
     System.out.print(s.pop() + "、");                      // 出栈
     // 错误，出栈，出现异常，栈为空
 }
}
```

执行上述代码后会输出：

```
Pixel 2、Pixel L、Pixel、
Exception in thread "main" java.util.EmptyStackException
    at java.util.Stack.peek(Unknown Source)
    at java.util.Stack.pop(Unknown Source)
    at jinchu.main(jinchu.java:13)
```

从运行结果可以看出，先进去的内容最后才取出，而且如果栈已经为空，则无法再弹出，会出现空栈异常。

11.8.2 属性类 Properties

在 Java 程序中，属性操作类是一个较为重要的类。要想明白属性操作类的作用，就必须先清楚什么叫属性文件，实际上在之前讲解国际化操作时就使用了属性文件（Message.properties），在一个属性文件中保存了多个属性，每一个属性就是直接用字符串表示出来的“key=value 对”，而如果要想轻松地操作这些属性文件中的属性，可以通过 Properties 类方便地完成。对于属性文件来说，其实在 Windows 操作系统的很多地方都可以见到。例如 Windows 的启动引导文件 boot.ini 就是使用属性文件的方式保存的，具体代码如下所示。

```
[boot loader]
timeout=5
default=multi(0)disk(0)rdisk(0)partition(1)\WINDOWS
```

从中可以发现，都是通过“kye=value”形式保存的，那么这样的文件就是属性文件。类 Properties 本身是 Hashtable 类的子类，既然是其子类，则肯定也是按照 key 和 value 的形式存放数据的。定义类 Properties 的格式如下所示。

```
public class Properties
extends Hashtable<Object,Object>
```

在类 Properties 中的很多方法都有实际用处，主要方法如表 11-34 所示。

表 11-34

方 法	类型	描 述
public Properties()	构造	构造一个空的属性类
public Properties(Properties defaults)	常量	构造一个指定属性内容的属性类
public String getProperty(String key)	常量	根据属性的 key 取得属性的 value，如果没有 key 则返回 null
public String getProperty(String key, String defaultValue)	普通	根据属性的 key 取得属性的 value，如果没有 key 则返回 defaultValue
public Object setProperty(String key, String value)	普通	设置属性
public void list(PrintStream out)	普通	属性打印
public void load(InputStream inStream) throws IOException	普通	从输入流中取出全部的属性内容
public void loadFromXML(InputStream in) throws IOException,InvalidPropertiesFormatException	普通	从 XML 文件格式中读取内容
public void store(OutputStream out,String comments) throws IOException	普通	将属性内容通过输出流输出，同时声明属性的注释
public void storeToXML(OutputStream os,String comment) throws IOException	普通	以 XML 文件格式输出属性，默认编码
public void storeToXML(OutputStream os,String comment,String encoding) throws IOException	普通	以 XML 文件格式输出属性，用户指定默认编码

虽然类 Properties 是 Hashtable 的子类，也可以像 Map 那样使用 put() 方法保存任意类型的数据，但是一般属性都是由字符串组成的，所以在使用本类时本书只关心类 Properties 本身的方法，而从 Hashtable 接口继承下来的方法，本书将不作任何介绍。

第 12 章

常用的内置类库

（视频讲解：45 分钟）

Java 为广大程序员提供了丰富的基础类库，通过这些类库能够帮助我们快速开发出功能强大的项目。例如 Java SE 提供了三千多个基础类，使用基础类库可以提高开发效率，降低开发难度。对于初学者来说，建议以 Java API 文档为参考进行编码演练，遇到问题时反复查阅 API 文档，逐步掌握更可能多的类。在本章将详细讲解 Java 语言中常用类库的基本知识，为读者步入本书后面知识的学习打下基础。

12.1 使用 StringBuffer 类

在本书前面的内容中曾经讲解过 String 类型的基本知识，在 Java 中规定，一旦声明 String 的内容就不可再改变，如果要改变，改变的肯定是 String 的引用地址。如果一个字符串需要经常被改变，则必须使用 StringBuffer 类。在 String 类中可以通过“+”来连字符串，在 StringBuffer 中只能使用方法 append() 来连接字符串。

↑扫码看视频（本节视频课程时间：7 分 08 秒）

12.1.1 StringBuffer 类基础

表 12-1 中列出了 StringBuffer 类中的一些常用方法，你要想了解此类的所有方法，可以自行查询 JDK 文档。

表 12-1

定义	类型	描述
public StringBuffer()	构造	StringBuffer 的构造方法
public StringBuffer append(char c)	方法	在 StringBuffer 中提供了大量的追加操作（与 String 中使用“+”类似），可以向 StringBuffer 中追加内容，此方法可以添加任何的数据类型
public StringBuffer append(String str)	方法	
public StringBuffer append(StringBuffer sb)	方法	
public int indexOf(String str)	方法	查找指定字符串是否存在
public int indexOf(String str,int fromIndex)	方法	从指定位置开始查找指定字符串是否存在
public StringBuffer insert(int offset,String str)	方法	在指定位置处加上指定字符串
public StringBuffer reverse()	方法	将内容反转保存
public StringBuffer replace(int start,int end, String str)	方法	指定内容替换

续表

定义	类型	描述
public int length()	方法	求出内容长度
public StringBuffer delete(int start,int end)	方法	删除指定范围的字符串
public String substring(int start)	方法	字符串截取，指定开始点
public String substring(int start,int end)	方法	截取指定范围的字符串
public String toString()	方法	Object 类继承的方法，用于将内容变为 String 类型

类 StringBuffer 支持的方法大部分与 String 的类似，使用类 StringBuffer 可以在开发中提升代码的性能，为了保证用户操作的适应性，在类 StringBuffer 中定义的大部分方法名称都与 String 中一样。

12.1.2　通过 append 连接各种类型的数据

在 Java 程序中，可以使用方法 append() 来连接字符串，而且此方法返回了一个 StringBuffer 类的实例，这样就可以采用代码链的形式一直调用 append() 方法。也可以直接使用 insert() 方法在指定的位置上为 StringBuffer 添加内容。例如在下面的实例中，通过 append 连接各种类型的数据。

实例 12-1：将“我爱，学习，Java，1 个月了”等数据连接起来

源码路径：下载包 \daima\ 第 12 章 \12-1

实例文件 StringBufferT1.java 的主要代码如下所示。

```
public class StringBufferT1{
    public static void main(String args[]){
            StringBuffer buf = new StringBuffer() ;        // 声明 StringBuffer 对象
            buf.append(" 我爱 ") ;                   // 向 StringBuffer 中添加内容
            buf.append(" 学习 ").append(" Java") ; // 可以连续调用 append() 方法
            buf.append("\n") ;                             // 添加一个转义字符
            buf.append(" 学习了 ").append(1).append(" 个月了 \n") ; // 添加数字
            buf.append(" 我爱学 Java 吗 =").append(true) ;           // 添加布尔值
            System.out.println(buf) ;                // 直接输出对象，调用 toString()
    }
};
```

在上述代码中，“buf.append(“学习”).append(1).append(“个月了 \n”)” 实际上就是一种代码链的操作形式。执行后会输出：

```
我爱 学习 Java
学习了 1 个月了
我爱学 Java 吗 =true
```

12.1.3　在任意位置为 StringBuffer 添加内容

在 Java 程序中，可以直接使用方法 insert() 在指定的位置上为 StringBuffer 添加内容。在 StringBuffer 中专门提供了字符串反转的操作方法，所谓的字符串反转就是指将一个是”Hello” 的字符串转为“olleH”。例如在下面的实例中，在任意位置为 StringBuffer 添加内容。

实例 12-2：在“Java”前后分别添加“我学习”和“3 个月”了

源码路径：下载包 \daima\ 第 12 章 \12-2

实例文件 StringBufferT3.java 的主要代码如下所示。

```
public class StringBufferT3{
    public static void main(String args[]){
            StringBuffer buf = new StringBuffer() ;          // 声明StringBuffer对象
            buf.append("Java") ;                             // 添加内容
            buf.insert(0,"我学习") ;                          // 在第一个内容之前添加内容
            System.out.println(buf) ;
            buf.insert(buf.length(),"3个月了! ") ;            // 在最后添加内容
            System.out.println(buf) ;
    }
};
```

执行后会输出：

```
我学习Java
我学习Java3个月了!
```

注意：在类 StringBuffer 中也存在 replace() 方法，使用此方法可以对指定范围的内容进行替换。在 String 中如果要进行替换，则使用的是 replaceAll() 方法，而在 StringBuffer 中使用的是 replace() 方法，这一点读者在使用时需要注意。

12.1.4 替换 StringBuffer 的内容

在 Java 程序中，通过方法 replace() 可以直接把 StringBuffer 指定范围中的内容替换。例如下面的实例演示了替换 StringBuffer 内容的过程。

实例 12-3：将“Hello World”中的“World”替换为“AAA”

源码路径：下载包 \daima\ 第 12 章 \12-3

实例文件 StringBufferT5.java 的主要代码如下所示。

```
public class StringBufferT5{
    public static void main(String args[]){
            StringBuffer buf = new StringBuffer() ;              // 声明StringBuffer对象
            buf.append("Hello ").append("World!!") ;             // 向StringBuffer添加内容
            buf.replace(6,11,"AAA") ;                            // 将world的内容替换
            System.out.println("内容替换之后的结果: " + buf) ;         // 输出内容
    }
};
```

执行后的效果如图 12-1 所示。

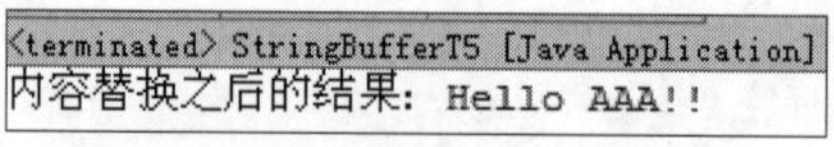

图 12-1

12.1.5 从 StringBuffer 中删除指定范围的字符串

因为 StringBuffer 本身的内容是可更改的，所以也可以通过方法 delete() 删除指定范围的内容。通过方法 indexOf() 可以查找指定的内容，如果查找到了，则返回内容的位置，如果没有查找到则返回 -1。例如下面的实例演示了从 StringBuffer 中删除指定范围字符串的过程。

实例 12-4：将“Hello AAA”中的“AAA”删除

源码路径：下载包 \daima\ 第 12 章 \12-4

实例文件 StringBufferT7.java 的主要代码如下所示。

```
public class StringBufferT7{
    public static void main(String args[]){
            StringBuffer buf = new StringBuffer() ;          // 声明 StringBuffer 对象
            buf.append("Hello ").append("World!!") ;         // 向 StringBuffer 添加内容
            buf.replace(6,11,"AAA") ;                        // 指将 world 的内容替换

            String str = buf.delete(6,15).toString();        //指定范围中的内容
    System.out.println(" 删除之后的结果: " + str) ;           //输出内容
    }
};
```

执行后的效果如图 12-2 所示。

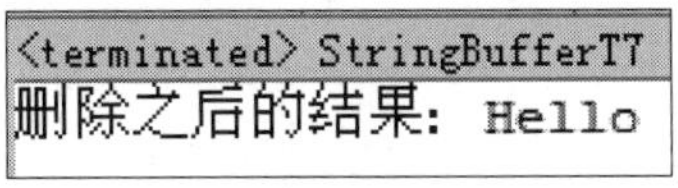

图 12-2

12.2 使用 Runtime 类

在 Java 语言中，类 Runtime 表示运行时操作类，是一个封装了 JVM 进程的类，每一个 JVM 都对应着一个 Runtime 类的实例，此实例由 JVM 运行时为其实例化。在本节的内容中将详细讲解使用 Runtime 类的知识。

↑扫码看视频（本节视频课程时间：4 分 53 秒）

12.2.1 Runtime 类介绍

在 JDK 文档中，不会发现任何有关 Runtime 类中对构造方法的定义，这是因为 Runtime 类本身的构造方法是私有化的（单例设计），如果想取得一个 Runtime 实例，则只能通过以下方式实现。

```
Runtime run = Runtime.getRuntime();
```

也就是说，在类 Runtime 中提供了一个静态的 getRuntime() 方法，此类可以取得 Runtime 类的实例。因为 Runtime 表示的是每一个 JVM 实例，所以就可以通过 Runtime 取得一些系统的信息。

在 Java 程序中，类 Runtime 中的常用方法如表 12-2 所示。

表 12-2

方法定义	类型	描述
public static Runtime getRuntime()	普通	取得 Runtime 类的实例
public long freeMemory()	普通	返回 Java 虚拟机中的空闲内存量
public long maxMemory()	普通	返回 JVM 的最大内存量
public void gc()	普通	运行垃圾回收器，释放空间
public Process exec(String command) throws IOException	普通	执行本机命令

12.2.2 得到 JVM 的内存空间信息

在 Java 程序中，使用类 Runtime 可以取得 JVM 中的内存空间，包括最大内存空间、空闲内存空间等，通过这些信息可以清楚地知道 JVM 的内存使用情况。例如下面实例的功能是查看 JVM 的空间情况。

实例 12-5：查看 JVM 的空间情况

源码路径：下载包 \daima\ 第 12 章 \12-5

实例文件 RuntimeT1.java 的主要实现代码如下所示。

```
public static void main(String args[]){
        Runtime run = Runtime.getRuntime();   // 通过 Runtime 类的静态方法进行实例
                                                                化操作
        System.out.println("JVM 最大内存量：" + run.maxMemory()) ;
                                  // 观察最大的内存，根据机器的不同，环境也会有所不同
        System.out.println("JVM 空闲内存量：" + run.freeMemory()) ;
                                                    // 取得程序运行的空闲内存
        String str = "Hello " + "World" + "!!!" +"\t" + "Welcome " + "To " +
                                                        "BEIJING" + "~" ;
        System.out.println(str) ;
        for(int x=0;x<1000;x++){
            str += x ;                              // 循环修改内容，会产生多个垃圾
        }
        System.out.println("操作 String 之后的,JVM 空闲内存量：" + run.freeMemory()) ;
        run.gc() ;                                  // 进行垃圾收集，释放空间
        System.out.println("垃圾回收之后的,JVM 空闲内存量：" + run.freeMemory()) ;
    }
};
```

在上述代码中，通过 for 循环修改了 String 中的内容，这样的操作必然会产生大量的垃圾，占用系统的内存区域，所以计算后可以发现 JVM 的内存量有所减少，但是当执行 gc() 方法进行垃圾收集后，可用的空间就变大了。执行效果如图 12-3 所示。

```
<terminated> RuntimeT1 [Java Application] F:\Java\jdk1
JVM最大内存量: 259522560
JVM空闲内存量: 15965064
Hello World!!!  Welcome To BEIJING~
操作String之后的,JVM空闲内存量: 14525424
垃圾回收之后的,JVM空闲内存量: 16089152
```

图 12-3

12.2.3 联合使用 Runtime 类与 Process 类

在 Java 程序中，可以直接使用类 Runtime 运行本机的可执行程序。当前计算机执行程序就是我们平常所说的进程，这些进程在 Java 中用 Process 类来表示。例如下面实例的功能是调用本机的可执行程序。

实例 12-6：调用本机可执行程序（记事本）

源码路径：下载包 \daima\ 第 12 章 \12-6

实例文件 RuntimeT2.java 的主要代码如下所示。

```
public class RuntimeT2{
    public static void main(String args[]){
        Runtime run = Runtime.getRuntime() ;  //取得 Runtime 类的实例化对象
    try{
        run.exec("notepad.exe") ;                  //调用本机程序，此方法需要异常处理
```

```
        }catch(Exception e){
        e.printStackTrace() ;                              // 打印异常信息
                        // System.out.println(e) ;
            }
        }
};
```

执行后会打开一个记事本文件，效果如图 12-4 所示。

图 12-4

注意：内存管理

在 Java 中提供了无用单元自动收集机制。通过方法 totalMemory() 和 freeMemory() 可以知道对象的堆内存有多大，还剩多少。Java 会周期性回收垃圾对象（未使用的对象），以便释放内存空间。但是如果想先于收集器的下一次指定周期来收集废弃的对象，可以通过调用 gc() 方法来根据需要运行无用单元收集器。一个很好的试验方法是先调用 gc() 方法，然后调用 freeMemory() 方法来查看基本的内存使用情况，接着执行代码，然后再次调用 freeMemory() 方法看看分配了多少内存。

12.3　实现程序国际化

国际化操作是在开发中较为常见的一种要求，那么什么叫国际化操作呢？实际上国际化的操作就是指一个程序可以同时适应多门语言，即如果现在程序的使用者是中国人，则会以中文为显示文字，如果现在程序的使用者是英国人，则会以英语为显示的文字，也就是说可以通过国际化操作让一个程序适应各个国家的语言要求。

↑扫码看视频（本节视频课程时间：11 分 51 秒）

12.3.1　国际化基础

假如现在有一个程序要求可以同时适应法语、英语、中文的显示，那么此时就必须使用国际化。在 Java 程序中，通常使用类 Locale 来实现 Java 程序的国际化，除此之外，还需要用属性文件和 ResourceBundle 类的支持。属性文件是指后缀为 .properties 的文件，文件中的内容保存结构为“key=value”形式（关于属性文件的具体操作可以参照 Java 类集部分）。因为国际化的程序只是显示语言的不同，那么就可以根据不同的国家定义不同的属性文件，属性文件中保存真正要使用的文字信息，要访问这些属性文件，可以使用类 ResourceBundle 来完成。

我们可以根据各个不同的国家配置不同的资源文件（资源文件有时也称为属性文件，因

为其后缀为 .properties)，所有的资源文件以“key → value”的形式出现，例如 message= 你好！。在程序执行中只是根据 key 找到 value 并将 value 的内容进行显示。也就是说，只要 key 的值不变，value 的内容可以任意更换。在 Java 程序中，必须通过表 12-3 中的 3 个类实现 Java 程序的国际化操作。

表 12-3

类名称	功能描述
java.util.Locale	用于表示一个国家语言类
java.util.ResourceBundle	用于访问资源文件
java.text.MessageFormat	格式化资源文件的占位字符串

上述三个类的具体操作流程是：先通过 Locale 类所指定的区域码，然后 ResourceBundle 根据 Locale 类所指定的区域码找到相应的资源文件，如果资源文件中存在动态文本，则使用 MessageFormat 进行格式化。

12.3.2 使用 Locale 类

要想实现 Java 程序的国际化，首先需要掌握 Locale 类的基本知识。表 12-4 列出了类 Locale 中的构造方法。

表 12-4

方法定义	类型	描述
public Locale(String language)	构造	根据语言代码构造一个语言环境
public Locale(String language,String country)	构造	根据语言和国家构造一个语言环境

实际上对于各个国家都有对应的 ISO 编码，例如中国的编码为 zh-CN，英语 - 美国的编码为 en-US，法语的编码为 fr-FR。

对于各个国家的编码，没有必要去记住，只需要知道几个常用的就可以了，如果想知道全部的国家编码可以直接搜索 ISO 国家编码。如果觉得麻烦，也可以直接在 IE 浏览器中查看各个国家的编码，因为 IE 浏览器可以适应多个国家的语言显示要求，操作步骤为，选择【工具】→【Internet 选项】命令，在打开的对话框中选择【常规】选项卡，单击【语言】按钮，在打开的对话框中单击【添加】按钮，弹出如图 12-5 所示的对话框。

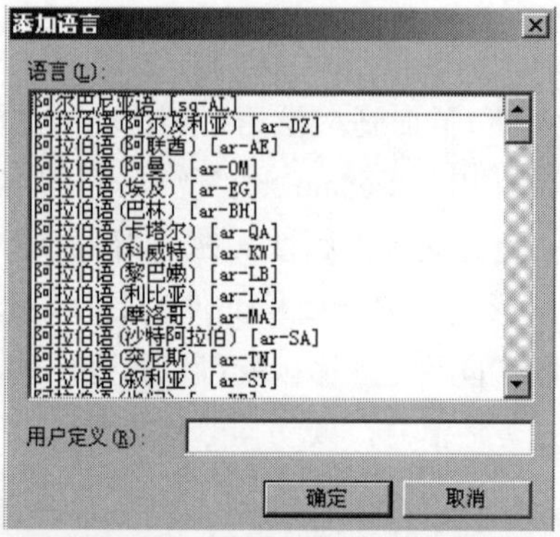

图 12-5

12.3.3 使用 ResourceBundle 类

在 Java 程序中，类 ResourceBundle 主要作用是读取属性文件，读取属性文件时可以直接指定属性文件的名称（指定名称时不需要文件的后缀），也可以根据 Locale 所指定的区域码来选取指定的资源文件，类 ResourceBundle 中的常用方法如表 12-5 所示。

表 12-5

方法	类型	描述
public static final ResourceBundle getBundle (String baseName)	普通	取得 ResourceBundle 的实例，并指定要操作的资源文件名称
public static final ResourceBundle getBundle (String baseName,Locale locale)	普通	取得 ResourceBundle 的实例，并指定要操作的资源文件名称和区域码
public final String getString(String key)	普通	根据 key 从资源文件中取出对应的 value

要想使用 ResourceBunlde 对象，需要直接通过类 ResourceBundle 中的静态方法 getBundle() 取得。例如下面的实例代码中，演示了通过 ResourceBundle 取得资源文件中的内容的过程。

实例 12-7：通过 ResourceBundle 取得资源文件中的内容

源码路径：下载包 \daima\ 第 12 章 \12-7

实例文件 InterT1.java 的主要代码如下所示。

```
public class InterT1{
    public static void main(String args[]){
            ResourceBundle rb = ResourceBundle.getBundle("Message") ;
                                                        // 找到资源文件，不用编写后缀
            System.out.println(" 小纸条： " + rb.getString("info")) ;
                                                        // 从资源文件中取得内容
    }
};
```

通过上述代码读取了资源文件 Message.properties 中的内容，程序通过资源文件中的 key 取得了对应的 value。执行后会输出：

```
小纸条：铁血抢断，快速反击，{0}！
```

12.3.4 处理动态文本

在前面介绍的国际化内容中，所有资源内容都是固定的，但是输出的消息中如果包含了一些动态文本，则必须使用占位符清楚地表示出动态文本的位置。在 Java 中通过”{ 编号 }”格式设置占位符。在使用占位符之后，程序可以直接通过 MessageFormat 对信息进行格式化，为占位符动态设置文本的内容。在 Java 程序中，类 MessageFormat 是类 Format 的子类，Format 类主要实现格式化操作，除了 MessageFormat 子类外，在 Format 中还有 NumberFormat、DateFormat 两个子类。在进行国际化操作时，不光只有文字需要处理，并且数字显示、日期显示都要符合各个区域的要求，我们可以通过控制面板中的“区域和语言选项”对话框观察到这一点，如图 12-6 所示。并且同时改变的有数字、货币、时间等，所以在类 Format 中提供了三个子类来实现上述功能，分别是 MessageFormat、DateFormat、NumberFormat。

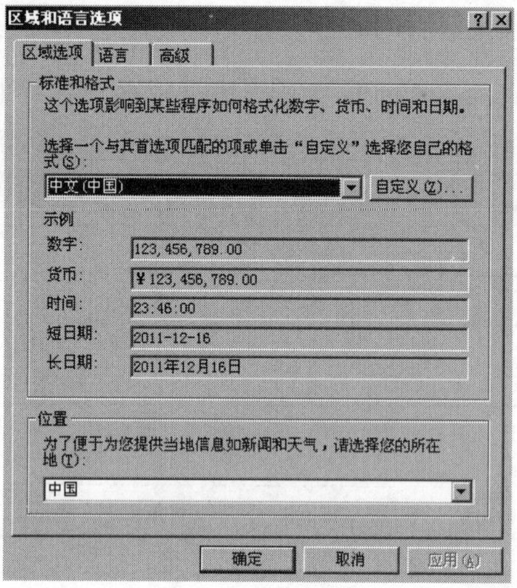

图 12-6

假设现在要输出的信息（以中文为例）是“你好，xxx！”，其中，xxx 的内容是由程序动态设置的，所以此时可以修改之前的三个属性文件，让其动态地接收程序的三个文本。

（1）中文的属性文件 Message_zh_CN.properties，内容如下所示。

```
info = \u4f60\u597d\uff0c{0}\uff01
```

以上信息就是中文的”你好，{0}！”。

（2）英语的属性文件 Message_en_US.properties，内容如下所示。

```
info = Hello,{0}!
```

（3）法语的属性文件 Message_fr_FR.properties，内容如下所示。

```
info = Bonjour,{0}!
```

在以上三个属性文件中，都加入了“{0}”，表示一个占位符，如果有更多的占位符，则直接在后面继续加上“{1}”、“{2}”即可。然后就可以继续使用之前的 Locale 类和 ResourceBundle 类读取资源文件的内容，但是读取之后的文件因为要处理占位符的内容，所以要使用 MessageFormat 类进行处理，主要是使用下面的方法实现的。

```
public static String format(String pattern,Object…arguments)
```

其中第 1 个参数表示要匹配的字符串，第 2 个参数“Object...arguments”表示输入参数可以有任意多个，并没有具体个数的限制。

例如在下面的实例代码中，演示了使用 MessageFormat 格式化动态文本的过程。

实例 12-8：使用 MessageFormat 格式化动态文本

源码路径：下载包 \daima\ 第 12 章 \12-8

实例文件 InterT3.java 的主要代码如下所示。

```
import java.util.ResourceBundle ;
import java.util.Locale ;
import java.text.* ;
public class InterT3{
    public static void main(String args[]){

            Locale zhLoc = new Locale("zh","CN") ; // 表示中国地区
            Locale enLoc = new Locale("en","US") ; // 表示美国地区
```

```
        Locale frLoc = newLocale("fr","FR") ; // 表示法国地区
        // 找到中文的属性文件，需要指定中文的 Locale 对象
        ResourceBundle zhrb = ResourceBundle.getBundle("Message",zhLoc) ;
        // 找到英文的属性文件，需要指定英文的 Locale 对象
        ResourceBundle enrb = ResourceBundle.getBundle("Message",enLoc) ;
        // 找到法文的属性文件，需要指定法文的 Locale 对象

        ResourceBundle frrb = ResourceBundle.getBundle("Message",frLoc) ;
        // 依次读取各个属性文件的内容，通过键值读取，此时的键值名称统一为 info
        String str1 = zhrb.getString("info") ;
        String str2 = enrb.getString("info") ;
        String str3 = frrb.getString("info") ;
        System.out.println(" 中文：" + MessageFormat.format(str1," 无敌 ")) ;
        System.out.println(" 英语：" + MessageFormat.format(str2,"wudiwudi")) ;
        System.out.println(" 法语：" + MessageFormat.format(str3,"
                                        wudiwudi")) ;
    }
};
```

上述代码通过 MessageFormat.format() 方法设置了动态文本的内容，执行后会输出：

```
中文：中文，好的，无敌！
英语：Hello,wudiwudiwudi!
法语：Bonjour,wudiwudiwudi!
```

注意——传递可变参数

在 Java 的可变参数传递中可以接收多个对象，在方法传递参数时可以使用如下形式实现。

```
返回值类型 方法名称 (Object…args)
```

上述表示方法可以接收任意多个参数，然后按照数组的方式输出即可。

12.3.5　使用类代替资源文件

在 Java 程序中，可以使用属性文件来保存所有的资源信息，当然也可以使用类来保存所有的资源信息，但是在开发中此种做法并不多见，主要还是以属性文件的应用为主。与之前的资源文件一样，如果使用类保存信息，也必须按照“key-value”的形式出现，而且类的命名必须与属性文件一致。而且此类必须继承 ListResourceBundle 类，在继承之后需要覆写此类中的 getContent() 方法。例如下面的实例演示了使用类代替资源文件的过程。

实例 12-9：使用类设置资源文件的信息

源码路径：下载包 \daima\ 第 12 章 \12-9

本实例的具体实现流程如下所示。

（1）编写文件 Message1_zh_CN.java 建立一个中文资源类，主要实现代码如下所示。

```
import java.util.ListResourceBundle ;
public class Message_zh_CN extends ListResourceBundle{
    private final Object data[][] = {
            {"info"," 你好，{0}！ "}
    } ;

    public Object[][] getContents(){// 覆写的方法
            return data ;
    }};
```

（2）编写国际化程序文件 InterT6.java 使用上面定义的资源类，主要实现代码如下所示。

```
public class InterT6{
    public static void main(String args[]){
            Locale zhLoc = new Locale("zh","CN") ;          // 表示中国地区
```

```
            // 找到中文的属性文件，需要指定中文的 Locale 对象
            ResourceBundle zhrb = ResourceBundle.getBundle("Message",zhLoc) ;
            String str1 = zhrb.getString("info") ;
            System.out.println("说：" + MessageFormat.format(str1,"你要学好 Java！
")) ;
        }
```

在上述代码中，使用一个代替了原本的资源文件内容，读者在此一定要注意，在资源类中的属性一定是一个二维数组。另外，在本章之前讲解的程序中出现了 Message.properties、Message_zh_CN.properties 和 Message_zh_ CN.class，如果在一个项目中同时存在这三个类型的文件，那么最终只会使用一个，使用时需要按照优先级。顺序为 Message_zh_CN.class、Message_zh_CN.properties、Message.properties。但是从实际开发的角度来看，使用一个类文件来代替资源文件的方式是很少见的，所以需要重点掌握资源文件的使用。

执行后会输出：

```
说：你好，你要学好 Java！！
```

12.4 使用 System 类

在 Java 程序中，类 System 可能是我们在日常开发中最常看见的类，例如系统输出语句“System.out.println()”就属于 System 类。实际上类 System 是一些与系统相关属性和方法的集合，而且在此类中所有的属性都是静态的，要想引用这些属性和方法，直接使用类 System 来调用

↑扫码看视频（本节视频课程时间：7 分 03 秒）

12.4.1 System 类基础

在表 12-6 中列出了类 System 中的一些常用方法。

表 12-6

定义	类型	描述
public static void exit(int status)	普通	系统退出，如果 status 为非 0 就表示退出
public static void gc()	普通	运行垃圾收集机制，调用的是 Runtime 类中的 gc 方法
public static long currentTimeMillis()	普通	返回以毫秒为单位的当前时间
public static void arraycopy(Object src,int srcPos,Object dest,int destPos,int length)	普通	数组复制操作
public static Properties getProperties()	普通	取得当前系统的全部属性
public static String getProperty(String key)	普通	根据键值取得属性的具体内容

类 System 中的方法都是静态的，都是使用 static 定义的，所以在使用时直接使用类名称就可以调用，例如 System.gc()。下面实例的功能是计算一个程序的执行时间。

实例 12-10：计算一个程序的执行时间

源码路径：下载包 \daima\ 第 12 章 \12-10

实例文件 SystemT1.java 的主要代码如下所示。

```
    public static void main(String args[]){
// 取得开始计算之前的时间
        long startTime = System.currentTimeMillis() ;
        int sum = 0 ;                                    // 声明变量
        for(int i=0;i<30000000;i++){                     // 执行累加操作
            sum += i ;
        }
        long endTime = System.currentTimeMillis() ;  // 取得计算之后的时间
        // 结束时间减去开始时间
        System.out.println("执行了 " + (endTime-startTime) +"毫秒") ;     }
```

执行后会输出：

```
执行了 49 毫秒
```

12.4.2　通过 System 类获取本机的全部环境属性

在 Java 程序中，可以直接通过类 System 取得本机的全部环境属性。例如下面实例的功能是通过 System 类获取本机的全部环境属性。

实例 12-11：获取本机的全部环境属性

源码路径：下载包 \daima\ 第 12 章 \12-11

实例文件 SystemT2.java 的主要实现代码如下所示。

```
public class SystemT2{
    public static void main(String args[]){
        System.getProperties().list(System.out) ;     // 列出系统的全部属性
    }
};
```

执行后会输出：

```
-- listing properties --
java.runtime.name=Java(TM) SE Runtime Environment
sun.boot.library.path=H:\java\bin
java.vm.version=25.144-b01
java.vm.vendor=Oracle Corporation
java.vendor.url=http://java.oracle.com/
path.separator=;
java.vm.name=Java HotSpot(TM) 64-Bit Server VM
file.encoding.pkg=sun.io
user.script=

user.country=CN
sun.java.launcher=SUN_STANDARD
sun.os.patch.level=
java.vm.specification.name=Java Virtual Machine Specification
user.dir=G:\ 清华大学 \2018 非常重点 \Java\codes\cesh
java.runtime.version=1.8.0_144-b01
java.awt.graphicsenv=sun.awt.Win32GraphicsEnvironment
java.endorsed.dirs=H:\java\lib\endorsed
os.arch=amd64
java.io.tmpdir=C:\Users\apple\AppData\Local\Temp\
line.separator=

java.vm.specification.vendor=Oracle Corporation
user.variant=
os.name=Windows 10
sun.jnu.encoding=GBK
java.library.path=H:\java\bin;C:\WINDOWS\Sun\Java\bin;C...
java.specification.name=Java Platform API Specification
java.class.version=52.0
sun.management.compiler=HotSpot 64-Bit Tiered Compilers
```

```
os.version=10.0
user.home=C:\Users\apple
user.timezone=
java.awt.printerjob=sun.awt.windows.WPrinterJob
file.encoding=GBK
java.specification.version=1.8
user.name=apple
java.class.path=H:\java\lib\resources.jar;H:\java\lib...
java.vm.specification.version=1.8
sun.arch.data.model=64
java.home=H:\java
sun.java.command=SystemT2
java.specification.vendor=Oracle Corporation
user.language=zh
awt.toolkit=sun.awt.windows.WToolkit
java.vm.info=mixed mode
java.version=1.8.0_144
java.ext.dirs=H:\java\lib\ext;C:\WINDOWS\Sun\Java\l...
sun.boot.class.path=H:\java\lib\resources.jar;H:\java\lib...
java.vendor=Oracle Corporation
file.separator=\
java.vendor.url.bug=http://bugreport.sun.com/bugreport/
sun.cpu.endian=little
sun.io.unicode.encoding=UnicodeLittle
sun.desktop=windows
sun.cpu.isalist=amd64
```

在前面程序中列出了系统中与 Java 相关的各个属性，在属性中需要注意如下两点。

（1）文件默认编码：file.encoding=GBK。

（2）文件分隔符：file.separator=\。

12.4.3 垃圾对象的回收

Java 为我们提供了垃圾的自动收集机制，能够不定期地自动释放 Java 中的垃圾空间。在类 System 中有一个 gc() 方法，此方法也可以进行垃圾的收集，而且此方法实际上是对 Runtime 类中的 gc() 方法的封装，功能与其类似。接下来将要讲解的是如何对一个对象进行回收，一个对象如果不再被任何栈内存所引用，那么此对象就可以称为垃圾对象，等待被回收。实际上等待的时间是不确定的，所以可以直接调用方法 System.gc() 进行垃圾回收。

在实际的开发中，垃圾内存的释放基本上都是由系统自动完成的，除非特殊的情况，一般都很少直接去调用 gc() 方法。但是如果在一个对象被回收之前要进行某些操作该怎么办呢？实际上在类 Object 中有一个名为 finalize() 方法，定义此方法的语法格式如下所示。在程序中的一个子类只需要覆写下述方法即可在释放对象前进行某些操作。

```
protected void finalize() throws Throwable
```

例如下面的实例演示了释放观察对象的过程。

实例 12-12：释放观察对象

源码路径：下载包 \daima\ 第 12 章 \12-12

实例文件 SystemT4.java 的主要实现代码如下所示。

```
class Person{
   private String name ;
   private int age ;
   public Person(String name,int age){
         this.name = name ;
```

```
            this.age = age;
    }
    public String toString(){                        // 覆写 toString() 方法
            return this.name + "，年龄 " + this.age + " 岁";
    }
    public void finalize() throws Throwable{         // 对象释放空间时默认调用此方法
            System.out.println("对象被释放 --> " + this) ;
    }
};
public class SystemT4{
    public static void main(String args[]){
            Person per = new Person("小李",31) ;
            per = null ;                             // 断开引用
            System.gc() ;                            // 强制性释放空间
    }
};
```

在以上程序中强制调用了释放空间的方法，而且在对象被释放前调用了 finalize() 方法。如果在 finalize() 方法中出现了异常，则程序并不会受其影响，会继续执行。执行后会输出：

```
对象被释放 --> 小李，年龄 31 岁
```

上述方法 finalize() 抛出的是 Throwable 异常。在方法 finalize() 上可以发现抛出的异常并不是常见的 Exception，而是使用了 Throwable 进行抛出的异常，所以在调用此方法时不一定只会在程序运行中产生错误，也有可能产生 JVM 错误。

12.5　使用 Date 类

在开发 Java 程序的过程中，经常会遇到操作日期类型的情形，Java 对日期的操作提供了良好的支持，主要使用包 java.util 中的 Date、Calendar 以及 java.text 包中的 SimpleDateFormat 实现。

↑扫码看视频（本节视频课程时间：8 分 39 秒）

12.5.1　使用 Date 类

在 Java 程序中，类 Date 是一个较为简单的操作类，在使用中直接使用类 java.util.Date 的构造方法并进行输出就可以得到一个完整的日期，定义构造方法的格式如下所示。

```
public Date()
```

实例 12-13：得到当前系统日期

源码路径：下载包 \daima\ 第 12 章 \12-13

实例文件 DateT1.java 的主要实现代码如下所示。

```
import java.util.Date ;
public class DateT1{
    public static void main(String args[]){
            Date date = new Date() ;          // 直接实例化 Date 对象
            System.out.println("当前日期为：" + date) ;
    }
};
```

执行后会输出：

```
当前日期为：Tue Jun 25 14:39:00 CST 2019
```

从程序的运行结果看，已经得到了系统的当前日期，但是这个日期的格式并不是我们平常看到的格式，而且现在的时间也不能准确地精确到毫秒，要想按照我们自己的格式显示时间可以使用类 Calendar 来完成操作。

12.5.2 使用 Calendar 类

在 Java 程序中，类可以通过类 Calendar 取得当前的时间，并且可以精确到毫秒。但是此类本身是一个抽象类，如果要想使用一个抽象类，则必须依靠对象的多态性，通过子类进行父类的实例化操作，Calendar 的子类是 GregorianCalendar。在 Calendar 中提供了如表 12-7 所示的常量，分别表示日期的各个数字。

表 12-7

常 量	类 型	描 述
public static final int YEAR	int	获取年
public static final int MONTH	int	获取月
public static final int DAY_OF_MONTH	int	获取日
public static final int HOUR_OF_DAY	int	获取小时，24 小时制
public static final int MINUTE	int	获取分
public static final int SECOND	int	获取秒
public static final int MILLISECOND	int	获取毫秒

除了在表 12-7 中提供的全局常量外，类 Calendar 还提供了一些常用方法，如表 12-8 所示。

表 12-8

方法	类型	描述
public static Calendar getInstance()	普通	根据默认的时区实例化对象
public boolean after(Object when)	普通	判断一个日期是否在指定日期之后
public boolean before(Object when)	普通	判断一个日期是否在指定日期之前
public int get(int field)	普通	返回给定日历字段的值

实例 12-14：获取系统的当前日期

源码路径：下载包 \daima\ 第 12 章 \12-14

实例文件 DateT2.java 的主要实现代码如下所示。

```
import java.util.* ;
public class DateT2{
   public static void main(String args[]){
          Calendar calendar = new GregorianCalendar(); // 实例化 Calendar 类对象
          System.out.println("YEAR: " + calendar.get(Calendar.YEAR)); // 输出年
          System.out.println("MONTH: " + (calendar.get(Calendar.MONTH) + 1));
                                                                    // 输出月
          System.out.println("DAY_OF_MONTH: " + calendar.get(Calendar.DAY_OF_
                                                MONTH));           // 输出日
          System.out.println("HOUR_OF_DAY: " + calendar.get(Calendar.HOUR_OF_
                                                DAY));             // 输出时
          System.out.println("MINUTE: " + calendar.get(Calendar.MINUTE));
                                                                    // 输出分
```

```
        System.out.println("SECOND: " + calendar.get(Calendar.SECOND));
                                                            // 输出秒
        System.out.println("MILLISECOND: " + calendar.get(Calendar.
                                           MILLISECOND)); // 输出毫秒
    }
};
```

在上述代码中，通过 GregorianCalendar 子类实例化 Calendar 类，然后通过 Calendar 类中的各种常量及方法取得系统的当前时间。执行后会输出：

```
YEAR: 2019
MONTH: 7
DAY_OF_MONTH: 3
HOUR_OF_DAY: 22

MINUTE: 16
SECOND: 44
MILLISECOND: 552
```

12.5.3 使用 DateFormat 类

在类 java.util.Date 中获取的时间是一个非常正确的时间，但是因为其显示的格式不理想，不符合国人的习惯要求，实际上此时就可以为此类进行格式化操作，变为符合国人习惯的日期格式。其实类 DateFormat 与类 MessageFormat 都属于类 Format 的子类，专门用于格式化数据使用。定义类 DateFormat 的格式如下所示。

```
public abstract class DateFormat
extends Format
```

从表面来看，类 DateFormat 是一个抽象类，应该无法直接进行实例化。在此抽象类中提供了一个静态方法，可以直接取得本类的实例。类 DateFormat 的常用方法如表 12-9 所示。

表 12-9

方法	类型	描述
public static final DateFormat getDateInstance()	普通	得到默认的对象
public static final DateFormat getDateInstance(int style, Locale aLocale)	普通	根据 Locale 得到对象
public static final DateFormat getDateTimeInstance()	普通	得到日期时间对象
public static final DateFormat getDateTimeInstance(int dateStyle,int timeStyle,Locale aLocale)	普通	根据 Locale 得到日期时间对象

上述四个方法都可以构造类 DateFormat 的对象，当发现以上方法中需要传递若干个参数，这些参数表示日期地域或日期的显示形式。例如下面的实例演示了 DateFormat 类中的默认操作。

实例 12-15：演示 DateFormat 中的默认操作

源码路径：下载包 \daima\ 第 12 章 \12-15

实例文件 DateT3.java 的主要代码如下所示。

```
    public static void main(String args[]){
            DateFormat df1 = null ;                // 声明一个 DateFormat
            DateFormat df2 = null ;                // 声明一个 DateFormat
            df1 = DateFormat.getDateInstance() ;   // 得到日期的 DateFormat 对象
            df2 = DateFormat.getDateTimeInstance() ;
                                                   // 得到日期时间的 DateFormat 对象
```

```
        System.out.println("DATE: " + df1.format(new Date())) ;
                                                    // 按照日期格式化
        System.out.println("DATETIME: " + df2.format(new Date())) ;
                                                    // 按照日期时间格式化
    }
```

执行后会输出：

```
DATE: 2019-7-3
DATETIME: 2019-7-3 22:20:23
```

从程序的运行结果中发现，第 2 个 DATETIME 显示了时间，但还不是比较合理的中文显示格式。如果想取得更加合理的时间，则必须在构造 DateFormat 对象时传递若干个参数。

12.5.4　使用 SimpleDateFormat 类

在 Java 程序中，经常需要将一个日期格式转换为另外一种日期格式，例如将日期为 2012-10-19 10:11:30.345，转换后日期为 2011 年 10 月 19 日 10 时 11 分 30 秒 345 毫秒。从这两个日期可以发现，日期的数字完全一样，只是日期的格式有所不同。在 Java 中要想实现上述转换功能，必须使用包 java.text 中的类 SimpleDateFormat 完成。然后先定义出一个完整的日期转化模板，在模板中通过特定的日期标记可以将一个日期格式中的日期数字提取出来，日期格式化模板标记如表 12-10 所示。

表 12-10

标记	描述
y	年，年份是四位数字，所以需要使用 yyyy 表示
M	年中的月份，月份是两位数字，所以需要使用 MM 表示
d	月中的天数，天数是两位数字，所以需要使用 dd 表示
H	一天中的小时数（24 小时），小时是两位数字，使用 HH 表示
m	小时中的分钟数，分钟是两位数字，使用 mm 表示
s	分钟中的秒数，秒是两位数字，使用 ss 表示
S	毫秒数，毫秒数是 3 位数字，使用 SSS 表示

另外，还需要使用类 SimpleDateFormat 中的方法才可以完成，此类中的常用方法如表 12-11 所示。

表 12-11

方法	类型	描述
public SimpleDateFormat(String pattern)	构造	通过一个指定的模板构造对象
public Date parse(String source) throws ParseException	普通	将一个包含日期的字符串变为 Date 类型
public final String format(Date date)	普通	将一个 Date 类型按照指定格式变为 String 类型

注意：在实际的开发中，用户所输入的各个数据都是以 String 的方式进行接收的，所以此时为了可以正确地将 String 变为 Date 型数据，可以依靠 SimpleDateFormat 类完成。

实例 12-16：格式化显示日期

源码路径：下载包 \daima\ 第 12 章 \12-16

实例文件 DateT5.java 的主要代码如下所示。

```
import java.text.* ;
import java.util.* ;
public class DateT5{
    public static void main(String args[]){
            String strDate = "2019-5-19 10:11:30.345" ;
            // 准备第一个模板，从字符串中提取出日期数字
            String pat1 = "yyyy-MM-dd HH:mm:ss.SSS" ;
            // 准备第二个模板，将提取后的日期数字变为指定的格式
            String pat2 = "yyyy年MM月dd日 HH时mm分ss秒SSS毫秒" ;
            SimpleDateFormat sdf1 = new SimpleDateFormat(pat1) ;// 实例化模板对象
            SimpleDateFormat sdf2 = new SimpleDateFormat(pat2) ; // 实例化模板对象
            Date d = null ;
            try{
                    d = sdf1.parse(strDate) ;       // 将给定的字符串中的日期提取出来
            }catch(Exception e){                    // 如果提供的字符串格式有错误，则进行
                                                      异常处理
                    e.printStackTrace() ;           // 打印异常信息
            }
      System.out.println(" 开赛时间是: "+sdf2.format(d)) ; // 将日期变为新的格式
    }
};
```

在上述代码中，首先使用第 1 个模板将字符串中表示的日期数字取出，然后再使用第 2 个模板将这些日期数字重新转化为新的格式表示。执行后会输出：

```
开赛时间是：2019年5月19日 10时11分30秒345毫秒
```

12.6　几个核心类

除了本章前面介绍的类库外，在 Java 中还可以使用其他的类库。在本节的内容中将详细讲解其他 Java 常用内置类库的知识，为读者步入本书后面知识的学习打下基础。

↑扫码看视频（本节视频课程时间：6 分 47 秒）

12.6.1　使用 Math 类

在 Java 程序中，类 Math 是实现数学运算操作的类，在此类中提供了一系列的数学操作方法，例如求绝对值、三角函数等。在类 Math 中提供的一切方法都是静态方法，所以直接由类名称调用即可。类 Math 中的常用方法如下表 12-12 所示。

表 12-12

方法	功能描述
public static int abs(int a) public static long abs(long a) public static float abs(float a) public static double abs(double a)	用来计算绝对值
public static native double acos(double a)	acos 求反余弦函数
public static native double asin(double a)	asin 求反正弦函数
public static native double atan(double a)	atan 求反正切函数

续表

方法	功能描述
public static native double ceil(double a)	ceil 返回最小的大于 a 的整数
public static native double cos(double a)	cos 求余弦函数
public static native double exp(double a)	exp 求 e 的 a 次幂
public static native double floor(double a)	floor 返回最大的小于 a 的整数
public static native double log(double a)	log 返回 lna
public static native double pow(double a, double b)	pow 求 a 的 b 次幂
public static native double sin(double a)	sin 求正弦函数
public static native double sqrt(double a)	sqrt 求 a 的开平方
public static native double tan(double a)	tan 求正切函数
public static synchronized double random()	返回 0 到 1 之间的随机数

实例 12-17：使用类 Math 实现基本数学运算

源码路径：下载包 \daima\ 第 12 章 \12-17

实例文件 MathDemo01.java 的主要实现代码如下所示。

```
public static void main(String args[]){
        // Math 类中的方法都是静态方法，直接使用 " 类 . 方法名称 () " 的形式调用即可
        System.out.println(" 老帅温格重返海布里，向后辈们提出了 5 道数学题： " ) ;
        System.out.println(" 求平方根： " + Math.sqrt(9.0)) ;
        System.out.println(" 求两数的最大值： " + Math.max(10,30)) ;
        System.out.println(" 求两数的最小值： " + Math.min(10,30)) ;
        System.out.println("2 的 3 次方： " + Math.pow(2,3)) ;
        System.out.println(" 四舍五入： " + Math.round(33.6)) ;
}
```

在上面的操作中，类 Math 中 round() 方法的作用是进行四舍五入操作，但是此方法在操作时将小数点后面的全部数字都忽略掉，如果想精确到小数点后的准确位数，必须使用类 BigDecimal 完成。执行后会输出：

```
求平方根：3.0
求两数的最大值：30

求两数的最小值：10
2 的 3 次方：8.0
四舍五入：34
```

12.6.2 使用 Random 类

在 Java 程序中，类 Random 是一个随机数产生类，可以指定一个随机数的范围，然后任意产生在此范围中的数字。类 Random 中的常用方法如表 12-13 所示。

表 12-13

方法	类型	描述
public boolean nextBoolean()	普通	随机生成 boolean 值
public double nextDouble()	普通	随机生成 double 值
public float nextFloat()	普通	随机生成 float 值

续表

方法	类型	描述
public int nextInt()	普通	随机生成 int 值
public int nextInt(int n)	普通	随机生成给定最大值的 int 值
public long nextLong()	普通	随机生成 long 值

请看下面的实例，功能是生成 10 个不大于 100 的随机数字。

实例 12-18：生成 10 个不大于 100 的随机数字

源码路径：下载包 \daima\ 第 12 章 \12-18

实例文件 RandomDemo01.java 的主要实现代码如下所示。

```
import java.util.Random ;
public class RandomDemo01{
    public static void main(String args[]){

            Random r = new Random() ;                    //实例化Random对象
            for(int i=0;i<10;i++){
                    System.out.print(r.nextInt(100) + "\t") ;  //输出随机生成的数字
            }
    }
};
```

以上程序中使用 Random 类，并通过 for 循环生成了 10 个不大于 100 的随机数。执行效果如图 12-7 所示，注意，因为是随机的，所以每次的执行效果会不一样。

```
50      53      7       81      45      17      85      80      23      1
```

图 12-7

注意：在类 Math 中也有一个 random() 方法

其实在类 Math 中也有一个 random() 方法，该 random() 方法的工作是生成一个 [0,1.0) 区间的随机小数。通过前面对 Math 类的学习可以发现，类 Math 中的方法 random() 就是直接调用类 Random 中的 nextDouble() 方法实现的。只是方法 random() 的调用比较简单，所以很多程序员都习惯使用 Math 类的 random() 方法来生成随机数字。

12.6.3　使用 NumberFormat 类

在 Java 程序中，类 NumberFormat 是表示数字格式化的类，即可以按照本地的风格习惯进行数字的显示。定义此类的格式如下所示。

```
public abstract class NumberFormat extends Format
```

类 NumberFormat 是一个抽象类，和类 MessageFormat 一样，都是 Format 的子类，在使用时可以直接使用类 NumberFormat 中提供的静态方法为其实例化。类 NumberFormat 的常用方法如表 12-14 所示。

表 12-14

方法	类型	描述
public static Locale[] getAvailableLocales()	普通	返回所有语言环境的数组
public static final NumberFormat getInstance()	普通	返回当前默认语言环境的数字格式

续表

方法	类型	描述
public static NumberFormat getInstance(Locale inLocale)	普通	返回指定语言环境的数字格式
public static final NumberFormat getCurrencyInstance()	普通	返回当前默认环境的货币格式
public static NumberFormat getCurrencyInstance(Locale inLocale)	普通	返回指定语言环境的数字格式

因为现在的操作系统是中文语言环境，所以以上数字显示为中国的数字格式化形式。另外，在类 NumberFormat 中还有一个比较常用的子类——DecimalFormat。DecimalFormat 类也是 Format 的一个子类，主要作用是格式化数字。当然，在格式化数字时要比直接使用 NumberFormat 更加方便，因为可以直接指定按用户自定义的方式进行格式化操作，与 SimpleDateFormat 类似，如果要进行自定义格式化操作，则必须指定格式化操作的模板，此模板如表 12-15 所示。

表 12-15

标记	位置	描述
0	数字	代表阿拉伯数字，每一个 0 表示一位阿拉伯数字，如果该位不存在则显示 0
#	数字	代表阿拉伯数字，每一个 # 表示一位阿拉伯数字，如果该位不存在则不显示
.	数字	小数点分隔符或货币的小数分隔符
-	数字	代表负号
,	数字	分组分隔符
E	数字	分隔科学计数法中的尾数和指数
;	子模式边界	分隔正数和负数子模式
%	前缀或后缀	数字乘以 100 并显示为百分数
\u2030	前缀或后缀	乘以 1000 并显示为千分数
¤\u00A4	前缀或后缀	货币记号，由货币号替换。如果两个同时出现，则用国际货币符号替换；如果出现在某个模式中，则使用货币小数分隔符，而不使用小数分隔符
'	前缀或后缀	用于在前缀或后缀中为特殊字符加引号，例如“ '#' #” 将 123 格式化为“#123”。要创建单引号本身，则连续使用两个单引号，例如 “# o ‘’ clock”

实例 12-19：格式化显示数字

源码路径：下载包 \daima\ 第 12 章 \12-19

实例文件 NumberFormatT1.java 的主要代码如下所示。

```
    public static void main(String args[]){
           NumberFormat nf = null ;                  // 声明一个 NumberFormat 对象
           nf = NumberFormat.getInstance() ;         // 得到默认的数字格式化显示
           System.out.println("金额是" + nf.format(180000000)+"欧元") ;
                                                     //输出格式化之后的数字
           System.out.println("金额是：" + nf.format(180000123.345)+"欧元") ;
                                                     //输出格式化之后的数字
    }
```

在上述代码中，首先使用第 1 个模板将字符串中表示的日期数字取出，然后再使用第 2 个模板将这些日期数字重新转化为新的格式表示。执行后会输出：

```
金额是 180,000,000 欧元
金额是：180,000,123.345 欧元
```

12.6.4　使用 BigInteger 类

在 Java 程序中，当面对一个非常大的数字时，在编程时肯定无法使用基本类型来接收，在 Java 初期碰到大数字时往往会使用类 String 进行接收，然后再采用拆分的方式进行计算，但是这种操作非常麻烦。Java 为了解决这个问题，专门提供了类 BigInteger。类 BigInteger 是一个表示大整数的类，定义在 java.math 包中，如果在操作时一个整型数据已经超过了整数的最大类型长度 long，数据无法装入，此时可以使用类 BigInteger 进行操作。在类 BigInteger 中封装了各个常用的基本运算，在表 12-16 列出了此类的常用方法。

表 12-16

方法	类型	描述
public BigInteger(String val)	构造	将一个字符串变为 BigInteger 类型的数据
public BigInteger add(BigInteger val)	普通	加法
public BigInteger subtract(BigInteger val)	普通	减法
public BigInteger multiply(BigInteger val)	普通	乘法
public BigInteger divide(BigInteger val)	普通	除法
public BigInteger max(BigInteger val)	普通	返回两个大数字中的最大值
public BigInteger min(BigInteger val)	普通	返回两个大数字中的最小值
public BigInteger[] divideAndRemainder (BigInteger val)	普通	除法操作，数组的第 1 个元素为除法的商，第 2 个元素为除法的余数

在表 12-16 中列出的只是类 BigInteger 中的常用方法，读者可以自行查阅 JDK 文档来了解其他方法的具体用法。例如下面的实例演示了使用类 BigInteger 实现数学运算的过程。

实例 12-20：使用类 BigInteger 实现数学运算

源码路径：下载包 \daima\ 第 12 章 \12-20

实例文件 BigIntegerDemo01.java 的主要实现代码如下所示。

```
import java.math.BigInteger ;
public class BigIntegerDemo01{
    public static void main(String args[]){
            BigInteger bi1 = new BigInteger("123456789") ;
                    // 声明BigInteger对象
            BigInteger bi2 = new BigInteger("987654321") ;
                    // 声明BigInteger对象
            System.out.println("加法操作: " + bi2.add(bi1)) ;
                    // 加法操作
            System.out.println("减法操作: " + bi2.subtract(bi1)) ;
                    // 减法操作
            System.out.println("乘法操作: " + bi2.multiply(bi1)) ;
                    // 乘法操作
            System.out.println("除法操作: " + bi2.divide(bi1)) ;
                    // 除法操作
            System.out.println("最大数: " + bi2.max(bi1)) ;
                    // 求出最大数
            System.out.println("最小数: " + bi2.min(bi1)) ;
                    // 求出最小数
            BigInteger result[] = bi2.divideAndRemainder(bi1) ;
                    // 求出余数的除法操作
            System.out.println("商是: " + result[0] + "; 余数是: " + result[1]) ;
    }
```

```
};
```

执行效果如图 12-8 所示。

```
加法操作: 1111111110
减法操作: 864197532
乘法操作: 121932631112635269
除法操作: 8
最大数: 987654321
最小数: 123456789
商是: 8; 余数是: 9
```

图 12-8

12.6.5 BigDecimal 类

对于不需要任何准确计算精度的数字来说，在 Java 中可以直接使用 float 或 double，但是如果需要精确计算的结果，则必须使用类 BigDecimal，而且使用此类也可以进行大数的操作。类 BigDecimal 中的常用方法如表 12-17 所示。

表 12-17

方法	类型	描述
public BigDecimal(double val)	构造	将 double 表示形式转换为 BigDecimal
public BigDecimal(int val)	构造	将 int 表示形式转换为 BigDecimal
public BigDecimal(String val)	构造	将字符串表示形式转换为 BigDecimal
public BigDecimal add(BigDecimal augend)	普通	加法
public BigDecimal subtract(BigDecimal subtrahend)	普通	减法
public BigDecimal multiply(BigDecimal multiplicand)	普通	乘法
public BigDecimal divide(BigDecimal divisor)	普通	除法

实例 12-21：实现四舍五入四则运算

源码路径：下载包 \daima\ 第 12 章 \12-21

实例文件 BigDecimalDemo01.java 的主要实现代码如下所示。

```
import java.math.* ;
class MyMath{
// 进行加法计算
    public static double add(double d1,double d2){
            BigDecimal b1 = new BigDecimal(d1) ;
            BigDecimal b2 = new BigDecimal(d2) ;
            return b1.add(b2).doubleValue() ;
    }
// 进行减法计算
    public static double sub(double d1,double d2){
            BigDecimal b1 = new BigDecimal(d1) ;
            BigDecimal b2 = new BigDecimal(d2) ;
            return b1.subtract(b2).doubleValue() ;
    }
// 进行乘法计算
    public static double mul(double d1,double d2){
            BigDecimal b1 = new BigDecimal(d1) ;
            BigDecimal b2 = new BigDecimal(d2) ;
            return b1.multiply(b2).doubleValue() ;
    }
```

```
// 进行除法计算
    public static double div(double d1,double d2,int len){
            BigDecimal b1 = new BigDecimal(d1) ;
            BigDecimal b2 = new BigDecimal(d2) ;
            return b1.divide(b2,len,BigDecimal.ROUND_HALF_UP).doubleValue() ;
    }
    public static double round(double d,int len){            // 进行四舍五入
            BigDecimal b1 = new BigDecimal(d) ;
            BigDecimal b2 = new BigDecimal(1) ;
            return b1.divide(b2,len,BigDecimal.ROUND_HALF_UP).doubleValue() ;
    }
};

public class BigDecimalDemo01{
    public static void main(String args[]){
            System.out.println("加法运算: " + MyMath.round(MyMath.
                                                    add(10.345,3.333),1)) ;
            System.out.println("减法运算: " + MyMath.round(MyMath.
                                                    sub(10.345,3.333),3)) ;
            System.out.println("乘法运算: " + MyMath.round(MyMath.
                                                    mul(10.345,3.333),2)) ;
            System.out.println("除法运算: " + MyMath.div(10.345,3.333,3)) ;
    }
};
```

在上述代码中，功能最重要的是方法 round()，此处的四舍五入操作实际上是用方法 divide() 实现的，因为只有此方法才可以指定小数点之后的位数，而且任何一个数字除以 1 都是原数字。执行效果如图 12-9 所示。

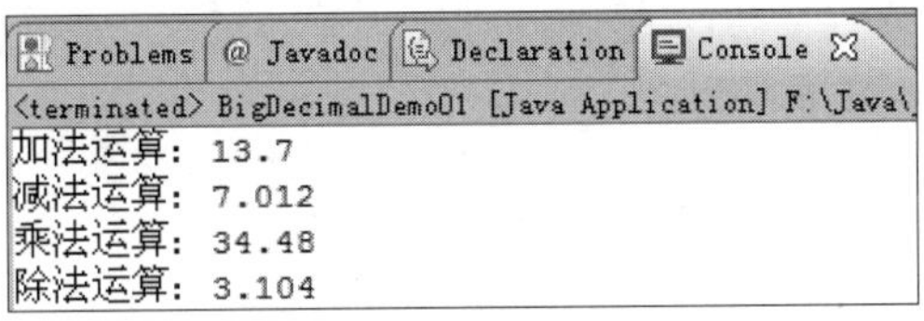

图 12-9

第 13 章

使用泛型

（视频讲解：20 分钟）

泛型（Generic Type 或 Generics）是对 Java 语言的类型系统的一种扩展，目的是支持创建可以按类型进行参数化的类。可以将类型参数看作是使用参数化类型时指定类型的一个占位符，就像方法的形式参数是运行时传递的值的占位符一样。在本章的内容中将详细讲解在 Java 程序中使用泛型的基本知识，为读者步入本书后面知识的学习打下基础。

13.1 泛型基础

在 Java 程序中引入泛型后，对 Java 语言是一个较大的功能增强。不仅语言、类型系统和编译器有了较大的变化，而且类库也进行了大翻修，所以许多重要的类，比如集合框架，都已经成为泛型化的了。

↑扫码看视频（本节视频课程时间：4 分 34 秒）

13.1.1 泛型的好处

Java 语言的集合有一个缺点，当我们把一个对象“丢进”集合后，集合就会“忘记”这个对象的数据类型，当再次取出该对象时，该对象的编译类型就变成了 Object 类型（其运行时类型没变）。Java 集合之所以被设计成这样，是因为设计集合的程序员不会知道我们需要用它来保存什么类型的对象，所以他们把集合设计成能保存任何类型的对象，只要求具有很好的通用性。但这样做会带来如下两个问题。

（1）集合对元素类型没有任何限制，这样可能引发一些问题：例如想创建一个只能保存 Pig 的集合，但程序也可以轻易地将 Cat 对象“丢”进去，所以可能引发异常。

（2）当把对象“丢进”集合时，集合丢失了对象的状态信息，集合只知道它盛装的是 Object，所以取出集合元素后通常还需要进行强制类型转换。这种强制类型转换不仅会增加编程的复杂度，而且很可能会引发 ClassCastException 异常。

推出泛型后能够解决以上两个问题，具体来说，在 Java 程序中使用泛型后会带来如下两点好处。

（1）类型安全

泛型的主要目标是提高 Java 程序的类型安全。可以为使用泛型定义的变量添加类型限制，编译器可以在一个高很多的程度上验证类型假设。没有泛型，这些假设就只存在于程序员的头脑中（或者如果幸运的话，还存在于代码注释中）。

Java 程序中的一种流行技术是定义这样的集合，即它的元素或键是公共类型的，比如“String 列表”或者“String 到 String 的映射”。通过在变量声明中捕获这一附加的类型信息，泛型允许编译器实施这些附加的类型约束。类型错误现在就可以在编译时被捕获了，而不是在运行时当作 ClassCastException 展示出来。将类型检查从运行时挪到编译时有助于更容易找到错误，并可提高程序的可靠性。

（2）消除强制类型转换

泛型的一个附带好处是消除源代码中的许多强制类型转换。这使得代码更加可读，并且减少了出错的机会。尽管减少强制类型转换可以降低使用泛型类的代码的复杂度，但是声明泛型变量也会带来相应的复杂问题。

13.1.2　类型检查

在编译 Java 程序时，如果不检查类型会引发异常，例如下面的实例演示了这一点。

实例 13-1：输出显示 BESTSELLER 旗下的品牌

源码路径：下载包 \daima\ 第 13 章 \13-1

实例文件 youErr.java 的具体实现代码如下所示。

```
import java.util.*;
public class youErr{
    public static void main(String[] args) {
            //创建一个只想保存字符串的 List 集合
            List strList = new ArrayList();
            strList.add("VERO MODA");
            strList.add("ONLY");
            strList.add(" JACK & JONES");
            System.out.println("BESTSELLER 旗下的品牌有：");
            //"不小心"把一个 Integer 对象"丢进"了集合
            strList.add(5);
            for (int i = 0; i < strList.size() ; i++ ){
                    //因为 List 里取出的全部是 Object，所以必须强制类型转换
                    //最后一个元素将出现 ClassCastException 异常
                    String str = (String)strList.get(i);
            }
    }
}
```

在上述代码中创建了一个 List 集合，只希望此 List 对象保存字符串对象，但我们没有对这个对象进行任何限制。在第一行的加粗代码中，把一个 Integer 对象“丢进”了 List 集合中，这将导致程序在第二行加粗代码引发 ClassCastException 异常，因为程序试图把一个 Integer 对象转化为 String 类型。执行效果如图 13-1 所示。

```
BESTSELLER旗下的品牌有:
Exception in thread "main" java.lang.ClassCastException: java.lang.Integer cannot be
        at youErr.main(youErr.java:15)
```

图 13-1

13.1.3　类型扩展

在 Java 程序中，如果希望创建一个 List 对象，并且该 List 对象中只能保存字符串类型，

此时我们可以扩展 ArrayList。例如在下面的实例代码中，创建了一个只能存放 String 对象的 StrList 集合类。

实例 13-2：创建了一个只能存放 String 对象的 StrList 集合类

源码路径：下载包 \daima\ 第 13 章 \13-2

实例文件 CheckT.java 的具体实现代码如下所示。

```
import java.util.*;
//自定义一个StrList集合类，使用组合的方式来复用ArrayList类
class StrList{
    private List strList = new ArrayList();
    //定义StrList的add方法
    public boolean add(String ele){
            return strList.add(ele);
    }
    //重写get方法，将get方法的返回值类型改为String类型
    public String get(int index){
            return (String)strList.get(index);
    }
    public int size(){
            return strList.size();
    }
}
public class CheckT{
    public static void main(String[] args) {
            //创建一个只想保存字符串的List集合

            StrList strList = new StrList();
            strList.add("AAA");
            strList.add("BBB");
            strList.add("CCC");
            //下面语句不能把Integer对象"丢进"集合中，将引起编译异常
            strList.add(5);
            System.out.println(strList);
            for (int i = 0; i < strList.size() ; i++ ){
                    //因为StrList里元素的类型就是String类型，所以无须强制类型转换
                    String str = strList.get(i);
            }
    }
}
```

在上述代码中，定义的类 StrList 实现了编译时的异常检查功能，当程序在加粗处试图将一个 Integer 对象添加到 StrList 时，程序不会通过编译。因为 StrList 只能接受 String 对象作为元素，所以加粗部分代码在编译时会出现错误提示。上述做法极其有用，并且使用方法 get() 返回集合元素时，无须进行类型转换。但是上述做法也存在一个非常明显的局限性，当程序员需要定义大量的 List 子类时，这是一件让人沮丧的事情。所以从 JDK1.5 以后，Java 开始引入了“参数化类型 (parameterized type)”这一概念，允许我们在创建集合时指定集合元素的类型，例如 List<String>，这说明此 List 只能保存字符串类型对象。Java 的这种参数化类型被称为泛型 (Generic)。

13.1.4 使用泛型

在下面的实例中，以前面 13.1.2 中的文件 youErr.java 为基础，讲解使用泛型改进后的程序。

实例 13-3：使用泛型改进程序

源码路径：下载包 \daima\ 第 13 章 \13-3

实例文件 fanList.java 的具体实现代码如下所示。

```
import java.util.*;
public class fanList{
    public static void main(String[] args) {
            //创建一个只想保存字符串的 List 集合
            List<String> strList = new ArrayList<String>();
            strList.add("VERO MODA");
            strList.add("ONLY");
            strList.add("JACK JONES");
            //下面代码将引起编译错误
            //strList.add(5);
            for (int i = 0; i < strList.size() ; i++ ){
                    //下面代码无须强制类型转换
                    String str = strList.get(i);
            }
            System.out.println(strList+"这三个品牌是一个老板");
    }
}
```

执行后会输出：

```
[VERO MODA, ONLY, JACK JONES]这三个品牌是一个老板
```

通过上述代码创建了一个特殊的 List——strList，此 List 集合只能保存字符串对象，不能保存其他类型的对象。创建这种特殊集合的方法非常简单，先在集合接口、类后增加尖括号后，然后在尖括号里放数据类型，这表明这个集合接口、集合类只能保存特定类型的对象。其中通过第一行加粗代码指定了 strList 不是一个任意的 List，而是一个 String 的 Lis，写作“List<String>”的格式。List 是带一个类型参数的泛型接口，在上述代码中的类型参数是 String。在创建此 ArrayList 对象时也指定了一个类型参数。第二行加粗代码会引起编译异常，因为 strList 集合只能添加 String 对象，所以不能将 Integer 对象“丢进”该集合。并且第三行加粗代码处不需要进行强制类型转换，因为 strList 对象可以“记住”它的所有集合元素都是 String 类型。

注意：在使用泛型后的代码更加健壮，并且程序再也不能“不小心”把其他对象“丢进”strList 集合中。并且整个程序更加简洁，集合会自动记住所有集合元素的数据类型，从而无须对集合元素进行强制类型转换。

13.2　泛型类

在 Java 程序中，泛型是指允许在定义类、接口时指定类型形参，这个类型形参将在声明变量、创建对象时确定（即传入实际的类型参数，也可称为类型实参）。从 JDK 1.5 开始，改写了集合框架中的全部接口和类接口，并为这些接口和类增加了泛型支持，从而可以在声明集合变量、创建集合对象时传入类型实参，传入方式是本章前面用到的 List<String> 和 AnayList<String> 两种类型。

↑扫码看视频（本节视频课程时间：5 分 56 秒）

13.2.1　定义泛型接口和类

从 JDK 1.5 开始，可以为任意类增加泛型声明（并不是只有集合类才可以使用泛型声明，虽然泛型是集合类的重要使用场所）。例如在下面的实例中自定义了一个 Apple 类，此

Apple 类可以包含一个泛型声明。

实例 13-4：在类中包含一个泛型声明

源码路径：下载包 \daima\ 第 13 章 \13-4

实例文件 fru.java 的具体实现代码如下所示。

```
import java.util.*;
    //定义 Apple 类时使用了泛型声明
public class fru<T>{
    //使用 T 类型形参定义属性
    private T info;
    public fru(){}
    //下面方法中使用 T 类型形参来定义方法
    public fru(T info){
            this.info = info;
    }
    public void setInfo(T info){
            this.info = info;
    }
    public T getInfo(){
             return this.info;
    }
    public static void main(String[] args){
            //因为传给 T 类型形参的是 String 实际类型，所以构造器的参数只能是 String
            fru<String> a1 = new fru<String>("男装 DRY-EX 圆领 T 恤（短袖） 407204 优衣库 UNIQLO");
            System.out.println(a1.getInfo());
            //因为传给 T 类型形参的是 Double 实际类型，所以构造器的参数只能是 Double 或者 double
            fru<Double> a2 = new fru<Double>(99.9);
            System.out.println(a2.getInfo()+"元");
    }
}
```

在上述代码中，定义了一个带有泛型声明的 Apple<T> 类，在使用 Apple<String> 类时会为形参 T 传入实际类型，这样可以生成如 Apple<String>、Apple<Double>…. 形式的多个逻辑子类（物理上并不存在）。这就是在本书 13.1 中可以使用 List<String>、ArrayList<String> 等类型的原因，原因是 JDK 在定义 List、ArrayList 等接口、类时使用了类型形参，所以在使用这些类时为其传入了实际的类型参数。执行后会输出：

```
男装 DRY-EX 圆领 T 恤（短袖） 407204 优衣库 UNIQLO
99.9 元
```

13.2.2 派生子类

在 Java 程序中，可以从泛型中派生一个子类。在创建带泛型声明的接口和父类之后，可以为该接口创建实现类，或从该父类来派生子类，但是在使用这些接口、父类时不能再包含类型形参。例如下面代码是错误的：

```
public class A extends fru<T>{}
```

如果想从类 fru 中派生一个子类，可以使用如下代码实现。

```
public class A extends fru<String>
```

在使用方法时必须为所有的数据形参传入参数值，注意在使用类、接口时可以不为类型形参传入实际类型，这与使用方法是不同的，即下面代码也是正确的。

```
public class A extends fru
```

如果从 fru<String> 类派生子类，则在 fru 类中所有使用 T 类型形参的地方都将被替换成

String 类型，即它的子类将会继承到方法 String getInfo() 和 void setInfo(String info)，如果子类需要重写父类的方法时需要特别注意这种情况。例如下面的代码演示了上述情形。

```
public class A1 extends fru<String>{
    // 正确重写了父类的方法，返回值与父类 Apple<String> 的返回值完全相同
    public String getInfo(){
            return "子类" + super.getInfo();
    }
    /*
    // 下面方法是错误的，重写父类方法时返回值类型不一致
    public Object getInfo(){
            return "子类";
    }
    */
}
```

如果在使用 fru 类时没有传入实际的类型参数，Java 编译器可能会发出警告，这是因为使用了未经检查或不安全的操作，这是泛型检查的警告。此时系统会将类 fru<T> 中的 T 形参当成 Object 类型来处理。例如下面的代码演示了上述情形，下面的代码都是从带泛型声明的父类来派生子类，创建带泛型声明接口实现类的方法与此几乎一样，所以在此不再赘述。

```
public class A2 extends fru{
    // 重写父类的方法
    public String getInfo(){
    //super.getInfo() 方法返回值是 Object 类型，所以加 toString() 才返回 String 类型
            return super.getInfo().toString();
    }
}
```

13.2.3　并不存在泛型类

在 Java 程序中，可以把类 ArrayList<String> 当作 ArrayList 的子类，而事实上系统并没有为 ArrayList<String> 生成新的 class 文件，而且也不会把 ArrayList<String> 当成新类来处理。例如下面代码输出的结果是 true。

```
List<String> l1 = new ArrayList<String>();
List<Integer> l2 = new ArrayList<Integer>();
System.out.println(l1.getClass() == l2.getClass());
```

很多人认为运行上面代码片段后会输出 false，但是实际上输出的是 true。因为不管泛型类型的实际类型参数是什么，它们在运行时总有同样的类 (class)。实际上，泛型对其所有可能的类型参数，都具有同样的行为，从而可以把相同的类当成许多不同的类来处理。另外，在 Java 类的静态方法、静态初始化或者静态变量的声明和初始化中，也不允许使用类型参数。例如下面程序演示了这种错误。

```
public class R<T>{
        // 下面程序代码错误，不能在静态属性声明中使用类型参数
        static T info;
        T age;
        public void foo(T msg){}
        // 下面代码错误，不能在静态方法声明中使用类型形参
        public static void bar(T msg){}
}
```

因为在系统中并不会真正生成泛型类，所以经过 instanceof 运算符后处理后不能使用泛型类。例如下面的代码也是错误的。

```
Collection cs = new ArrayList<String>();
```

```
// 下面代码编译时引发错误：instanceof 运算符后不能使用泛型类
if(cs instanceof List<String>){...}
```

13.3　类型通配符

当在 Java 程序中使用一个泛型类时（包括创建对象或声明变量），应该为这个泛型类传入一个类型实参，如果没有传入类型实际参数则会引起泛型警告。此时可以使用类型通配符来解决这个问题。

↑扫码看视频（本节视频课程时间：1 分 52 秒）

13.3.1　类型通配符基础

假设类 SubClass 是 SuperClass 的子类型（子类或者子接口），而 G 是具有泛型声明的类或者接口，那么 G<SubClass> 是 G<SuperClass> 的子类型并不成立。例如 List<String> 并不是 List<Object> 的子类。接下来我们与数组进行对比。

```
// 下面程序编译正常、运行正常
Number[] nums = new Integer[7];
nums[0] = 9;
System.out.println(nums[0]);
// 下面程序编译正常、运行时发生 java.lang.ArrayStoreException 异常
Integer[] ints = new Integer[5];
Number[] nums2 = ints;
nums2[0] = 0.4;
System.out.println(nums2[0]);
// 下面程序发生编译异常，Type mismatch: cannot convert from List<Integer> to
                                                           List<Number>
List<Integer> iList = new ArrayList<Integer>();
         List<Number> nList = iList;
```

在 Java 程序中，数组和泛型有所不同。在上述代码中，如果 SubClass 是 SuperClass 的子类型（子类或者子接口），那么 SubClass[] 依然是 SuperClass[] 的子类，但 G<SubClass> 不是 G<SuperClass> 的子类。

为了表示各种泛型 List 的父类，我们需要使用类型通配符，类型通配符是一个问号（？），将一个问号作为类型实参传给 List 集合，写作：List<?>（意思是未知类型元素的 List）。这个问号（？）被称作通配符，它的元素类型可以匹配任何类型。例如下面的代码。

```
public void test(List<?> c){
                  ……
}
```

现在我们可以使用任何类型的 List 来调用它，程序依然可以访问集合 c 中的元素，其类型是 Object。这种写法适用于任何支持泛型声明的接口和类，例如：Set<?>、Collection<?>、Map<?, ?> 等。

这种带通配符的 List 仅表示它是各种泛型 List 的父类，并不能把元素加入其中，例如下面的代码会引发编译错误：

```
List<?> c = new ArrayList<String>();
// 下面程序引发编译错误
c.add(new Object());
```

这是因为我们不知道上面程序中 c 集合中的元素类型，所以不能向其中添加对象。唯一的例外是 null，它是所有引用类型的实例。例如下面程序是正确的。

```
c.add(null);
```

13.3.2　设置类型通配符的上限

在 Java 程序中，当直接使用“List<?>”这种形式时，说明这个 List 集合是任何泛型 List 的父类。但还有一种特殊的情况，我们不想这个 List<?> 是任何泛型 List 的父类，只想表示它是某一类泛型 List 的父类。例如下面的实例是一个简单的绘图程序，在实例中分别定义了三个形状。

实例 13-5：绘制三个形状

源码路径：下载包 \daima\ 第 13 章 \13-5

（1）定义一个抽象类 Shape，具体代码如下所示。

```
public abstract class Shape{
    public abstract void draw(Canvas c);
}
```

（2）定义 Shape 的子类 Circle，具体代码如下所示。

```
public class Circle extends Shape{
    //实现画图方法，以打印字符串来模拟画图方法实现
    public void draw(Canvas c){
            System.out.println("在画布" + c + "画一个圆");
    }
}
```

（3）定义 Shape 的子类 Rectangle，具体代码如下所示。

```
public class Rectangle extends Shape {
    //实现画图方法，以打印字符串来模拟画图方法实现
    public void draw(Canvas c) {
            System.out.println("把一个矩形画在画布" + c + "上");
    }
}
```

通过上述流程定义了三个形状类，其中 Shape 是一个抽象父类，该抽象父类有两个子类 Circle 和 Rectangle，然后定义了绘制类 Canvas 画布类，通过此画布类可以画出数量不等的形状（Shape 子类的对象），程序员应该如何定义 Canvas 类呢？上述类可以在一个画布 (Canvas) 上被画出来，代码如下所示。

```
public class Canvas {
  public void draw(Shape s) {
    s.draw(this);
  }
}
```

因为所有的图形通常都有很多个形状，假定它们用一个 list 来表示，在 Canvas 中用一个方法来画出所有的形状会比较方便，代码如下所示。

```
public void drawAll(List<Shape> shapes) {
  for (Shape s : shapes) {
     s.draw(this);
  }
}
```

接下来添加一个如下代码所示的调用。

```
List<Shape> shapes = new ArrayList<Shape>();
shapes.add(c);
shapes.add(r);
ca.drawAll(shapes);
```

很明显上述调用是正确的，但是下面的这种调用是错误的。

```
List<Circle> list = new ArrayList<Circle>();
list.add(c);
Canvas ca = new Canvas();
ca.draw(c);
ca.drawAll(list);
```

编译时会在最后一行出现错误，提示只能接受 Shape 类型，由此可见，并没有因为 Circle 是 Shape 的子类而改变什么，因为在这个时候编译器只是接受 Shape 类型，而我们所需要时能够接受 Shape 所有的子类，所以采用下面这种方法。

```
public void  drawAll(List<? extends Shape> shapes) {
  for (Shape s : shapes) {
   s.draw(this);
  }
}
```

这表明可以接受使用 Shape 下的方法，这样我们在传递 Shape 子类的方式就行了。此处是通配符的一种用法，当然此处还可以用 super 表示接受 Shape 以上的。

综上所述，文件 Canvas.java 的最合适代码如下所示。

```
import java.util.*;
public class Canvas{
    //同时在画布上绘制多个形状
    public void drawAll(List<? extends Shape> shapes){
            for (Shape s : shapes){
                    s.draw(this);
            }
    }
    public static void main(String[] args){
            List<Circle> circleList = new ArrayList<Circle>();
            circleList.add(new Circle());
            Canvas c = new Canvas();
            c.drawAll(circleList);
    }
}
```

执行后会输出：

```
在画布 Canvas@7852e922 画一个圆
```

13.3.3 设置类型形参的上限

在 Java 程序中，泛型不仅允许在使用通配符形参时设定类型上限，也可以在定义类型形参时设定上限，用于表示传给该类型形参的实际类型必须是上限类型，或是该上限类型的子类。例如下面的代码演示了上述用法。

```
import java.util.*;
public class ffruu<T extends Number>{
    T col;
    public static void main(String[] args){
            ffruu<Integer> ai = new ffruu<Integer>();
            ffruu<Double> ad = new ffruu<Double>();
            //下面代码将引起编译异常，因为 String 类型传给 T 类型形参，但 String 不是 Number
                                                                          的子类型。
            ffruu<String> as = new ffruu<String>();
```

```
        }
}
```

在上述代码中定义了一个泛型类 ffruu，该 ffruu 类的类型形参的上限是 Number 类，这表明在使用 ffruu 类时为 T 形参传入的实际类型参数只能是 Number 或是 Number 类的子类，所以在加粗位置处将会引发编译错误，这是因为类型形参 T 是有上限的，而此处传入的实际类型是 String 类型，既不是 Number 类型，也不是 Number 类型的子类型。在另外一种情况下，程序需要为类型形参设定多个上限（至多有一个父类上限，可以有多个接口上限）表明该类型形参必须是其父类的子类（包括是父类本身也行），并且实现多个上限接口。这种情形是一种极端的情形。例如下面的代码。

```
// 表明 T 类型必须是 Number 类或其子类，并必须实现 java.io.Serializable 接口
public class Apple<T extends Number & java.io.Serializable>{
    ...
}
```

13.4　泛型方法

在 Java 中提供了泛型方法功能，如果一个方法被声明成泛型方法，那么它将拥有一个或多个类型参数。不过与泛型类不同，这些类型参数只能在它所修饰的泛型方法中使用。在下面的内容中将详细讲解 Java 中泛型方法的基本知识。

↑扫码看视频（本节视频课程时间：4 分 20 秒）

13.4.1　定义泛型方法

请读者考虑一个问题，假如尝试写一个方法，它用一个 Object 的数组和一个 collection 作为参数，实现把数组中所有 object 放入 collection 中的功能，是否可以考虑用下面的代码实现？

```
static void fromArrayToCollection(Object[] a, Collection<?> c) {
for (Object o : a) {
c.add(o); // 编译期错误
}
}
```

上面定义的方法没有任何问题，关键在于上面方法中的形参 c，它的数据类型是 Collection<Object>。正如前面所介绍的，Collection<Object> 不是 Collection<String> 类的父类，所以上述方法的功能非常有限，只能将 Object 数组的元素复制到 Object（Object 的子类不行）Collection 集合。即下面的代码会引发编译异常。

```
String[] str = {"a", "b"};
List<String> strList = new ArrayList<String>();
//Collection<String> 对象不能当成 Collection<Object> 调用，下面的代码出现编译异常
fromArrayGToCollection(str, strList);
```

上面之所以会引起编译错误，是因为上面方法的参数类型不可以使用 Collection<String>，那是用通配符 Collection<?> 也是不可行的，因为不能把对象放进一个未知类型的集合当中去。

不能使用通配符 Collection<?> 来解决上述错误，因为不能把对象放进一个未知类型的集

合中去。解决这个问题的办法是使用 Generic Methods（泛型方法）。就像声明类型一样，方法的声明也可以被泛型化。也就是说，带有一个或者多个类型参数。在 Java 程序中，创建一个泛型方法常用的形式如下所示。

```
[访问权限修饰符] [static] [final] <类型参数列表> 返回值类型 方法名([形式参数列表])
```

访问权限修饰符（包括 private、public、protected）、static 和 final 都必须写在类型参数列表的前面。返回值类型必须写在类型参数表的后面。泛型方法可以写在一个泛型类中，也可以写在一个普通类中。由于在泛型类中的任何方法在本质上都是泛型方法，所以在实际使用中，很少会在泛型类中再用上面的形式来定义泛型方法。类型参数可以用在方法体中修饰局部变量，也可以用在方法的参数表中修饰形式参数。泛型方法可以是实例方法或是静态方法。类型参数可以使用在静态方法中，这是与泛型类的重要区别。在 Java 程序中，使用一个泛型方法通常有如下两种形式。

```
<对象名|类名>.<实际类型>方法名(实际参数表);
[对象名|类名].方法名(实际参数表);
```

如果泛型方法是实例方法，要使用对象名作为前缀。如果是静态方法，则可以使用对象名或类名作为前缀。如果是在类的内部调用，且采用第二种形式，则前缀都可以省略。注意到这两种调用方法的差别在于前面是否显式地指定了实际类型。是否要使用实际类型，需要根据泛型方法的声明形式以及调用时的实际情况（就是看编译器能否从实际参数表中获得足够的类型信息）来决定。在这个时候，就可以使用泛型方法来解决本节刚开始的问题，具体代码如下。

```
static <T> void fromArrayToCollection(T[] a, Collection<T> c){
    for (T o : a){
            c.add(o);
    }
}
```

实例 13-6：演示泛型方法的完整用法

源码路径：下载包 \daima\ 第 13 章 \13-6

实例文件 cefang.java 的具体实现代码如下所示。

```
import java.util.*;

public class cefang
{
    // 声明一个泛型方法，该泛型方法中带一个 T 类型形参，
    static <T> void fromArrayToCollection(T[] a, Collection<T> c)
    {
            for (T o : a)
            {
                    c.add(o);
            }
    }
    public static void main(String[] args)
    {
            Object[] oa = new Object[100];
            Collection<Object> co = new ArrayList<>();
            // 下面代码中 T 代表 Object 类型
            fromArrayToCollection(oa, co);
            String[] sa = new String[100];
            Collection<String> cs = new ArrayList<>();
            // 下面代码中 T 代表 String 类型
            fromArrayToCollection(sa, cs);
```

```
            // 下面代码中 T 代表 Object 类型
            fromArrayToCollection(sa, co);
            Integer[] ia = new Integer[100];
            Float[] fa = new Float[100];
            Number[] na = new Number[100];
            Collection<Number> cn = new ArrayList<>();
            // 下面代码中 T 代表 Number 类型
            fromArrayToCollection(ia, cn);
            // 下面代码中 T 代表 Number 类型
            fromArrayToCollection(fa, cn);
            // 下面代码中 T 代表 Number 类型
            fromArrayToCollection(na, cn);
            // 下面代码中 T 代表 Object 类型
            fromArrayToCollection(na, co);
            // 下面代码中 T 代表 String 类型，但 na 是一个 Number 数组
            // 因为 Number 既不是 String 类型，
            // 也不是它的子类，所以出现编译错误
//          fromArrayToCollection(na, cs);
    }
}
```

在上述代码中定义了一个泛型方法，该泛型方法中定义了一个 T 类型的形参，这个 T 类型形参就可以在该方法内当成普通类型来使用。与在接口、类中定义的类型形参不同的是，方法声明中定义的类型形参只能在方法里使用，而接口、类声明中定义的类型形参则可以在整个接口、类中使用。

与类、接口中使用泛型参数不同的是，方法中的泛型参数无须显式传入实际类型参数，如上面程序中，当程序调用 fromArrayToCollection 时，无须在调用该方法前传入 String、Object 等类型，编译器可以根据实参推断出类型形参的值。它通常可以推断出最直接的类型参数，例如下面的调用代码。

```
fromArrayToCoUection(sa, cs);
```

上述代码中的“cs”是一个 Collection<String> 类型，与方法定义时的 fromArrayToCollection (T[]a, Collection<T>c) 进行比较——只比较泛型参数，不难发现该 T 类型形参代表的实际类型是 String 类型。

对于下面的调用代码：

```
fromArrayToCoUection(ia, cn);
```

在上述代码中，“cn”是 Collection<Number> 类型，与此方法的方法签名进行比较——只比较泛型参数，不难发现此 T 类型代表了 Number 类型。但是这样会引起编译器的迷惑，例如下面的程序。

```
public class Test{
    // 声明一个泛型方法，该泛型方法中带一个 T 类型参数
    static <T> void test(Collection<T> a, Collection<T> c){
         // 方法体
    }
    public static void main(String[] args){
         List<Object> ao = new ArrayList<Object>();
         List<String>  as = new ArrayList<String>();
         // 下面代码将产生编译错误
         test(as, ao);
    }
}
```

在上述代码中，编译器无法正确识别 T 所代表的实际类型。可以将该方法修改为下面的

形式。

```
public class Test{
    // 声明一个泛型方法，该泛型方法中带一个 T 类型参数
    static <T> void test(Collection<? extends T> a, Collection<T> c){
        // 方法体
    }
    public static void main(String[] args){
        List<Object> ao = new ArrayList<Object>();
        List<String>  as = new ArrayList<String>();
        // 下面代码编译正常
        test(as, ao);
    }
}
```

在上述代码中，将方法的第一个形参类型修改为 Collection<?extends T>，这种采用类型通配符的表示方法，只要确保 test 方法的前一个 Collection 集合元素类型是后一个 Collection 集合元素类型的子类即可。

13.4.2 设置通配符下限

在 Java 程序中，当只能在本类及其父类类型使用泛型的时候，就必须使用泛型的范围下限设置。例如下面的演示代码。

```
class Info<T>{                                        //设置泛型并设置上限 最高为Number
    public T var;                                     //定义泛型变量
    public void setVar(T var){
        this.var=var;
    }
    public T getVar(){
        return var;
    }
    public String toString(){                         //覆写toString方法，方便打印对象
        return this.var.toString();
    }
}
public class gennericDemo09{
    public static void main(String args[]){
        Info<String> i1=new Info<String>();           //声明String的泛型对象
        Info<Object> i2=new Info<Object>();           //声明Object的泛型对象
        i1.setVar("MLDN");
        i2.setVar(new Object());
        fun(i1);
        fun(i2);
    }
    public static void fun(Info<? super String> temp){    //只能接收String或Object
                                                                         类型的泛型
        System.out.println(temp);
    }
}
除此之外，我们可以通过泛型方法返回泛型类，例如下面的代码
class Info<T extends Number>{                         //指定上限，只能是数字类型
    private T var;                                    //此类型由外部决定
    public T getVar(){
        return var;
    }
    public void setVar(T var){
        this.var=var;
    }
    public String toString(){                         //覆写toString方法，方便打印对象
        return this.var.toString();
```

```
    }
}
public class gennericDemo05{
    public static void main(String args[]){
            Info<Integer> info=fun(30);
            System.out.println(info.getVar());
    }
    public static <T extends Number> Info<T> fun(T temp){
            Info<T> info=new Info<T>();    //根据传入的数据类型实例化 Info
            info.setVar(temp);             //将传递的内容设置到 Info 对象的 var 属性之中
            return info;                   //返回实例化对象
    }
}
```

13.5　泛型接口

在 Java 程序中，除了可以使用泛型类和泛型方法外，还可以使用泛型接口。在接下来的内容中将详细讲解泛型接口的知识，为读者步入本书后面知识的学习打下基础。

↑扫码看视频（本节视频课程时间：2 分 21 秒）

在 Java 程序中，定义泛型接口的方法与定义泛型类的方法非常相似，其声明形式如下所示。

```
inteface 接口名<类型参数表>
```

例如在下面的实例代码中，演示了创建并使用泛型接口的过程。

实例 13-7：创建并使用泛型接口

源码路径：下载包 \daima\ 第 13 章 \13-7

实例文件 Main.java 的具体实现代码如下所示。

```
interface Generator<T>{
        public T next();
    }

class MyGenerator implements Generator<String>{

        @Override
        public  String next(){
           return "泛型类 返回值 generator";
        }
    }
public class Main {
    public static void main(String[] args) {
        MyGenerator generator = new MyGenerator();
        System.out.println(generator.next());
    }
}
```

在上述代码中，在实现接口时要指明具体的数据类型 Generator<String>。在相应类的具体实现（具体实现指的是：接口 Generator 的实现类 MyGenerator 指定 MyGenerator<String>）中可以指定接口泛型 T 的数据类型（在本例中指定 T 的数据类型为 String），从而指定了接口方法的数据返回值类型：String。执行后会输出：

```
泛型类 返回值 generator
```

第 14 章

异常处理

（视频讲解：29 分钟）

所谓异常是指程序在运行时发生的错误或者不正常的情况。在编写 Java 应用程序的过程中，发生异常是在所难免的事情。异常对程序员来说是一件很麻烦的事情，需要程序员进行检测和处理。但 Java 语言非常人性化，它可以自动检测异常，并对异常进行捕获，并且通过程序可以对异常进行处理。在本章将详细讲解 Java 处理异常的知识，为读者步入本书后面知识的学习打下基础。

14.1　什么是异常

在开发程序的过程中，异常处理就是提前编写程序处理可能发生的意外，如聊天工具需要连接网络，首先就是检查网络，对网络的各个程序进行捕获，然后对各个情况编写程序。如果登录聊天系统后突然发现没有登录网络，异常可以向用户提示“网络有问题，请检查连网设备”之类的提示，这种人文化的提醒就是通过异常实现的。

↑扫码看视频（本节视频课程时间：12 分 03 秒）

14.1.1　认识异常

作为一名开发人员，在编程过程中，首先应当尽可能去避免错误和异常发生，对于不可避免、不可预测的情况则应考虑异常发生时如何处理。在 Java 程序中，异常用对象来表示。Java 对异常的处理是按异常分类处理的，异常的种类很多，每种异常都对应一个类型（class），每个异常都对应一个异常（类的）对象。

在 Java 程序中，异常主要有两个来源，具体说明如下所示。

（1）Java 运行时环境自动抛出系统生成的异常，而不管你是否愿意捕获和处理，它总要被抛出！比如除数为 0 的异常。

（2）二是程序员自己抛出的异常，这个异常可以是程序员自己定义的，也可以是 Java 语言中定义的，使用 throw 关键字抛出异常，这种异常常用来向调用者汇报异常的一些信息。

在计算机编程领域中，异常是针对方法来说的。抛出、声明抛出、捕获和处理异常都是在方法中进行的。在 Java 应用程序中，异常处理通过 try、catch、throw、throws、finally 这五个关键字进行管理。基本过程是用 try 语句块包住要监视的语句，如果在 try 语句块内出现异常，则会抛出异常，你的代码在 catch 语句块中可以捕获到这个异常并做处理；还有以部分系统生成的异常在 Java 运行时自动抛出。你也可以通过 throws 关键字在方法上声明该方法要抛出异常，然后在方法内部通过 throw 抛出异常对象。finally 语句块会在方法执行 return

之前执行。在 Java 程序中，处理异常的一般结构如下所示。

```
try{
程序代码
}catch(异常类型 1 异常的变量名 1){
程序代码
}catch(异常类型 2 异常的变量名 2){
程序代码
}finally{
程序代码
}
```

14.1.2　Java 提供的异常处理类

Java 总是这么的善解人意，为开发者提供了现成的异常处理类。在体贴的 Java 提供了包 lang，在此包里面有一个专门处理异常的类——Throwable，此类是所有异常的父类，每一个异常的类都是它的子类。其中 Error 和 Exception 这两个类十分重要，用得也较多，前者是用来定义那些通常情况下不希望被捕获的异常，而后者是程序能够捕获的异常情况。Java 中常用异常类的信息如表 14-1 所示。

表 14-1

异常类名称	异常类含义
ArithmeticExeption	算术异常类
ArratIndexOutOfBoundsExeption	数组小标越界异常类
ArrayStroeException	将与数组类型不兼容的值赋值给数组元素时抛出的异常
ClassCastException	类型强制转换异常类
ClassNotFoundException	为找到相应大类异常
EOFEException	文件已结束异常类
FileNotFoundException	文件未找到异常类
IllegalAccessException	访问某类被拒绝时抛出的异常类
InstantiationException	试图通过 newInstance（）方法创建一个抽象类或抽象接口的实例时抛出异常类
IOEException	输入输出抛出异常类
NegativeArraySizeException	建立元素个数为负数的异常类
NullPointerException	空指针异常
NumberFormatException	字符串转换为数字异常类
NoSuchFieldException	字段未找到异常类
NoSuchMethodException	方法未找到异常类
SecurityException	小应用程序执行浏览器的安全设置禁止动作时抛出的异常类
SQLException	操作数据库异常类
StringIndexOutOfBoundsException	字符串索引超出范围异常类

14.2 异常处理方式

通过异常处理机制可以让 Java 程序具有更好的容错性，程序更加健壮。当程序运行出现意外情形时，系统会自动生成一个 Exception 对象来通知程序，从而实现将“业务功能实现代码”和“错误处理代码”分离，提供更好的可读性。Java 中异常处理方式有 try/catch 捕获异常、throws 声明异常和 throw 抛出异常等，在出现异常后可以使用上述方式直接捕获并处理，也可以先不处理而是把它抛到上面的调用者进行处理。

↑扫码看视频（本节视频课程时间：8 分 59 秒）

14.2.1 使用 try...catch 处理异常

在编写 Java 程序时，需要处理的异常一般是放在 try 代码块，然后创建 catch 代码块。在 Java 语言中，用 try-catch 语句来捕获异常的格式如下所示。

```
try {
    可能会出现异常情况的代码
}catch (SQLException e) {
    处理操纵数据库出现的异常
}catch (IOException e) {
   处理操纵输入流和输出流出现的异常
}
```

例如下面的实例演示了使用 try...catch 捕获并处理异常的过程。

实例 14-1：分母不能为零

源码路径：下载包 \daima\ 第 14 章 \14-1

实例文件 Yichang1.java 的主要代码如下所示。

```
public class Yichang1{
    public static void main(String args[]){
            int x,y;                              //定义两个整数遍历 x 和 y
            try{
                    x=0;                          //x 赋值为 0
                    y=5/x;                        //y 赋值为 5/x，这时候分母为 0
                    System.out.println("需要检验的程序");
            }
            catch(ArithmeticException e){
                    System.out.println("发生了异常，分母不能为零");
            }
            System.out.println("程序运行结束");
    }
}
```

在上面实例代码中出现了明显的错误，因为算术式子里有一个分母为零，我们都知道运算中的分母不能为零，这段代码需要放在 try 代码块里，然后通过 catch 里的代码对它进行处理，执行程序后会出：

```
发生了异常，分母不能为零
程序运行结束
```

注意：上面这个代码是用户自己编写对它进行处理的，实际上这个代码可以交给系统处理。当程序操纵数据库出现异常时，Java 虚拟机将创建一个包含异常信息的 SQLException 对象。catch (SQLException e) 语句中的引用变量 e 引用 SQLException 对象。

14.2.2　处理多个异常

在 Java 程序中经常需要面对同时处理多个异常的情况，下面通过一个具体的实例代码讲解如何处理多个异常。

实例 14-2：同时处理三种类型的异常

源码路径：下载包 \daima\ 第 14 章 \14-2

实例文件 Yitwo1.java 的具体实现代码如下所示。

```
    public static void main(String args[]){
                    int [] a=new int[5];   //新建整数数组有 5 个元素
                    try{
                            a[6]=123;        //赋值数组第 6 个元素为 123，这是越界错误
                            System.out.println("下面的程序有错吗？");
                    }
                    catch(ArrayIndexOutOfBoundsException e){
                            System.out.println("发生 ArrayIndexOutOfBoundsException
                                                                             异常");
                    }
                    catch(ArithmeticException e)
                    {
                            System.out.println("发生 ArithmeticException 异常");
                    }
                    catch(Exception e){
                            System.out.println("发生了 Exception 异常");
                    }
                    System.out.println("考核结束！");
            }
```

上述代码定义了一个 int 类型的数组 a，我们猜测这个程序可能会发生三个异常，运行后会输出：

```
发生 ArrayIndexOutOfBoundsException 异常
考核结束！
```

14.2.3　在异常中使用 finally 关键字

在 Java 程序中，使用 try…catch 处理异常时可以加上关键字 finally，它可以增强处理异常的功能，它究竟有什么作用呢？不管程序有无异常发生都将执行 finally 语句块的内容，这样使得一些不管在任何情况下都必须执行的步骤被执行，这样可保证程序的健壮性。但是由于异常会强制中断程序的正常运行流程，所以会使得某些不管在任何情况下都必须执行的步骤被忽略，从而影响程序的健壮性。例如老管开了一家小店，在店里上班的正常流程为：每天 9 点开门营业，工作 8 个小时，下午 17 点关门下班。异常流程为：老管在工作时突然感到身体不适，于是提前下班。我们可以编写如下 work() 方法表示老管的上班动作。

```
public void work()throws LeaveEarlyException {
  try{
9 点开门营业
每天工作 8 个小时   //可能会抛出 DiseaseException 异常
下午 17 关门下班
  }catch(DiseaseException e){
throw new LeaveEarlyException();
  }
}
```

假如老管在工作时突然感到身体不适，于是提前下班，那么流程会跳转到 catch 代码块，这意味着关门的操作不会被执行，这样的流程显然是不安全的，必须确保关门的操作在任何

情况下都会被执行。在程序中应该确保占用的资源被释放，比如及时关闭数据库连接，关闭输入流，或者关闭输出流。finally 代码块能保证特定的操作总是会被执行，其语法格式如下所示。

```
public void work()throws LeaveEarlyException {
  try{
9 点开门营业
每天工作 8 个小时    // 可能会抛出 DiseaseException 异常
  }catch(DiseaseException e){
throw new LeaveEarlyException();
  }finally{
下午 17 关门下班
  }
}
```

请看下面的实例代码，演示了在异常中使用 finally 关键字的过程。

实例 14-3：使用 finally 关键字输出异常信息

源码路径：下载包 \daima\ 第 14 章 \14-3

实例文件 Yitwo2.java 的具体实现代码如下所示。

```
public static void main(String args[])        {
        try{
                int age=Integer.parseInt("25L");                //抛出异常
                System.out.println(" 输出 1");                  //输出信息
        }
        catch(NumberFormatException e){
                int b=8/0;                                      //分母为 0
                System.out.println(" 请输入整数年龄 ");         //输出信息
                System.out.println(" 错误 "+e.getMessage());    //输出信息
        }
        finally {
                System.out.println(" 输出 2");                  //输出信息
        }

        System.out.println(" 输出 3");                          //输出信息
}
```

执行后的效果如图 14-1 所示。

```
输出2Exception in thread "main"
java.lang.ArithmeticException: / by zero
        at Yitwo2.main(Yitwo2.java:9)
```

图 14-1

14.2.4 总是被执行的 finally 代码块

前面曾经提到过，在 Java 程序中，无论发生什么情况，finally 代码块中的代码总是被执行。例如下面的实例演示了总是被执行的 finally 代码块。

实例 14-4：输出显示 finally 代码块中的内容

源码路径：下载包 \daima\ 第 14 章 \14-4

实例文件 WithFinally.java 的主要实现代码如下所示。

```
public class WithFinally {
  public void methodA(int status)throws Exception{        //定义方法 methodA
    if(status==-1) throw new Exception(" 云青道长 ");      //如果 status==-1 则抛出异常
    System.out.println(" 云青道长捉拿胡巴成功！ ");         //输出信息
```

```
    }

    public static void main(String args[]) throws Exception{
      try{
        new WithFinally().methodA(-1);                    //抛出 Exception 异常
        System.out.println("捕妖亭亭主的武器很不错！ ");        //输出信息

      }catch(Exception e){
        System.out.println("屠四谷改邪归正，");              //输出信息
      }finally{
        System.out.println("成功消灭了云青道长各大卧底~");      //输出信息
      }
    }
}
```

执行后会输出：

```
屠四谷改邪归正，
成功消灭了云青道长各大卧底~
```

如果把方法 main() 中的“methodA(-1)”改为“methodA(1)”后程序会正常运行，执行后会输出：

```
云青道长捉拿胡巴成功！
捕妖亭亭主的武器很不错！
成功消灭了云青道长各大卧底~
```

从程序的运行结果可以看出，不管方法 main() 中的 try 代码块是否出现异常，后面的 finally 代码块总是被执行。

14.2.5　访问异常信息

在 Java 程序中，如果要在 catch 块中访问异常对象的相关信息，可以通过调用 catch 异常形参的方法来获得。当运行 Java 程序时决定调用某个 catch 块来处理该异常对象时，会将该异常对象赋给 catch 块后的异常参数，程序就可以通过该参数来获得该异常的相关信息。在所有的 Java 异常对象中都包含如下表 14-2 所示的常用方法。

表 14-2

方法	功能描述
getMassage()	返回该异常的详细描述字符串
printStackTrace()	将该异常的跟踪栈信息输出到标准错误输出
printStackTrace(PrintStream s)	将该异常的跟踪栈信息输出到指定输出流
getStackTrace()	返回该异常的跟踪栈信息

实例 14-5：演示程序如何访问异常信息

源码路径：下载包 \daima\ 第 14 章 \14-5

实例文件 fangwen.java 的具体实现代码如下所示。

```
import java.io.*;
public class fangwen{
public static void main(String[] args) {
           try{ //创建了一个文件对象实例，要处理的文件是 a.txt
                   FileInputStream fis = new FileInputStream("a.txt");
           }
           catch (IOException ioe){
             System.out.println(ioe.getMessage());          //打印输出文件 a.txt 的内容
```

```
            ioe.printStackTrace();                    //有异常则输出异常信息
        }
    }
}
```

上述代码调用了 Exception 对象的 getMessage 方法来得到异常对象的详细信息，也使用了 printStackTrace 来打印该异常的跟踪信息。运行后的效果如图 14-2 所示。从执行结果可以看到异常的详细描述信息：“a.txt（系统找不到指定的文件）”。也就是说，在实例文件 fangwen.java 的目录下不存在记事本文件 a.txt，这也是调用异常方法 getMessage 返回的字符串。

```
a.txt (系统找不到指定的文件。)
java.io.FileNotFoundException: a.txt (系统找不到指定的文件。)
	at java.io.FileInputStream.open(Native Method)
	at java.io.FileInputStream.<init>(FileInputStream.java:131)
	at java.io.FileInputStream.<init>(FileInputStream.java:87)
	at fangwen.main(fangwen.java:9)
```

图 14-2

14.3 抛出异常

在很多时候，程序暂时不会处理异常，只是将异常抛出去交给父类，让父类来处理异常。在 Java 程序中抛出异常的这一做法在编程中经常用到，下面将讲解 Java 程序抛出异常的基本知识。

↑扫码看视频（本节视频课程时间：4 分 06 秒）

14.3.1 使用 throws 抛出异常

在 Java 程序中，抛出异常是指一个方法不处理这个异常，而是调用层次向上传递，谁调用这个方法，这个异常就由谁处理。在 Java 中可以使用 throws 来抛出异常，具体格式如下所示。

```
void methodName (int a) throws Exception{
}
```

如果一个方法可能会出现异常，但没有能力处理这种异常，可以在方法声明处用 throws 子句来声明抛出异常，例如汽车在运行时可能会出现故障，汽车本身没办法处理这个故障，因此类 Car 的 run() 方法声明抛出 CarWrongException：

```
 public void run()throws CarWrongException{
if(车子无法刹车)throw new CarWrongException("车子无法刹车");
if(发动机无法启动)throw new CarWrongException("发动机无法启动");
 }
```

类 Worker 的 gotoWork() 方法调用以上 run() 方法，gotoWork() 方法捕获并处理 CarWrongException 异常，在异常处理过程中，又生成了新的迟到异常 LateException，gotoWork() 方法本身不会处理 LateExeption，而是声明抛出 LateExeption。

```
public void gotoWork()throws LateException{
  try{
car.run();
  }catch(CarWrongException e){             //处理车子出故障的异常
//找人修车子
……
//创建一个 LateException 对象，并将其抛出
throw new LateException("因为车子出故障，所以迟到了");
  }
```

```
}
```

谁会来处理类 Worker 的 gotoWork() 方法抛出的 LateException 呢？显然是员工的老板，如果某员工上班迟到，那就扣他的工资。在一个方法可能会出现多种异常，使用 throws 子句可以声明抛出多个异常，例如下面的代码。

```
public void method() throws SQLException,IOException{…}
```

实例 14-6：使用关键字 throws 处理多种异常

源码路径：下载包 \daima\ 第 14 章 \14-6

实例文件 YiThree1.java 的具体代码如下所示。

```
public class YiThree1 {
   public void methodName(int x) throws          //定义方法 methodName()
     ArrayIndexOutOfBoundsException,ArithmeticException{
                    System.out.println(x);
                    if(x==0){                     //如果 x 等于 0 则输出没有异常的提示
                           System.out.println("当前潘多拉基地没有异常！");
                           return;
                    }
                    else if(x==1){                //如果 x 等于 1
                           int [] a=new int[3];   //创建数组 a，有 3 个元素
                           a[3]=5;                //这是给数组中的第 4 个元素赋值，出错
                    }
                    else if(x==2){                //如果 x 等于 2
                           int i=0;               //赋值 i 等于 0
                           int j=5/i;             //赋值 j，分母为 0
                    }
             }
public static void main(String args[]){
                    YiThree1 ab=new YiThree1();   //创建类 YiThree1 的对象实例 ab
                    try{
                           ab.methodName(0);      //为 0 时的异常检测
                    }
                    catch(Exception e){
                           System.out.println("潘多拉基地正常 :"+e);
                    }
                    try{
                           ab.methodName(1);      //为 1 时的异常检测
                    }
                    catch(ArrayIndexOutOfBoundsException e){
                           System.out.println("潘多拉基地发生异常 :"+e);
                    }
                    try{
                           ab.methodName(2);      //为 2 时的异常检测
                    }
                    catch(ArithmeticException e){
                           System.out.println("潘多拉基地发生异常 :"+e);
                    }
             }
}
```

执行上述程序后会输出：

```
0
当前潘多拉基地没有异常！

1
潘多拉基地发生异常 :java.lang.ArrayIndexOutOfBoundsException: 3
2
潘多拉基地发生异常 :java.lang.ArithmeticException: / by zero
```

14.3.2 使用 throw 抛出异常

在 Java 程序中也可以使用关键字 throw 抛出异常，把它抛给上一级调用的异常，抛出的异常可以是异常引用，也可以是异常对象。throw 语句用于抛出异常，例如以下代码表明汽车在运行时会出现故障。

```
public void run()throws CarWrongException{
  if(车子无法刹车)
throw new CarWrongException("车子无法刹车");
  if(发动机无法启动)
   throw new CarWrongException("发动机无法启动");
}
```

在使用 throw 抛出异常时需要注意两点，第一，由 throw 语句抛出的对象必须是 java.lang.Throwable 类或者其子类的实例。例如下面的代码是不合法的。

```
throw new String("有人溺水啦，救命啊！"); //编译错误，String 类不是异常类型
```

第二，关键字 throws 和 throw 尽管只有一个字母之差，却有着不同的用途，注意不要将两者混淆。例如下面的实例演示了使用 throw 抛出异常的过程。

实例 14-7：使用关键字 throw 将异常抛给上一级调用

源码路径：下载包 \daima\ 第 14 章 \14-7

实例文件 YiFour.java 的主要代码如下所示。

```
public class YiFour {

    public static void main(String args[]){
            try{                                                  //抛出一个新的异常
                    throw new ArrayIndexOutOfBoundsException();
            }
    catch(ArrayIndexOutOfBoundsException aoe){
                    System.out.println("异常:"+aoe);              //输出显示异常信息
            }
            try{
                    throw new ArithmeticException();
            }
            catch(ArithmeticException ae){
                    System.out.println("异常:"+ae);               //输出显示异常信息
            }
}
}
```

执行后会输出：

```
异常:java.lang.ArrayIndexOutOfBoundsException
异常:java.lang.ArithmeticException
```

14.4 自定义异常

在前面讲了这么多关于异常的知识，都是系统自带、系统自己处理的，很多时候需要程序员自定义异常。在 Java 程序中要想创建自定义异常，需要继承类 Throwable 或者它的子类 Exception。自定义异常让系统把它看成一种异常来对待，由于自定义异常继承 Throwable 类，所以也继承了它里面的方法。

↑扫码看视频（本节视频课程时间：3 分 37 秒）

14.4.1　Throwable 类介绍

在 Java 程序中，Throwable 是 java.lang 包中一个专门用来处理异常的类。它有两个子类，即 Error 和 Exception，它们分别用来处理两组异常。类 Error 和 Exception 的具体说明如下所示。

（1）Error：用来处理程序运行环境方面的异常，比如，虚拟机错误、装载错误和连接错误，这类异常主要是和硬件有关的，而不是由程序本身抛出的。

（2）Exception：是 Throwable 的一个主要子类。Exception 下面还有子类，其中一部分子类分别对应于 Java 程序运行时常常遇到的各种异常的处理，其中包括隐式异常。比如，程序中除数为 0 引起的错误、数组下标越界错误等，这类异常也称为运行时异常，因为它们虽然是由程序本身引起的异常，但不是程序主动抛出的，而是在程序运行中产生的。在 Exception 子类下面的另一部分子类对应于 Java 程序中的非运行时异常的处理，这些异常也称为显式异常。它们都是在程序中用语句抛出、并且也是用语句进行捕获的，比如，文件、类没找到引起的异常等。

Throwable 类及其子类中主要包括如下表 14-3 所示的方法。

表 14-3

方法	功能描述
ArithmeticException	由于除数为 0 引起的异常
ArrayStoreException	由于数组存储空间不够引起的异常
ClassCastException	当把一个对象归为某个类，但实际上此对象并不是由这个类 创建的，也不是其子类创建的，则会引起异常
IllegalMonitorStateException	监控器状态出错引起的异常
NegativeArraySizeException	数组长度是负数，则产生异常
NullPointerException	程序试图访问一个空的数组中的元素或访问空的对象中的 方法或变量时产生异常
OutofMemoryException	用 new 语句创建对象时，如系统无法为其分配内存空 间则产生异常
SecurityException	由于访问了不应访问的指针，使安全性出问题而引起异常
IndexOutOfBoundsExcention	由于数组下标越界或字符串访问越界引起异常
IOException	由于文件未找到、未打开或者 I/O 操作不能进行而引起异常
ClassNotFoundException	未找到指定名字的类或接口引起异常
CloneNotSupportedException	程序中的一个对象引用 Object 类的 clone 方法，但 此对象并没有连接 Cloneable 接口，从而引起异常
InterruptedException	当一个线程处于等待状态时，另一个线程中断此线程，从而引起异常，有关线程的内容，将在本书后面的章节中进行详细讲述
NoSuchMethodException	所调用的方法未找到，引起异常
Illega1AccessExcePtion	试图访问一个非 public 方法
StringIndexOutOfBoundsException	访问字符串序号越界，引起异常
ArrayIdexOutOfBoundsException	访问数组元素下标越界，引起异常
NumberFormatException	字符的 UTF 代码数据格式有错引起异常
IllegalThreadException	线程调用某个方法而所处状态不适当，引起异常

续表

方法	功能描述
FileNotFoundException	未找到指定文件引起异常
EOFException	未完成输入操作即遇文件结束引起异常

14.4.2 在 Java 程序中使用异常类

在 Java 语言中提供了丰富的异常类，这些异常类之间有严格的继承关系，例如在下面的实例代码中，演示了在 Java 程序中使用异常类的过程。

实例 14-8：使用内置异常类处理多种异常

源码路径：下载包 \daima\ 第 14 章 \14-8

实例文件 gaoji.java 的主要代码如下所示。

```
public static void main(String[] args) {
        try{
                int a = Integer.parseInt(args[0]);     //整型变量 a
                int b = Integer.parseInt(args[1]);     //整型变量 b
                int c = a / b;                         //整型变量 c
                System.out.println("谁能告诉我 a 除以 b 的答案？ " + c);
        }
        catch (IndexOutOfBoundsException ie){
                              //数组越界异常类：运行程序时输入的参数个数不够
                System.out.println("数组越界了！ ");     //输出提示信息
        }
        catch (NumberFormatException ne){
                              //数字格式异常类，程序只能接受整数参数
                System.out.println("数字格式错了！ ");   //输出提示信息
        }
        catch (ArithmeticException ae){                //算数运算异常类
                System.out.println("算数运算错了！ ");   //输出提示信息
        }
        catch (Exception e){                           //如果是其他类型的异常
                e.printStackTrace();
                System.out.println("未知异常 ");         //输出提示信息
        }
}
```

在上述代码中，针对 IndexOutOfBoundsException、NumberFormatException、Arithmetic Exception 类型的异常分别提供了专门的异常处理逻辑。可能存在如下几种 Java 运行时的异常处理逻辑。

- 如果运行该程序时输入的参数不够，将会发生数组越界异常，Java 运行时使用 IndexOutOfBoundsException 对应的 catch 块处理该异常；
- 如果运行该程序输入的参数不是数字，而是字母，将发生数字格式异常，Java 运行时将调用 NumberFormatException 对应的 catch 块处理该异常。
- 如果运行该程序输入的第二个参数是 0，将发生除 0 异常，Java 运行时将调用 ArithmeticException 对应的 catch 块处理该异常。
- 如果程序运行时出现其他异常，该异常对象总是 Exception 类或其子类的实例，Java 运行时将调用 Exception 对应的 catch 块处理该异常。

上述程序中的异常都是非常常见的运行时异常，读者应该牢记这些异常，并掌握在哪些

情况下可能出现这些异常。执行后会输出：

```
数组越界了！
```

14.4.3　使用 Throwable 类自定义异常

例如下面的实例演示了编写自定义异常程序的过程。

实例 14-9：编写自定义异常程序

源码路径：下载包 \daima\ 第 14 章 \14-9

在本实例中编写了三个程序文件，用自定义了异常来解决异常问题，具体实现流程如下所示。

（1）实例文件 YiZone1.java 的主要实现代码如下所示。

```
public class YiZone1 extends Exception {                    //定义类 YiZone1
public YiZone1() {                                          //无参构造方法
super();
}
public YiZone1(String msg){                                 //有参构造方法
super(msg);
}
public YiZone1(String msg, Throwable cause){                //有参构造方法
super(msg, cause);
}
public YiZone1(Throwable cause) {                           //有参构造方法
super(cause);
}
}
```

（2）实例文件 MyYi.java 的主要实现代码如下所示。

```
public class MyYi extends Throwable {                       //定义类 MyYi
public MyYi(){                                              //无参构造方法
super();
}
 public MyYi(String msg) {                                  //有参构造方法
super(msg);
}
//有参构造方法
public MyYi(String msg, Throwable cause){
 super(msg, cause);
 }
//有参构造方法
public MyYi(Throwable cause) {
super(cause);
}
}
```

（3）实例文件 MyyiT.java 的主要实现代码如下所示。

```
public class MyyiT{
public static void firstException() throws MyYi{            //自定义异常处理方法
throw new MyYi("\"firstException()\" method occurs an exception!");
}
public static void secondException() throws MyYi{           //自定义异常处理方法
throw new MyYi("\"secondException()\" method occurs an exception!");
}
public static void main(String[] args) {
try {
    MyyiT.firstException();                                 //捕获自定义的异常
    MyyiT.secondException();                                //捕获自定义的异常
} catch (MyYi e2){
```

```
System.out.println("Exception: " + e2.getMessage());     //输出异常信息
e2.printStackTrace();
}
}
}
```

执行上述程序后的效果如图 14-3 所示。

```
Exception: "firstException()" method occurs an exception!
MyYi: "firstException()" method occurs an exception!
        at MyyiT.firstException(MyyiT.java:4)
        at MyyiT.main(MyyiT.java:13)
```

图 14-3

第 15 章 文件处理

（视频讲解：52 分钟）

在计算机系统中通常会保存各式各样的文件。例如文件夹、Word 文件、记事本文件、压缩文件等。在当今市面中的主流编程语言中，C#、C++、C 语言都提供了对文件进行操作的接口。Java 作为一门面向对象的高级语言，提供了 I/O 系统对文件进行操作，通过 I/O 可以快速帮助 Java 程序员提供快速操作文件的能力。在本章的内容中将详细讲解通过 I/O 对硬盘数据进行读 / 写的方法，实现长期保存数据的要求，为读者步入本书后面知识的学习打下基础。

15.1 Java I/O 基础

I/O 是数据输入 / 输出数据流，也称作数据流。简单一点说，I/O 就是数据流的输入 / 输出方式，输入模式是由程序创建某个信息后来源的数据流，并将其打开该数据流获取指定信息来源的数据，这些数据源都是文件、网络、压缩文件或者其他的数据，如图 15-1 所示。

↑扫码看视频（本节视频课程时间：2 分 50 秒）

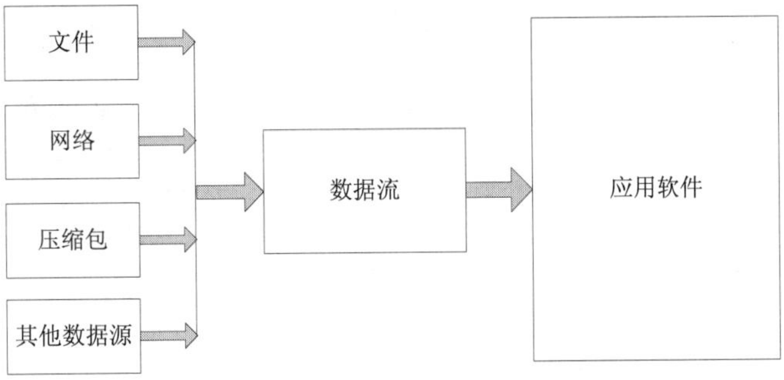

图 15-1

输出模式与输入模式恰好相反，输出模式是由程序创建某个输出对象的数据流，并打开数据对象，将数据写入数据流。Java I/O 操作主要指的是使用 Java 进行输入、输出操作，Java 中的所有操作类都存放在 java.io 包中，在使用时需要导入此包。

在 Java 程序中，在整个 java.io 包中最重要的就是 5 个类和 1 个接口，这 5 个类分别是指 File、OutputStream、InputStream、Writer 和 Reader，1 个接口是指 Serializable。掌握了这些 I/O 操作的核心就可以掌握 Java 操作文件的核心方法。

15.2 使用类 File

在 Java 语言的 I/O 包中，唯一与文件本身有关的类就是 File。使用 File 类可以实现创建或删除文件等常用的操作。要想在 Java 程序中使用 File 类，需要首先要观察 File 类的构造方法。

↑扫码看视频（本节视频课程时间：12 分 19 秒）

15.2.1 File 类中方法

在 Java 语言中，类 File 的构造方法如下所示。

```
public File(String pathname)
```

在实例化 File 类时必须设置好路径。如果要使用一个 File 类，必须向 File 类的构造方法中传递一个文件路径，假如要操作 E 盘下的文件 test.txt，则路径必须写成“E:\\test.txt”，其中“\\”表示一个“\”，而要操作文件，还需要使用 File 类中定义的若干方法。

在 Java 程序中，类 File 中的主要方法如表 15-1 所示。

表 15-1

方法 / 常量	类型	描　述
public static final String pathSeparator	常量	表示路径的分隔符，windows 是“;”
public static final String separator	常量	表示路径的分隔符，windows 是“\”
public File(String pathname)	构造	创建 File 类对象，传入完整路径
public boolean createNewFile() throws IOException	普通	创建新文件
public boolean delete()	普通	删除文件
public boolean exists()	普通	判断文件是否存在
public boolean isDirectory()	普通	判断给定的路径是否是一个目录
public long length()	普通	返回文件的大小
public String[] list()	普通	列出指定目录的全部内容，只是列出了名称
public File[] listFiles()	普通	列出指定目录的全部内容，会列出路径
public boolean mkdir()	普通	创建一个目录
public boolean renameTo(File dest)	普通	为已有的文件重新命名

15.2.2 使用 File 类创建文件

在 Java 程序中，当 File 类的对象实例化完成之后，可以使用 createNewFile 创建一个新文件，但是此方法使用了 throws 关键字，所以在使用中必须使用 try…catch 进行异常的处理。例如，现在要在 H 盘上创建一个名为“test.txt”的文件，可以通过如下的实例代码实现。

实例 15-1：在 H 盘上创建一个名为“奔驰 GLA.txt”的文件

源码路径：下载包 \daima\ 第 15 章 \15-1

实例文件 FileT1.java 的主要实现代码如下所示。

```
import java.io.File ;
import java.io.IOException ;
public class FileT1{
   public static void main(String args[]){
          File f = new File("H:\\ 奔驰 GLA.txt") ;          // 实例化 File 类的对象
          try{
                 f.createNewFile() ;     // 创建文件，根据给定的路径创建
          }catch(IOException e){
                 e.printStackTrace();// 输出异常信息

          }
   }
};
```

在运行上述代码后，发现在 H 盘中创建了一个名为“奔驰 GLA.txt”的文件。如果在不同的操作系统中，则路径的分隔符表示是不一样的，例如 Windows 中使用反斜杆表示目录的分隔符“\”，而在 Linux 中使用正斜杠表示目录的分隔符“/”。

15.2.3　使用 File 类删除文件

Java 中的 File 类中也支持删除文件的操作，如果要删除一个文件，可以使用 File 类中的 delete() 方法实现。例如下面的实例演示了使用 File 类删除文件的过程。

实例 15-2：在 H 盘上删除名为“奔驰 GLA.txt”的文件

源码路径：下载包 \daima\ 第 15 章 \15-2

实例文件 FileT4.java 的主要代码如下所示。

```
import java.io.File ;
import java.io.IOException ;
public class FileT4{
   public static void main(String args[]){
// 实例化 File 类的对象
          File f = new File("H:"+File.separator+" 奔驰 GLA.txt ") ;
          f.delete() ;    // 删除文件
   }
};
```

执行后会删除文件“H:\ 奔驰 GLA.txt”。在上面的实例代码中，虽然能够成功删除文件，但是也会存在一个问题——在删除文件前应该保证文件存在，所以以上程序在使用时最好先判断文件是否存在，如果存在，则执行删除操作。判断一个文件是否存在可以直接使用 File 类提供的 exists() 方法，此方法返回 boolean 类型。

15.2.4　使用类 File 创建文件夹

除了可以创建文件外，在 Java 中也可以使用类 File 创建一个指定文件夹，此功能可以使用方法 mkdir() 来完成。例如下面的实例演示了使用 File 类创建文件夹的过程。

实例 15-3：创建一个名为“奔驰 Smart”文件夹

源码路径：下载包 \daima\ 第 15 章 \15-3

实例文件 FileT7.java 的主要实现代码如下所示。

```
import java.io.File ;
import java.io.IOException ;

public class FileT7{
```

```
    public static void main(String args[]){
            File f = new File("d:"+File.separator+"www") ;   // 实例化 File 类的对象
            f.mkdir() ;                                      // 创建文件夹
    }
};
```

上述代码运行后，会在 H 盘中创建一个名为“奔驰 Smart”的文件夹，如图 15-2 所示。

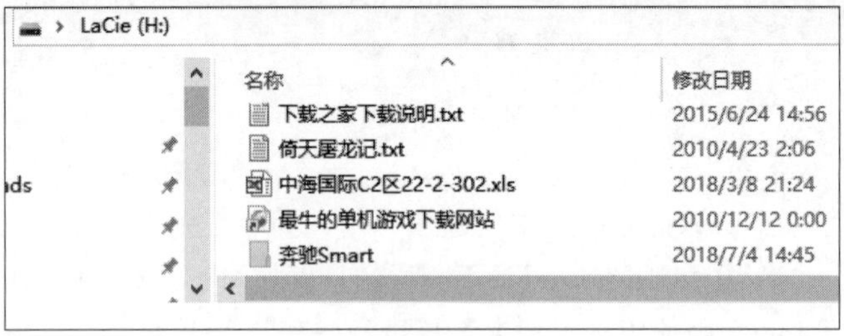

图 15-2

15.2.5 使用 File 类列出目录中的全部文件

在 Java 程序中，假设给出了一个具体的目录，通过 File 类可以直接列出这个目录中的所有内容。在 File 类中定义了如下两个方法可以列出文件夹中的内容。

（1）public String[] list()：列出全部名称，返回一个字符串数组。

（2）public File[] listFiles()：列出完整的路径，返回一个 File 对象数组。

例如下面的实例使用 list() 方法列出了一个目录中的全部内容。

实例 15-4：使用 list() 方法列出一个目录中的全部内容

源码路径：下载包 \daima\ 第 15 章 \15-4

实例文件 FileT8.java 的主要代码如下所示。

```
import java.io.File ;
import java.io.IOException ;
public class FileT8{
    public static void main(String args[]){
            File f = new File("d:"+File.separator) ;     // 实例化 File 类的对象
            String str[] = f.list() ;                    // 列出给定目录中的内容
            for(int i=0;i<str.length;i++){
                    System.out.println(str[i]) ;
            }
    }
};
```

执行后会显示 D 盘目录中的内容，如图 15-3 所示。

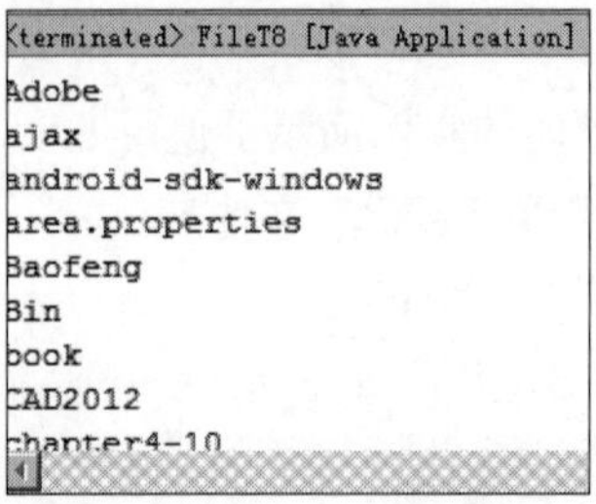

图 15-3

15.3　RandomAccessFile 类

在 Java 程序中，类 File 只是针对文件本身进行操作的，如果要对文件内容进行操作，可以使用类 RandomAccessFile 实现。类 RandomAccessFile 属于随机读取类，可以随机地读取一个文件中指定位置的数据。

↑扫码看视频（本节视频课程时间：4 分 28 秒）

15.3.1　类 RandomAccessFile 的常用方法

在 Java 程序中，类 RandomAccessFile 中的常用方法如表 15-2 所示。

表 15-2

方法	类型	描述
public RandomAccessFile(File file,String mode) throws FileNotFoundException	构造	接收 File 类的对象，指定操作路径，但是在设置时需要设置模式，r 为只读；w 为只写；rw 为读写
public RandomAccessFile(String name,String mode) throws FileNotFoundException	构造	不再使用 File 类对象表示文件，而是直接输入了一个固定的文件路径
public void close() throws IOException	普通	关闭操作
public int read(byte[] b) throws IOException	普通	将内容读取到一个 byte 数组中
public final byte readByte() throws IOException	普通	读取一个字节
public final int readInt() throws IOException	普通	从文件中读取整型数据
public void seek(long pos) throws IOException	普通	设置读指针的位置
public final void writeBytes(String s) throws IOException	普通	将一个字符串写入到文件中，按字节的方式处理
public final void writeInt(int v) throws IOException	普通	将一个 int 型数据写入文件，长度为 4 位
public int skipBytes(int n) throws IOException	普通	指针跳过多少个字节

当使用 rw 方式声明 RandomAccessFile 对象时，如果要写入的文件不存在，系统会自动创建。

15.3.2　使用类 RandomAccessFile

在下面的实例代码中，演示了使用类 RandomAccessFile 向文件中写入数据的过程。

实例 15-5：向文件中写入数据

源码路径：下载包 \daima\ 第 15 章 \15-5

实例文件 RandomAccessT1.java 的主要代码如下所示。

```
public class RandomAccessT1{
    // 所有的异常直接抛出，程序中不再进行处理
    public static void main(String args[]) throws Exception{
            File f = new File("H:" + File.separator + "test.txt") ;
    // 指定要操作的文件
            RandomAccessFile rdf = null ;           // 声明 RandomAccessFile 类的对象
```

```
            rdf = new RandomAccessFile(f,"rw") ;  // 读写模式，如果文件不存在，会自动创建
            String name = null ;
            int age = 0 ;
            name = "BMW328i" ;                    // 写入字符串
            age = 30 ;                            // 数字的长度为 4
            rdf.writeBytes(name) ;                // 将姓名写入文件之中
            rdf.writeInt(age) ;                   // 将年龄写入文件之中

            name = "BMW328Li    " ;               // 写入字符串
            age = 31 ;                            // 数字的长度为 4
            rdf.writeBytes(name) ;                // 将姓名写入文件之中
            rdf.writeInt(age) ;                   // 将年龄写入文件之中
            name = "BMW318Li  " ;                 // 写入字符串
            age = 32 ;                            // 数字的长度为 4
            rdf.writeBytes(name) ;                // 将姓名写入文件之中
            rdf.writeInt(age) ;                   // 将年龄写入文件之中
            rdf.close() ;                         // 关闭
        }
};
```

执行后会在文件“H\test.txt”中写入数据“BMW328i”、“BMW328Li　”和“BMW318Li”，如图 15-4 所示。

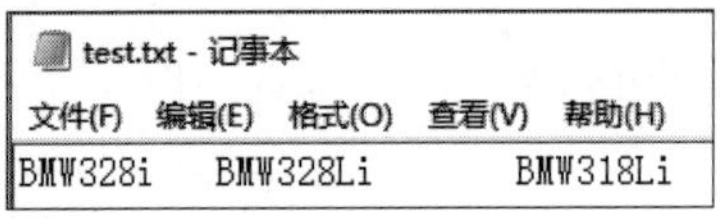

图 15-4

在上述实例代码中，为保证可以进行随机读取，所以写入的名字都是 8 个字节，写入的数字是固定的 4 个字节。

15.4 字节流与字符流

在 Java 程序中，所有的数据都是以流的方式进行传输或保存的，程序需要数据时要使用输入流读取数据，而当程序需要将一些数据保存起来时，就需要使用输出流。

↑扫码看视频（本节视频课程时间：15 分 57 秒）

15.4.1 节流类和字符流类

在 java.io 包中，实现流操作功能的类主要分为两大类，分别是字节流类和字符流类，这两个类都有输入和输出操作。

- 字节流：在字节流中输出数据主要使用 OutputStream 类完成，输入使用的是 InputStream 类。字节流主要操作 byte 类型数据，以 byte 数组为准，主要操作类是 OutputStream 类和 InputStream 类。
- 字符流：在字符流中输出主要是使用 Writer 类完成，输入主要是使用 Reader 类完成。在程序中一个字符等于两个字节，那么 Java 提供了 Reader 和 Writer 两个专门操作字符流的类。

在 Java 中的 I/O 操作也有相应的步骤，以文件的操作为例，主要的操作流程如下所示。

（1）使用类 File 打开一个文件。

（2）通过字节流或字符流的子类指定输出的位置。

（3）进行读 / 写操作。

（4）关闭输入 / 输出。

15.4.2　使用字节输出流 OutputStream

在 Java 程序中，类 OutputStream 是整个 I/O 包中字节输出流的最大父类，定义此类的格式如下所示。

```
public abstract class OutputStream
extends Object
implements Closeable, Flushable
```

从以上定义中可以发现，类 OutputStream 是一个抽象类，如果要使用此类，首先必须通过子类实例化对象。如果现在要操作的是一个文件，则可以使用 FileOutputStream 类，通过向上转型后可以实例化 OutputStream。在类 OutputStream 中的主要操作方法如表 15-3 所示。

表 15-3

方　法	类型	描　述
public void close() throws IOException	普通	关闭输出流
public void flush() throws IOException	普通	刷新缓冲区
public void write(byte[] b) throws IOException	普通	将一个 byte 数组写入数据流
public void write(byte[] b,int off,int len) throws IOException	普通	将一个指定范围的 byte 数组写入数据流
public abstract void write(int b) throws IOException	普通	将一个字节数据写入数据流

在 Java 程序中，FileOutputStream 子类的构造方法如下所示。

```
public FileOutputStream(File file) throws FileNotFoundException
```

在操作时必须接收 File 类的实例，并指明要输出的文件路径。在定义 OutputStream 类中可以发现此类实现了 Closeable 和 Flushable 两个接口，其中定义 Closeable 接口的格式如下所示。

```
public interface Closeable{
    void close() throws IOException
}
```

定义 Flushable 接口的格式如下所示。

```
public interface Flushable{
    void flush() throws IOException
}
```

这两个接口的作用从其定义方法中可以发现，Closeable 表示可关闭，Flushable 表示可刷新，而且在类 OutputStream 中已经有了这两个方法的实现，所以操作时用户一般不会关心这两个接口，而直接使用 OutputStream 类即可。例如下面的实例演示了向文件中写入字符串的过程。

实例 15-6：向文件中写入字符串

源码路径：下载包 \daima\ 第 15 章 \15-6

实例文件 OutputStreamT1.java 的主要代码如下所示。

```
import java.io.File ;
import java.io.OutputStream ;
import java.io.FileOutputStream ;
public class OutputStreamT1{
// 异常抛出，不处理
    public static void main(String args[])
 throws Exception{
            // 第 1 步使用 File 类找到一个文件，声明 File 对象
            File f= new File("H:" + File.separator + "test.txt") ;
            // 第 2 步通过子类实例化父类对象

            OutputStream out = null ;                   // 准备好一个输出的对象
            out = new FileOutputStream(f)   ;           // 通过对象多态性，进行实例化
            // 第 3 步进行写操作
            String str = "奥迪 A4L，值得信赖！ " ;      // 准备一个字符串
            byte b[] = str.getBytes() ;                 // 只能输出 byte 数组，所以将字符串变
                                                                          为 byte 数组
            out.write(b) ;                              // 将内容输出，保存文件
            // 第 4 步、关闭输出流
            out.close() ;                               // 关闭输出流
    }
};
```

执行后将在文件“H:\test.txt”中写入数据“奥迪 A4L，值得信赖！”，如图 15-5 所示。

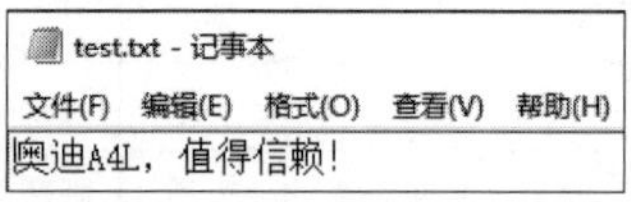

图 15-5

在上面的实例代码中，可以将指定的内容成功地写入到文件文件“H:\test.txt”中，以上程序在实例化、写、关闭时都有异常发生，为了方便起见，可以直接在主方法 main() 中使用 thorws 关键字抛出异常，可以减少 try…catch 语句。在使用上述代码操作文件 test.txt 时，在操作之前本身是不存在的，但是操作之后程序会为用户自动创建新的文件，并将内容写入到文件之中。整个操作过程是直接将一个字符串变为 byte 数组，然后将 byte 数组直接写入到文件中。

15.4.3 使用字节输入流 InputStream

在 Java 程序中，既然程序可以向文件中写入内容，可以通过 InputStream 从文件中把内容读取进来。InputStream 类的定义如下所示。

```
public abstract class InputStream
extends Object
implements Closeable
```

与类 OutputStream 一样，类 InputStream 本身也是一个抽象类，必须依靠其子类，如果现在从文件中读取，子类肯定是 FileInputStream。类 InputStream 中的主要方法如表 15-4 所示。

表 15-4

方法	类型	描述
public int available() throws IOException	普通	可以取得输入文件的大小
public void close() throws IOException	普通	关闭输入流

续表

方法	类型	描述
public abstract int read() throws IOException	普通	读取内容，以数字的方式读取
public int read(byte[] b) throwsIOException	普通	将内容读到 byte 数组中，同时返回读入的个数

在 Java 程序中，类 FileInputStream 的构造方法如下所示。

```
public FileInputStream(File file) throws FileNotFoundException
```

例如下面的实例演示了从文件中读取内容的过程。

实例 15-7：读取并显示文件中的内容

源码路径：下载包 \daima\ 第 15 章 \15-7

实例文件 InputStreamT1.java 的主要代码如下所示。

```
import java.io.File ;
import java.io.InputStream ;
import java.io.FileInputStream ;
public class InputStreamT1{
// 异常抛出，不处理
    public static void main(String args[])
 throws Exception{
            // 第 1 步使用 File 类找到一个文件
            File f= new File("H:" + File.separator + "test.txt") ;
            // 第 2 步通过子类实例化父类对象，声明 File 对象
            InputStream input = null ;                   // 准备好一个输入的对象
            input = new FileInputStream(f)  ;            // 通过对象多态性，进行实例化
            // 第 3 步进行读操作
            byte b[] = new byte[1024] ;                  // 所有的内容都读到此数组之中
            input.read(b)  ;                             // 读取内容
            // 第 4 步关闭输出流
            input.close() ;                              // 关闭输出流
            System.out.println(new String(b)) ;          // 把 byte 数组变为字符串输出
    }
};
```

执行后可以读取文件“H:\test.txt”中的数据，执行后会输出：

```
奥迪科技，启迪未来！
```

在上面的实例代码中，文件“奥迪科技，启迪未来！”中的数据虽然已经被读取进来，但是发现后面有很多个空格，这是因为开辟的 byte 数组大小为 1 024，而实际的内容只有 28 个字节，也就是说存在 996 个空白的空间，在将 byte 数组变为字符串时也将这 1 010 个无用的空间转为字符串，这样的操作肯定是不合理的。如果要想解决以上的问题，则要观察 read 方法，在此方法上有一个返回值，此返回值表示向数组中写入多少个数据。

15.4.4　开辟指定大小的 byte 数组

在实例 15-7 中虽然最后指定了 byte 数组的范围，但是程序依然开辟了很多无用空间，这样肯定会造成资源的浪费，那么此时能否根据文件的数据量来选择开辟空间的大小呢？要想完成这样的操作，要从 File 类中着手，因为在 File 类中存在一个 length() 的方法，此方法可以取得文件的大小。例如下面实例的功能是根据文件的数据量来选择开辟空间的大小。

实例 15-8：根据文件的数据量来选择开辟空间的大小

源码路径：下载包 \daima\ 第 15 章 \15-8

实例文件 InputStreamT3.java 的主要代码如下所示。

```
import java.io.File ;
import java.io.InputStream ;
import java.io.FileInputStream ;
public class InputStreamT3{
    public static void main(String args[]) throws Exception{
            //异常抛出，不处理
            // 第 1 步使用 File 类找到一个文件
            File f= new File("d:" + File.separator + "test.txt") ;
            //声明 File 对象
            // 第 2 步通过子类实例化父类对象
            InputStream input = null ;                // 准备好一个输入的对象
            input = new FileInputStream(f)  ;         // 通过对象多态性，进行实例化
            // 第 3 步进行读操作
            byte b[] = new byte[(int)f.length()] ;            // 数组大小由文件决定
            int len = input.read(b) ;                         // 读取内容
            // 第 4 步关闭输出流
            input.close() ;                                   // 关闭输出流\
            System.out.println("读入数据的长度：" + len) ;
            System.out.println("内容为：" + new String(b)) ;
            // 把 byte 数组变为字符串输出
    }
};
```

执行后的效果如图 15-6 所示。

```
读入数据的长度：28
内容为：Hello World!!!Hello World!!!
```

图 15-6

除了上述方式外，也可以使用方法 read() 通过循环从文件中一个个地把内容读取进来，例如下面的实例演示了这一方法的实现过程。

实例 15-9：使用方法 read() 读取内容

源码路径：下载包 \daima\ 第 15 章 \15-9

实例文件 InputStreamT4.java 的主要代码如下所示。

```
import java.io.File ;
import java.io.InputStream ;
import java.io.FileInputStream ;
public class InputStreamT4{
    public static void main(String args[]) throws Exception{
// 异常抛出，不处理
            // 第 1 步使用类 File 找到一个文件
            File f= new File("d:" + File.separator + "test.txt") ;
// 声明 File 对象
            // 第 2 步通过子类实例化父类对象
            InputStream input = null ;                        // 准备好一个输入的对象
            input = new FileInputStream(f)  ;                 // 通过对象多态性，进行实例化
            // 第 3 步进行读操作
            byte b[] = new byte[(int)f.length()] ;            // 数组大小由文件决定
            for(int i=0;i<b.length;i++){
                    b[i] = (byte)input.read() ;               // 读取内容
            }
            // 第 4 步关闭输出流
            input.close() ;                                   // 关闭输出流\
            System.out.println("内容为：" + new String(b)) ;        // 把 byte 数组变为
                                                                    字符串输出
    }
};
```

执行后会输出：

```
突破科技，启迪未来；引领时代；科技与成功互辉映 !!
```

上面的程序 InputStreamT4.java 还存在一个问题，前面的程序都是在明确知道了具体数组大小的前提下开展的，如果此时不知道要输入的内容有多大，应该怎么办呢？此时只能通过判断是否读到文件末尾的方式来读取文件，例如下面的实例演示了判断过程。

实例 15-10：通过判断是否读到文件末尾的方式来读取文件

源码路径：下载包 \daima\ 第 15 章 \15-10

实例文件 InputStreamT5.java 的主要代码如下所示。

```
import java.io.File ;
import java.io.InputStream ;
import java.io.FileInputStream ;
public class InputStreamT5{
    public static void main(String args[]) throws Exception{     // 异常抛出，不处理
            // 第 1 步使用 File 类找到一个文件
            File f= new File("d:" + File.separator + "test.txt") ;
            // 声明 File 对象
            // 第 2 步通过子类实例化父类对象
            InputStream input = null ;                    // 准备好一个输入的对象
            input = new FileInputStream(f)   ;            // 通过对象多态性，进行实例化
            // 第 3 步进行读操作
            byte b[] = new byte[1024] ;                   // 数组大小由文件决定
            int len = 0 ;
            int temp = 0 ;                                // 接收每一个读取进来的数据
            while((temp=input.read())!=-1){
                    // 表示还有内容，文件没有读完
                    b[len] = (byte)temp ;
                    len++ ;
            }
            // 第 4 步关闭输出流
            input.close() ;
            System.out.println(" 内容为：" + new String(b,0,len)) ;
            // 把 byte 数组变为字符串输出
    }
};
```

在上述程序代码中要判断 temp 接收到的内容是否是 -1，正常情况下是不会返回 -1 的，只有当输入流的内容已经读到底，才会返回这个数字，通过此数字可以判断输入流中是否还有其他内容。执行后会输出：

```
突破科技，启迪未来；引领时代；科技与成功互辉映 !!
```

15.4.5　使用字符流类 Writer 写入文件内容

在 Java 语言中，Writer 本身是一个字符流的输出类，定义此类的格式如下所示。

```
public abstract class Writer
extends Object
implements Appendable, Closeable, Flushable
```

类 Writer 本身也是一个抽象类，如果要使用此类，则肯定要使用其子类，此时如果是向文件中写入内容，应该使用 FileWriter 的子类。Wirter 类中的常用方法如表 15-5 所示。

表 15-5

方法	类型	描述
public abstract void close() hrows IOException	普通	关闭输出流
public void write(String str) throws IOException	普通	将字符串输出
public void write(char[] cbuf) throws IOException	普通	将字符数组输出
public abstract void flush() throws IOException	普通	强制性清空缓存

在 Java 程序中，定义类 FileWriter 构造方法的格式如下所示。

```
public FileWriter(File file) throws IOException
```

在类 Writer 中除了可以实现 Closeable 和 Flushable 接口之外，还实现了 Appendable 接口，定义此接口的格式如下所示。

```
public interface Appendable{
    Appendable append(CharSequence csq) throws IOException ;
    Appendable append(CharSequence csq,int start,int end) throws IOException ;
    Appendable append(char c) throws IOException
}
```

此接口表示的是内容可以被追加，接收的参数是 CharSequence，实际上 String 类就实现了此接口，所以可以直接通过此接口的方法向输出流中追加内容。例如下面的实例演示了使用字符流 Writer 写入文件内容的过程。

实例 15-11：使用字符流 Writer 向文件中写入内容

源码路径：下载包 \daima\ 第 15 章 \15-11

实例文件 WriterT1.java 的主要代码如下所示。

```
public class WriterT1{
   public static void main(String args[]) throws Exception{
          // 异常抛出，不处理
          // 第 1 步使用 File 类找到一个文件
          File f= new File("h:" + File.separator + "test.txt") ;
          // 声明 File 对象
          // 第 2 步通过子类实例化父类对象
          Writer out = null ;                           // 准备好一个输出的对象
          out = new FileWriter(f)  ;                    // 通过对象多态性，进行实例化
          // 第 3 步进行写操作
          String str = "不断领先时代的领导者，无不在内心深处，蕴含着一股无可阻挡的进取激情。
                                                        正如全新上市的奥迪\r\n" +
                    "A6，由内而外，以众多高端配备升级，推出强大豪华阵容。" ;
          // 准备一个字符串
          out.write(str) ;                              // 将内容输出，保存文件
          // 第 4 步关闭输出流
          out.close() ;                                 // 关闭输出流

   }
};
```

由上述代码可以看出，整个程序与 OutputStream 的操作流程并没有什么太大的区别，唯一的好处是，可以直接输出字符串，而不用将字符串变为 byte 数组之后再输出。执行后可以在文件“h:\test.txt”中写入数据，效果如图 15-7 所示。

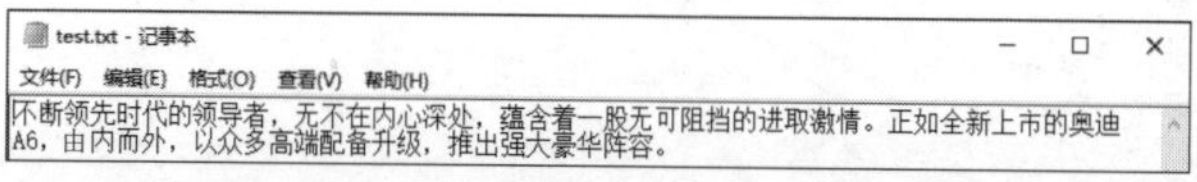

图 15-7

15.4.6　使用类 FileWriter 追加文件的内容

在 Java 程序中，当使用字符流操作时可以实现文件的追加功能，可以直接使用类 FileWriter 中的如下构造即可实现追加功能。

```
public FileWriter(File file, boolean append) throws IOException
```

过上述代码，就可以将 append 的值设置为 true，这表示追加文件的内容。例如下面的实例演示了向文件中追加内容“奥迪 A4L”和“奥迪 A6L”的过程。

实例 15-12：向文件中追加指定的内容

源码路径：下载包 \daima\ 第 15 章 \15-12

实例文件 WriterT2.java 的主要代码如下所示。

```
import java.io.File ;
import java.io.Writer ;
import java.io.FileWriter ;
public class WriterT2{
   public static void main(String args[]) throws Exception{     // 异常抛出，不处理
            // 第 1 步使用 File 类找到一个文件
            File f= new File("d:" + File.separator + "test.txt") ;
            // 声明 File 对象
            // 第 2 步通过子类实例化父类对象
            Writer out = null ;                            // 准备好一个输出的对象
            out = new FileWriter(f,true)   ;               // 通过对象多态性，进行实例化
            // 第 3 步进行写操作
            String str = "\r\nAAAA\r\nHello World!!!" ;   // 准备一个字符串
            out.write(str) ;                                  // 将内容输出，保存文件

            // 第 4 步关闭输出流
            out.close() ;
   }
};
```

执行后可以在文件“h\test.txt”中追加两行文本内容“奥迪 A4L”和“奥迪 A6L”，执行效果如图 15-8 所示。

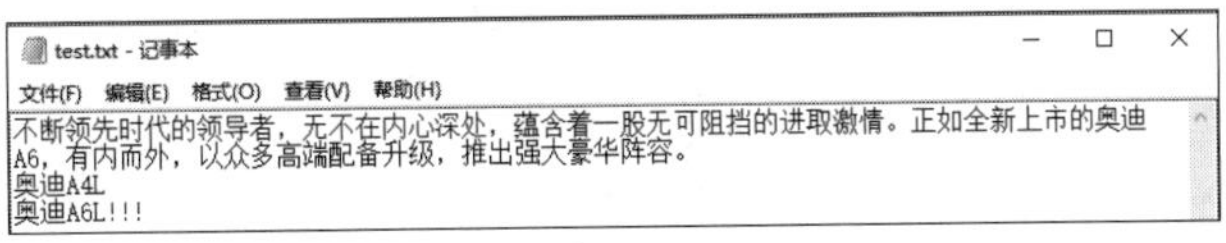

图 15-8

15.5　使用类 BufferedReader

在 Java 程序中，类 BufferedReader 能够从缓冲区中读取内容，所有的输入字节数据都将放在缓冲区中。在本节的内容中将详细讲解类 BufferedReader 的知识和具体用法。

↑扫码看视频（本节视频课程时间：2 分 46 秒）

15.5.1 类 BufferedReader 基础

在 Java 程序中，类 BufferedReader 中的常用方法如表 15-6 所示。

表 15-6

方法	类型	描述
public BufferedReader(Reader in)	构造	接收一个 Reader 类的实例
public String readLine() throws IOException	普通	一次性从缓冲区中将内容全部读取进来

在类 BufferedReader 中定义的构造方法只能接收字符输入流的实例，所以必须使用字符输入流和字节输入流的转换类 InputStreamReader 将字节输入流 System.in 变为字符流。

在 Java 程序中，BufferedReader 只能接收字符流的缓冲区，这是因为每一个中文要占两个字节，所以需要将 System.in 这个字节的输入流变为字符的输入流。例如将 System.in 变为字符流放入到 BufferedReader 后，可以通过方法 readLine() 等待用户输入信息。例如下面的实例的功能是使用方法 readLine() 读取用户输入的信息。

实例 15-13：使用方法 readLine() 读取用户输入的信息

源码路径：下载包 \daima\ 第 15 章 \15-13

实例文件 BufferedReaderT.java 的主要代码如下所示。

```
import java.io.* ;
public class BufferedReaderT{
    public static void main(String args[]){
            BufferedReader buf = null ;                      //声明对象
            buf = new BufferedReader(new InputStreamReader(System.in)) ;
            // 将字节流变为字符流
            String str = null ;                              //接收输入内容
            System.out.print("请输入你的愿望: ") ;             //提示输入信息
            try{
                    str = buf.readLine() ;                   //读取一行数据
            }catch(IOException e){
                    e.printStackTrace() ;                    //如果有异常则输出异常信息
            }
            System.out.println("你的愿望是: " + str) ;        //显示输入的信息
    }
};
```

执行后会输出：

```
请输入你的愿望：买一部奥迪 A6 旅行车载着可爱的小姐姐去拥抱大自然

你的愿望是：买一辆奥迪 A6 旅行车载着可爱的小姐姐去拥抱大自然
```

从上述执行效果可以发现，程序非但没有了长度的限制，而且也可以正确地接收中文了，所以上述代码就是键盘输入数据的标准格式。

15.5.2 使用 BufferedReader 类

假设要求从键盘输入两个数字，然后完成两个整数的加法操作。因为从键盘接收过来的内容全部是采用字符串的形式存放的，所以可以直接通过包装类 Integer 将字符串转换为基本数据类型。例如下面实例的功能是输入两个数字并让两个数字相加。

实例 15-14：输入两个数字，并让两个数字相加。

源码路径：下载包 \daima\ 第 15 章 \15-14

实例文件 ExecT1.java 的主要代码如下所示。

```
import java.io.* ;
public class ExecT1{
    public static void main(String args[]) throws Exception{
      int i = 0 ;
      int j = 0 ;
      BufferedReader buf = null ;                        // 接收键盘的输入数据
      buf = new BufferedReader(new InputStreamReader(System.in)) ;
      String str = null ;                                // 接收数据
      System.out.print("请输入第一个数字：") ;
      str = buf.readLine() ;                             // 接收数据

      // 将字符串变为整数
      i = Integer.parseInt(str) ;
      System.out.print("请输入第二个数字：") ;
      str = buf.readLine() ;                             // 接收数据
      j = Integer.parseInt(str) ;                        // 将字符串转换为整数
      System.out.println(i + " + " + j + " = " + (i + j)) ;
  }
 };
```

执行后的效果如图 15-9 所示。

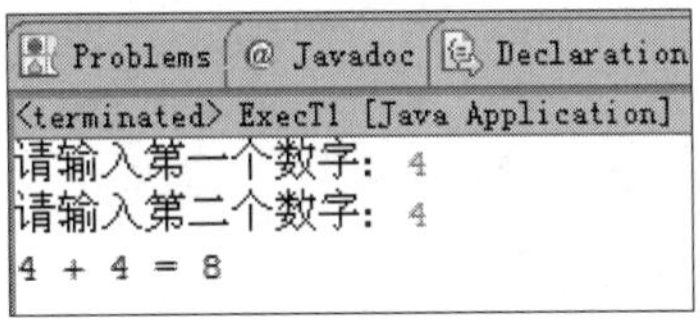

图 15-9

15.6　数据操作流

在 Java 的 I/O 包中，提供了两个与平台无关的数据操作流，分别为数据输出流（DataOutputStream）和数据输入流（DataInputStream）。数据输出流会按照一定的格式将数据输出，再通过数据输入流按照一定的格式将数据读入，这样可以方便地对数据进行处理。

↑扫码看视频（本节视频课程时间：3 分 59 秒）

15.6.1　使用类 DataOutputStream

在 Java 程序中，类 DataOutputStream 是 OutputStream 的子类，定义此类的格式如下所示。

```
public class DataOutputStream extends FilterOutputStream implements DataOutput
```

类 DataOutputStream 继承自 FilterOutputStream 类（FilterOutputStream 是 OutputStream 的子类），同时实现了 DataOutput 接口，在 DataOutput 接口定义了一系列的写入各种数据的方法。

DataOutput 是数据的输出接口，其中定义了各种数据的输出操作方法，例如在 DataOutputStream 类中的各种 writeXxx() 方法就是此接口定义的，但是在数据输出时一般都会直接使用 DataOutputStream，只有在对象序列化时才有可能直接操作到此接口，这一点将在讲解 Externalizable 接口时为读者介绍。

在 Java 程序中，类 DataOutputStream 中的常用方法如表 15-7 所示。

表 15-7

方法	类型	描述
public DataOutputStream(OutputStream out)	构造	实例化对象
public final void writeInt(int v) throws IOException	普通	将一个 int 值以 4-byte 值形式写入基础输出流中
public final void writeDouble(double v) throws IOException	普通	写入一个 double 类型，该值以 8-byte 值形式写入基础输出流中
public final void writeChars(String s) throws IOException	普通	将一个字符串写入到输出流中
public final void writeChar(int v) throws IOException	普通	将一个字符写入到输出流中

例如在下面的实例代码行中，演示了将订单数据写入到文件 order.txt 中的过程。

实例 15-15：将订单数据写入到文件 order.txt 中

源码路径：下载包 \daima\ 第 15 章 \15-15

实例文件 DataOutputStreamT.java 的主要代码如下所示。

```
public class DataOutputStreamT{
    public static void main(String args[]) throws Exception{    // 所有异常抛出
            DataOutputStream dos = null ;                      // 声明数据输出流对象
            File f = new File("h:" + File.separator + "order.txt") ;
            // 文件的保存路径
            dos = new DataOutputStream(new FileOutputStream(f)) ;
            // 实例化数据输出流对象
            String names[] = {"BMW520","BMW525","BMW530"} ;          // 商品名称
            float prices[] = {98.3f,30.3f,50.5f} ;                   // 商品价格
            int nums[] = {3,2,1} ;                                   // 商品数量
            for(int i=0;i<names.length;i++){                         // 循环输出
                    dos.writeChars(names[i]) ;                       // 写入字符串
                    dos.writeChar('\t') ;                            // 写入分隔符
                    dos.writeFloat(prices[i]) ;                      // 写入价格
                    dos.writeChar('\t') ;                            // 写入分隔符
                    dos.writeInt(nums[i]) ;                          // 写入数量
                    dos.writeChar('\n') ;                            // 换行
            }
            dos.close() ;                                            // 关闭输出流

    }
};
```

在上述代码中，设置结果中每条数据之间使用“\n”分隔，每条数据中的每个内容之间使用“\t”分隔，写入后就可以利用 DataInputStream 将内容读取进来。

15.6.2 DataInputStream 类

在 Java 程序中，类 DataInputStream 是 InputStream 的子类，能够读取并使用 DataOutputStream 输出的数据。定义类 DataInputStream 的格式如下所示。

```
public class DataInputStream extends FilterInputStream implements DataInput
```

类 DataInputStream 继承自 FilterInputStream 类（FilterInputStream 是 InputStream 的子类），同时实现 DataInput 接口，在 DataInput 接口中定义了一系列读入各种数据的方法。

在 Java 程序中，DataInput 接口是读取数据的操作接口，与 DataOutput 接口提供

的各种 writerXxx() 方法对应，在此接口中定义了一系列的 readXxx() 方法，这些方法在 DataInputStream 类中都有实现。一般在操作时不会直接使用到此接口，而主要使用 DataInputStream 类完成读取功能，只有在对象序列化时才有可能直接利用此接口读取数据，这一点在讲解 Externalizable 接口时再为读者介绍。

在 Java 程序中，类 DataInputStream 中的常用方法如表 15-8 所示。

表 15-8

方法	类型	描述
public DataInputStream(InputStream in)	构造	实例化对象
public final int readInt() throws IOException	普通	从输入流中读取整数
public final float readFloat() throws IOException	普通	从输入流中读取小数
public final char readChar() throws IOException	普通	从输入流中读取一个字符

实例 15-16：读取文件 order.txt 中的订单信息

源码路径：下载包 \daima\ 第 15 章 \15-16

实例文件 DataInputStreamT.java 的主要代码如下所示。

```
import java.io.DataInputStream ;
import java.io.File ;
import java.io.FileInputStream ;
public class DataInputStreamT{
   public static void main(String args[]) throws Exception{    // 所有异常抛出
           DataInputStream dis = null ;                      // 声明数据输入流对象
           File f = new File("H:" + File.separator + "order.txt") ;
           // 文件的保存路径
           dis = new DataInputStream(new FileInputStream(f)) ;
                                                             // 实例化数据输入流对象
           String name = null ;                              // 接收名称
           float price = 0.0f ;                              // 接收价格
           int num = 0 ;                                     // 接收数量

           char temp[] = null ;                              // 接收商品名称
           int len = 0 ;                                     // 保存读取数据的个数
           char c = 0 ;                                      // '\u0000'
           try{
                   while(true){
                           temp = new char[200] ;                    // 开辟空间
                           len = 0 ;
                           while((c=dis.readChar())!='\t'){          // 接收内容
                                   temp[len] = c ;
                                   len ++ ;                          // 读取长度加 1
                           }
                           name = new String(temp,0,len) ;// 将字符数组变为 String
                           price = dis.readFloat() ;                 // 读取价格
                           dis.readChar() ;                          // 读取 \t
                           num = dis.readInt() ;                     // 读取 int
                           dis.readChar() ;                          // 读取 \n
                           System.out.printf(" 名称：%s；价格：%5.2f；数量：%d\n",
                                                   name,price,num) ;

                   }
           }catch(Exception e){}
           dis.close() ;
   }
};
```

在使用数据输入流读取时，因为每条记录之间使用“\t”作为分隔，每行记录之间使用“\n”

作为分隔，所以要分别使用 readChar() 读取这两个分隔符，才能将数据正确地还原。执行后会输出：

```
名称：BMW520；价格：400000.00；数量：3
名称：BMW525；价格：450000.00；数量：2
名称：BMW530；价格：600000.00；数量：1
```

15.7 合并流

在 Java 程序中，合并流的功能是将两个文件的内容合并成一个文件。在 Java 语言中，使用类 SequenceInputStream 来实现合并流功能。在本节的内容中将详细讲解使用类 SequenceInputStream 实现合并流功能的过程。

↑扫码看视频（本节视频课程时间：1 分 47 秒）

类 SequenceInputStream 中的常用方法如表 15-9 所示。

表 15-9

方法	类型	描述
public SequenceInputStream(InputStream s1,InputStream s2)	构造	使用两个输入流对象实例化本类对象
public int available() throws IOException	普通	返回文件大小

实例 15-17：合并两个文件

源码路径：下载包 \daima\ 第 15 章 \15-21

实例文件 SequenceT.java 的主要代码如下所示。

```
import java.io.File ;
import java.io.SequenceInputStream ;

import java.io.FileInputStream ;
import java.io.InputStream ;
import java.io.FileOutputStream ;
import java.io.OutputStream ;
public class SequenceT{
   public static void main(String args[]) throws Exception {    // 所有异常抛出
          InputStream is1 = null ;                              // 输入流 1
          InputStream is2 = null ;                              // 输入流 1
          OutputStream os = null ;                              // 输出流
          SequenceInputStream sis = null ;                      // 合并流
          is1 = new FileInputStream("d:" + File.separator + "a.txt") ;
          is2 = new FileInputStream("d:" + File.separator + "b.txt") ;
          os = new FileOutputStream("d:" + File.separator + "ab.txt") ;
          sis = new SequenceInputStream(is1,is2) ;              // 实例化合并流
          int temp = 0 ; // 接收内容
          while((temp=sis.read())!=-1){                         // 循环输出
                 os.write(temp) ;                               // 保存内容
          }
          sis.close() ;                                         // 关闭合并流
          is1.close() ;                                         // 关闭输入流 1`
          is2.close() ;                                         // 关闭输入流 2
          os.close() ;                                          // 关闭输出流
   }
};
```

在上述代码中，在实例化类 SequenceInputStream 时指定了两个输入流，所以类

SequenceInputStream 在读取时实际上是从两个输入流中一起读取内容的。并且一定要确保文件 a.txt、b.txt 和 ab.txt 存在，否则会抛出异常。

15.8　压缩流

在 Java 程序中，经常会使用到 WinRAR 或 WinZIP 等压缩文件，通过这些软件可以把一个很大的文件进行压缩以便于传输。在 Java 中为了减少传输时的数据量也提供了专门的压缩流，可以将文件或文件夹压缩成 ZIP、JAR、GZIP 等文件形式。

↑ 扫码看视频（本节视频课程时间：8 分 14 秒）

15.8.1　ZIP 压缩输入 / 输出流简介

在 Java 的 I/O 系统中，不仅可以实现 ZIP 压缩格式的输入、输出，也可以实现 JAR 及 GZIP 文件格式的压缩。ZIP 是一种较为常见的压缩形式，在 Java 中要实现 ZIP 的压缩需要导入 java.util.zip 包，可以使用此包中的 ZipFile、ZipOutputStream、ZipInputStream 和 ZipEntry 几个类完成操作。

在 Java 中，JAR 压缩的支持类保存在 java.util.jar 包中，其中有如下几个最为常用。

- JAR 压缩输出流：JarOutputStream。
- JAR 压缩输入流：JarInputStream。
- JAR 文件：JARFile。
- JAR 实体：JAREntry。

GZIP 是用于 Unix 系统的文件压缩，在 Linux 中经常会使用到 *.gz 的文件，就是 GZIP 格式。GZIP 压缩的支持类保存在 java.util.zip 包中，有如下两个常用的类。

- GZIP 压缩输出流：GZIPOutputStream。
- GZIP 压缩输入流：GZIPInputStream。

在每一个压缩文件中都会存在多个子文件，每一个子文件在 Java 中就使用 ZipEntry 表示。

在 Java 程序中，类 ZipEntry 中的常用方法如表 15-10 所示。

表 15-10

方法	类型	描述
public ZipEntry(String name)	构造	创建对象并指定要创建的 ZipEntry 名称
public boolean isDirectory()	普通	判断此 ZipEntry 是否是目录

另外需要注意的是，压缩的输入 / 输出类定义在 java.util.zip 包中。压缩的输入 / 输出流也属于 InputStream 或 OutputStream 的子类，但是却没有定义在 java.io 包中，而是以一种工具类的形式提供的，在操作时还需要使用 java.io 包的支持。

15.8.2　ZipOutputStream 类

在 Java 程序中，如果要完成一个文件或文件夹的压缩，则要使用 ZipOutputStream 类来实现。类 ZipOutputStream 是 OutputStream 的子类，其常用操作方法如表 15-11 所示。

表 15-11

方法	类型	描述
public ZipOutputStream(OutputStream out)	构造	创建新的 ZIP 输出流
public void putNextEntry(ZipEntry e) throws IOException	普通	设置每一个 ZipEntry 对象
public void setComment(String comment)	普通	设置 ZIP 文件的注释

现在假设在 D 盘中存在一个名为 www.txt 的文件，文件中的内容如图 15-10 所示。

图 15-10

如果要将此文件压缩成文件 www.zip，可以通过如下实例代码实现。

实例 15-18：压缩指定的文件

源码路径：下载包 \daima\ 第 15 章 \15-18

实例文件 ZipOutputStreamT1.java 的主要代码如下所示。

```
import java.io.File ;
import java.io.FileInputStream ;
import java.io.InputStream ;
import java.util.zip.ZipEntry ;
import java.util.zip.ZipOutputStream ;
import java.io.FileOutputStream ;
public class ZipOutputStreamT1{
    public static void main(String args[]) throws Exception{     // 所有异常抛出
            File file = new File("d:" + File.separator + "www.txt") ;
            // 定义要压缩的文件
            File zipFile = new File("d:" + File.separator + "www.zip") ;
            // 定义压缩文件名称
            InputStream input = new FileInputStream(file) ;       // 定义文件的输入流
            ZipOutputStream zipOut = null ;                       // 声明压缩流对象
            zipOut = new ZipOutputStream(new FileOutputStream(zipFile)) ;
            zipOut.putNextEntry(new ZipEntry(file.getName())) ;
            // 设置 ZipEntry 对象
            zipOut.setComment("www.www.cn") ;                     // 设置注释
            int temp = 0 ;
            while((temp=input.read())!=-1){                       // 读取内容
                    zipOut.write(temp) ;                          // 压缩输出
            }
            input.close() ;                                       // 关闭输入流
            zipOut.close() ;                                      // 关闭输出流
    }
};
```

在上述代码中，将文件 www.txt 作为源文件，然后使用 ZipOutputStream 将所有的压缩数据输出到 www.zip 文件中，程序运行后会在 D 盘上创建一个 www.zip 的压缩文件。执行效果如图 15-11 所示。

上面代码是对一个文件进行压缩，但是在日常的开发中，往往需要对一个文件夹进行压缩，假如在 D 盘中存在一个 www 的文件夹，如图 15-12 所示。

图 15-11

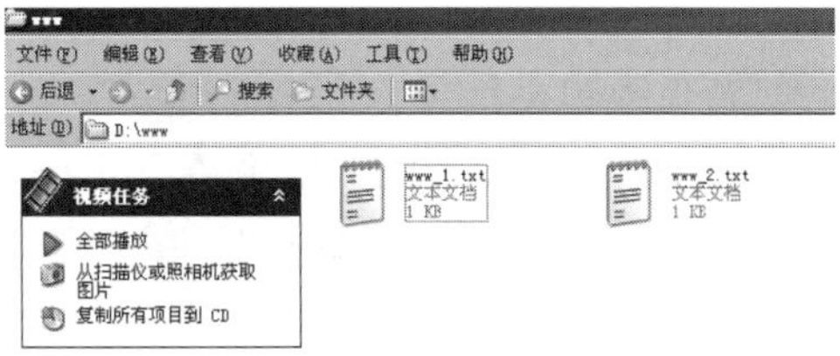

图 15-12

从使用各种压缩软件的经验来看，如果现在要进行压缩，则在压缩后的文件中应该存在一个 www 文件夹。在文件夹中应该存放着各个压缩文件。所以，在实现时就应该列出文件夹中的全部内容，并把每一个内容设置成 ZipEntry 对象，保存到压缩文件中。我们可以通过下面的实例代码来压缩 D 盘中的文件夹 www。

实例 15-19：压缩 D 盘中的文件夹 www

源码路径：下载包 \daima\ 第 15 章 \15-19

实例文件 ZipOutputStreamT2.java 的主要代码如下所示。

```
    import java.io.File ;
    import java.io.FileInputStream ;
    import java.io.InputStream ;
    import java.util.zip.ZipEntry ;
    import java.util.zip.ZipOutputStream ;
    import java.io.FileOutputStream ;
    public class ZipOutputStreamT2{
        public static void main(String args[]) throws Exception{      // 所有异常抛出
                File file = new File("d:" + File.separator + "www") ;
// 定义要压缩的文件夹
                File zipFile = new File("d:" + File.separator + "www.zip") ;
// 定义压缩文件名称
                InputStream input = null ;                          // 定义文件输入流
                ZipOutputStream zipOut = null ;                     // 声明压缩流对象
                zipOut = new ZipOutputStream(new FileOutputStream(zipFile)) ;
                zipOut.setComment("www.www.cn") ;                   // 设置注释
                int temp = 0 ;
                if(file.isDirectory()){                             // 判断是否是文件夹
                        File lists[] = file.listFiles() ;           // 列出全部文件
                        for(int i=0;i<lists.length;i++){
                                input = new FileInputStream(lists[i]) ;
// 定义文件的输入流
                                zipOut.putNextEntry(new ZipEntry(file.getName()
                                        +File.separator+lists[i].getName())) ;
// 设置 ZipEntry 对象
                                while((temp=input.read())!=-1){           // 读取内容
                                        zipOut.write(temp) ;              // 压缩输出
                                }
                                input.close() ;                           // 关闭输入流
                        }
                }
                zipOut.close() ;                                          // 关闭输出流
        }
    };
```

以上代码将文件夹“www”的内容压缩成 www.zip 文件。程序首先判断给定的路径是否是文件夹，如果是文件夹，则将此文件夹中的内容使用 listFiles() 方法全部列出，此方法返回 File 的对象数组，然后将此 File 对象数组中的每个文件进行压缩，每次压缩时都要设置一个新的 ZipEntry 对象。程序执行完毕后，在 D 盘中会生成一个 www.zip 的文件，文件打开后的效果如图 15-13 所示。

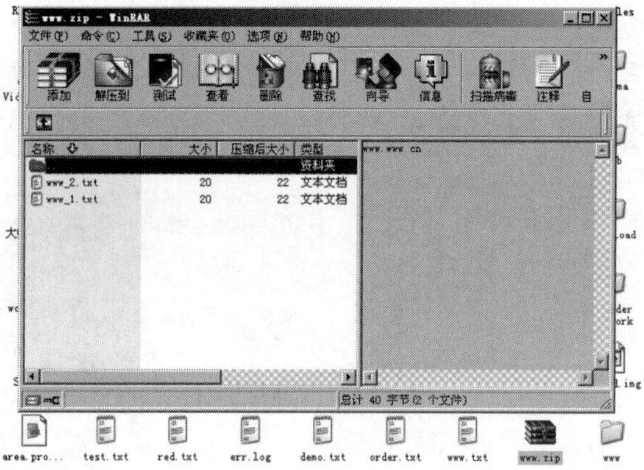

图 15-13

15.8.3 类 ZipFile

在 Java 程序中，每一个压缩文件都可以使用 ZipFile 表示，还可以使用类 ZipFile 根据压缩后的文件名称找到每一个压缩文件中的 ZipEntry 并将其进行解压缩操作。类 ZipFile 中的常用方法如表 15-12 所示。

表 15-12

方法	类型	描述
public ZipFile(File file) throws ZipException, IOException	构造	根据 File 类实例化 ZipFile 对象
public ZipEntry getEntry(String name)	普通	根据名称找到其对应的 ZipEntry
public InputStream getInputStream(ZipEntryentry) throws IOException	普通	根据 ZipEntry 取得 InputStream 实例
public String getName()	普通	得到压缩文件的路径名称

当进行 ZipFile 类实例化时需要用 File 来指定路径。

实例 15-20：实例化 ZipFile 类对象

源码路径：下载包 \daima\ 第 15 章 \15-20

实例文件 ZipFileT1.java 的主要代码如下所示。

```
import java.io.File ;
import java.io.FileInputStream ;
import java.io.InputStream ;

import java.util.zip.ZipEntry ;
import java.util.zip.ZipOutputStream ;
import java.util.zip.ZipFile ;
import java.io.FileOutputStream ;
public class ZipFileT1{
    public static void main(String args[]) throws Exception{    // 所有异常抛出
    File file = new File("d:" + File.separator + "www.zip") ;    // 找到压缩文件
            ZipFile zipFile = new ZipFile(file) ;  // 实例化 ZipFile 对象
            System.out.println("压缩文件的名称：" + zipFile.getName()) ;
// 得到压缩文件的名称
    }
};
```

以上程序只是实例化 ZipFile 对象，并通过 getName() 方法取得了压缩文件的名称。执行后的效果如图 15-14 所示。

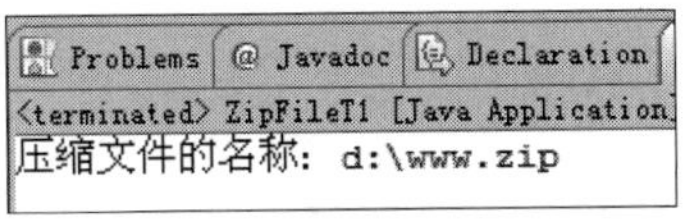

图 15-14

15.8.4　ZipInputStream 类

在 Java 程序中，类 ZipInputStream 是类 InputStream 的子类，通过此类可以方便地读取 ZIP 格式的压缩文件，此类的常用方法如表 15-13 所示。

表 15-13

方法	类型	描述
public ZipInputStream(InputStream in)	构造	实例化 ZipInputStream 对象
public ZipEntry getNextEntry() throws IOException	普通	取得下一个 ZipEntry

使用类 ZipInputStream 可以像使用 ZipFile 的方法一样，也可以取得 ZIP 压缩文件中的每一个 ZipEntry。例如下面的实例可以取得 www.zip 中的一个 ZipEntry。

实例 15-21：取得 www.zip 中的一个 ZipEntry

源码路径：下载包 \daima\ 第 15 章 \15-21

实例文件 ZipInputStreamT1.java 的主要代码如下所示。

```
    import java.io.File ;
    import java.io.FileInputStream ;
    import java.io.InputStream ;
    import java.util.zip.ZipEntry ;
    import java.util.zip.ZipInputStream ;
    import java.io.FileInputStream ;
    public class ZipInputStreamT1{
        public static void main(String args[]) throws Exception{    // 所有异常抛出
                File zipFile = new File("d:" + File.separator + "www.zip") ;
// 定义压缩文件名称
                ZipInputStream input = null ; // 定义压缩输入流
                input = new ZipInputStream(new FileInputStream(zipFile)) ;
// 实例化 ZIpInputStream
                ZipEntry entry = input.getNextEntry() ;             // 得到一个压缩实体
                System.out.println("压缩实体名称：" + entry.getName()) ;
                input.close() ;
        }
    };
```

执行后的效果如图 15-15 所示。

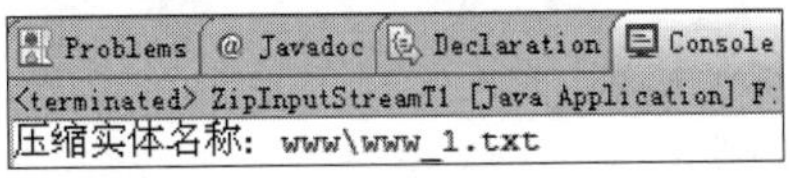

图 15-15

注意：在上面的实例中可以发现，通过 ZipInputStream 类中的 getNextEntry() 方法可以依次取得每一个 ZipEntry，那么将此类与 ZipFile 结合就可以对压缩的文件夹进行解压缩操作。但是需要注意的是，在 mldndir.zip 文件中本身是包含压缩的文件夹的，所以在进行解压缩前，应该先根据 ZIP 文件中的文件夹的名称在硬盘上创建好一个对应的文件夹，然后才能把文件解压缩进去，而且在操作时对于每一个解压缩的文件都必须先创建（File 类的 createNewFile() 方法可以创建新文件）后再将内容输出。

第 16 章

使用 Annotation

（视频讲解：37 分钟）

Annontation 是 Java5 开始引入的新特征。中文名称一般叫作注解。它提供了一种安全的类似注释的机制，用来将任何的信息或元数据（metadata）与程序元素（类、方法、成员变量等）进行关联。Annontation 更通俗的意思是为程序的元素（类、方法、成员变量）加上更直观、更明了的说明，这些说明信息是与程序的业务逻辑无关，并且是供指定的工具或框架使用的。在本章的内容中将详细讲解 Java 中 Annontation 的基本知识，为读者步入本书后面知识的学习打下基础。

16.1 Class 类与 Java 反射

通过 Java 的反射机制，程序员可以更深入地控制程序的运行过程，如在程序运行时对用户输入的信息进行验证，还可以逆向控制程序的执行过程。在 Java 程序中，通过反射机制可以访问已经装载到 JVM 中的 Java 对象的描述，实现访问、检测和修改描述 Java 对象本身信息的功能。Java 反射机制的功能十分强大，在 java.lang.reflect 包中提供了对该功能的支持。

↑扫码看视频（本节视频课程时间：16 分 28 秒）

16.1.1 反射中的方法

通过前面的学习可知，所有 Java 类均继承了 Object 类，在 Object 类中定义了一个 getClass() 方法，该方法能够返回一个类型为 Class 的对象。利用 Class 类的对象可以访问用来返回该对象的描述信息。在 Java 程序中，可以使用的反射方法如下表 16-1 所示。

表 16-1

方法	功能描述
getPackage()	返回 Package 对象，功能是获得该类的存放路径
getName()	返回 String 对象，功能是获得该类的名称
getSuperclass()	返回 Class 对象，功能是获得该类继承的类
getInterfaces()	返回 Class 型数组，功能是获得该类实现的所有接口
getConstructors()	返回 Constructor 型数组，功能是获得所有权限为 public 的构造方法
getConstructor(Class<?>… parameterTypes)	返回 Constructor 对象，功能是获得权限为 public 的指定构造方法
getDeclaredConstructors()	返回 Constructor 型数组，功能是获得所有构造方法，按声明顺序返回

续表

方法	功能描述
getDeclaredConstructor(Class<?>…parameterTypes)	返回 Constructor 对象，功能是获得指定构造方法
getMethods()	返回 Method 型数组，功能是获得所有权限为 public 的方法
etMethod(String name, Class<?>…parameterTypes)	返回 Method 对象，功能是获得权限为 public 的指定方法
getDeclaredMethods()	返回 Method 型数组，功能是获得所有方法，按声明顺序返回
getDeclaredMethod(String name, Class<?>…parameterTypes)	返回 Method 对象，功能是获得指定方法
getFields()	返回 Field 型数组，功能是获得所有权限为 public 的成员变量
getField(String name)	返回 Field 对象，功能是获得权限为 public 的指定成员变量
getDeclaredFields()	返回 Field 型数组，功能是获得所有成员变量，按声明顺序返回
getDeclaredField(String name)	返回 Field 对象，功能是获得指定成员变量
getClasses()	返回 Class 型数组，功能是获得所有权限为 public 的内部类
getDeclaredClasses()	返回 Class 型数组，功能是获得所有内部类
getDeclaringClass()	返回 Class 对象，功能是如果该类为内部类，则返回它的成员类，否则返回 null

注意：当通过方法 getFields() 和 getMethods() 依次获得权限为 public 的成员变量和方法时，将包含从超类中继承到的成员变量和方法；而通过方法 getDeclaredFields() 和 getDeclaredMethods() 只是获得在本类中定义的所有成员变量和方法。

16.1.2　访问构造方法

在 Java 程序中，当通过下面的方法访问构造方法时会返回 Constructor 类型的对象或数组。每个 Constructor 对象代表一个构造方法，使用 Constructor 对象可以操纵相应的构造方法。

- getConstructors()。
- getConstructor(Class<?>…parameterTypes)。
- getDeclaredConstructors()。
- getDeclaredConstructor(Class<?>…parameterTypes)。

如果访问指定的构造方法，需要根据该构造方法的入口参数的类型来访问。例如，访问一个入口参数类型依次为 String 和 int 型的构造方法，通过下面的两种方式均可实现。

```
objectClass.getDeclaredConstructor(String.class, int.class);
objectClass.getDeclaredConstructor(new Class[] { String.class, int.class });
```

在类 Constructor 中提供了如下表 16-2 所示的常用方法。

表 16-2

方法	功能描述
isVarArgs()	功能是查看该构造方法是否允许带有可变数量的参数，如果允许则返回 true，否则返回 false
getParameterTypes()	功能是按照声明顺序以 Class 数组的形式获得该构造方法的各个参数的类型

续表

方法	功能描述
getExceptionTypes()	功能是以 Class 数组的形式获得该构造方法可能抛出的异常类型
newInstance(Object…nitargs)	功能是通过该构造方法利用指定参数创建一个该类的对象，如果未设置参数则表示采用默认无参数的构造方法
setAccessible(boolean flag)	功能是如果该构造方法的权限为 private，默认为不允许通过反射利用 newInstance(Object…initargs) 方法创建对象。如果先执行该方法，并将入口参数设为 true，则允许创建
getModifiers()	功能是获得可以解析出该构造方法所采用修饰符的整数

在 Java 程序中，通过类 java.lang.reflect.Modifier 可以解析出 getModifiers() 方法的返回值所表示的修饰符信息，在该类中提供了一系列用来解析的静态方法，既可以查看是否被指定的修饰符修饰，还可以以字符串的形式获得所有修饰符。类 java.lang.reflect.Modifier 中常用的静态方法如下表 16-3 所示。

表 16-3

方法	功能描述
isPublic(int mod)	功能是查看是否被 public 修饰符修饰，如果是则返回 true，否则返回 false
isProtected(int mod)	功能是查看是否被 protected 修饰符修饰，如果是则返回 true，否则返回 false
isPrivate(int mod)	功能是查看是否被 private 修饰符修饰，如果是则返回 true，否则返回 false
isStaic(int mod)	功能是查看是否被 Staic 修饰符修饰，如果是则返回 true，否则返回 false
isFinal(int mod)	功能是查看是否被 Final 修饰符修饰，如果是则返回 true，否则返回 false
toString(int mod)	功能是以字符串的形式返回所有的修饰符

例如下面的实例演示了访问构造方法的过程。

实例 16-1：使用 Constructor 对象访问构造方法

源码路径：下载包 \daima\ 第 16 章 \16-1

（1）实例文件 Example_01.java 的主要实现代码如下所示。

```
public class Example_01 {                                  //定义类Example_01
    String s;                                              //字符变量s
    int i, i2, i3;                                         //整型变量i、i2和i3
    private Example_01() {                                 //无参构造方法
    }
//有参构造方法，两个参数
    protected Example_01(String s, int i) {

            this.s = s;                                    //赋值s
            this.i = i;                                    //赋值i
    }
    //有参构造方法，一个参数
    public Example_01(String... strings) throws NumberFormatException {
            if (0 < strings.length)                        //如果strings长度大于0
                    i = Integer.valueOf(strings[0]);
            if (1 < strings.length)                        //如果strings长度大于1
                    i2 = Integer.valueOf(strings[1]);
            if (2 < strings.length)                        //如果strings长度大于2
                    i3 = Integer.valueOf(strings[2]);
    }
    public void print() {            //定义方法print()打印输出s、i、i2和i3的值
```

```
            System.out.println("s=" + s);
            System.out.println("i=" + i);
            System.out.println("i2=" + i2);
            System.out.println("i3=" + i3);
    }
}
```

（2）测试文件 Main_01.java 的主要实现代码如下所示。

```
    public static void main(String[] args) {

            Example_01 example = new Example_01("10", "20", "30");
            Class<? extends Example_01> exampleC = example.getClass();

            Constructor[] declaredConstructors = exampleC.
                                          getDeclaredConstructors();
            for (int i = 0; i < declaredConstructors.length; i++) {
                    Constructor<?> constructor = declaredConstructors[i];
                    System.out.println("查看是否允许带有可变数量的参数：" +
                                          constructor.isVarArgs());
                    System.out.println("该构造方法的入口参数类型依次为：");
                    Class[] parameterTypes = constructor.getParameterTypes();
                    for (int j = 0; j < parameterTypes.length; j++) {
                            System.out.println(" " + parameterTypes[j]);
                    }
                    System.out.println("该构造方法可能抛出的异常类型为：");
                    Class[] exceptionTypes = constructor.getExceptionTypes();
                    for (int j = 0; j < exceptionTypes.length; j++) {
                            System.out.println(" " + exceptionTypes[j]);
                    }
                    Example_01 example2 = null;
                    while (example2 == null) {
                            try {
                                    if (i == 2)
                                            example2 = (Example_01) constructor.
                                                           newInstance();
                                    else if (i == 1)
                                            example2 = (Example_01) constructor.
                                                       newInstance("7", 5);
                                    else {
                                            Object[] parameters = new Object[] {
                                                           new String[] {
                                                       "100", "200", "300" } };
                                            example2 = (Example_01) constructor
                                                  .newInstance(parameters);
                                    }
                            } catch (Exception e) {
                                    System.out.println("在创建对象时抛出异常，下面执行
                                                       setAccessible()方法");
                                    constructor.setAccessible(true);
                            }
                    }
                    if(example2!=null){
                    example2.print();
                    System.out.println();

                    }
            }
    }
```

执行后的效果如图 16-1 所示。

```
查看是否允许带有可变数量的参数：true
该构造方法的入口参数类型依次为：
 class [Ljava.lang.String;
该构造方法可能抛出的异常类型为：
 class java.lang.NumberFormatException
s=null
i=100
i2=200
i3=300

查看是否允许带有可变数量的参数：false
该构造方法的入口参数类型依次为：
 class java.lang.String
 int
该构造方法可能抛出的异常类型为：
s=7
i=5
i2=0
i3=0

查看是否允许带有可变数量的参数：false
该构造方法的入口参数类型依次为：
该构造方法可能抛出的异常类型为：
在创建对象时抛出异常，下面执行setAccessible()方法
s=null
i=0
i2=0
i3=0
```

图 16-1

16.1.3 访问成员变量

在 Java 程序中，当通过下面的方法访问成员变量时，将返回 Field 类型的对象或数组。每个 Field 对象代表一个成员变量，使用 Field 对象可以操纵相应的成员变量。

- getFields()
- getField(String name)
- getDeclaredFields()
- getDeclaredField(String name)

如果要访问指定的成员变量，可以通过该成员变量的名称来访问。在 Java 程序中，类 Field 提供如下表 16-4 所示的常用方法。

表 16-4

方法	功能描述
getName()	获得该成员变量的名称
getType()	获得表示该成员变量类型的 Class 对象
get(Object obj)	获得指定对象 obj 中成员变量的值，返回值为 Object 型
set(Object obj, Object value)	将指定对象 obj 中成员变量的值设置为 value
getInt(Object obj)	获得指定对象 obj 中类型为 float 的成员变量的值
setInt(Object obj, int i)	将指定对象 obj 中类型为 int 的成员变量的值设置为 i
getFloat(Object obj)	获得指定对象 obj 中类型为 float 的成员变量的值
setFloat(Object obj, float f)	将指定对象 obj 中类型为 float 的成员变量的值设置为 f

续表

方法	功能描述
getBoolean(Object obj)	获得指定对象 obj 中类型为 boolean 的成员变量的值
setBoolean(Object obj, boolean z)	将指定对象 obj 中类型为 boolean 的成员变量的值设置为 z
setAccessible(boolean flag)	可以设置是否忽略权限限制直接访问 private 等私有权限的成员变量
getModifiers()	获得可以解析出该成员变量所采用修饰符的整数

实例 16-2：使用类 Field 访问成员变量

源码路径：下载包 \daima\ 第 16 章 \16-2

（1）实例文件 Example_02.java 的主要实现代码如下所示。

```
public class Example_02 {                    // 定义类 Example_02
    int i;                                   // 定义变量 i
    public float f;                          // 定义变量 f
    protected boolean b;                     // 定义变量 b
    private String s;                        // 定义变量 s
    public String getS() {                   // 定义方法 getS() 返回 s 的值
            return s;
    }
    public void setS(String s) {             // 定义方法 setS() 设置 s 的值
            this.s = s;
    }
}
```

（2）测试文件 Main_02.java 的主要实现代码如下所示。

```
    public static void main(String[] args) {
            Example_02 example = new Example_02();
            Class<? extends Example_02> exampleC = example.getClass();
            // 获得所有成员变量
            Field[] declaredFields = exampleC.getDeclaredFields();
            for (int i = 0; i < declaredFields.length; i++) {
                    Field field = declaredFields[i];        // 遍历成员变量
                    // 获得成员变量名称
                    System.out.println("名称为: " + field.getName());
                    Class<?> fieldType = field.getType();   // 获得成员变量类型
                    System.out.println("类型为: " + fieldType);
                    boolean isTurn = true;
                    while (isTurn) {
                            // 如果该成员变量的访问权限为 private，则抛出异常，即不允许访问
                            try {
                                    isTurn = false;
                                    // 获得成员变量值
                                    System.out.println("修改前的值为: " + field.
                                                            get(example));
                                    // 判断成员变量的类型是否为 int 型
                                    if (fieldType.equals(int.class)) {
                                            System.out.println("利用方法 setInt()
                                                            修改成员变量的值");
                                            field.setInt(example, 168); // 为 int 型
                                                                    成员变量赋值
                                            // 判断成员变量的类型是否为 float 型
                                    } else if (fieldType.equals(float.class)) {
                                            System.out.println("利用方法 setFloat()
                                                            修改成员变量的值");
                                            // 为 float 型成员变量赋值
                                            field.setFloat(example, 99.9F);
                                            // 判断成员变量的类型是否为 boolean 型
                                    } else if (fieldType.equals(boolean.class)) {
```

```
                        System.out.println("利用方法 setBoolean()
                                            修改成员变量的值");
                        // 为 boolean 型成员变量赋值
                        field.setBoolean(example, true);
                    } else {
                        System.out.println("利用方法 set() 修改
                                                成员变量的值");
                        // 可以为各种类型的成员变量赋值
                        field.set(example, "MWQ");
                    }
                    // 获得成员变量值
                    System.out.println("修改后的值为：" + field.
                                                get(example));
                } catch (Exception e) {
                    System.out.println("在设置成员变量值时抛出异常，"
                                + "下面执行 setAccessible()
                                                      方法！");
                    field.setAccessible(true); // 设置为允许访问
                    isTurn = true;
                }
            }
            System.out.println();
        }
    }
```

执行后的效果如图 16-2 所示。

```
名称为：i
类型为：int
修改前的值为：0
利用方法setInt()修改成员变量的值
修改后的值为：168

名称为：f
类型为：float
修改前的值为：0.0
利用方法setFloat()修改成员变量的值
修改后的值为：99.9

名称为：b
类型为：boolean
修改前的值为：false
利用方法setBoolean()修改成员变量的值
修改后的值为：true

名称为：s
类型为：class java.lang.String
在设置成员变量值时抛出异常，下面执行setAccessible()方法！
修改前的值为：null
利用方法set()修改成员变量的值
修改后的值为：MWQ
```

图 16-2

16.1.4 访问方法

在 Java 程序中，当通过下面的方法访问方法时会返回 Method 类型的对象或数组。每个 Method 对象代表一个方法，利用 Method 对象可以操纵相应的方法。

- getMethods()
- getMethod(String name, Class<?>-parameterTypes)

- getDeclaredMethods()
- getDeclaredMethod(Stringname,Class<?>---parameterTypes)

如果要访问指定的方法，需要根据该方法的名称和入口参数的类型来访问。在 Java 程序中，类 Method 提供了如下表 16-5 所示的常用方法。

表 16-5

方法	功能描述
getName()	获得该方法的名称
getParameterTypes()	按照声明顺序以 Class 数组的形式获得该方法的各个参数的类型
getReturnType()	以 Class 对象的形式获得该方法的返回值的类型
getExceptionTypes()	以 Class 数组的形式获得该方法可能抛出的异常类型
invoke(Object obj, Obiect…args)	利用指定参数 args 执行指定对象 obj 中的该方法，返回值为 Obiect 类型
isVarArgs()	查看该构造方法是否允许带有可变数量的参数，如果允许则返回 true，否则返回 false
getModifiers()	获得可以解析出该方法所采用修饰符的整数

实例 16-3：使用类 Method 访问方法

源码路径：下载包 \daima\ 第 16 章 \16-3

（1）实例文件 Example_03.java 的主要实现代码如下所示。

```
public class Example_03 {
    static void staticMethod() {
            System.out.println("执行staticMethod()方法");
    }
    public int publicMethod(int i) {
            System.out.println("执行publicMethod()方法");
            return i * 100;
    }
    protected int protectedMethod(String s, int i)
                    throws NumberFormatException {
            System.out.println("执行protectedMethod()方法");
            return Integer.valueOf(s) + i;
    }
    @SuppressWarnings("unused")
    private String privateMethod(String... strings) {
            System.out.println("执行privateMethod()方法");
            StringBuffer stringBuffer = new StringBuffer();
            for (int i = 0; i < strings.length; i++) {
                    stringBuffer.append(strings[i]);
            }
            return stringBuffer.toString();
    }
}
```

（2）测试文件 Main_03.java 的主要实现代码如下所示。

```
    public static void main(String[] args) {
            Example_03 example = new Example_03();
            Class<? extends Example_03> exampleC = example.getClass();

            // 获得所有方法
            Method[] declaredMethods = exampleC.getDeclaredMethods();
            for (int i = 0; i < declaredMethods.length; i++) {
                    Method method = declaredMethods[i]; // 遍历方法
```

```
                    System.out.println("名称为：" + method.getName());
                                                           // 获得方法名称
                    System.out.println("是否允许带有可变数量的参数：" + method.
                                                            isVarArgs());
                    System.out.println("入口参数类型依次为：");
                    // 获得所有参数类型
                    @SuppressWarnings("rawtypes")
                    Class[] parameterTypes = method.getParameterTypes();
                    for (int j = 0; j < parameterTypes.length; j++) {
                        System.out.println(" " + parameterTypes[j]);
                    }
                    // 获得方法返回值类型
                    System.out.println("返回值类型为：" + method.getReturnType());
                    System.out.println("可能抛出的异常类型有：");
                    // 获得方法可能抛出的所有异常类型
                    @SuppressWarnings("rawtypes")
                    Class[] exceptionTypes = method.getExceptionTypes();
                    for (int j = 0; j < exceptionTypes.length; j++) {
                        System.out.println(" " + exceptionTypes[j]);
                    }
                    boolean isTurn = true;
                    while (isTurn) {
                        // 如果该方法的访问权限为private，则抛出异常，即不允许访问
                        try {
                            isTurn = false;
                            if("staticMethod".equals(method.getName()))
                                method.invoke(example);
                                                  // 执行没有入口参数的方法
                            else if("publicMethod".equals(method.
                                                          getName()))
                                System.out.println("返回值为："
                                        + method.invoke(example,
                                    168)); // 执行方法
                            else if("protectedMethod".equals(method.
                                                          getName()))
                                System.out.println("返回值为："
                                        + method.invoke(example,
                                "7", 5));      // 执行方法
                            else if("privateMethod".equals(method.
                                                        getName())) {
                                Object[] parameters = new Object[] {
                                                        new String[] {
                                                "M", "W", "Q" } };
                        // 定义二维数组
                                System.out.println("返回值为："
                                        + method.invoke(example,
                                                        parameters));
                            }
                        } catch (Exception e) {
                            System.out.println("在执行方法时抛出异常，"
                                    + "下面执行 setAccessible()
                                                            方法！");
                            method.setAccessible(true); // 设置为允许访问
                            isTurn = true;
                        }
                    }
                    System.out.println();
            }
    }
```

执行后的效果如图 16-3 所示。

```
名称为：staticMethod
是否允许带有可变数量的参数：false
入口参数类型依次为：
返回值类型为：void
可能抛出的异常类型有：
执行staticMethod()方法

名称为：publicMethod
是否允许带有可变数量的参数：false
入口参数类型依次为：
 int
返回值类型为：int
可能抛出的异常类型有：
执行publicMethod()方法
返回值为：16800

名称为：protectedMethod
是否允许带有可变数量的参数：false
入口参数类型依次为：
 class java.lang.String
 int
返回值类型为：int
可能抛出的异常类型有：
 class java.lang.NumberFormatException
执行protectedMethod()方法
返回值为：12
```

图 16-3

16.2　使用 Annotation 注解

从 JDK 1.5 开始新增了 Annotation 功能，该功能建立在反射机制的基础之上。Annotation 功能可用于类、构造方法、成员变量、方法、参数等的声明中。该功能并不影响程序的运行，但是会对编译器警告等辅助工具产生影响。

↑扫码看视频（本节视频课程时间：9 分 37 秒）

16.2.1　使用系统内置的 Annotation

在 Java 程序中内置了三个 Annotation，具体说明如下所示。

（1）@Override：能够实现编译时检查，可以为自己的方法添加该注释，以声明该方法是用于覆盖父类中的方法。如果该方法不是覆盖父类的方法，将会在编译时报错。例如我们为某类重写 toString() 方法却写成了 tostring()，并且我们为该方法添加了 @Override 注释。

（2）@Deprecated：作用是对不应该在使用的方法添加注释，当编程人员使用这些方法时，将会在编译时显示提示信息，它与 javadoc 里的 @deprecated 标记有相同的功能，准确地说，它还不如 javadoc @deprecated，因为它不支持参数。

注意：要了解详细信息，请使用 -Xlint:deprecation 重新编译。

（3）@SuppressWarnings：与前两个注释有所不同，需要添加一个参数才能正确使用，这些参数值都是已经定义好了的，开发者只需选择性的使用就好了，各个参数的具体说明如下表 16-6 所示。

表 16-6

参数	功能描述
deprecation	使用了过时的类或方法时的警告
unchecked	执行了未检查的转换时的警告，例如当使用集合时没有用泛型 (Generics) 来指定集合保存的类型
fallthrough	当 Switch 程序块直接通往下一种情况而没有 Break 时的警告
path	在类路径、源文件路径等中有不存在的路径时的警告
serial	当在可序列化的类上缺少 serialVersionUID 定义时的警告
finally	任何 finally 子句不能正常完成时的警告
all	关于以上所有情况的警告

实例 16-4：使用注解 @Override

源码路径：下载包 \daima\ 第 16 章 \16-4

实例文件 OverrideError.java 的主要实现代码如下所示。

```
class Message{                                  //定义类Message{
   public String tostring() {                   //原本打算覆写 toString()
          return "Hello World .";               //返回字符串 "Hello World"
   }
}
public class OverrideError{
   public static void main( String[] args ){

          System.out.println( "我们是英雄联盟的王牌战队 "+new Message() );
                                                //打印输出 Message 对象
   }
}
```

执行后会输出：

```
我们是英雄联盟的王牌战队 Message@7852e922
```

例如下面的实例演示了使用 @Deprecated 的过程。

实例 16-5：使用注解 @Deprecated 取消错误信息

源码路径：下载包 \daima\ 第 16 章 \16-5

实例文件 DeprecatedAnnotation.java 的主要实现代码如下所示。

```
  public class DeprecatedAnnotation{
  public static void main( String[] args ){
     Info info = new Info();
     //虽然使用 getInfo 方法并不会产生编译错误，只是不建议使用这个方法
     System.out.println( info.getInfo() );

  }
}
class Info{
   @Deprecated
   public String getInfo(){
         return "RNG 战队蝉联英雄联盟 ESPN 全球战队战力榜冠军 ";
     }
}
```

执行后会输出：

```
RNG 战队蝉联英雄联盟 ESPN 全球战队战力榜冠军
```

实例 16-6：使用 @SuppressWarnings 取消警告信息

源码路径：下载包 \daima\ 第 16 章 \16-6

实例文件 SuppressWarningsAnnotation.java 的主要实现代码如下所示。

```
public class SuppressWarningsAnnotation {
    public static void main( String[] args ){
        // 压制 "未使用" 警告信息
        @SuppressWarnings("unused")
        int i;
        System.out.println( " LOL全球战队排行发布， 中韩平分前十 " );
    }
}
```

执行后会输出：

```
LOL 全球战队排行发布， 中韩平分前十
```

16.2.2　自定义 Annotation

在 Java 程序中，可以使用关键字"@interface"来自定义 Annotation 注解，此时会自动继承于 java.lang.annotation.Annotation 接口，由编译程序自动完成其他细节。在定义 Annotation 注解时，不能继承其他的注解或接口。@interface 用来声明一个注解，其中的每一个方法实际上是声明了一个配置参数。方法的名称就是参数的名称，返回值类型就是参数的类型（返回值类型只能是基本类型、Class、String、enum）。可以通过 default 来声明参数的默认值。

在 Java 程序中，自定义 Annotation 注解的语法格式如下所示。

```
public @interface 注解名 { 定义体 }
```

其中 Annotation 注解参数的可以支持的数据类型如下所示：

- 所有基本数据类型（int,float,boolean,byte,double,char,long,short)
- String 类型
- Class 类型
- enum 类型
- Annotation 类型
- 以上所有类型的数组

注意：在 Annotation 类型中设置参数时，需要遵循如下所示的规则。

- 只能用 public 或默认 (default) 这两个访问权修饰，例如"String value();"中把方法设为 defaul 默认类型。
- 参数成员只能用基本类型 byte，short，char，int，long，float，double，boolean 八种基本数据类型和 String，Enum，Class，annotations 等数据类型，以及这一些类型的数组。例如"String value();"中的参数成员就为 String。
- 如果只有一个参数成员，最好把参数名称设为"value"，后加小括号。

在 Java 程序中，元注解可以用来设置 Annotation 类型适应的程序元素种类。元注解的作用就是负责注解其他注解。在 Java 中定义了四个标准的 meta-annotation 类型，它们被用来提供对其他 annotation 类型作说明。在 Java 中定义了如下所示的 4 个元注解。

- @Target

- @Retention
- @Documented
- @Inherited

上述类型和它们所支持的类在 java.lang.annotation 包中可以找到，接下来看一下每个元注解的作用和相应分参数的使用说明。

1. @Target

（1）功能：@Target 说明了 Annotation 所修饰的对象范围：Annotation 可被用于 packages、types（类、接口、枚举、Annotation 类型）、类型成员（方法、构造方法、成员变量、枚举值）、方法参数和本地变量（如循环变量、catch 参数）。在 Annotation 类型的声明中使用了 target 可更加明了其修饰的目标。

（2）作用：用于描述注解的使用范围（即：被描述的注解可以用在什么地方）。

（3）取值 (ElementType)，具体取值如下表 16-7 所示。

表 16-7

取值	功能描述
CONSTRUCTOR	用于描述构造器
FIELD	用于描述域
LOCAL_VARIABLE	用于描述局部变量
METHOD	用于描述方法
PACKAGE	用于描述包
PARAMETER	用于描述参数
TYPE	用于描述类、接口 (包括注解类型) 或 enum 声明

2. @Retention

（1）功能 @Retention 定义了该 Annotation 被保留的时间长短：某些 Annotation 仅出现在源代码中，而被编译器丢弃；而另一些却被编译在 class 文件中；编译在 class 文件中的 Annotation 可能会被虚拟机忽略，而另一些在 class 被装载时将被读取（请注意并不影响 class 的执行，因为 Annotation 与 class 在使用上是互相分离的）。使用这个 meta-Annotation 可以对 Annotation 的“生命周期”限制。

（2）作用：表示需要在什么级别保存该注释信息，用于描述注解的生命周期（即：被描述的注解在什么范围内有效）。

（3）取值（RetentionPoicy），具体取值如下表 16-8 所示。

表 16-8

取值	功能描述
SOURCE	在源文件中有效（即源文件保留）
CLASS	在 class 文件中有效（即 class 保留）
RUNTIME	在运行时有效（即运行时保留）

Retention meta-annotation 类型有唯一的 value 作为成员，它的取值来自 java.lang.annotation.RetentionPolicy 的枚举类型值。

3. @Documented

@Documented 用于描述其他类型的 annotation 作为被标注的程序成员的公共 API，因此可以被例如 javadoc 之类的工具文档化。Documented 是一个标记注解，没有成员。

4. @Inherited

@Inherited 元注解是一个标记注解，@Inherited 阐述了某个被标注的类型是被继承的。如果一个使用了 @Inherited 修饰的 annotation 类型被用于一个 class，则这个 annotation 将被用于该 class 的子类。

注意：@Inherited annotation 类型是被标注过的 class 的子类继承。类并不从它所实现的接口继承 annotation，并不从它所重载的方法继承 annotation。

当 @Inherited annotation 类型标注的 Annotation 的 Retention 是 RetentionPolicy.RUNTIME，则反射 API 增强了这种继承性。如果我们使用 java.lang.reflect 去查询一个 @Inherited annotation 类型的 annotation 时，反射代码检查将展开工作：检查 class 和其父类，直到发现指定的 annotation 类型，或者到达类继承结构的顶层。

实例 16-7：访问自定义的 Annotation

源码路径：下载包 \daima\ 第 16 章 \16-7

本实例的具体实现流程如下所示。

（1）编写文件 Constructor_Annotation.java，定义一个用来注释构造方法的 Annotation，其有效范围是在运行时加载 Annotation 到 JVM 中。主要实现代码如下所示。

```
@Target(ElementType.CONSTRUCTOR)
@Retention(RetentionPolicy.RUNTIME)
public @interface Constructor_Annotation {
     String value() default "默认构造方法";
}
```

（2）编写文件 Field_Method_Parameter_Annotation.java，定义一个用来注释字段、方法和参数的 Annotation 类型 @Field_Method Parameter_Annotation，其有效范围为在运行时加载 Annotation 到 JVM 中。主要实现代码如下所示。

```
@Target( { ElementType.FIELD, ElementType.METHOD, ElementType.PARAMETER })
@Retention(RetentionPolicy.RUNTIME)
public @interface Field_Method_Parameter_Annotation {
    String describe();
    Class type() default void.class;
}
```

（3）编写文件 Record.java，定义一个 Record 类，在该类中运用前面定义的 Annotation 类型 @Constructor Annotation 和 @ Field_Method Parameter_Annotation 对构造方法、字段、方法和参数进行注释。主要实现代码如下所示。

```
public class Record {
    @Field_Method_Parameter_Annotation(describe = "编号", type = int.class)
    int id;
    @Field_Method_Parameter_Annotation(describe = "姓名", type = String.class)
    String name;
    @Constructor_Annotation()
    public Record() {
    }
    @Constructor_Annotation("立即初始化构造方法")
    public Record(
```

```
                @Field_Method_Parameter_Annotation(describe = "编号", type =
                                                       int.class)
                int id,
                @Field_Method_Parameter_Annotation(describe = "姓名", type =
                                                    String.class)
                String name) {
            this.id = id;
            this.name = name;
    }
    @Field_Method_Parameter_Annotation(describe = "获得编号", type = int.class)
    public int getId() {
            return id;
    }
    @Field_Method_Parameter_Annotation(describe = "设置编号")
    public void setId(
                @Field_Method_Parameter_Annotation(describe = "编号", type =
                                                       int.class)
                int id) {
            this.id = id;
    }
    @Field_Method_Parameter_Annotation(describe = "获得姓名", type = String.class)
    public String getName() {
            return name;
    }
    @Field_Method_Parameter_Annotation(describe = "设置姓名")
    public void setName(
                @Field_Method_Parameter_Annotation(describe = "姓名", type =
                                                   String.class)
                String name) {
            this.name = name;
    }
}
```

（4）编写测试文件Main.java，首先通过反射访问Record类中的Annotation信息。编写访问构造方法及包含参数的Annotation信息的代码，然后访问字段的Annotation信息，最后编写访问方法及包含参数的Annotation信息的代码。主要实现代码如下所示。

```
public class Main {
    public static void main(String[] args) {
            Class recordC = null;
            try {
                    recordC = Class.forName("Record");
            } catch (ClassNotFoundException e) {
                    e.printStackTrace();
            }
            System.out.println("------ 构造方法的描述如下 ------");
            Constructor[] declaredConstructors = recordC.
getDeclaredConstructors();     // 获得所有构造方法
            for (int i = 0; i < declaredConstructors.length; i++) {
                    Constructor constructor = declaredConstructors[i];
// 遍历构造方法
                            // 查看是否具有指定类型的注释
                    if (constructor.isAnnotationPresent(Constructor_Annotation.
class)) {
                            // 获得指定类型的注释
                            Constructor_Annotation ca = (Constructor_Annotation)
                                                              constructor
                                    .getAnnotation(Constructor_Annotation.class);
                            System.out.println(ca.value());       // 获得注释信息
                    }
                    Annotation[][] parameterAnnotations = constructor.
                                    getParameterAnnotations(); // 获得参数的注释
                    for (int j = 0; j < parameterAnnotations.length; j++) {
```

```
                        // 获得指定参数注释的长度
                        int length = parameterAnnotations[j].length;
                        if (length == 0)
// 如果长度为 0 则表示没有为该参数添加注释
                              System.out.println(" 未添加 Annotation 的参数 ");
                        else
                              for (int k = 0; k < length; k++) {
                                    // 获得参数的注释
                                    Field_Method_Parameter_Annotation pa =
(Field_Method_Parameter_Annotation) parameterAnnotations[j][k];
                                    System.out.print("      " +
pa.describe());          // 获得参数描述
                                    System.out.println("      " + pa.type());
// 获得参数类型
                              }
                  }
                  System.out.println();
            }
            System.out.println();
            System.out.println("-------- 字段的描述如下 --------");
            Field[] declaredFields = recordC.getDeclaredFields();
// 获得所有字段
            for (int i = 0; i < declaredFields.length; i++) {
                  Field field = declaredFields[i];               // 遍历字段
                  // 查看是否具有指定类型的注释
                  if (field.isAnnotationPresent(Field_Method_Parameter_
Annotation.class)) {
                        // 获得指定类型的注释
                        Field_Method_Parameter_Annotation fa = field.
getAnnotation(Field_Method_Parameter_Annotation.class);
                        System.out.print("      " + fa.describe());
// 获得字段的描述
                        System.out.println("      " + fa.type());
// 获得字段的类型
                  }
            }
            System.out.println();
            System.out.println("-------- 方法的描述如下 --------");
            Method[] methods = recordC.getDeclaredMethods();      // 获得所有方法
            for (int i = 0; i < methods.length; i++) {
                  Method method = methods[i];                     // 遍历方法
                        // 查看是否具有指定类型的注释
                  if (method.isAnnotationPresent(Field_Method_Parameter_
Annotation.class)) {
                        //获得指定类型的注释
                        Field_Method_Parameter_Annotation ma = method.
getAnnotation(Field_Method_Parameter_Annotation.class);
                        System.out.println(ma.describe());    // 获得方法的描述
                        System.out.println(ma.type()); // 获得方法的返回值类型
                  }
                  Annotation[][] parameterAnnotations = method.
getParameterAnnotations();     // 获得参数的注释
                  for (int j = 0; j < parameterAnnotations.length; j++) {
                        int length = parameterAnnotations[j].length;
// 获得指定参数注释的长度
                        if (length == 0) // 如果长度为 0 表示没有为该参数添加注释
                              System.out.println("     未添加 Annotation 的
                                                                参数 ");
                        else
                              for (int k = 0; k < length; k++) {
                                    // 获得指定类型的注释
                                    Field_Method_Parameter_Annotation pa =
(Field_Method_Parameter_Annotation) parameterAnnotations[j][k];
```

```
                                        System.out.print("      " +
                                                pa.describe()); // 获得参数的描述
                                        System.out.println("      " + pa.type());
// 获得参数的类型
                                }
                        }
                        System.out.println();

                }
        }
    }
```

执行后的效果如图 16-4 所示。

```
------ 构造方法的描述如下 ------
默认构造方法

立即初始化构造方法
   编号  int
   姓名  class java.lang.String


-------- 字段的描述如下 --------
   编号  int
   姓名  class java.lang.String

-------- 方法的描述如下 --------
获得姓名
class java.lang.String

获得编号
int

设置姓名
void
   姓名  class java.lang.String

设置编号
void
   编号  int
```

图 16-4

第 17 章

使用 AWT 开发 GUI 程序

（视频讲解：25 分钟）

实事求是地说，在开发 GUI（图形用户界面）程序应用方面，Java 没有 Microsoft 公司推出的设计语言那么强势。但尽管如此，Java 在窗体开发领域的功能仍然十分强大。Java 为我们提供了一个名为 AWT 的包，通过使用这个包可以进行各种图形编程。AWT 是 Java 软件图形编程的工具之一，任何学习 Java 程序的程序员都必须要精通这个工具。在本章将详细讲解 AWT 的相关知识和具体用法，为读者步入本书后面知识的学习打下基础。

17.1 AWT 基础

当 Java 在 1995 年春天第一次发布的时候，它包含了一个叫 AWT(Abstract Windowing Toolkit) 的库，通过此库可以构建图形用户界面应用程序，这些跨平台的应用程序能够在各种操作系统上运行，而不必重新编译成针对某一平台的二进制代码。

↑扫码看视频（本节视频课程时间：5 分 53 秒）

在 JDK 的第一个发布版中包含了 AWT 这个库，GUI 类库希望可以在所有平台下都能运行，这套基本类库被称为“抽象窗口工具集 (Abstract Window Toolkit)”，它为 Java 应用程序提供了基本的图形件。AWT 是窗口框架，它从不同平台的窗口系统中抽取出共同组件，当程序运行时，将这些组件创建和动作委托给程序所在的运行平台。也就是说，当使用 AWT 编写图形界面应用时，应用程序仅仅指定了界面组件的位置和行为，并没有提供真正的实现，JVM 调用操作系统本地的图形界面来创建和平台一致的对等体。

使用 AWT 创建的图形界面应用和所在运行平台有相同的界面风格，比如在 Windows 操作系统上会表现出 Windows 风格，在 Unix 操作系统上会表现出 Unix 风格。但是 AWT 也不是全能的，在现实中存在如下几个问题：

- 使用 AWT 作出的图形用户界面在所有平台上都显得很丑陋，功能也非常有限。
- 为了迎合所有主流操作系统的界面设计，AWT 组件只能使用这些操作系统上图形界面组件的交集，所以不能使用特定操作系统上复杂的图形界面组件，最多只能使用四种字体。

● AWT 使用了笨拙的、非面向对象的编程模式。

为了解决 AWT 的上述问题，Netscape 公司开发了一套工作方式完全不同的 GUI 库，简称为 IFC (Intemet Foundation Classes)，这套 GUI 库的所有图形界面组件（例如文本框、按钮等）都是绘制在空白窗口上的，只有窗口本身需要借助于操作系统的窗口实现。

在 Java 语言中，所有与 AWT 编程相关的类都放在 java.awt 包以及它的子包中，和 AWT 相关的包如下所示。

- java.awt
- java.awt.accessibility
- java.awt.color
- java.awt.datatransfer
- java.awt.dnd
- java.awt.event
- java.awt.im
- java.awt.image
- java.awt.peer
- java.awt.print
- java.awt.font
- java.awt.geom

AWT 编程中有 Component 和 MenuComponent 两个基类，AWT 包主要类的层次关系如图 17-1 所示。

在 java.awt 包中提供了 Component 和 Buttonomponent 两种基类来表示图形界面元素。

（1）Component：代表一个能以图形化方式显示出来，并可与用户交互的对象，例如 Button 代表一个按钮，TextField 代表一个文本框等。

（2）MenuComponent：代表了图形界面的菜单组件，包括 MenuBar（菜单条）、Menultem（菜单项）等子类。

在 Java 的 AWT 包中，各个类的详细包含关系如图 17-2 所示。

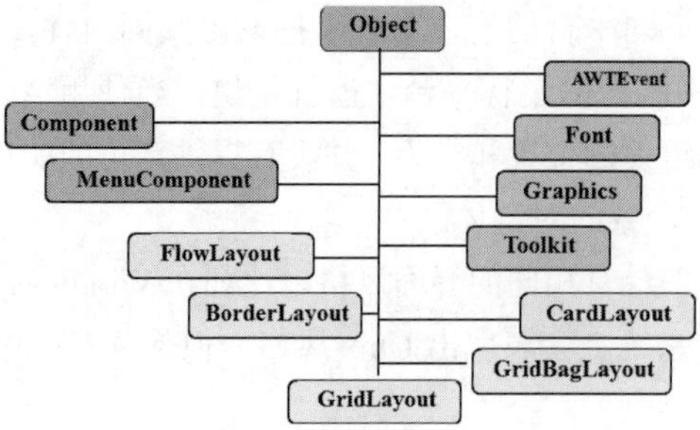

图 17-1

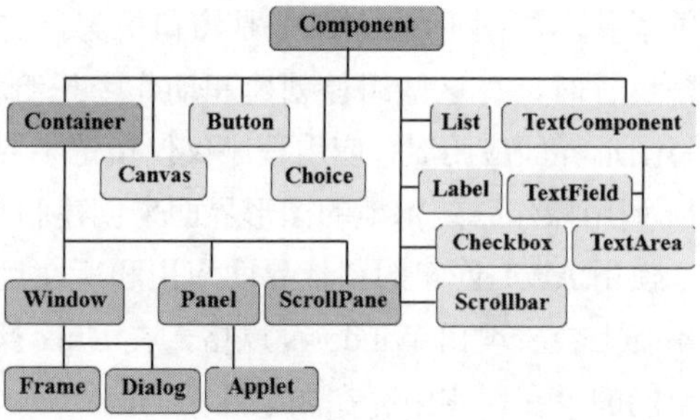

图 17-2

17.2 容器

在 Java 程序中，图形用户界面程序的最基本组成部分是组件（Component），组件是一个可以以图形化的方式显示在屏幕上并能与用户进行交互的对象，例如一个按钮、一个标签等。组件不能独立地显示出来，必须将组件放在一定的容器中才可以显示出来。

↑扫码看视频（本节视频课程时间：4 分 45 秒）

17.2.1 容器基础

在 Java 程序中，容器 java.awt.Container 是 Component 的子类，在一个容器中可以容纳多个组件，并使它们成为一个整体。容器可以简化图形化界面的设计，以整体结构来布置界面。所有的容器都可以通过方法 add() 向容器中添加组件。由此可见，AWT 中的容器 (Container) 也是一个类，实际上是 Component 的子类，因此容器本身也是一个组件，具有组件的所有性质，但是它的主要功能是容纳其他组件和容器。在 AWT 容器中，可以调用 Component 的所有方法。在类 Component 中可以通过四个常用方法来设置组件的大小、位置和可见性，见表 17-1。

表 17-1

方法	功能描述
setLocation(int x，int y)	设置组件位置
setSize(int width，int height)	设置组件的大小
setBounds(int x，. nt y，int width，int height)	同时设置组件的位置、大小
setVisible(Boolean b)	设置该组件的可见性

在 AWT 容器中可以盛装其他的组件，在 Java 的容器类 (Container) 中主要提供了常用方法来访问容器里的组件，见表 17-2。

表 17-2

方法	功能描述
Component add(Component comp)	向容器中添加其他组件（该组件既可以是普通组件，也可以是容器），并返回被添加的组件
Component getComponentAt(int x，int y)	返回指定点的组件
int getComponentCount()	返回该容器内组件的数量
Componento getComponents()	返回该容器内的所有组件

另外，在 AWT 中主要提供了如下两种容器类型。

（1）Window：可独立存在的顶级窗口

（2）Panel：可作为容器容纳其他组件，但不能独立存在，必须被添加到其他容器中（如 Window、Panel 或者 Applet 等）。

17.2.2 使用容器中组件：Frame

在 Java 程序中，AWT 容器中常用的组件有 Frame、Panel 和 ScrollPane。其中 Frame 是

最常见的窗口，是 Window 类的子类，具有如下三个特征。

（1）Frame 对象有标题，允许通过拖拉来改变窗口的位置、大小。

（2）初始化时为不可见，可用 setVisible(true) 使其显示出来。

（3）默认使用 BorderLayout 作为其布局管理器。

实例 17-1：使用 Frame 创建一个窗口

源码路径：下载包 \daima\ 第 17 章 \17-1

实例文件 yongFrame.java 的具体实现代码如下所示。

```
import java.awt.*;
public class yongFrame
{
    public static void main(String[] args)
    {
            Frame f = new Frame(" 测试窗口 ");
            //设置窗口的大小、位置
            f.setBounds(30, 30 , 250, 200);
            //将窗口显示出来（Frame 对象默认处于隐藏状态）
            f.setVisible(true);
    }
}
```

执行后的效果如图 17-3 所示。

图 17-3

从图 17-3 所示的窗口中可以看出，该窗口是 Windows XP 的窗口风格，这也证明了 AWT 确实是调用程序运行平台的本地 API 创建了该窗口。如果单击图 17-3 所示窗口右上角的“×”按钮，该窗口不会关闭，这是因为我们还未为该窗口编写任何事件响应。如果想关闭该窗口，可以通过关闭运行该程序的命令行窗口来关闭该窗口。

17.2.3 使用容器中组件：Panel

在 Java 程序中，Panel 是 AWT 中的一个典型的容器，它代表不能独立存在、必须放在其他容器中的容器。Panel 展现给我们一个矩形区域，该区域中可以继续盛装其他组件。Panel 容器存在的意义在于为其他组件提供空间，Panel 容器具有如下三个特点。

（1）可作为容器来盛装其他组件，为放置组件提供空间。

（2）不能单独存在，必须放置到其他容器中。

（3）默认使用 FlowLayout 作为其布局管理器。

例如在下面的实例代码中，使用 Panel 作为容器盛装了一个文本框和一个按钮，并将该 Panel 对象添加 Frame 对象中。

实例 17-2：使用 Panel 作为容器盛装了一个文本框和一个按钮

源码路径：下载包 \daima\ 第 17 章 \17-2

实例文件 yongPanel.java 的具体实现代码如下所示。

```
import java.awt.*;
public class yongPanel
{
    public static void main(String[] args)
    {
            Frame f = new Frame("测试窗口");
            //创建一个 Panel 对象
            Panel p = new Panel();
            //向 Panel 对象中添加两个组件
            p.add(new TextField(20));
            p.add(new Button("单击我"));
            f.add(p);
            //设置窗口的大小、位置
            f.setBounds(30, 30 , 250, 120);
            //将窗口显示出来（Frame 对象默认处于隐藏状态）
            f.setVisible(true);
    }
}
```

执行后的效果如图 17-4 所示。

图 17-4

从图 17-4 中可以看出，使用 AWT 创建窗口的方法十分简单，只需要通过 Frame 创建一些 AWT 组件，并把这些组件添加到 Frame 创建的窗口中即可。

17.2.4　使用容器中组件：ScrollPane

在 Java 程序中，ScrollPane 是一个带滚动条的容器，它也不能独立存在，必须被添加到其他容器中。ScrollPane 容器具有如下三个特点。

（1）可作为容器来盛装其他组件，当组件占用空间过大时，ScrollPane 会自动产生滚动条。当然也可以通过指定的特定构造器参数来默认具有滚动条。

（2）不能单独存在，必须放置到其他容器中。

（3）默认使用 BorderLayout 作为其布局管理器。ScrollPane 通常用于盛装其他容器，所以通常不允许改变 ScrollPane 的布局管理器。

实例 17-3：使用 ScrollPane 容器代替了本节前面的 Panel 容器

源码路径：下载包 \daima\ 第 17 章 \17-3

实例文件 yongScroIIPane.java 的具体实现代码如下所示。

```
import java.awt.*;
public class yongScroIIPane
{
    public static void main(String[] args)
    {
          Frame f = new Frame("测试窗口");
```

```
            //创建一个 ScrollPane 容器，指定总是具有滚动条
            ScrollPane sp = new ScrollPane(ScrollPane.SCROLLBARS_ALWAYS);
            //向 ScrollPane 容器中添加两个组件
            sp.add(new TextField(20));
            sp.add(new Button("单击我"));
            //将 ScrollPane 容器添加到 Frame 对象中
            f.add(sp);
            //设置窗口的大小、位置
            f.setBounds(30, 30 , 250, 120);
            //将窗口显示出来（Frame 对象默认处于隐藏状态）
            f.setVisible(true);
    }
}
```

执行后的效果如图 17-5 所示。

图 17-5

在图 17-5 所示的执行效果窗口中具有水平、垂直滚动条，我们通过上述代码向 ScroIIPane 容器中添加了一个文本按钮，但是在图 17-5 中只能看到一个按钮，却看不到文本框，这是为什么呢？这是因为 SrollPane 使用 BorderLayout 布局管理器的缘故，BorderLayout 导致了该容器中只有一个组件被显示出来。有关 BorderLayout 的基本知识将在本书后面的章节中进行详细介绍。

17.3 布局管理器

在前面的内容中，虽然向窗口中添加了组件，但是摆放的毫无规则，甚至于一个组件铺满了整个窗口，这种效果肯定不是用户想要的。Java 为我们提供了 FlowLayout、BorderLayout 和 GridLayout 等布局方式，下面讲解将各个组件按照不同的方式进行摆放的知识。

↑扫码看视频（本节视频课程时间：11 分 19 秒）

17.3.1 布局利器 FlowLayout

在默认的情况下，AWT 的布局管理器是 FlowLayout，这个管理器是将组件从上到下的顺序摆放，它将所有的组件摆放在居中位置。在 FlowLayout 中有如下三个构造器。

- FlowLayout()：使用默认对齐方式、默认垂直、水平间距创建 FlowLayout 布局管理器。
- FlowLayout(int align)：使用指定对齐方式、默认垂直、水平间距创建 FlowLayout 布局管理器。
- FlowLayout(int align，int hgap，int vgap)：使用指定对齐方式、指定垂直、水平间距创建 FlowLayout 布局管理器。

其中参数 hgap、vgap 分别代表水平间距、垂直间距，我们只需为这两个参数传入整数值即可，其中用 align 表示 FlowLayout 中组件的排列方向（从左向右、从右向左、从中间向

两边等）。该参数应该使用类 FlowLayout 的静态常量，例如 FlowLayout.LEFT、FlowLayout.CENTER 和 FlowLayout.RIGHT。在 AWT 中，Panel 和 Applet 默认使用 FlowLayout 布局管理器。

实例 17-4：使用 FlowLayout 布局

源码路径：下载包 \daima\ 第 17 章 \17-4

实例文件 Wintwo1.java 的主要代码如下所示。

```
//引入AWT包
import java.awt.*;
import java.awt.event.*;
public class Wintwo1 extends Frame
{
    //定义三个按钮组件
    Button b1=new Button("提交");
    Button b2=new Button("取消");
    Button b3=new Button("重置");
Wintwo1()
    {
            //设置窗口名称
            this.setTitle("使用FlowLayout布局");
            //设置布局管理器为FlowLayout
            this.setLayout(new FlowLayout());
            //将按钮组件放入窗口中
            this.add(b1);
            this.add(b2);
            this.add(b3);
            //设置窗口的位置和大小
    this.setBounds(100,100,450,350);
            //设置窗口的可见性
            this.setVisible(true);
    }
    public static void main(String args[])
    {
            new Wintwo1();
    }
}
```

执行后的效果如图 17-6 所示。

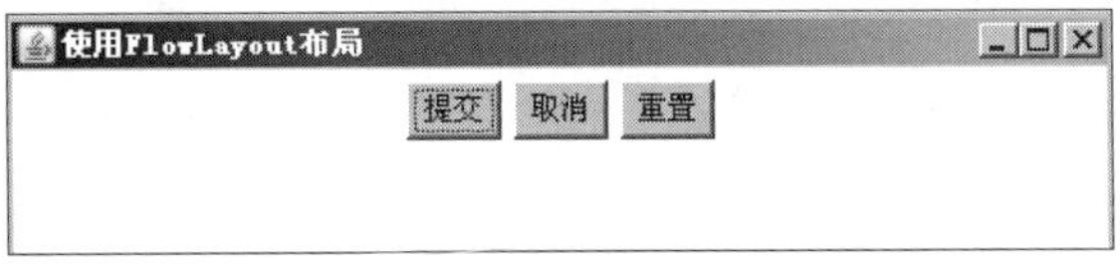

图 17-6

17.3.2　布局利器 BorderLayout

在 Java 程序中，通过 BorderLayout 布局方式可以将窗口划分成上、下、左、右、中五个区域，普通组件可以被放置在这五个区域中的任意一个。当改变使用 BorderLayout 的容器大小时，上、下和中区域可以水平调整，而左、右和中间区域可以垂直调整。在使用 BorderLayout 时需要注意如下两点。

（1）当向使用 BorderLayout 布局管理器的容器中添加组件时，需要指定要添加到哪个区域里。如果没有指定添加到哪个区域里，则默认添加到中间区域里。

（2）如果向同一个区域中添加多个组件时，后放入的组件会覆盖前面的组件。

在 AWT 开发应用中，Frame、Dialog 和 ScrollPane 默认使用 BorderLayout 布局管理器。

在 BorderLayout 中有如下两个构造器。

- BorderLayout()：使用默认水平间距、垂直间距创建 BorderLayout 布局管理器。
- BorderLayout(int hgap,int vgap)：使用指定的水平间距、垂直间距创建 BorderLayout 布局管理器。

实例 17-5：使用 BorderLayout 布局

源码路径：下载包 \daima\ 第 17 章 \17-5

实例文件 WinThree.java 的主要代码如下所示。

```
import java.awt.*;
import java.awt.event.*;
public class WinThree extends Frame{
    //定义五个按钮组件
            Button b1=new Button("中间");
                Button b2=new Button("上边");
                Button b3=new Button("下边");
                Button b4=new Button("左边");
                Button b5=new Button("右边");
                WinThree(){
                //设置窗口名称
                this.setTitle("五个按钮随意摆");
                //设置布局管理器为BorderLayout
                this.setLayout(new BorderLayout());
                //将按钮组件放入窗口规定位置中
                this.add(b1,BorderLayout.CENTER);
                this.add(b2,BorderLayout.NORTH);
                this.add(b3,BorderLayout.SOUTH);
                this.add(b4,BorderLayout.WEST);
                this.add(b5,BorderLayout.EAST);
                //设置窗口的位置和大小
                this.setBounds(300,200,450,450);
                //设置窗口的可见性
                this.setVisible(true);
                //设置窗口的背景色
                this.setBackground(Color.blue);
            }
            public static void main(String args[]){
                    new WinThree();
    }
}
```

执行后的效果如图 17-7 所示。

注意：数量是 5 个

BorderLayout 最多只能放 5 个组件，要想放多个组件，需要先将部分组件放在 Panel 中，然后再把 Panel 添加到 BorderLayout 中。如果组件小于 5 个，没有放置组件的地方，将被相邻的组件占用。

图 17-7

17.3.3 布局利器 GridLayout

在 Java 程序中，GridLayout 布局也是 AWT 中常用的一种布局方式，它实际上就是矩形网格，在网格中放置各个组件，每个网格的高度相等，组件随着网格的大小而在水平方向和垂直方向拉伸，网格的大小是由容器和创建网格的多少来确定。当用 GridLayout 的容器中添加组件时，默认从左向右、从上向下依次添加到每个网格中。与 FlowLayout 不同的是，放在 GridLayout 布局管理器中各组件的大小由组件所处的区域来决定（每个组件将自动长大到占满整个区域）。在 Java 程序中，GridLayout 有如下两个构造器。

- GridLayout(int rows，int cols)：采用指定行数、列数、默认横向间距、纵向间距将容器分隔成多个网格。
- GridLayout(int rows，int cols，int hgap,int vgap)：采用指定行数、列数、指定横向间距、纵向间距将容器分隔成多个网格。

实例 17-6：使用 GridLayout 布局

源码路径：下载包 \daima\ 第 17 章 \17-6

实例文件 Winfour1.java 的主要代码如下所示。

```
class Winfour1 extends Frame implements ActionListener{
    int i=5;
    //定义九个按钮组件
    Button b1=new Button("按钮A");
    Button b2=new Button("按钮B");
    Button b3=new Button("按钮C");
    Button b4=new Button("按钮D");
    Button b5=new Button("按钮E");
    Button b6=new Button("按钮F");
    Button b7=new Button("按钮G");
    Button b8=new Button("按钮H");
    Button b9=new Button("按钮I");
    Winfour1(){
    //设置窗口名称
    this.setTitle("布局利器Gridlayout");
    //设置布局管理器为2行3列的Gridlayout   this.setLayout(new GridLayout(3,3));
    //将按钮组件放入窗口
            this.add(b1);
            this.add(b2);
            this.add(b3);
            this.add(b4);
            this.add(b5);
            this.add(b6);
            this.add(b7);
            this.add(b8);
            this.add(b9);
    //为每个按钮组件添加监听
            b1.addActionListener(this);
            b2.addActionListener(this);
            b3.addActionListener(this);
            b4.addActionListener(this);
            b5.addActionListener(this);
            b6.addActionListener(this);
            b7.addActionListener(this);
            b8.addActionListener(this);
            b9.addActionListener(this);
    //设置窗口的位置和大小
    this.setBounds(100,100,450,450);
    //设置窗口的可见性
```

```
            this.setVisible(true);
    }
    //实现ActionListener接口中的actionPerformed方法
public void actionPerformed(ActionEvent e){
        i++;
        Button bi=new Button("按钮"+i);
        this.add(bi);
        bi.addActionListener(this);
        this.show(true);
    }
    public static void main(String args[]){
            new Winfour1();
    }}
```

执行后的效果如图 17-8 所示。

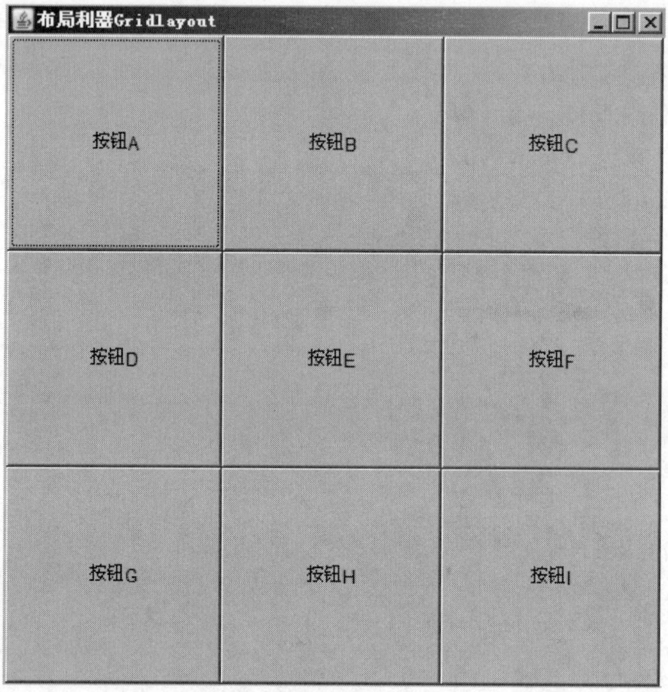

图 17-8

17.4 AWT 的常用组件

接下来将从应用的角度进一步介绍 AWT 的一些组件，目的是使大家加深对 AWT 的理解，掌握如何用各种组件构造图形化用户界面，学会控制组件的颜色和字体。希望你认真学习，为步入本书后面章节的学习打好基础。

↑扫码看视频（本节视频课程时间：1 分 50 秒）

17.4.1 AWT 中的组件

在 Java 程序中，AWT 提供了如下表 17-3 所示的基本组件。

表 17-3

组件	功能描述
Button	按钮，可接受单击操作
Canvas	用于绘图的画布
Checkbox	复选框组件（也可变成单选框组件）
CheckboxGroup	用于将多个 Checkbox 组件组合成一组，一组 Checkbox 组件将只有一个可以被选中，即全部变成单选框组件
Choice	下拉式选择框组件
Frame	窗口，在 GUI 程序里通过该类创建窗口
Label	标签类，用于放置提示性文本
List	列表框组件，可以添加多项条目
Panel	不能单独存在基本容器类，必须放到其他容器中
Scrollbar	滑动条组件。如果需要用户输入位于某个范围的值，就可以使用滑动条组件。如在调色板中设置 RGB 三个值所用的滑动条。当创建一个滑动条时，必须指定它的方向、初始值、滑块大小、最小值和最大值
ScrollPane	带水平及垂直滚动条的容器组件
TextArea	多行文本域
TextField	单行文本框

上述基本组件的效果图如图 17-9 所示。

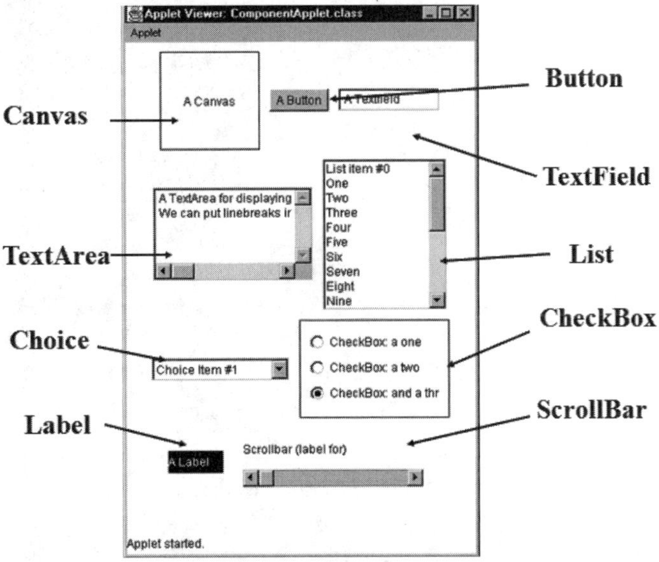

图 17-9

上述 AWT 组件的用法比较简单，在本章前面已经多次用到了 Button，你可以查阅 API 文档来获取它们各自的构造器、方法等详细信息。例如下面的实例演示了使用 AWT 基本组件的过程。

实例 17-7：使用 AWT 的基本组件进行各类操作

源码路径：下载包 \daima\ 第 17 章 \17-7

实例文件 yongzu.java 的主要实现代码如下所示。

```
import java.awt.*;
import javax.swing.*;

public class yongzu
{
    Frame f = new Frame("测试");
    //定义一个按钮
    Button ok = new Button("确认");

    CheckboxGroup cbg = new CheckboxGroup();
    //定义一个单选框（处于cbg一组），初始处于被选中状态
    Checkbox male = new Checkbox("男" , cbg , true);
    //定义一个单选框（处于cbg一组），初始处于没有选中状态
    Checkbox female = new Checkbox("女" , cbg , false);
    //定义一个复选框，初始处于没有选中状态
    Checkbox married = new Checkbox("是否已婚？" , false);
    //定义一个下拉选择框
    Choice colorChooser = new Choice();
    //定义一个列表选择框
    List colorList = new List(6, true);
    //定义一个5行、20列的多行文本域
    TextArea ta = new TextArea(5, 20);
    //定义一个50列的单行文本域
    TextField name = new TextField(50);

    public void init()
    {
            colorChooser.add("红色");
            colorChooser.add("绿色");
            colorChooser.add("蓝色");
            colorList.add("红色");
            colorList.add("绿色");
            colorList.add("蓝色");
            //创建一个装载了文本框、按钮的Panel
            Panel bottom = new Panel();
            bottom.add(name);
            bottom.add(ok);
            f.add(bottom , BorderLayout.SOUTH);
            //创建一个装载了下拉选择框、三个Checkbox的Panel
            Panel checkPanel = new Panel();
            checkPanel.add(colorChooser);
            checkPanel.add(male);
            checkPanel.add(female);
            checkPanel.add(married);
            //创建一个垂直排列组件的Box，盛装多行文本域、Panel
            Box topLeft = Box.createVerticalBox();
            topLeft.add(ta);
            topLeft.add(checkPanel);
            //创建一个垂直排列组件的Box，盛装topLeft、colorList
            Box top = Box.createHorizontalBox();
            top.add(topLeft);
            top.add(colorList);
            //将top Box容器添加到窗口的中间
            f.add(top);
            f.pack();
            f.setVisible(true);
    }

    public static void main(String[] args)
    {
            new yongzu().init();
```

```
    }
}
```

执行效果如图 17-10 所示。

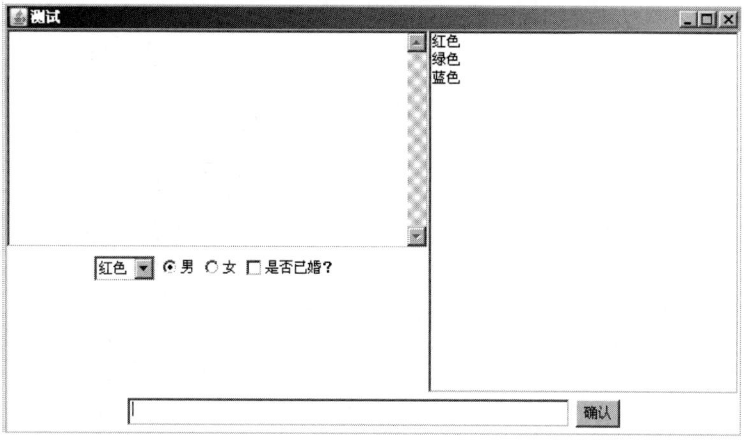

图 17-10

17.4.2　AWT 中的对话框

对话框是 Window 类中的一个子类，也是一个容器类。对话框是可以独立存在的顶级窗口，所以其用法与普通窗口用法几乎完全一样。在 AWT 中使用对话框时要注意如下两点。

（1）对话框通常依赖于其他窗口，就是通常有一个 parent 窗口。

（2）对话框有非模式（non-modal）和模式（modal）两种，当某个模式对话框被打开之后，该模式对话框总是位于它依赖的窗口之上；在模式对话框被关闭之前，它依赖的窗口无法获得焦点。

在对话框中也应该有多个重载的构造器，在这些构造器中可能包含如下三个参数。

- owner：指定该对话框所依赖的窗口，既可以是窗口，也可以是对话框。
- title：指定该对话框的窗口标题。
- modal：指定该对话框是否是模式的，可以是 true 或 false。

另外，在类 Dialog 还有一个名为 FileDialog 的子类，此类代表了一个文件对话框，用于打开或者保存文件，在 FileDialog 中提供了几个构造器，分别可支持 parent、title 和 mode 三个构造参数，其中 parent、title 指定文件对话框的所属父窗口和标题，而 mode 用于指定该窗口打开文件或保存文件，该参数支持 FileDialog.LOAD 和 FileDialog.SAVE 两个参数值。在 Java 程序中，FtleDialog 提供了如下两个方法来获取被打开 / 保存文件的路径。

- getDirectory()：获取 FileDialog 被打开 / 保存文件的绝对路径。
- getFile()：获取 FileDialog 被打开 / 保存文件的文件名。

实例 17-8：使用模式对话框和非模式对话框

源码路径：下载包 \daima\ 第 17 章 \17-8

实例文件 yongDialog.java 的主要代码如下所示。

```
import java.awt.*;
import java.awt.event.*;
```

```
public class yongDialog{
    Frame f = new Frame("测试");
    Dialog d1 = new Dialog(f, "模式对话框" , true);
    Dialog d2 = new Dialog(f, "非模式对话框" , false);
    Button b1 = new Button("打开模式对话框");
    Button b2 = new Button("打开非模式对话框");
    public void init()      {
            d1.setBounds(20 , 30 , 300, 400);
            d2.setBounds(20 , 30 , 300, 400);
            b1.addActionListener(new ActionListener()
            {
                    public void actionPerformed(ActionEvent e)
                    {
                            d1.setVisible(true);
                    }
            });
            b2.addActionListener(new ActionListener()
            {
                    public void actionPerformed(ActionEvent e)
                    {
                            d2.setVisible(true);
                    }
            });
            f.add(b1);
            f.add(b2 , BorderLayout.SOUTH);
            f.pack();
            f.setVisible(true);
    }
    public static void main(String[] args)
    {
            new yongDialog().init();
    }
}
```

执行后的效果如图 17-11 所示。

图 17-11

在上面的实例中创建了 dl 和 d2 两个对话框，其中 dl 是一个模式对话框，而 d2 是非模式对话框（两个对话框都是空的，里面什么都没有），在该窗口中还提供了两个按钮，两个按钮分别用于打开模式对话框和非模式对话框。打开模式对话框后鼠标无法激活原来的“测试窗口”；但打开非模式对话框后可以激活原来的“测试窗口”。

第 18 章

使用 Swing 开发 GUI 程序

（视频讲解：16 分钟）

随着时代的发展和开发技术的不断进步，AWT 仿佛不能满足程序设计者的需求，这时候一个更加华丽的编程工具——Swing 出现在开发者面前。Swing 是建立在 AWT 的基础之上，在一经推出之后便受到了非常广泛的欢迎，能够在不同平台保持组件的界面样式。在本章的内容中将向读者详细讲解 Swing 的使用知识，为读者步入本书后面知识的学习打下基础。

18.1 Swing 基础

在 Java 程序中，Swing 是一个用于 Java 程序界面的开发工具包，它是以 AWT 为基础，可以使用任何插件的外观风格，Swing 开发人员只用很少的代码就可以利用 Swing 丰富、灵活的功能和模块化组件来创建优秀的用户界面。

↑扫码看视频（本节视频课程时间：4 分 15 秒）

开发 Swing 界面程序主要步骤是：导入 Swing 包、选择风格界面、设置顶层容器、设置按钮和标签、将组建添加到容器中、为组件增加边框、处理事件、辅助技术支持，如图 18-1 所示。

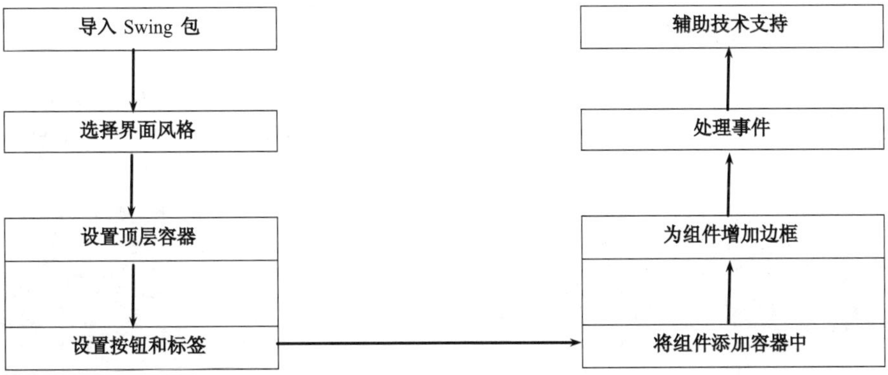

图 18-1

Swing 是 Java 平台的 UI，它充当处理用户和计算机之间全部交互的软件。类似于用户和计算机内部之间的中间人。Swing 是由 100% 纯 Java 实现的，Swing 组件是用 Java 实现的轻量级（light-weight）组件，没有本地代码，不依赖操作系统的支持，这是它与 AWT 组件的最大区别。由于 AWT 组件通过与具体平台相关的对等类（Peer）实现，因此 Swing 比 AWT 组件具有更强的实用性。Swing 在不同的平台上表现一致，并且有能力提供本地窗口系统不支持的其他特性。

在 AWT 组件中，由于控制组件外观的对等类与具体平台相关，使得 AWT 组件总是只有与本机相关的外观。Swing 使得程序在一个平台上运行时能够有不同的外观，用户可以选择自己习惯的外观。

Swing 组件遵循一种被称为 MVC（Model-View-Controller，即模型—视图—控制器）的设计模式，其中模型（Model）用于维护组件的各种状态，视图（View）是组件的可视化表现，控制器（Controller）用于控制对于各种事件、组件做出怎样的响应。当模型发生改变时，它会通知所有依赖它的视图，视图使用控件指定其相应机制。Swing 使用 UI 代理来包装视图和控制器，还有另一个模型对象来维护该组件的状态。例如按钮 JButton 有一个维护其状态信息的模型 ButtonModel 对象。Swing 组件的模型是自动设置的，因此一般都使用 JButton，而无须关心 ButtonModel 对象。因此 Swing 的 MVC 实现也被称为 Model-Delegate（模型—代理）。对于一些简单的 Swing 组件通常无须关心它对应的 Model 对象，但对于一些高级的 Swing 组件，如 JTree、JTable 等需要维护复杂的数据，这些数据就是由该组件对应的 Model 来维护的。另外，通过创建 Model 类的子类或通过实现适当的接口，可以为组件建立自己的模型。然后用 setModel() 方法把模型与组件联系起来。

18.2 Swing 的组件

在 Java 程序中，Swing 是 AWT 的扩展，它提供了许多新的图形界面组件。Swing 组件以“J”开头，除了拥有与 AWT 类似的按钮（JButton）、标签（JLabel）、复选框（JCheckBox）、菜单（JMenu）等基本组件外，还增加了一个丰富的高层组件集合，如表格（JTable）、树（JTree）。

↑扫码看视频（本节视频课程时间：6 分 37 秒）

18.2.1 Swing 组件的层次结构

在 javax.swing 包中定义了两种类型的组件，分别是顶层容器（Jframe、Japplet、JDialog 和 JWindow）和轻量级组件。Swing 组件都是 AWT 的 Container 类的直接子类和间接子类，具体层次结构如下所示。

```
Java.awt.Component
  -Java.awt.Container
     -Java.awt.Window
        -java.awt.Frame-Javax.swing.JFrame
        -javax.Dialog-Javax.swing.JDialog
        -Javax.swing.JWindow
     -java.awt.Applet-Javax.swing.JApplet
     -Javax.swing.Box
     -Javax.swing.Jcomponet
```

Swing 包是 JFC（Java Foundation Classes）的一部分，它由许多包组成，各个包的具体说明如表 18-1 所示。

表 18-1

包	描述
com.sum.swing.plaf.motif	用户界面代表类，实现 Motif 界面样式
com.sum.java.swing.plaf.windows	用户界面代表类，实现 Windows 界面样式
javax.swing	Swing 组件和使用工具
javax.swing.border	Swing 轻量级组件的边框
javax.swing.colorchooser	JColorChooser 的支持类 / 接口
javax.swing.event	事件和侦听器类
javax.swing.filechooser	JFileChooser 的支持类 / 接口
javax.swing.pending	未完全实现的 Swing 组件
javax.swing.plaf	抽象类，定义 UI 代表的行为
javax.swing.plaf.basic	实现所有标准界面样式公共功能的基类
javax.swing.plaf.metal	用户界面代表类，实现 Metal 界面样式
javax.swing.table	JTable 组件
javax.swing.text	支持文档的显示和编辑
javax.swing.text.html	支持显示和编辑 HTML 文档
javax.swing.text.html.parser	HTML 文档的分析器
javax.swing.text.rtf	支持显示和编辑 RTF 文件
javax.swing.tree	JTree 组件的支持类
javax.swing.undo	支持取消操作

在现实应用中，如果将 Swing 组件按照功能来划分，又可分为如下几类。

（1）顶层容器：JFrame、JApplet、JDialog 和 JWindow（几乎不会使用）。

（2）中间容器：JPanel、JScroIIPane、JSplitPane、JTooIBar 等。

（3）特殊容器：在用户界面上具有特殊作用的中间容器，如 JlnternalFrame、JRootPane、JLayeredPane 和 JDestopPane 等。

（4）基本组件：实现人机交互的组件，如 JButton、JComboBox、JList、JMenu、JSlider 等。

（5）不可编辑信息的显示组件：向用户显示不可编辑信息的组件，如 JLabel、JProgressBar 和 JTooITip 等。

（6）可编辑信息的显示组件：向用户显示能被编辑的格式化信息的组件，如 JTable、JTextArea 和 JTextField 等。

（7）特殊对话框组件：可以直接产生特殊对话框的组件，如 JColorChoosor 和 JFileChooser 等。

18.2.2 Swing 实现 AWT 组件

在 Swing 中，除了 Canvas 之外为所有 AWT 组件提供了相应的实现。和 AWT 组件相比，Swing 组件有如下四个额外的功能。

（1）可以为 Swing 组件设置提示信息，使用 setTooITipText() 方法，为组件设置对用户有帮助的提示信息。

（2）很多 Swing 组件如按钮、标签、菜单项等，除了使用文字外，还可以使用图标修饰自己。为了允许在 Swing 组件中使用图标，Swing 为 lcon 接口提供了一个实现类：Imagelcon，该实现类代表一个图像图标。

（3）支持插拔式的外观风格，每个 JComponent 对象都有一个相应的 ComponentUI 对象，为它完成所有的绘画、事件处理、决定尺寸大小等工作。ComponentUI 对象依赖当前使用的 PLAF，使用 UIManager.setLookAndFeel() 方法可以改变图形界面的外观风格。

（4）支持设置边框：Swing 组件可以设置一个或多个边框。Swing 中提供了各式各样的边框供用户选用，也能建立组合边框或自己设计边框。一种空白边框可以用于增大组件，同时协助布局管理器对容器中的组件进行合理的布局。

在 Java 程序中，每个 Swing 组件都有一个对应的 UI 类，例如 JButton 组件就有一个对应的 ButtonUI 类来作为 UI。每个 Swing 组件的 UI 代理的类名总是将该 Swing 组件类名的 J 去掉，然后在后面增加 UI 后缀。UI 代理类通常是一个抽象基类，不同 PLAF 会有不同的 UI 代理实现类。Swing 类库中包含了几套 UI，每套 UI 代理几乎都包含所有 Swing 组件的 ComponentUI 实现，每套这样的实现，都被称为 PLAF 的实现。例如下面实例演示了使用 Swing 组件创建窗口的过程，在窗口中分别设置了菜单、右键菜单以及基本组件的 Swing 实现。

实例 18-1：使用 Swing 组件创建窗口

源码路径：下载包 \daima\ 第 18 章 \18-1

实例文件 SwingAWT.java 的具体实现代码如下所示。

```
public class SwingAWT{
    JFrame f = new JFrame(" 测试 ");
    //定义按钮指定图标
    Icon okIcon = new ImageIcon("tu/ok.png");
    JButton ok = new JButton(" 确认 " , okIcon);
    //定义单选按钮使之处于选中状态
    JRadioButton nan = new JRadioButton(" 男 " , true);
    //定义单选按钮使之处于没有选中状态
    JRadioButton fenan = new JRadioButton(" 女 " , false);
    //定义 ButtonGroup 将上面两个 JRadioButton 组合在一起
    ButtonGroup bg = new ButtonGroup();
    //定义复选框使之处于没有选中状态。
    JCheckBox married = new JCheckBox(" 婚否？ " , false);
    String[] colors = new String[]{" 红色 " , " 绿色 "  , " 蓝色 "};
    //下拉选择框
    JComboBox colorChooser = new JComboBox(colors);
    //列表选择框
    JList colorList = new JList(colors);
    // 8 行、20 列的多行文本域
    JTextArea ta = new JTextArea(8, 20);
    // 40 列的单行文本域
    JTextField name = new JTextField(40);
    JMenuBar mb = new JMenuBar();
    JMenu file = new JMenu(" 文件 ");
    JMenu edit = new JMenu(" 编辑 ");
    //创建 " 新建 " 菜单项
    Icon newIcon = new ImageIcon("tu/new.png");
    JMenuItem newItem = new JMenuItem(" 新建 " , newIcon);
    //创建 " 保存 " 菜单项
    Icon saveIcon = new ImageIcon("tu/save.png");
    JMenuItem saveItem = new JMenuItem(" 保存 " , saveIcon);
```

```
    //创建"退出"菜单项
    Icon exitIcon = new ImageIcon("tu/exit.png");
    JMenuItem exitItem = new JMenuItem("退出" , exitIcon);
    JCheckBoxMenuItem autoWrap = new JCheckBoxMenuItem("换行");
    //创建"复制"菜单项
    JMenuItem copyItem = new JMenuItem("复制" , new ImageIcon("tu/copy.png"));
    //创建"粘贴"菜单项
    JMenuItem pasteItem = new JMenuItem("粘贴" , new ImageIcon("tu/paste.png"));
    JMenu format = new JMenu("格式");
    JMenuItem commentItem = new JMenuItem("注释");
    JMenuItem cancelItem = new JMenuItem("取消注释");

    //定义右键菜单用于设置程序风格
    JPopupMenu pop = new JPopupMenu();
    //用于组合三个风格菜单项的 ButtonGroup
    ButtonGroup flavorGroup = new ButtonGroup();
    //创建三个单选框按钮设定程序的外观风格
    JRadioButtonMenuItem metalItem = new JRadioButtonMenuItem("Metal风格" , true);
    JRadioButtonMenuItem windowsItem = new JRadioButtonMenuItem("Windows风格");
    JRadioButtonMenuItem motifItem = new JRadioButtonMenuItem("Motif风格");

    public void init()
    {
            //创建一个装载了文本框、按钮的 JPanel
            JPanel bottom = new JPanel();
            bottom.add(name);
            bottom.add(ok);
            f.add(bottom , BorderLayout.SOUTH);
            //创建一个装载了下拉选择框、三个 JCheckBox 的 JPanel
            JPanel checkPanel = new JPanel();
            checkPanel.add(colorChooser);
            bg.add(nan);
            bg.add(fenan);
            checkPanel.add(nan);
            checkPanel.add(fenan);
            checkPanel.add(married);
            //创建一个垂直排列组件的 Box，盛装多行文本域 JPanel
            Box topLeft = Box.createVerticalBox();
            //使用 JScrollPane 作为普通组件的 JViewPort
            JScrollPane taJsp = new JScrollPane(ta);
            topLeft.add(taJsp);
            topLeft.add(checkPanel);
            //创建一个垂直排列组件的 Box，盛装 topLeft、colorList
            Box top = Box.createHorizontalBox();
            top.add(topLeft);
            top.add(colorList);
            //将 top Box 容器添加到窗口的中间
            f.add(top);
            //-----------下面开始组合菜单、并为菜单添加事件监听器----------
            //为 newItem 设置快捷键，设置快捷键时要使用大写字母
            newItem.setAccelerator(KeyStroke.getKeyStroke('N' , InputEvent.CTRL_MASK));
            newItem.addActionListener(new ActionListener()
            {
                    public void actionPerformed(ActionEvent e)
                    {
                            ta.append("单击了"新建"菜单\n");
                    }
            });
            //为 file 菜单添加菜单项
            file.add(newItem);
            file.add(saveItem);
            file.add(exitItem);
            //为 edit 菜单添加菜单项
```

```
        edit.add(autoWrap);
        //使用 addSeparator 方法来添加菜单分隔线
        edit.addSeparator();
        edit.add(copyItem);
        edit.add(pasteItem);
        commentItem.setToolTipText("使用注释起来！");
        //为 format 菜单添加菜单项
        format.add(commentItem);
        format.add(cancelItem);
        //使用添加 new JMenuItem("-") 的方式不能添加菜单分隔符
        edit.add(new JMenuItem("-"));
        //将 format 菜单组合到 edit 菜单中，从而形成二级菜单
        edit.add(format);
        //将 file、edit 菜单添加到 mb 菜单条中
        mb.add(file);
        mb.add(edit);
        //为 f 窗口设置菜单条
        f.setJMenuBar(mb);
        //-----------下面开始组合右键菜单、并安装右键菜单----------
        flavorGroup.add(metalItem);
        flavorGroup.add(windowsItem);
        flavorGroup.add(motifItem);
        pop.add(metalItem);
        pop.add(windowsItem);
        pop.add(motifItem);
        //为三个菜单创建事件监听器
        ActionListener flavorListener = new ActionListener()
        {
                public void actionPerformed(ActionEvent e)
                {
                        try
                        {
                                if (e.getActionCommand().equals("Metal 风格"))
                                {
                                        changeFlavor(1);
                                }
                                else if (e.getActionCommand().equals("Windows
                                                                        风格"))
                                {
                                        changeFlavor(2);
                                }
                                else if (e.getActionCommand().equals("Motif
                                                                        风格"))
                                {
                                        changeFlavor(3);
                                }
                        }
                        catch (Exception ee)
                        {
                                ee.printStackTrace();
                        }
                }
        };
        //为三个菜单添加事件监听器
        metalItem.addActionListener(flavorListener);
        windowsItem.addActionListener(flavorListener);
        motifItem.addActionListener(flavorListener);
        //调用该方法即可设置右键菜单，无须使用事件机制
        ta.setComponentPopupMenu(pop);
        //设置关闭窗口时，退出程序
        f.setDefaultCloseOperation(JFrame.EXIT_ON_CLOSE);
        f.pack();
        f.setVisible(true);
```

```
    }

    //定义一个方法，用于改变界面风格
    private void changeFlavor(int flavor)throws Exception
    {
        switch (flavor)
        {
            //设置 Metal 风格
            case 1:
                UIManager.setLookAndFeel("javax.swing.plaf.metal.
                                            MetalLookAndFeel");
                break;
            //设置 Windows 风格
            case 2:
                UIManager.setLookAndFeel("com.sun.java.swing.plaf.
                                  windows.WindowsLookAndFeel");
                break;
            //设置 Motif 风格
            case 3:
                UIManager.setLookAndFeel("com.sun.java.swing.plaf.
                                     motif.MotifLookAndFeel");
                break;
        }
        //更新 f 窗口内顶级容器以及内部所有组件的 UI
        SwingUtilities.updateComponentTreeUI(f.getContentPane());
        //更新 mb 菜单条以及内部所有组件的 UI
        SwingUtilities.updateComponentTreeUI(mb);
        //更新 pop 右键菜单以及内部所有组件的 UI
        SwingUtilities.updateComponentTreeUI(pop);

    }
    public static void main(String[] args)
    {
        //设置 Swing 窗口使用 Java 风格
        JFrame.setDefaultLookAndFeelDecorated(true);
        new SwingAWT().init();
    }
}
```

在上述代码中，在创建按钮、菜单项时传入了一个 Imagelcon 对象，通过此方式可以创建带图标的菜单项。执行效果如图 18-2 所示。

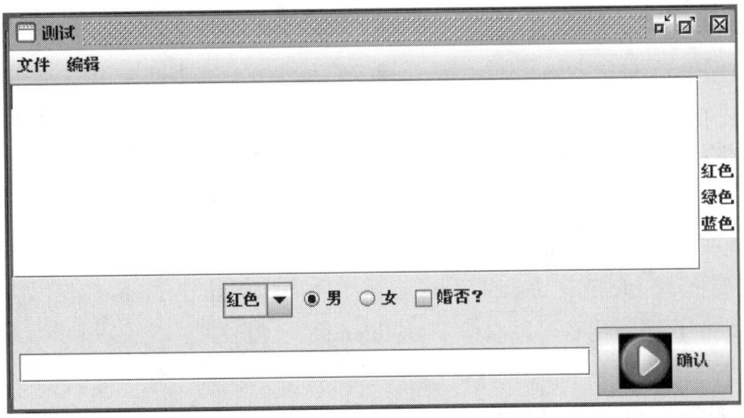

图 18-2

18.2.3 Jframe、JscrollPane 和边框

接下来将详细介绍三个控件，分别是 Jframe、JscrollPane 和边框。

1. Jframe

在 Java 程序中，Jframe 起到一个容器的作用，允许我们把其他组件添加到它的里面，把它们组织起来，并把它们呈现给用户。JFrame 实际上不仅仅让您把组件放入其中并呈现给用户。比起它表面上看的简单性，它实际上是 Swing 包中最复杂的组件。为了最大程度地简化组件，在独立于操作系统的 Swing 组件与实际运行这些组件的操作系统之间，JFrame 起到一个桥梁的作用。JFrame 在本机操作系统中是以窗口的形式注册的，这么做以后就可以得到许多熟悉的操作系统窗口的特性，例如最小化 / 最大化、改变大小和移动特性。但是对于本教程的目标来说，把 JFrame 当作放置组件的调色板就足够了。可以在 JFrame 上调用如下修改属性的方法。

- get/setTitle()：获取 / 设置帧的标题。
- get/setState()：获取 / 设置帧的最小化、最大化等状态。
- is/setVisible()：获取 / 设置帧的可视状态，换句话说，是否在屏幕上显示。
- get/setLocation()：获取 / 设置帧在屏幕上应当出现的位置。
- get/setSize()：获取 / 设置帧的大小。
- add()：将组件添加到帧中。

另外，Jframe 为我们提供了一个方法 getContentPane()，此方法用于返回该 JFrame 的顶级容器（即 JRootPane 对象），这个顶级容器会包含 JFrame 所显示的所有非菜单组件。我们可以这样理解：所有看似放在 JFrame 中的 Swing 组件，除菜单之外，其实都是放在 JFrame 对应的顶级容器中，而 JFrame 容器里提供了 getContentPane() 方法返回的顶级容器。在 JDK 1.5 以前，Java 甚至不允许直接向 JFrame 中添加组件，必须先调用 JFrame 的 getContentPane() 方法获得该窗口的顶级容器，然后将所有组件添加到该顶级容器中。从 JDK 1.5 以后，Java 改写了 JFrame 的 add() 和 setLayout() 等方法，当程序调用 JFrame 的 add() 和 setLayout() 等方法时，实际上对 JFrame 的顶级容器进行操作，而不是操作 JFrame。

2. JScrollPane

在 Java 程序中，JScrollPane 组件是一个特殊的组件，它不同于 JFrame、JPanel 等普通容器，它甚至不能指定自己的布局管理器，它主要用于为其他 Swing 组件提供滚动条支持，JScrollPane 通常由普通 Swing 组件，可选的垂直、水平滚动条以及可选的行、列标题组成。也就是说，如果我们希望让 JTextArea、JTable 等组件能有滚动条支持，只要将该组件放入 JScrollPane 中即可，再将该 JScrollPane 容器添加到窗口中。JScrollPane 对于 JTable 组件尤其重要，通常需要把 JTable 放在 JScroIIPane 容器中才可以显示出 JTable 组件的标题栏。关于 JScrollPane 的详细说明，读者可以参考 JScrollPane 的 API 文档。

3. 边框

在 Java 开发应用中，可以调用 JComponent 提供的 setBorder(Borderb) 方法为 Swing 组件设置边框。Border 是 Swing 提供的一个接口，用于表示组件的边框。在接口 Border 中有很多实现类，例如 LineBorder、MatteBorder 和 BevelBorder 等。这些 Border 实现类都提供了

相应的构造器用于创建 Border 对象，一旦获取 Border 对象之后，就可以调用 JComponent 的 setBorder(Borderb) 方法为指定组件设置边框。其中 TitledBorder 和 CompoundBorder 比较独特，具体说明如下所示。

（1）TitledBorder：其作用并不是为其他组件添加边框，而是为其他边框设置标题，当需要创建 TitleBorder 对象时，需要传入一个已经存在的 Border 对象，而新创建的 TitledBorder 对象则是将原有的 Border 对象添加标题。

（2）CompoundBorder：用于组合两个边框，因此创建 CompoundBorder 对象时需要传入两个 Border 对象，一个用作组件的内边框，一个用作组件的外边框。

除此之外，Swing 还为我们提供了一个 BorderFactory 静态工厂类，该类提供了大量静态工厂方法用于返回 Border 实例，这些静态方法的参数与各 Border 实现类的构造器参数基本一致。

Border 除了为我们提供 Border 实现类外，还提供了 MetalBorders、ooIBarBorder、MetalBorders.TextFieldBorder 等 Border 实现类，这些实现类作为 Swing 组件的默认边框，在程序中通常无须使用这些系统边框。

在程序中为组件添加边框的步骤如下所示。

（1）使用 BorderFactory 或者 XxxBorder 创建 XxxBorder 实例。

（2）调用 Swing 组件的 setBorder(Borderb) 方法为该组件设置边框。

实例 18-2：为 Panel 容器分别添加了几种边框

源码路径：下载包 \daima\ 第 18 章 \18-2

实例文件 yongBorder.java 的具体实现代码如下所示。

```
public class yongBorder{
    private JFrame jf = new JFrame("边框");

    public void init()
    {
            jf.setLayout(new GridLayout(2, 4));
            //使用静态工厂方法创建 BevelBorder
            Border bb = BorderFactory.createBevelBorder(BevelBorder.RAISED ,
                    Color.RED, Color.GREEN, Color.BLUE, Color.GRAY);
            jf.add(getPanelWithBorder(bb , "BevelBorder"));
            //使用静态工厂方法创建 LineBorder
            Border lb = BorderFactory.createLineBorder(Color.ORANGE, 10);
            jf.add(getPanelWithBorder(lb , "LineBorder"));
            //使用静态工厂方法创建 EmptyBorder，目的是在组件四周留空
            Border eb = BorderFactory.createEmptyBorder(20, 5, 10, 30);
            jf.add(getPanelWithBorder(eb , "EmptyBorder"));
            //使用静态工厂方法创建 EtchedBorder
            Border etb = BorderFactory.createEtchedBorder(EtchedBorder.RAISED,
                    Color.RED, Color.GREEN);
            jf.add(getPanelWithBorder(etb , "EtchedBorder"));
            //创建 TitledBorder，TitledBorder 边框为原有的边框增加标题
            TitledBorder tb = new TitledBorder(lb , "测试标题" , TitledBorder.LEFT ,
                    TitledBorder.BOTTOM, new Font("StSong" , Font.BOLD , 18), Color.BLUE);
            jf.add(getPanelWithBorder(tb , "TitledBorder"));
            //创建 MatteBorder，这是 EmptyBorder 的子类，
            //它可以指定留空区域的颜色或背景，此处是指定颜色
            MatteBorder mb = new MatteBorder(20, 5, 10, 30, Color.GREEN);
            jf.add(getPanelWithBorder(mb , "MatteBorder"));
            //创建 CompoundBorder 将两个边框组合成新边框
            CompoundBorder cb = new CompoundBorder(new LineBorder(Color.RED, 8) , tb);
```

```
            jf.add(getPanelWithBorder(cb , "CompoundBorder"));

            jf.pack();
            jf.setVisible(true);
    }
    public static void main(String[] args)
    {
            new yongBorder().init();
    }

    public JPanel getPanelWithBorder(Border b , String BorderName)
    {
            JPanel p = new JPanel();
            p.add(new JLabel(BorderName));
            //为 Panel 组件设置边框
            p.setBorder(b);
            return p;
    }
}
```

执行后的效果如图 18-3 所示。

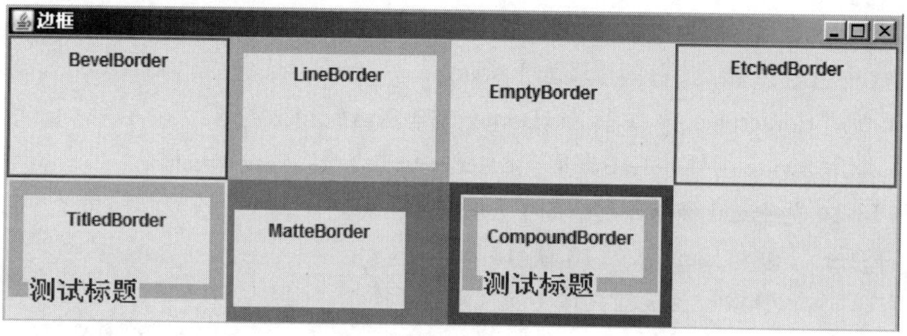

图 18-3

18.2.4 使用 JToolBar 创建工具条

在 Swing 中提供了 JToolBar 类来创建工具条，在创建 JToolBar 对象时可以指定如下两个参数。

- name: 该参数指定该工具条的名称。
- orientation：该参数指定该工具条的方向。

在创建 JToolBar 对象之后，可以使用如下表 18-2 所示的内置方法。

表 18-2

方法	功能描述
JButton add(Action a)	通过 Action 对象为 JToolBar 添加对应的工具按钮
void addSeparator(Dimension size)	向工具栏的末尾添加指定大小的分隔符，Java 允许不指定 size 参数，则添加一个默认大小的分隔符
void setFloatable(boolean b)	设置该工具条是浮动的，即该工具条是否可以拖动
void setMargin(lnsets m)	设置工具条边框和工具按钮之间的页边距
void setOrientation(int o)	设置工具条的方向
void setRollover(boolean rollover)	设置此工具栏的 rollover 状态

在 Java 程序中，Action 接口是 ActionListener 接口的子接口，它除了包含 ActionListener 接口的 actionPerformed() 方法之外，还包含 name 和 Icon 两个属性，其中 name 字符串用作按钮或菜单项中的文本，而 Icon 则用作按钮的图标或菜单项中的图标。也就是说，Action 不仅可作为事件监听器使用，它还可以被转换成按钮或菜单项。但是 Action 本身既不是按钮，也不是菜单项，只是当把 Action 对象添加到某些容器（也可直接使用 Action 来创建按钮），如菜单和工具栏中时，这些容器会为该 Action 对象创建对应的组件（菜单项和按钮）。也就是说，这些容器需要完成下面的 4 个工作。

（1）创建一个适用于该容器的组件（例如，工具栏创建一个工具按钮）。

（2）从 Action 对象中获得适当的属性来自定义该组件（例如通过 name 来设置文本，通过 icon 设置图标）。

（3）检查 Action 对象的初始状态，确定它是否处于激活状态，并根据该 Action 的状态来决定该 Action 对应所有组件的行为。只有处于激活状态的 Action 所对应的 Swing 组件才可以响应用户动作。

（4）通过 Action 对象为对应组件注册事件监听器，系统将为该 Action 所创建的所有组件注册同一个事件监听器（事件处理器就是 Action 对象里的 actionPerformed() 方法）。

例如在下面的实例中创建了一个窗体，在窗体中设置了“复制”和“粘贴”按钮，单击后能够实现“复制”和“粘贴”功能。

实例 18-3：实现“复制”和“粘贴”功能

源码路径：下载包 \daima\ 第 18 章 \18-3

实例文件 yongJToolBar.java 的具体实现代码如下所示。

```
public class yongJToolBar {
    JFrame jf = new JFrame("工具条");
    JTextArea aaa = new JTextArea(6, 35);
    JToolBar bbb = new JToolBar();
    JMenuBar ccc = new JMenuBar();
    JMenu edit = new JMenu("编辑");
    Clipboard clipboard = Toolkit.getDefaultToolkit().getSystemClipboard();
    //创建"粘贴"Action，该 Action 用于创建菜单项、工具按钮和普通按钮
    Action pasteAction = new AbstractAction("粘贴", new ImageIcon("tu/paste.png"))
    {
            public void actionPerformed(ActionEvent e)
            {
                    //如果剪贴板中包含 stringFlavor 内容
                    if (clipboard.isDataFlavorAvailable(DataFlavor.stringFlavor))
                    {
                            try
                            {
                                    //取出剪贴板中 stringFlavor 内容
                                    String content = (String)clipboard.
                                            getData(DataFlavor.stringFlavor);
                                    //将选中内容替换成剪贴板中的内容
                                    aaa.replaceRange(content , aaa.
                                     getSelectionStart() , aaa.getSelectionEnd());
                            }
                            catch (Exception ee)
                            {
                                    ee.printStackTrace();
                            }
                    }
            }
```

```
    };
    //创建"复制"Action
    Action copyAction = new AbstractAction("复制", new ImageIcon("tu/copy.png"))
    {
            public void actionPerformed(ActionEvent e)
            {
                    StringSelection contents = new StringSelection(aaa.
                                                    getSelectedText());
                    //将StringSelection对象放入剪贴板
                    clipboard.setContents(contents, null);
                    //如果剪贴板中包含stringFlavor内容
                    if (clipboard.isDataFlavorAvailable(DataFlavor.stringFlavor))
                    {
                            //将pasteAction激活
                            pasteAction.setEnabled(true);
                    }
            }
    };
    public void init()
    {
            //pasteAction默认处于不激活状态
            pasteAction.setEnabled(false);
            jf.add(new JScrollPane(aaa));
            //以Action创建按钮，并将该按钮添加到Panel中
            JButton copyBn = new JButton(copyAction);
            JButton pasteBn = new JButton(pasteAction);
            JPanel jp = new JPanel();
            jp.add(copyBn);
            jp.add(pasteBn);
            jf.add(jp , BorderLayout.SOUTH);
            //向工具条中添加Action对象，该对象将会转换成工具按钮
            bbb.add(copyAction);
            bbb.addSeparator();
            bbb.add(pasteAction);
            //向菜单中添加Action对象，该对象将会转换成菜单项
            edit.add(copyAction);
            edit.add(pasteAction);
            //将edit菜单添加到菜单条中
            bbb.add(edit);
            jf.setJMenuBar(ccc);
            //设置工具条和工具按钮之间的距离
            bbb.setMargin(new Insets(20 ,10 , 5 , 30));
            //向窗口中添加工具条
            jf.add(bbb , BorderLayout.NORTH);
            jf.setDefaultCloseOperation(JFrame.EXIT_ON_CLOSE);
            jf.pack();
            jf.setVisible(true);
    }
    public static void main(String[] args)
    {
            new yongJToolBar().init();
    }
}
```

在上述代码中创建了 pasteAction 和 copyAction 两个 Action，然后根据这两个 Action 分别创建了按钮、工具按钮、菜单项组件（程序中粗体字代码部分），一开始 pasteAction 处于非激活状态，对应着该 Action 的按钮、工具按钮、菜单项都处于不可用状态。执行后能够实现“复制”和“粘贴”功能，执行效果如图 18-4 所示。

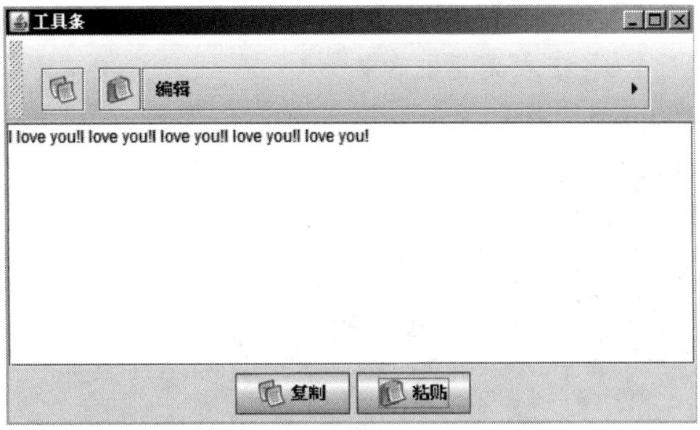

图 18-4

18.2.5　使用 JColorChooser 和 JFileChooser

接下来将详细介绍两个控件，分别是 JColorChooser 和 JFileChooser。

1．JcolorChooser

在 Java 程序中，JcolorChooser 可以创建一个颜色选择器对话框，在此类中提供了如下两个静态方法。

- showDialog(Component component，String title，Color initialColor)：显示一个模式的颜色选择器对话框，该方法返回用户所选颜色。其中 component 指定该对话框的 parent 组件，而 title 指定该对话框的标题，大部分时候都使用该方法来让用户选择颜色。
- createDialog(Component c,String title, boolean modal, JColorChooser chooserPane, ActionListener okListener，ActionListener cancelListener)：该方法返回一个对话框，该对话框内包含指定的颜色选择器，该方法可以指定该对话框是模式的，还是非模式的（通过 modal 参数指定），还可以指定该窗口内“确定”按钮的事件监听器（通过 okListener 参数指定）和“取消”按钮的事件监听器（通过 cancelListener 参数指定）。

2．JFileChooser

在 Java 程序中，JFileChooser 的功能与 AWT 中的 FileDialog 类似，能够生成“打开文件”“保存文件”之类的对话框。与 FileDialog 不同的是，JFileChooser 无须依赖于本地平台的 GUI，它纯粹由 Java 实现，在所有平台上具有完全相同的行为，并可以在所有平台上具有相同的外观风格。

为了调用 JFileChooser 来打开一个文件对话框，必须先创建该对话框的实例，JFileChooser 提供了多个构造器来创建 JFileChooser 对象，在构造器中包含如下两个参数。

- currentDirectory：指定所创建文件对话框的当前路径，该参数既可以是一个 String 类型的路径，也可以是一个 File 对象所代表的路径。
- FileSystemView：用于指定基于该文件系统外观来创建文件对话框，如果没有指定该参数，默认以当前文件系统外观创建文件对话框。

注意：JFileChooser 并不是 JDialog 的子类，所以不能使用 setVisible(true) 来显示该文件对话框，而是调用 showXxxDialog 方法来显示文件对话框。

例如下面的实例实现了一个颜色选择对话框效果。

实例 18-4：实现一个颜色选择对话框效果

源码路径：下载包 \daima\ 第 18 章 \18-4

实例文件 yans.java 的具体代码如下所示。

```
public class yans
{
    //画图区的宽度
    private final int AREA_WIDTH = 500;
    //画图区的高度
    private final int AREA_HEIGHT = 400;
    //下面的preX、preY保存了上一次鼠标拖动事件的鼠标坐标
    private int preX = -1;
    private int preY = -1;
    //定义一个右键菜单用于设置画笔颜色
    JPopupMenu pop = new JPopupMenu();
    JMenuItem chooseColor = new JMenuItem("选择颜色");
    //定义一个BufferedImage对象
    BufferedImage image = new BufferedImage(AREA_WIDTH , AREA_HEIGHT ,
            BufferedImage.TYPE_INT_RGB);
    //获取image对象的Graphics
    Graphics g = image.getGraphics();
    private JFrame f = new JFrame("简单手绘程序");
    private DrawCanvas drawArea = new DrawCanvas();
    //用于保存需要绘制什么图形的字符串属性
    private String shape = "";
    //用于保存画笔颜色
    private Color foreColor = new Color(255, 0 ,0);
    public void init()
    {
            chooseColor.addActionListener(new ActionListener()
            {
                    public void actionPerformed(ActionEvent ae)
                    {
                            //下面代码直接弹出一个模式的颜色选择器对话框，并返回用户选择的颜色
                            //foreColor = JColorChooser.showDialog(f , "选择画笔颜
                                                            色" , foreColor);
                            //下面代码则可以弹出一个非模式的颜色选择对话框，
                            //并可以分别为"确定"按钮、"取消"按钮指定事件监听器
                            final JColorChooser colorPane = new
                                                    JColorChooser(foreColor);
                            JDialog jd = JColorChooser.createDialog(f ,"选择画笔颜
                                                                    色",false,
                                    colorPane, new ActionListener()
                                    {
                                            public void actionPerformed(ActionEvent ae)
                                            {
                                                    foreColor = colorPane.getColor();
                                            }
                                    }, null);
                            jd.setVisible(true);
                    }
            });
            //将菜单项组合成右键菜单
            pop.add(chooseColor);
            //将右键菜单添加到drawArea对象中
            drawArea.setComponentPopupMenu(pop);
            //将image对象的背景色填充成白色
            g.fillRect(0 , 0 ,AREA_WIDTH , AREA_HEIGHT);
            drawArea.setPreferredSize(new Dimension(AREA_WIDTH , AREA_HEIGHT));
            //监听鼠标移动动作
```

```
        drawArea.addMouseMotionListener(new MouseMotionAdapter()
        {
            // 实现按下鼠标键并拖动的事件处理器
            public void mouseDragged(MouseEvent e)
            {
                // 如果 preX 和 preY 大于 0
                if (preX > 0 && preY > 0)
                {
                    // 设置当前颜色
                    g.setColor(foreColor);
                    // 绘制从上一次鼠标拖动事件点到本次鼠标拖动事件点的线段
                    g.drawLine(preX , preY , e.getX() , e.getY());
                }
                // 将当前鼠标事件点的 X、Y 坐标保存起来
                preX = e.getX();
                preY = e.getY();
                // 重绘 drawArea 对象
                drawArea.repaint();
            }
        });
        // 监听鼠标事件
        drawArea.addMouseListener(new MouseAdapter()
        {
            // 实现鼠标松开的事件处理器
            public void mouseReleased(MouseEvent e)
            {
                // 松开鼠标按键时，把上一次鼠标拖动事件的 X、Y 坐标设为 -1。
                preX = -1;
                preY = -1;
            }
        });
        f.add(drawArea);
        f.setDefaultCloseOperation(JFrame.EXIT_ON_CLOSE);
        f.pack();
        f.setVisible(true);
    }
    public static void main(String[] args)
    {
        new yans().init();
    }
    // 让画图区域继承 JPanel 类
    class DrawCanvas extends JPanel
    {
        // 重写 JPanel 的 paint 方法，实现绘画
        public void paint(Graphics g)
        {
            // 将 image 绘制到该组件上
            g.drawImage(image , 0 , 0 , null);
        }
    }
}
```

在上述代码中分别使用了两种方式来弹出颜色选择对话框，设计了一个可以弹出模式颜色对话框的效果，并直接返回用户选择的颜色。执行效果如图 18-5 所示。

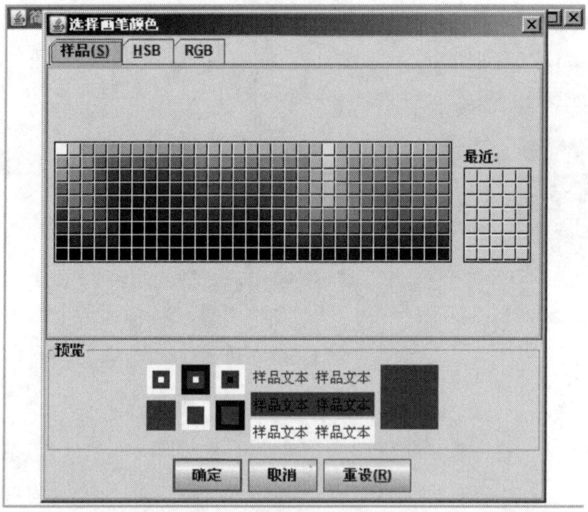

图 18-5

18.3 使用进度条组件

在 Java 程序中，通过 JprogressBar、ProgressMonitor 和 BoundedRangeModel 三个组件可以实现进度条效果。进度条是图形界面中广泛使用的 GUI 组件，当我们复制一个较大的文件时，操作系统将会显示一个进度表，用于标记复制操作完成的比例。

↑扫码看视频（本节视频课程时间：3 分 40 秒）

18.3.1 创建一个进度条

在 Java 程序中，使用 JProgressBar 可以非常方便地创建 Eclipse 样式的进度条指示器，使用 JProgressBar 创建进度条的基本步骤如下所示。

（1）创建一个 JProgressBar 对象，创建该对象时可以指定三个参数，进度条的排列方向、进度条的最大值和最小值。也可以在创建该对象时不传入任何参数，而是在编码时修改这三个属性。

（2）调用该对象的常用方法设置进度条的普通属性，JProgressBar 除了提供对排列方向、最大值、最小值的 setter 和 getter 方法之外，还提供了如下三个方法。

- setBorderPainted(boolean b)：设置该进度条是否使用边框。
- setlndeterminate(boolean newValue)：设置该进度条是否是进度不确定的进度条，如果指定一个进度条的进度不确定，将看到一个滑块在进度条中左右移动。
- setStringPainted(boolean newValue)：设置是否在进度条中显示完成百分比。

另外，JProgressBar 也为上面两个属性提供了 getter() 方法，但是这两个 getter() 方法通常没有太大作用。

（3）当程序中工作进度改变时调用 JProgressBar 对象的 setValue() 方法来改变其进度即可。当进度条的完成进度发生改变时，还可以调用进度条对象的如下两个方法。

- double getPercentComplete()：返回进度条的完成百分比。
- String getString()：返回进度字符串的当前值。

实例 18-5：实现一个进度条效果

源码路径：下载包 \daima\ 第 18 章 \18-5

实例文件 yongJProgressBar.java 的主要代码如下所示。

```
public class yongJProgressBar
{
    JFrame frame = new JFrame(" 进度条 ");
    //创建一条垂直进度条
    JProgressBar bar = new JProgressBar(JProgressBar.VERTICAL );
    JCheckBox indeterminate = new JCheckBox(" 不确定进度 ");
    JCheckBox noBorder = new JCheckBox(" 不绘制边框 ");
    public void init()
    {
            Box box = new Box(BoxLayout.Y_AXIS);
            box.add(indeterminate);
            box.add(noBorder);
            frame.setLayout(new FlowLayout());
            frame.add(box);
            //把进度条添加到 JFrame 窗口中
            frame.add(bar);
            //设置进度条的最大值和最小值
            bar.setMinimum(0);
            bar.setMaximum(100);
            //设置在进度条中绘制完成百分比
            bar.setStringPainted(true);
            noBorder.addActionListener(new ActionListener()
            {
                    public void actionPerformed(ActionEvent event)
                    {
                            //根据该选择框决定是否绘制进度条的边框
                            bar.setBorderPainted(!noBorder.isSelected());
                    }
            });
            indeterminate.addActionListener(new ActionListener()
            {
                    public void actionPerformed(ActionEvent event)
                    {
                            //设置该进度条的进度是否确定
                            bar.setIndeterminate(indeterminate.isSelected());
                            bar.setStringPainted(!indeterminate.isSelected());
                    }
            });
            frame.setDefaultCloseOperation(JFrame.EXIT_ON_CLOSE);
            frame.pack();
            frame.setVisible(true);
            //采用循环方式来不断改变进度条的完成进度
            for (int i = 0 ; i <= 100 ; i++)
            {
                    //改变进度条的完成进度
                    bar.setValue(i);
                    try
                    {
                            Thread.sleep(100);
                    }
                    catch (Exception e)
                    {
                            e.printStackTrace();
                    }
            }
```

```
        }
        public static void main(String[] args)
        {
                new yongJProgressBar().init();
        }
    }
```

在上面程序中创建一个竖直的进度条，并通过方法设置进度条的外观形式（是否包含边框，还是否显示百分比），然后通过一个循环来不断改变进度条的 value 属性，该 value 将会自动换成进度条的完成百分比。执行效果如图 18-6 所示。

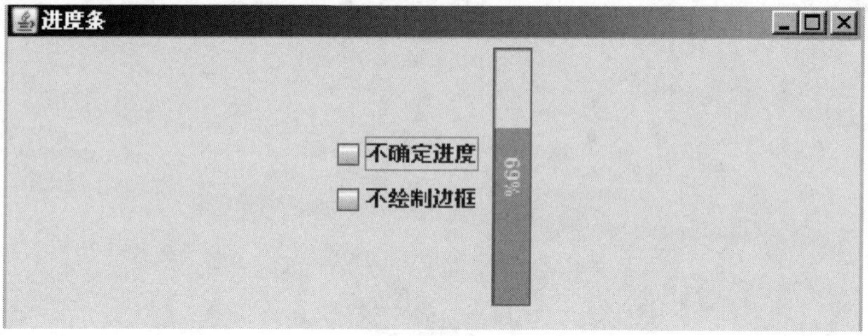

图 18-6

18.3.2 使用 ProgressMonitor 创建进度条对话框

在 Java 程序中，使用 ProgressMonitor 的方法和使用 JProgressessBar 的方法非常相似，区别只是 ProgressMonitor 可以直接创建一个进度对话框。ProgressMonitor 为我们提供了如下所示的构造器。

```
    ProgressMonitor(Component parentComponent, Object message, String note, int
min, int max)
```

参数 parentComponent 用于设置该进度对话框的父组件，参数 message 设置该进度对话框的描述信息，参数 note 设置该进度对话框的提示文本，参数 min 和 max 设置该对话框所包含进度条的最小值和最大值。

在使用 ProgressMonitor 创建的对话框中包含了一个非常固定的进度条，在程序甚至不能设置该进度条是否包含边框（总是包含边框），不能设置进度不确定，不能改变进度条的方向（总是水平方向）。在 Java 程序中，与普通进度条类似的是，进度对话框也不能自动监视目标任务的完成进度，程序通过调用进度条对话框的 setProgress 来改变进度条的完成比例（该方法类似于 JProgressBar 的 setValue() 方法）。

在下面的实例代码中，使用 SimulatedTarget 模拟了一个耗时任务，并创建了一个进度对话框来检测该任务的完成百分比。

实例 18-6：使用 SimulatedTarget 模拟了一个耗时任务

源码路径：下载包 \daima\ 第 18 章 \18-6

实例文件 yongProgressMonitor.java 的具体实现代码如下所示。

```
public class yongProgressMonitor
{
    Timer timer;
    public void init()
```

```
{
        final SimulatedTarget target = new SimulatedTarget(1000);
        //以启动一条线程的方式来执行一个耗时的任务
        final Thread targetThread = new Thread(target);
        targetThread.start();
        //创建进度对话框
        final ProgressMonitor dialog = new ProgressMonitor(null ,
                "等待完成" , "已完成: " , 0 , target.getAmount());
        //创建一个计时器
        timer = new Timer(300 , new ActionListener()
        {
                public void actionPerformed(ActionEvent e)
                {
                        //以任务的当前完成量设置进度对话框的完成比例
                        dialog.setProgress(target.getCurrent());
                        //如果用户单击进度对话框的"取消"按钮
                        if (dialog.isCanceled())
                        {
                                //停止计时器
                                timer.stop();
                                //中断任务的执行线程
                                targetThread.interrupt();
                                //系统退出
                                System.exit(0);
                        }
                }
        });
        timer.start();
}
//模拟一个耗时的任务
class SimulatedTarget implements Runnable
{
        //任务的当前完成量
        private volatile int current;
        //总任务量
        private int amount;
        public SimulatedTarget(int amount)
        {
                current = 0;
                this.amount = amount;
        }

        public int getAmount()
        {
          return amount;
        }

        public int getCurrent()
        {
                return current;
        }
        //run方法代表不断完成任务的过程
        public void run()
        {

                while (current < amount)
                {
                        try
                        {
                                Thread.sleep(50);
                        }
                        catch(InterruptedException e)
                        {
```

```
                                }
                                current++;
                        }
                }
        }
        public static void main(String[] args)
        {
                new yongProgressMonitor().init();
        }
}
```

在上述代码中创建了一个进度对话框，并创建了一个 Timer 计时器不断询问 SimulatedTarget 完成任务的百分比，根据这个百分比可以进一步设置进度对话框里进度条的完成比例。而且该计时器还负责监用户是否单击了进度对话框的“撤销”按钮，如果用户单击了该按钮，则中止执行 SimulatedTarget 务的线程，并停止计时器，同时退出该程序。执行效果如图 18-7 所示。

图 18-7

第 19 章 使用 JavaFX 开发 GUI 程序

（视频讲解：58 分钟）

从 Java 8 开始，Oracle 公司便推出了 JavaFX 框架，目的是取代 AWT 和 Swing 实现 GUI 界面开发功能。和 AWT、Swing 相比，JavaFX 最突出的优势是对 Web 开发的支持性更高，并且提供了更加强大的绘图功能。在本章的内容中将详细讲解 JavaFX 开发的基础知识。

19.1 JavaFX 介绍

JavaFX 是一个强大的图形和多媒体处理工具包集合，它允许开发者来设计、创建、测试、调试和部署客户端程序，并且和 Java 一样跨平台。因为 JavaFX 库被写成 Java API，所以 JavaFX 应用程序代码可以调用各种 Java 库中的 API。例如 JavaFX 应用程序可以使用 Java API 库来访问本地系统功能并且连接到基于服务器中间件的应用程序。

↑扫码看视频（本节视频课程时间：7 分 01 秒）

19.1.1 JavaFX 的特色

和传统的 AWT、Swing 框架相比，JavaFX 可以自定义程序外观。例如使用层级样式表（CSS）将外观和样式与业务逻辑实现进行分离，因此开发人员可以专注于编码工作。图形设计师使用 CSS 来方便地定制程序的外观和样式。如果你具有 Web 设计背景，或者你希望分离用户界面（UI）和后端逻辑，那么可以通过 FXML 脚本语言来表述图形界面，并且使用 Java 代码来表述业务逻辑。如果希望通过非编码的方式来设计 UI，则可以使用 JavaFX Scene Builder。在进行 UI 设计工作时，Scene Builder 会创建 FXML 标记，它可以与一个集成开发环境（IDE）对接，这样开发人员可以向其中添加业务逻辑。

根据 Oracle 官方文档介绍，在 JavaFX 中主要引入了如下所示的内容。

- Java API
- FXML 和 Scene Builder
- WebView
- 与 Swing 互操作
- 内置的 UI 控件和 CSS
- Modena 主题
- 3D 图像处理能力

- Canvas API 和 Printing API
- Rich Text 支持
- 多点触摸
- Hi-DPI 支持
- 图形渲染硬件加速
- 高性能多媒体引擎
- 自包含的应用部署模型

19.1.2 安装 e(fx)clipse 插件

e(fx)clipse 提供了如下所示的两组插件：

（1）一组 Eclipse IDE 插件，用于简化 JavaFX 应用程序开发。这是因为它提供了 FXML 和 JavaFX-CSS 的专用编辑器。除此之外，它还附带了一个小的 DSL，可作为 FXML 的替代选择来用声明的方式定义 JavaFX 场景图，从而避免因 FXML 导致的噪声。

（2）一组运行时插件，使 JavaFX 可在 OSGi 环境中使用（目前只支持 Equinox）。对于大中型应用程序，它为 Eclipse 4 应用程序平台提供了插件（例如被 Eclipse 4 IDE 使用），从而为 JavaFX 开发人员提供了一个首屈一指的应用程序框架（基于 DI、服务和一个中央应用程序模型构建）。

在 Eclipse 中安装 e(fx)clipse 插件的基本流程如下所示。

（1）打开 Eclipse，依次单击选择 Help、Install New Software 菜单选项，弹出“Install”对话框界面。如图 19-1 所示。

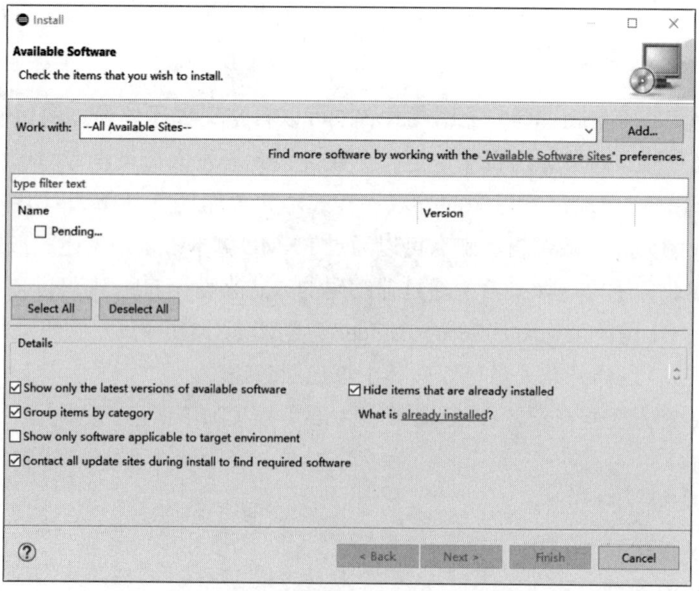

图 19-1

（2）从 Work with 的下拉列表中选择“-- All Available Sites --”选项，在下面的细节区域取消选中“Group items by category”选项。然后在上面的文本框中输入关键字“e(fx)”，此时会在下方只显示 e(fx)clipse – IDE 选项，所有以 e(fx)clipse – IDE 开头的选项都是 e(fx) clipse IDE 的子项。如图 19-2 所示。

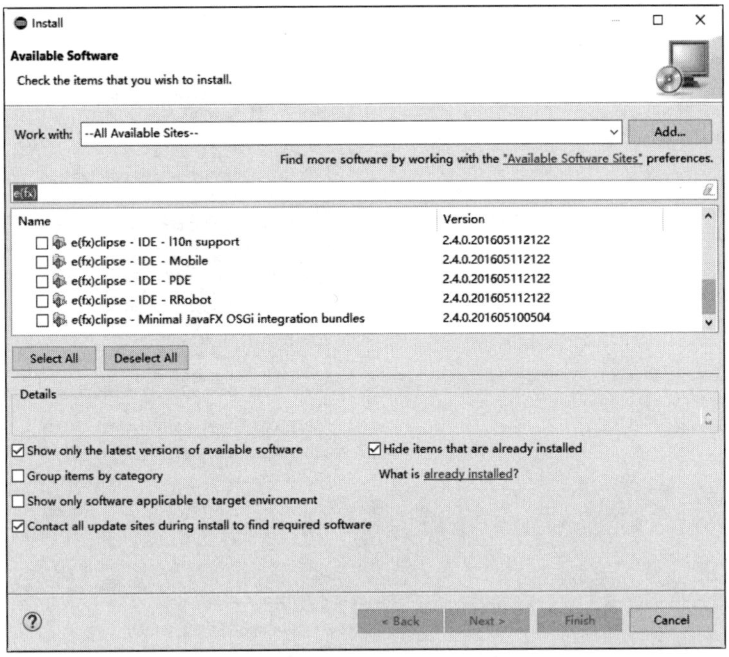

图 19-2

（3）勾选输入关键字“e(fx)”检索到的上述选项，然后单击“Next”按钮后弹出“Instal Details”界面，如图 19-3 所示。

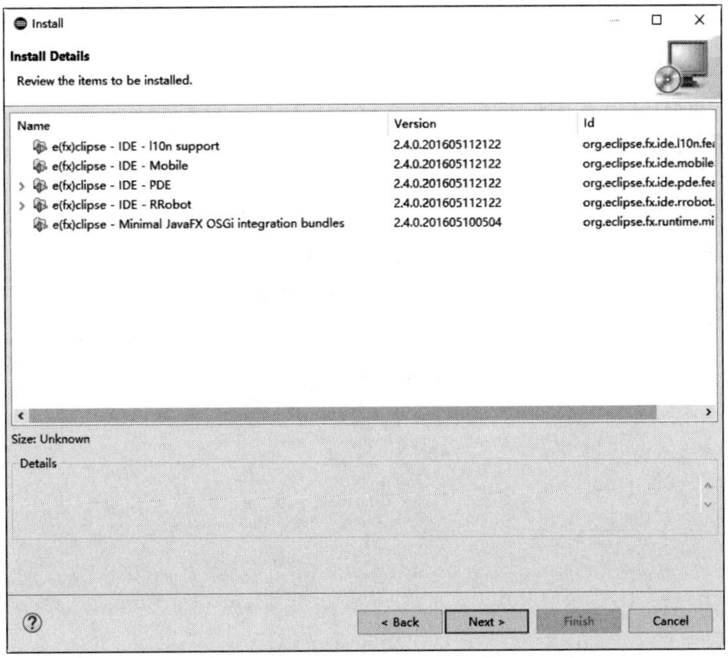

图 19-3

（4）单击“Next”按钮后弹出“Review Licenses”界面，如图 19-4 所示。在此勾选“I accept the terms of the license agreement”选项。

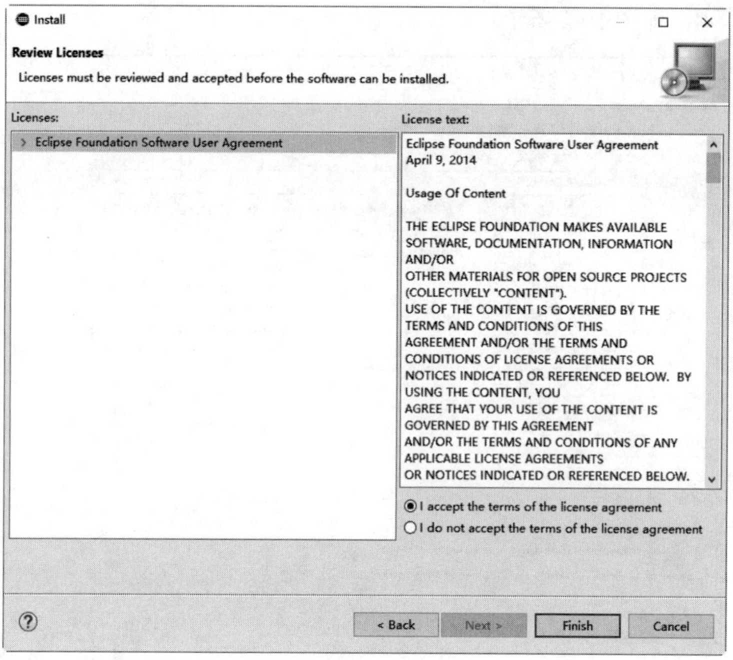

图 19-4

（5）单击“Finish”按钮后开始安装插件，安装进度完成后需要重启 Eclipse。

19.1.3 认识第一个 JavaFX 程序

实例 19-1：在 JavaFX 界面中输出打折信息

源码路径：下载包 \daima\ 第 19 章 \19-1

实例文件 MyJavaFX.java 的主要实现代码如下所示。

```
① import javafx.application.Application;
② import javafx.scene.Scene;
③ import javafx.scene.control.Button;
④ import javafx.stage.Stage;


public class MyJavaFX extends Application {
  @Override
  public void start(Stage primaryStage) {
⑤    Button btOK = new Button("所有的优衣库商品一律 3 ~ 5 折！ ");
⑥    Scene scene = new Scene(btOK, 200, 250);
⑦    primaryStage.setTitle("国庆活动");
⑧    primaryStage.setScene(scene);
⑨    primaryStage.show();
  }
  public static void main(String[] args) {
⑩    launch(args);
  }
}
```

①②③④因为每个 JavaFX 程序需要定义在一个继承自 javafx.application.Application 的类中，所以引入了以“javafx”开头的接口文件。

⑤ 这部分重新定义了 start() 方法，这个同名方法本来定义 javafx.application.Application

类中。当一个 JavaFX 应用启动时，JVM 使用它的无参构造方法来创建类的一个实例，同时调用其 start() 方法。方法 start() 一般用于将 UI 组件放入一个场景，并且在窗体中显示该场景。在行⑤创建了一个 Button 对象。

⑥ 将⑤中创建的 Button 对象放到一个 Scene 对象中。可以使用构造方法 Scene(node,width,height) 创建一个 Scene 对象。这个构造方法指定了场景的宽度和高度，并且将节点置于一个场景中。

⑦ 设置窗体的标题，标题在窗体中显示。

⑧ 一个 Stage 对象是一个窗体。当应用程序启动的时候，主窗体的 Stage 对象由 JVM 自动创建。通过本行代码行将场景设定在主窗体中。

⑨ 调用方法 show() 显示主窗体界面。

⑩ 在本部分定义了方法 launch()，这是一个定义在 Application 类中的静态方法，用于启动一个独立的 JavaFX 应用程序。如果从命令行运行程序，main 方法不是必需的。当从一个不完全支持 JavaFX 的 IDE 中启动 JavaFX 程序的时候，就会用到 main() 方法。

执行后的效果如图 19-5 所示。

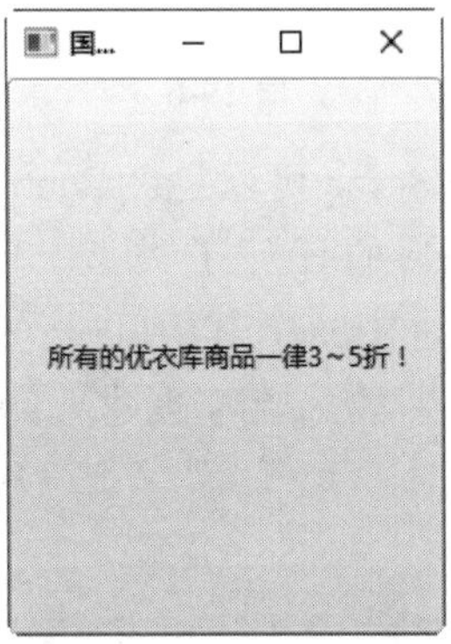

图 19-5

19.2 JavaFX 开发基础

在本节的内容中将详细讲解 JavaFX 开发的基础知识，主要包括窗体结构和属性绑定的知识，为读者步入本书后面知识的学习打下基础。

↑扫码看视频（本节视频课程时间：6 分 18 秒）

19.2.1 窗体结构

由前面图 19-1 所示的窗体执行效果可知，按钮总是位于场景的中间并且总是占据整个窗体，无论你如何改变窗体的大小。在 JavaFX 框架中，可以通过设置按钮的位置和大小属性来解决这个问题。然而，一个更好的方法是使用被称为面板的容器类，从而自动地将节点布局在一个希望的位置。将节点置于一个面板中，然后将面板再置于一个场景中。节点是可视化组件，比如一个形状、一个图像视图、一个UI组件或者一个面板。形状是指文字、直线、圆、椭圆、矩形、弧、多边形、折线等。UI组件是指标签、按钮、复选框、单选按钮、文本域、文本输入区域等。下面以图 19-5 所示的执行效果为素材，可以总结出 JavaFX 窗体界面的具体结构，具体结构如图 19-6 所示。

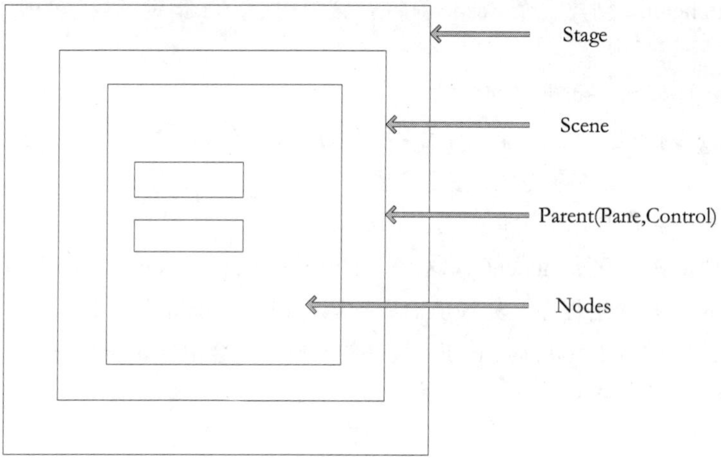

图 19-6

在图 19-6 所示的窗体结构中，Scene 可以包含 Control 或者 Pane，但是不能包含 Shape 和 ImageVi ew。Pane 可以包含 Node 的任何子类型。可以使用构造方法 Scene(Parent，width，height) 或者 Scene(Parent) 创建 Scene，其中后一个构造方法中场景的尺寸将自动确定。Node 的每个子类都有一个无参的构造方法，用于创建一个默认的节点。例如在下面的实例中，将一个按钮置于一个面板中。

实例 19-2：单击我提交订单

源码路径：下载包 \daima\ 第 19 章 \19-2

实例文件 ButtonInPane.java 的主要实现代码如下所示。

```
public class ButtonInPane extends Application {
  @Override
  public void start(Stage primaryStage) {
      //创建一个 scene，在里面放置一个 button 按钮
      ① StackPane pane = new StackPane();
      ② pane.getChildren().add(new Button("单击我提交订单"));
      ③ Scene scene = new Scene(pane, 200, 50);
      primaryStage.setTitle("Button in a pane");           //设置 stage 的标题
      primaryStage.setScene(scene);                        //将 scene 放在 stage 中
      primaryStage.show();                                 //显示 stage
  }
```

① 创建一个 StackPane。

② 将一个按钮作为面板的组成部分 (child) 加入到 Scene 中。方法 getChildren() 用于返回 javafx.collections.ObservableList 的一个实例，这里的 ObservableList 类似于 ArrayList，用于存储一个元素集合。通过调用方法 add (e) 将一个元素加入到列表中。StackPane 将节点放到面板的中央，并且放在其他节点之上，这里只有一个节点在面板中。

③ 设置一个指定大小的 Scene，StackPane 会得到一个节点的偏好尺寸，执行后看到按钮以这个偏好尺寸大小进行显示。

执行后的效果如图 19-7 所示。

图 19-7

19.2.2　属性绑定

在 JavaFX 应用程序中，可以通过属性绑定将一个目标对象绑定到源对象中，源对象的修改变化将自动反映到目标对象中。JavaFX 中的属性绑定这一概念比较新颖，当目标对象绑定到源对象后，如果源对象中的值改变了，目标对象也将自动改变。目标对象称为绑定对象或者绑定属性，源对象称为可绑定对象或者可观察对象。举个例子，假如在窗体的居中位置绘制了一个圆，当窗体改变大小发生改变的时候，圆不会再居中显示。当窗体大小发生改变后，为了使这个圆依然显示在中央位置，圆心的 x 坐标和 y 坐标需要重新设置到面板的中央。例如我们可以通过将 centerX 和 centerY 分别绑定到面板的 width/2 以及 height/2 上面的方法实现。例如下面实例就是这样实现的，演示了使用属性绑定功能的过程。

实例 19-3：使用属性绑定功能

源码路径：下载包 \daima\ 第 19 章 \19-3

实例文件 CircleCenter.java 的主要实现代码如下所示。

```
public class CircleCenter extends Application {
  @Override
  public void start(Stage primaryStage) {
    //创建pane对象来放置circle
    Pane pane = new Pane();
    Circle circle = new Circle();
    ① circle.centerXProperty().bind(pane.widthProperty().divide(2));
    ② circle.centerYProperty().bind(pane.heightProperty().divide(2));
    circle.setRadius(50);
    circle.setStroke(Color.BLACK);
    circle.setFill(Color.WHITE);
    pane.getChildren().add(circle);                    //将circle添加到pane
    //创建一个指定大小的scene并放置到stage
    Scene scene = new Scene(pane, 200, 200);
    primaryStage.setTitle("ShowCircleCentered");       //设置stage 标题
    primaryStage.setScene(scene);                      //将scene放置到stage
    primaryStage.show();                               //显示stage
  }
```

① 在 Crcle 类中具有一个 centerX 属性，用于表示圆心的 x 坐标。

② 属性 centerX 表示圆心的 y 坐标。如同许多 JavaFX 类中的属性一样，在属性绑定中，该属性既可以作为目标，也可以作为源。目标监听源中的变化，一旦在源对象中发生变化，目标将对象自动更新自身。一个目标采用方法 bind() 和源进行绑定，如下所示：

```
target.bind(source);
```

方法 bind() 在 javafx.beans.property.Property 接口中定义。绑定属性是 javafx.beans.property.Property 的一个实例。源对象是 javafx.beans.value.ObervableValue 接口的一个实例。ObervableValue 是一个包装了值的实体，并且允许值发生改变时被观察到。本实例的初始执行效果如图 19-8 所示，放大窗体后的执行效果如图 19-9 所示。

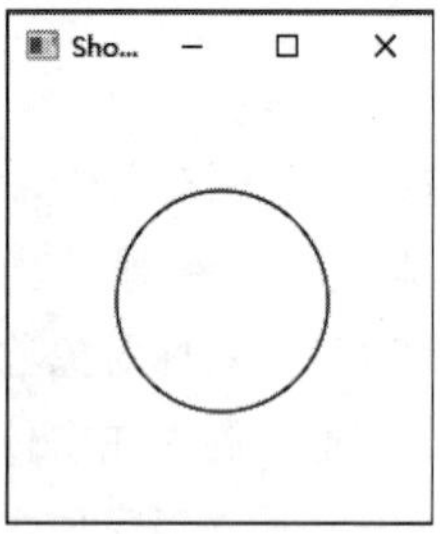

图 19-8

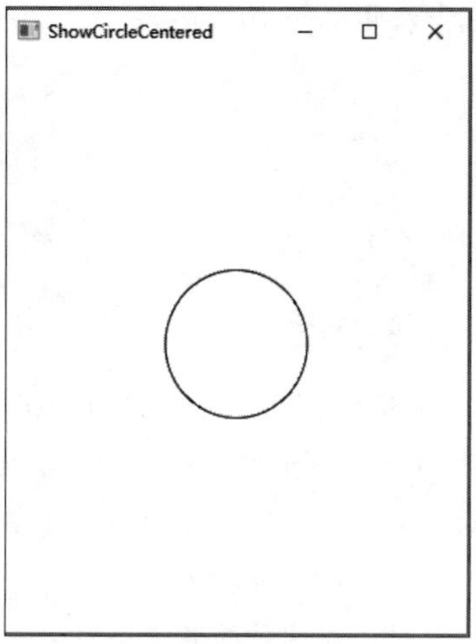

图 19-9

在 JavaFX 框架中，可以为基本类型和字符串定义一个对应的绑定属性。对于 double/float/long/int/boolean 类型的值来说，其绑定属性类型是 DoubleProperty/FloatProperty/LongProperty/IntegerProperty/BoaleanProperty。对于字符串来说，其绑定属性的类型是 StringProperty。同时因为这些属性也是 ObservableValue 的子类型，所以它们也可以作为源对象来进行属性绑定。

在上述实例代码中，centeX 的属性获取方法是 centerXProperty()，这通常将 getCenterX() 称为值的获取方法，将 setCenterX(double) 称为值的设置方法，而将 centerXProperty() 称为属性获取方法。读者需要注意的是，getCenterX() 返回一个 dauble 值，而 centerXProperty() 返回一个 DoubleProperty 类型的对象。

19.3 基本属性设置

在 JavaFX 框架中，最常见的属性设置包括颜色设置和文本设置。在本节的内容中将详细讲解 JavaFX 基本属性设置的知识，为读者步入本书后面知识的学习打下基础。

↑扫码看视频（本节视频课程时间：10 分 12 秒）

19.3.1 使用 Color 类设置颜色

在 JavaFX 框架中，使用 Color 类设置窗体元素的颜色。JavaFX 定义了抽象类 Paint 用于绘制节点。Javafx.scene.paint.Color 是 Paint 的一个子类，用于封装颜色信息。

1. 设置颜色的方法

（1）第一种：通过 Color 设置颜色。

```
public static Color color(double red,
        double green,
        double blue)
```

或：

```
public static Color color(double red,
          double green,
          double blue,
          double opacity)
```

- red：表示 Color 对象的红色值，取值在 0.0 ～ 1.0 之间。
- green：表示 Color 对象的绿色值，取值在 0.0 ～ 1.0 之间。
- blue：表示 Color 对象的蓝色值，取值在 0.0 ～ 1.0 之间。
- opacity：表示 Color 对象的透明度，取值在 0.0 ～ 1.0 之间。

（2）第二种：通过 RGB 方式设置颜色。

```
public static Color rgb(int red,
        int green,
        int blue)
```

或：

```
public static Color rgb(int red,
        int green,
        int blue,
        double opacity)
```

- red：表示 Color 对象的红色值，取值在 0 ～ 255 之间。
- green：表示 Color 对象的绿色值，取值在 0 ～ 255 之间。
- blue：表示 Color 对象的蓝色值，取值在 0 ～ 255 之间。
- opacity：表示 Color 对象的透明度，取值在 0.0 ～ 1.0 之间。

（3）第三种：通过灰度设置颜色。

```
public static Color gray(double gray,
          double opacity)
```

或：

```
public static Color gray(double gray)
```

- gray：表示 Color 对象的灰度值，取值在 0.0（黑色）～ 1.0（白色）之间。
- opacity：表示 Color 对象的透明度，取值在 0.0 ～ 1.0 之间。

（4）第四种：通过色相、饱和度和亮度（HSB）设置颜色。

```
public static Color hsb(double hue,
        double saturation,
        double brightness,
        double opacity)
```

或：

```
public static Color hsb(double hue,
        double saturation,
        double brightness)
```

- hue：色相。
- saturation：饱和度，取值在 0.0 ～ 1.0 之间。
- brightness：亮度，取值在 0.0 ～ 1.0 之间。
- opacity：不透明度，取值在 0.0 ～ 1.0 之间。

（5）第五种：通过 Web 方式设置颜色，创建一个用 HTML 或 CSS 属性字符串指定的 RGB 颜色。

```
public static Color web(java.lang.String colorString,
        double opacity)
```

或：

```
public static Color web(java.lang.String colorString)
```

这种颜色设置方法支持如下所示的格式：

- 任何标准的 HTML 颜色名称。
- HTML 的长或短格式十六进制字符串，可选的十六进制透明度。
- RGB（R，G，B）或 RGBA（R，G，B，A）格式字符串。R，G 或 B 值的每一个可以是一个整数从 0 到 255 或浮点百分比值从 0% 到后跟 %（%）字符。如果存在 alpha 分量，则浮点值从 0 到 1。
- HSL（H，S，L）或高强度（H，S，L，A）格式字符串。

在表 19-1 中，左侧列表演示了 Web 格式颜色，右侧列表演示了和左侧等效功能的代码。

表 19-1

Web 格式颜色	同样的功能
Color.web("orange");	Color.ORANGE
Color.web("0xff668840");	Color.rgb(255, 102, 136, 0.25)
Color.web("0xff6688");	Color.rgb(255, 102, 136, 1.0)
Color.web("#ff6688");	Color.rgb(255, 102, 136, 1.0)
Color.web("#f68");	Color.rgb(255, 102, 136, 1.0)
Color.web("rgb(255,102,136)");	Color.rgb(255, 102, 136, 1.0)
Color.web("rgb(100%,50%,50%)");	Color.rgb(255, 128, 128, 1.0)
Color.web("rgb(255,50%,50%,0.25)");	Color.rgb(255, 128, 128, 0.25)
Color.web("hsl(240,100%,100%)");	Color.hsb(240.0, 1.0, 1.0, 1.0)
Color.web("hsla(120,0%,0%,0.25)");	Color.hsb(120.0, 0.0, 0.0, 0.25)

2．使用 RGB 方式设置颜色

例如下面的实例演示了使用 RGB 方式设置颜色的过程。

实例 19-4：使用 RGB 方式设置颜色

源码路径：下载包 \daima\ 第 19 章 \19-4

实例文件 RGB.java 的主要实现代码如下所示。

```
public class RGB extends Application {
    public static void main(String[] args) {
        Application.launch(args);
    }
    @Override
    public void start(Stage primaryStage) {
        primaryStage.setTitle("Drawing Text");
        Group root = new Group();
        Scene scene = new Scene(root, 300, 250, Color.WHITE);    //白色的矩形区域
        int x = 100;                                             //x 坐标定位
        int y = 100;                                             //y 坐标定位
        int red = 30;                                            //红色值
        int green = 40;                                          //绿色值
        int blue = 50;                                           //蓝色值
```

```
        Text text = new Text(x, y, "本次红米手机已经售罄，欢迎下次光临！");
                                                        //创建显示的文本对象 text
        text.setFill(Color.rgb(red, green, blue, .99));        //填充颜色
        text.setRotate(60);                                     //旋转文本 60 度
        root.getChildren().add(text);                           //添加文本
        primaryStage.setScene(scene);
        primaryStage.show();
    }
}
```

执行效果如图 19-10 所示。

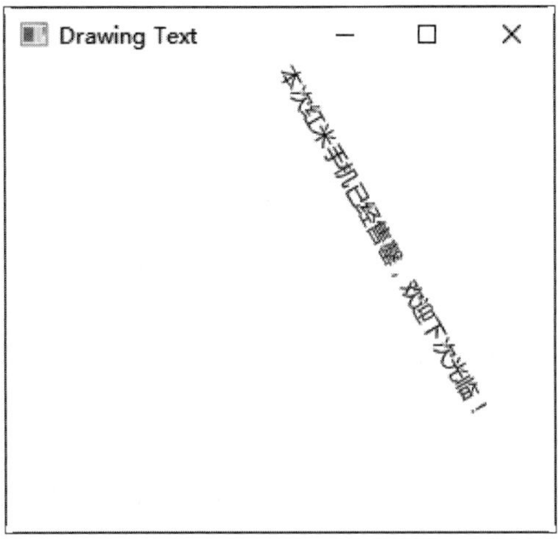

图 19-10

3．使用 Web 方式设置颜色

例如下面的实例演示了使用 Web 方式设置颜色的过程，设置的颜色是：#0076a3。

实例 19-5：使用 Web 方式设置颜色

源码路径：下载包 \daima\ 第 19 章 \19-5

实例文件 WEB.java 的主要实现代码如下所示。

```
  public void start(Stage stage) {
    Scene scene = new Scene(new Group());
    stage.setTitle("Label Sample");                    //窗体标题
    stage.setWidth(400);                               //设置窗体宽度
    stage.setHeight(180);                              //设置窗体高度
    HBox hbox = new HBox();
    //添加文字
    Label label1 = new Label("小米 6X，前后 2000 万，拍人更美");
    label1.setTextFill(Color.web("#0076a3"));          //设置文字颜色
    hbox.setSpacing(10);                               //设置上下间距
    hbox.getChildren().add((label1));                  //将文字放在窗体中
    ((Group) scene.getRoot()).getChildren().add(hbox);
    stage.setScene(scene);
    stage.show();
  }
```

执行效果如图 19-11 所示。

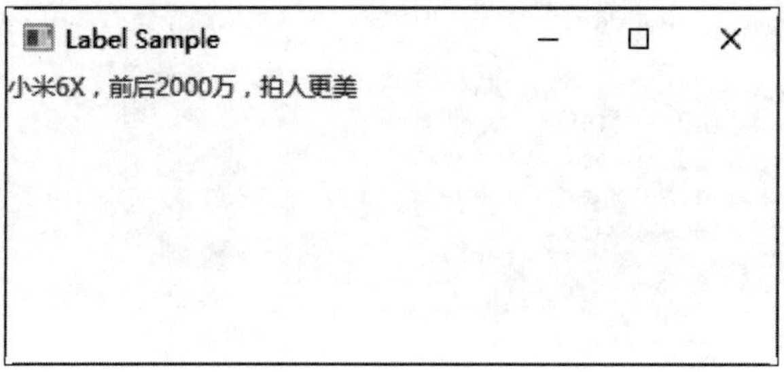

图 19-11

19.3.2 使用 Text 类绘制文字

在 JavaFX 框架中，使用 Text 类在窗体场景中绘制文本，Text 类的位置是 javafx.scene.text。在 Text 类下主要有 Text 和 Font 两个子类，在下面的内容中将详细讲解使用 Text 类绘制文字的过程。

1．Text 类介绍

在 JavaFX 框架中，在文本类 Text 下面有一个同名子类 Text，其具体结构如下所示：

```
java.lang.Object
          javafx.scene.Node
                 javafx.scene.shape.Shape
                        javafx.scene.text.Text
```

子类 javafx.scene.text.Text 中的常用方法如下表 19-2 所示。

表 19-2

方法	功能描述
public final void setText(java.lang.String value)	用于设置属性文本的值，默认值为空
public final java.lang.String getText()	用于获取属性文本的值，默认值为空
public final StringProperty textProperty()	定义要显示的字符串文本，默认值为空
public final void setX(double value)	用于设置文本原点的 x 坐标，默认值为零
public final double getX()	用于获取文本原点的 x 坐标，默认值为零
public final void setY(double value)	用于设置文本原点的 y 坐标，默认值为零
public final double getY()	用于获取文本原点的 y 坐标，默认值为零
public final void setFont(Font value)	设置显示文本的字体
public final void setTextAlignment(TextAlignment value)	用于设置文本的水平对齐方式

在 JavaFX 框架中，在文本类 Text 下面有一个子类 Font，其具体结构如下所示：

```
java.lang.Object
   javafx.scene.text.Font
```

在 Java 程序中，可以使用类 javafx.scene.text.Font 创建一个指定的字体。Font 实例可以用其本身的构造方法或者静态方法来构建，也可以用其本身的名字、字体粗细、字体形态和大小来描述。例如 Times、Courier 和 Arial 是字体名字的示例，可以通过调用静态方法 getFamilies() 获得一个可用的字体系列名字列表。List 是一个为列表定义通用方法的接口。ArrayList 是 List 的一个具体实现。字体形态是两个常量：FontPosture.ITALIC 和 FontPosture.

REGULAR。

子类 javafx.scene.text.Font 中的常用方法如下所示。

（1）public static Font getDefault()：获取默认的字体。

（2）public static java.util.List<java.lang.String> getFontNames()：获取所有的字体名称，这些字体是安装在当前用户的系统中的，包括所有的字体。

（3）public static Font font(java.lang.String family,FontWeight weight,FontPosture posture,double size)：搜索字体系统，返回一个指定格式的字体。注意，笨方法并一定会返回一个具体的字体。

- family：字体系列，和 CSS 中的 font-family 一样。
- weight：字体粗细，和 CSS 中的 font-weight 一样。
- posture：设置字体的姿势，例如斜体。
- size：设置字体的大小，如果设置的值小于 0 则使用默认大小。

（4）public final java.lang.String getName()：用于获取字体的全名。

2．绘制指定样式的文本

例如下面的实例代码中，演示了在窗体中绘制指定样式文本的过程。

实例 19-6：在窗体中绘制指定样式文本

源码路径：下载包 \daima\ 第 19 章 \19-6

实例文件 Zi.java 的主要实现代码如下所示。

```
public void start(Stage primaryStage) {
  primaryStage.setTitle("");
  Group root = new Group();
  Scene scene = new Scene(root, 500, 250, Color.WHITE); //设置窗体大小
  Group g = new Group();                                //创建 Group 对象 g
  Text t = new Text();                                  //创建文本对象 text
  t.setCache(true);
  t.setX(10.0);                                         //设置绘制文本的起始 x 位置
  t.setY(70.0);                                         //设置绘制文本的起始 y 位置
  t.setFill(Color.RED);                                 //设置绘制文本的颜色
  t.setText("小米 8SE，骁龙 710 全球首发");              //设置绘制文本的内容
  t.setFont(Font.font("Courier New", FontWeight.BOLD, 32));
                                              //分别设置问的字体、加粗和大小
  g.getChildren().add(t);                     //将文本对象添加到 Group 对象 g
  root.getChildren().add(g);
  primaryStage.setScene(scene);
  primaryStage.show();
}
```

执行效果如图 19-12 所示。

图 19-12

19.4 使用 Shape 类绘制形状

在 JavaFX 框架中，可以使用 Shape 类在窗体场景中绘制线条、圆、椭圆等形状。Shape 类是一个抽象基类，定义了所有形状的共同属性。这些属性有 fill、stroke、strokeWidth。其中 fill 属性用于指定一个填充形状内部区域的颜色。Stroke 属性用于指定绘制形状边缘的颜色。strokeWidth 属性用于指定形状边缘的宽度。

↑扫码看视频（本节视频课程时间：13 分 49 秒）

19.4.1 使用 Line 绘制线条

在 JavaFX 框架中，使用类 javafx.scene.shape.Line 来绘制线条。当使用 Line 在窗体中进行绘制操作时，需要使用屏幕坐标空间（系统）来渲染线条。屏幕坐标系将（0，0）放在左上角，x 坐标沿着 x 轴移动点。当从上到下移动点时，y 坐标值随之增加。

在 JavaFX 应用中，场景图形对象（如线，圆和矩形）是 Shape 类的派生类。所有形状对象可以在两个成形区域之间执行几何操作，例如减法、相交和并集。要在 JavaFX 窗体中绘制线条，需要用到 javafx.scene.shape.Line 类。

要想在 Java 程序中创建一个 Line 对象，需要指定一个 start（x，y）坐标和一个结束坐标。在创建线条节点时，可以通过如下两种方法来设置起点和终点。

（1）使用具有参数：startX，startY，endX 和 endY 的构造函数。所有参数的数据类型为 double。例如在下面的代码中，使用构造函数创建了一个起点（100,10）和终点（10,110）的线条。

```
Line line = new Line(100, 10,   10,   110);
```

（2）使用空构造函数来实例化一个 Line 类，然后使用 setter() 方法设置每个属性。例如下面的代码创建一个线条对象，并且使用 setter() 方法设置了线条的起点和终点。

```
Line line = new Line();
line.setStartX(100);
line.setStartY(10);
line.setEndX(10);
line.setEndY(110);
```

当在窗体场景图上绘制的线节点默认为 1.0 的笔触宽度和黑色的笔触颜色，如果所有形状的笔触颜色为 null，则表示除了 Line、Polyline 和 Path 节点之外没有任何颜色。

在 JavaFX 框架中，要想创建不同类型的线条，可以设置其继承自父类 javafx.scene.shape.Shape 的属性。表 19-3 显示了可以在一个线条上设置的属性。

表 19-3

属性	数据类型 / 说明
fill	javafx.scene.paint.Paint：用于填充形状内的颜色
smooth	Boolean：默认是 true，表示打开反锯齿，false 表示关闭反锯齿
strokeDashOffset	Double：将距离设置为虚线模式
strokeLineCap	javafx.scene.shape.StrokeLineCap：在线或路径的末尾设置帽样式，有如下三种风格： ● StrokeLineCap.BUTT ● StrokeLineCap.ROUND ● StrokeLineCap.SQUARE

续表

属性	数据类型 / 说明
strokeLineJoin	javafx.scene.shape.StrokeLineJoin：当线条相遇时设置装饰，有如下三种类型 ● StrokeLineJoin.MITER ● StrokeLineJoin.BEVEL ● StrokeLineJoin.ROUND
strokeMiterLimit	Double：设置斜角连接的限制以及斜角连接装饰 StrokeLineJoin.MITER
stroke	javafx.scene.paint.Paint：设置形状的笔画线的颜色
strokeType	javafx.scene.shape.StrokeType：设置在 Shape 节点的边界周围绘制描边的位置，有如下三种类型： ● StrokeType.CENTERED ● StrokeType.INSIDE ● StrokeType.OUTSIDE
strokeWidth	Double：设置线的宽度

类 javafx.scene.shape.Line 中常用的方法和属性如下表 19-4 所示。

表 19-4

方法和属性	描述
属性 startX	起点的 x 坐标
属性 startY	起点的 y 坐标
属性 endX	终点的 x 坐标
属性 endY	终点的 y 坐标
方法 public Line()	创建一个空的 Line 对象
方法 public Line(double startX,double startY,double endX,double endY)	使用指定起点和终点绘制一个 Line 对象

实例 19-7：使用 Line 绘制直线

源码路径：下载包 \daima\ 第 19 章 \19-7

实例文件 HLine.java 的主要实现代码如下所示。

```
    public void start(Stage stage) {
        VBox box = new VBox();
        final Scene scene = new Scene(box,300, 250);        //窗体大小
        scene.setFill(null);
        Line line = new Line();                             //绘制线条
        line.setStartX(0.0f);                               //起始 X 坐标
        line.setStartY(0.0f);                               //起始 Y 坐标
        line.setEndX(100.0f);                               //终点 X 坐标
        line.setEndY(100.0f);                               //终点 Y 坐标
        box.getChildren().add(line);
        stage.setScene(scene);                   //使用 setter 方法调用设置开始和结束坐标
        stage.show();
    }
```

① 定义了一个命名为 LinePane 的自定义面板类。

②③ 在自定义面板类创中创建两条直线，并将直线的起点和终点与面板的宽度和高度绑定。当调整面板大小的时候，直线上两个点的位置也会发生相应变化。执行效果如图 19-13 所示。

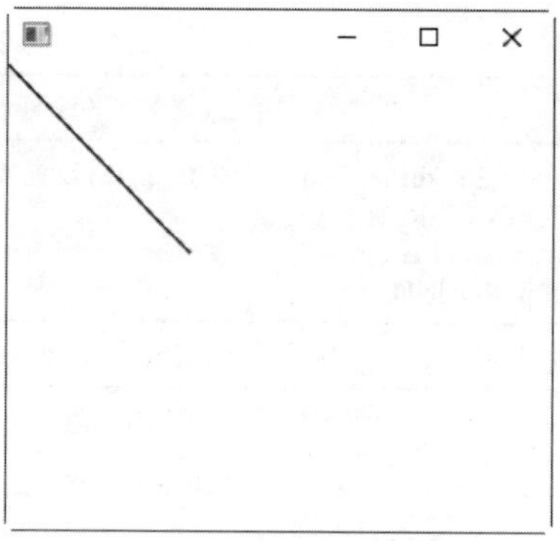

图 19-13

19.4.2 使用 Rectangle 绘制矩形

在 JavaFX 框架中，使用类 javafx.scene.shape.Rectangle 来绘制矩形。这个绘制的矩形通过参数 x、y、width、height、arcWidth 以及 arcHeight 属性进行定义。矩形的左上角点处于 (x, y)，参数 aw (arcWidth) 表示圆角处弧的水平直径，ah (arcHeight) 表示圆角处弧的垂直直径。

类 javafx.scene.shape.Line 中常用的方法和属性如下表 19-5 所示：

表 19-5

方法和属性	描述
属性 x	矩形左上角的 x 坐标（默认：0）
属性 y	矩形左上角的 y 坐标（默认：0）
属性 width	矩形的宽度（默认：0）
属性 height	矩形的高度（默认：0）
属性 arcWidth	矩形的 arcWidth 值（默认：0），arcWidth 是圆角外圆弧的水平直径
属性 arcHeight	矩形的 arcHeight 值（默认：0），arcHeight 是圆角外圆弧的垂直直径
方法 public Rectangle()	创建一个空的矩形对象
方法 public Rectangle(double width,double height)	使用给定位置的左上角点、宽度和高度创建一个矩形对象

例如下面的实例程序创建了多个矩形，并且因为默认的填充颜色是黑色，所以矩形填充为黑色。画笔的默认颜色是白色。

实例 19-8：绘制多个样式的矩形

源码路径：下载包 \daima\ 第 19 章 \19-8

实例文件 LRectangle.java 的主要实现代码如下所示。

```
public class LRectangle extends Application {
  @Override
  public void start(Stage primaryStage) {
    // 创建rectangle对象
    ① Rectangle r1 = new Rectangle(25, 10, 60, 30);
      r1.setStroke(Color.BLACK);
      r1.setFill(Color.WHITE);
    ② Rectangle r2 = new Rectangle(25, 50, 60, 30);
```

```
    ③ Rectangle r3 = new Rectangle(25, 90, 60, 30);
      r3.setArcWidth(15);
      r3.setArcHeight(25);

    //创建 group 对象，并在其中添加 nodes 元素
    Group group = new Group();
    group.getChildren().addAll(new Text(10, 27, "r1"), r1,
      new Text(10, 67, "r2"), r2, new Text(10, 107, "r3"), r3);

    for (int i = 0; i < 4; i++) {
    ④ Rectangle r = new Rectangle(100, 50, 100, 30);
    ⑤ r.setRotate(i * 360 / 8);
    ⑥ r.setStroke(Color.color(Math.random(), Math.random(), Math.random()));
    ⑦ r.setFill(Color.WHITE);
    ⑧ group.getChildren().add(r);
    }

    //创建一个 scene 对象并放在 stage 中
    Scene scene = new Scene(new BorderPane(group), 250, 150);
    primaryStage.setTitle("ShowRectangle");              // 设置标题
    primaryStage.setScene(scene);                        // 将 scene 放到 stage 中
    primaryStage.show();                                 // 显示 stage
  }
```

① 创建第一个矩形对象 r1，设置矩形 r1 的笔画颜色为黑色。

② 创建第二个矩形对象 r2，没有设置矩形 r2 的笔画颜色，所以默认为白色。

③ 创建第三个矩形对象 r3，并设置弧的宽度和高度（下面的两行）。这样 r3 显示为一个圆角矩形。

④ 使用 for 循环程序创建一个矩形。

⑤ 将 for 循环创建的矩形进行旋转。

⑥ 将 for 循环创建的矩形设置一种随机的笔画颜色。

⑦ 将 for 循环创建的矩形的填充颜色为白色，如果这行被“r.setFill (null) ;”代码替代，那么矩形将不会被颜色填充。

⑧ 将 for 循环创建的矩形添加到面板上。执行效果如图 19-14 所示。

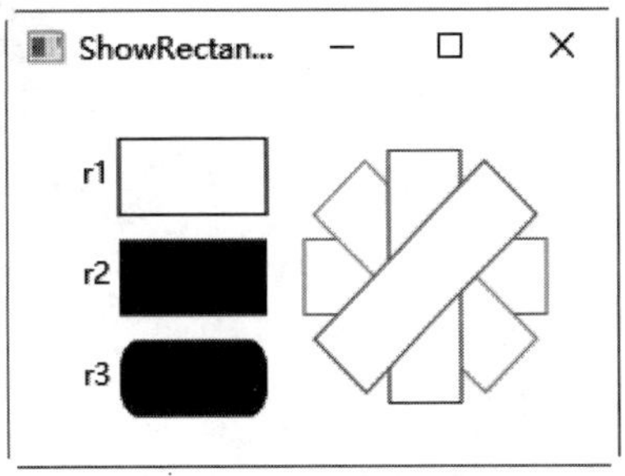

图 19-14

19.5　使用面板实现界面布局

在 JavaFX 框架中，可以使用内置的面板实现界面布局功能，这个包的位置是 javafx.scene.layout。JavaFX 提供了多种类型的面板用于在一个容器中组织节点，可以自动地将节点布局在希望的位置并设置为指定的大小。

↑扫码看视频（本节视频课程时间：10 分 20 秒）

具体来说，在 JavaFX 程序中可以使用表 19-6 所示的面板类实现界面布局功能。

表 19-6

类	功能
Pane	布局面板的基类，通过内置方法 getChildren() 返回面板中的节点列表
StackPane	将节点放在面板中央，并且叠加在其他节点之上
FlowPane	将节点以水平方式一行一行地排列放置，或者以垂直方式一列一列地排列放置
GirdPane	将节点放在一个二维网格的单元格中
BorderPane	将节点放在顶部、右边、底部、左边和中间区域
HBox	将节点放在单行中
VBox	将节点放在单列中

19.5.1 使用 Pane 的画布功能

在 JavaFX 框架中，类 javafx.scene.layout.Pane Pane 是所有特定面板的基类，通常作为显示形状的一个画布。例如在下面的实例中，在类 javafx.scene.layout.Pane 中绘制了一个圆。

实例 19-9：在类 javafx.scene.layout.Pane 中绘制一个圆

源码路径：下载包 \daima\ 第 19 章 \19-9

实例文件 ShowPane.java 的主要实现代码如下所示。

```
public void start(Stage primaryStage) {
   //绘制一个圆，并设置它的属性
   Circle circle = new Circle();           //创建Circle对象circle，开始绘制一个圆
   circle.setCenterX(100);                            //设置圆心的x坐标
   circle.setCenterY(100);                            //设置圆心的y坐标
   circle.setRadius(50);                              //设置圆的半径是50
   circle.setStroke(Color.BLACK);                     //设置绘制圆的笔画颜色是黑色
   circle.setFill(null);                              //设置圆的填充颜色，nuu表示白的
   //创建pane对象，并在里面绘制一个圆
   Pane pane = new Pane();
   pane.getChildren().add(circle);                    //将创建的circle放在Pane中
   //创建scene对象并将其放在stage对象中
   Scene scene = new Scene(pane, 200, 200);           //设置场景的大小
   primaryStage.setTitle("ShowCircle");               //设置标题
   primaryStage.setScene(scene);                      //将scene对象放到stage中
   primaryStage.show();                               //显示stage对象
}
```

在上述代码中创建了一个 Circle 对象，并将它的圆心设置为（100，100），同时这坐标也是场景的中央，因为在使用“Scene scene”创建场景时给出的宽度和高度都是 200。再次提醒读者，在 Java 的坐标系中，面板左上角的坐标是（0,0），而传统坐标系中的（0，0）位于窗体的中央。在 Java 坐标系中，x 坐标从左到右递增，y 坐标从上到下递增。本实例执行后效果如图 19-15 所示。默认执行效果是圆在窗体的中间显示，当窗体改变大小后，圆不再居中显示。要想当窗体改变大小的时候依居中显示这个圆，需要重新设置圆心的 x 和 y 坐标在面板的中央。

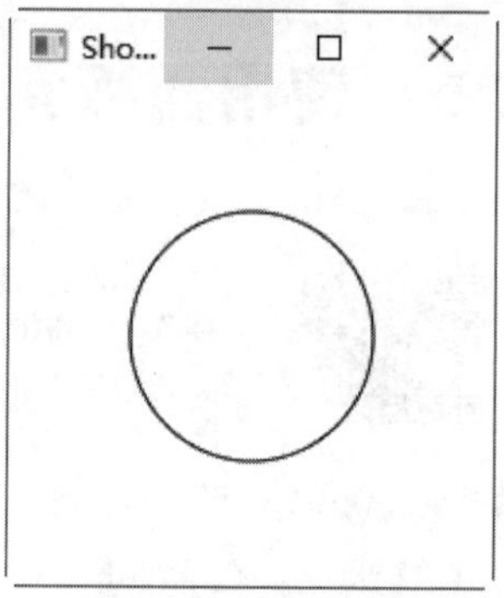

图 19-15

19.5.2　使用 StackPane 实现特定面板功能

在 JavaFX 框架中，类 javafx.scene.layout.StackPane 可以创建一个面板，在这个面板中可以放置按钮和文本等组件。例如在下面的实例中，在使用 StackPane 创建了一个面板，然后在面板中放置一个按钮。

实例 19-10：在面板中放置一个按钮

源码路径：下载包 \daima\ 第 19 章 \19-10

实例文件 LStack.java 的主要实现代码如下所示。

```
public void start(Stage primaryStage) {
        //创建 scene 对象，并在里面放置一个按钮
        StackPane pane = new StackPane();
        pane.getChildren().add(new Button("按钮"));
        Scene scene = new Scene(pane, 500, 200);
        primaryStage.setTitle("按钮是一个 pane"); //设置标题
        primaryStage.setScene(scene);
        primaryStage.show();
    }
```

在上述代码中，创建了一个特定的面板 StackPane，然后将节点放置在 StackPane 面板的中央。每个 StackPane 面板包含一个用于容纳面板中节点的列表，这个列表是 ObservableList 的实例，可以通过面板中的 getChildren() 方法得到。当然也可以使用 add(node) 方法将一个元素加到列表中，也可以使用 addAll (nodel，node2,…) 来添加一系列的节点到面板中。本实例执行后效果如图 19-16 所示。

图 19-16

19.5.3　使用 FlowPane 实现序列放置

在 JavaFX 框架中，类 javafx.scene.layout.FlowPane 能够将里面的节点按照添加的次序，从左到右水平放置，或者从上到下垂直放置。当一行或者一列排满的时候，开始新的一行或者一列。类 javafx.scene.layout.FlowPane 中的常用属性和方法如下表 19-7 所示。

表 19-7

方法和属性	描述
属性 orientation	面板中的方向，默认是 Orientation.HORIZONTAL
属性 hgap	节点之间的水平间隔，默认是 0
属性 vgap	节点之间的垂直间隔，默认是 0
属性 prefWrapLength	设置首选长度，包括首选高度和宽度

续表

方法和属性	描述
属性 alignment	设置面板内容的整体对齐方式，默认是 Pos.LEFT
属性 columnHalignment	设置面板中每一列节点的水平对齐方式
属性 rowValignment	设置面板中每一行节点的垂直对齐方式
方法 public FlowPane()	创建一个默认的 FlowPane 对象实例
方法 public FlowPane(Orientation orientation)	通过给定的方向创建一个 FlowPane 对象实例，hgap/vgap = 0
方法 public FlowPane(double hgap,double vgap)	使用指定的水平和垂直间距创建一个 FlowPane 对象实例
方法 public FlowPane(Orientation orientation, double hgap,double vgap)	使用给定的方向、水平间距以及垂直间距创建一个 FlowPane 对象实例

由此可见，在 FlowPane 面板中可以使用两个常数（Orientation.HORIZONTAL 和 Orientation.VERTICAL）中的一个来确定节点是水平还是垂直排列，可以使用像素为单位指定节点之间的距离。

在上述属性中，alignment、orientation、hgap 和 vgap 是绑定属性。JavaFX 中的每个绑定属性都有一个获取方法 (比如，getHgap()) 用于返回其值，一个设置方法 (比如，sethGap(double)) 用于设置一个值，以及一个获取方法用于返回属性本身 (比如，hGapProperty())。对于一个 ObjectProperty<T> 类型的数据域来说，值的获取方法用于返回一个 T 类型的值，属性获取方法用于返回一个 ObjectProperty<T> 类型的属性值。

例如在下面的实例中，在创建的 FlowPane 面板中同时添加标签和文本域元素。

实例 19-11：在面板中同时添加标签和文本

源码路径：下载包 \daima\ 第 19 章 \19-11

实例文件 LFlowPane.java 的主要实现代码如下所示。

```
public void start(Stage primaryStage) {
    //创建FlowPane面板对象pane并设置其属性
    ① FlowPane pane = new FlowPane();
    ② pane.setPadding(new Insets(11, 12, 13, 14));
    ③ pane.setHgap(5);
    ④ pane.setVgap(5);
    //在pane对象中放置标签和文本
    ⑤ pane.getChildren().addAll(new Label("用户昵称:"),
    ⑥ new TextField(), new Label("MI:"));
    ⑦ TextField tfMi = new TextField();
    ⑧ tfMi.setPrefColumnCount(1);
    ⑨ pane.getChildren().addAll(tfMi, new Label("用户密码:"),
    ⑩ new TextField());
    //创建Scene对象scene，并放在stage中
    ⑪ Scene scene = new Scene(pane, 200, 250);
    primaryStage.setTitle("ShowFlowPane");                    //设置标题
    primaryStage.setScene(scene);
    primaryStage.show();                                      //显示stage
}
```

① 创建一个 FlowPane 对象 pane。

② 采用 Insets 对象设置其 padding 属性，Insets 对象指定了面板边框的大小。构造方法 Insets (11，12，13 ,14) 创建了 Insets 实例，它的边框大小以像素为单位，分别是顶部 11、右边 12、底部 13、左边 14。当然也可以使用构造方法 Insets(value) 来创建一个四条边具有相

同值的 Insets。

③④ hGap 属性分别和 vGap 属性指定了面板中两个相邻节点之间的水平和垂直间隔。

⑤ 每个 FlowPane 包含一个 ObservableList 对象用于容纳节点。可以使用 getChildren() 方法返回该列表。在 FlowPane 面板中，可以使用 add(node) 或者 addAll (nodel，node2，…) 方法将一个节点添加到其添加到列表中。也可以使用 remove(node) 方法从列表中移除一个节点，或者使用 removeAll() 方法将移除面板中的所有节点。

⑥⑨⑩ 程序将标签和文本域添加到面板中。

⑦ 创建一个 TextField 对象 tfMi。

⑧ 调用 tfMi.setPrefColumnCount(l) 将 MI 文本域的期望列数设置为 1。为 MI 的 TextField 对象声明一个显式的引用 tfMi。这个显式的引用是必要的，因为我们需要直接引用这个对象来设置它的 prefCalumnCount 属性。

⑪ 和本行后面的代码，首先将面板加入到场景中，然后将场景设置到窗体舞台中，最后显示当前的窗体舞台。请注意，如果修改窗体的大小，这些节点会自动地重新组织来适应面板。最终的执行效果如图 19-17 所示。

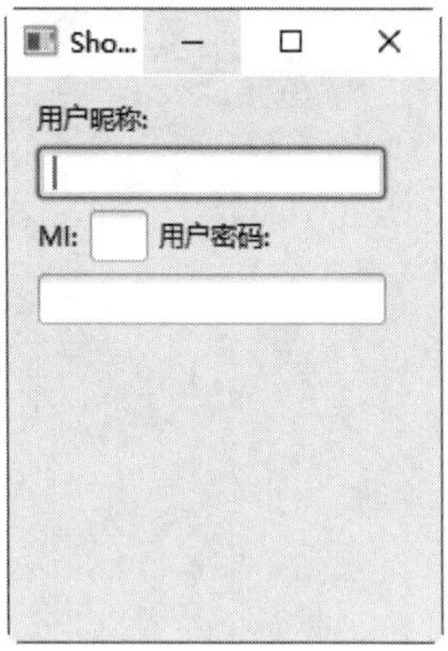

图 19-17

注意：假设将对象 tfMi 重复 10 次加入面板中，是否会有 10 个文本域出现在面板中呢？

当然不会，像文本域这样的节点只能加到一个面板中一次。如果将一个节点加入到一个面板中多次或者不同面板中会引起运行时出现错误。

19.6　使用 JavaFX UI 组件

UI 组件的全称是 USER INTERFACE Module，即用户界面组件。组件能够将一段或几段完成各自功能的代码段封装为一个或几个独立的部分。JavaFX 框架中的 UI 组件非常灵活并且功能全面，可以帮助开发者创建类别广泛的实用用户界面。

↑扫码看视频（本节视频课程时间：11 分 36 秒）

19.6.1　使用标签组件

在 JavaFX 框架中，标签（label）组件类是 javafx.scene.control.Label，是一个显示小段文字、一个节点或同时显示两者的区域。经常用来给其他组件（通常为文本域）做标签。JavaFX 中的标签和按钮共享许多共同的属性，这些共同属性被定义在类 javafx.scene.control.Labeled 中。

例如在下面的实例中，实现了几个具有文本和图片的标签效果。

实例 19-12：使用标签组件创建有文本和图片的标签

源码路径：下载包 \daima\ 第 19 章 \19-12

实例文件 GXJLabel.java 的主要实现代码如下所示。

```
public class GXJLabel extends Application {
  @Override
  public void start(Stage primaryStage) {
```

```
        ImageView us = new ImageView(new Image("123.jpg"));
        ① Label lb1 = new Label("开发\n工具", us);
        lb1.setStyle("-fx-border-color: green; -fx-border-width: 2");
        ② lb1.setContentDisplay(ContentDisplay.BOTTOM);
        lb1.setTextFill(Color.RED);
        ③ Label lb2 = new Label("Circle", new Circle(50, 50, 25));
        ④ lb2.setContentDisplay(ContentDisplay.TOP);
        lb2.setTextFill(Color.ORANGE);
        ⑤ Label lb3 = new Label("Retangle", new Rectangle(10, 10, 50, 25));
        ⑥ lb3.setContentDisplay(ContentDisplay.RIGHT);
        ⑦ Label lb4 = new Label("Ellipse", new Ellipse(50, 50, 50, 25));
        ⑧ lb4.setContentDisplay(ContentDisplay.LEFT);
        ⑨ Ellipse ellipse = new Ellipse(50, 50, 50, 25);
        ellipse.setStroke(Color.GREEN);
        ellipse.setFill(Color.WHITE);
        StackPane stackPane = new StackPane();
        ⑩ stackPane.getChildren().addAll(ellipse, new Label("JavaFX"));
        ⑪ Label lb5 = new Label("里面有文本", stackPane);
        lb5.setContentDisplay(ContentDisplay.BOTTOM);
        ⑫ HBox pane = new HBox(20);
        ⑬ pane.getChildren().addAll(lb1, lb2, lb3, lb4, lb5);
        Scene scene = new Scene(pane, 550, 150);            //创建Scene对象scene
        primaryStage.setTitle("Label实例");                 //设置标题
        primaryStage.setScene(scene);
        primaryStage.show();                                 //显示Stage
    }
```

① 创建一个具有一段文本和一个图像的标签。设置文本内容是“开发\n工具”，因为“\n”表示换行，因此这段文本显示为两行。

② 将图像放置在文本“开发\n工具”的底部。

③ 创建一个具有一段文本和一个圆的标签。

④ 设置圆被放在文本的上方。

⑤ 创建一个具有一段文本和一个矩形的标签。

⑥ 设置矩形位于文本的右侧。

⑦ 创建一个具有一段文本和一个椭圆的标签。

⑧ 设置将椭圆放置于文本的左侧。

⑨ 创建一个 Ellipse 椭圆对象 ellipse。

⑩ 将椭圆 ellipse 和一个标签一起放到一个堆栈面板中。

⑪ 创建一个具有一段文本以及将该堆栈面板作为节点的一个标签。如本实例所示，可以将任何节点放在一个标签中。

⑫ 创建一个 HBox 对象 pane。

⑬ 将所有 5 个标签放置于 HBox 中。

本实例执行后的效果如图 19-18 所示。

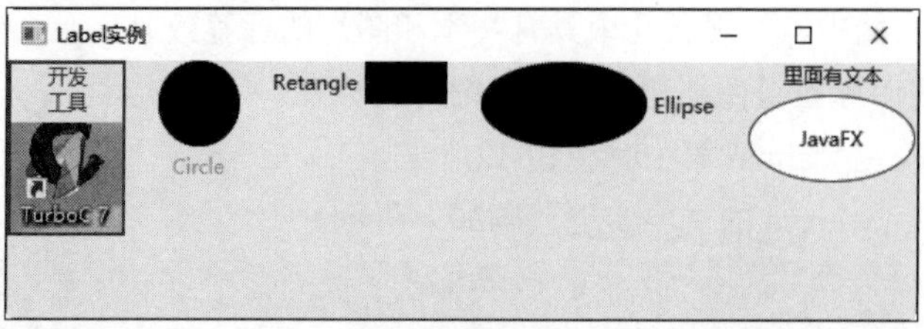

图 19-18

19.6.2　使用按钮组件

在 JavaFX 框架中，类 Button 用来处理当用户点击一个按钮时执行一个动作（Action）。类 Button 继承自 Labeled 类，它可以显示文本、图像，或两者兼而有之。

按钮类 javafx.scene.control.Button 是单击时触发动作事件的组件，在 JavaFX 框架中提供了常规按钮、开关按钮、复选框按钮和单选按钮。这些按钮的公共特性在 ButtonBase 和 Labeled 类中定义，其中类 Labeled 定义了标签和按钮的共同属性。按钮和标签非常类似，除了按钮具有定义在 ButtonBase 类中的 anAction 属性外，该属性设置一个用于处理按钮动作的处理器。

类 javafx.scene.control.Button 中的常用属性和方法如下表 19-8 所示。

表 19-8

方法和属性	描述
属性 defaultButton	默认按钮，通常在按下键盘中的 Enter 键时被激活
属性 cancelButton	取消按钮，通常在按下键盘中的 Esc 键时被激活
方法 public Button()	创建一个空按钮
方法 public Button(java.lang.String text)	创建一个具有指定文本的按钮，“text”参数表示文本的内容
方法 public Button(java.lang.String text,Node graphic)	创建一个具有给定文本和图片的按钮，“text”参数表示文本的内容，“graphic”参数表示图片等地址
方法 public final void setDefaultButton(boolean value)	设置默认按钮的属性值
方法 public final boolean isDefaultButton()	获取默认按钮的属性值
方法 setGraphicTextGap()	当为按钮同时设置了文本和图形内容时，可以使用此方法设置它们之间的间距

例如在下面的实例代码中，使用按钮控制一段文本的左右移动。

实例 19-13：使用按钮控制一段文本的左右移动

源码路径：下载包 \daima\ 第 19 章 \19-13

实例文件 GXJButton.java 的主要实现代码如下所示。

```
public class GXJButton extends Application {
    ① protected Text text = new Text(50, 50, "JD 双十一价格可能会便宜一点点，但是物流
                                                                        太慢！ ");
    ② protected BorderPane getPane() {
    HBox paneForButtons = new HBox(20);
    ③ Button btLeft = new Button(" 左 ",
      new ImageView("left.gif"));
      Button btRight = new Button(" 右 ",
    ④ new ImageView("right.gif"));
    ⑤ paneForButtons.getChildren().addAll(btLeft, btRight);
      paneForButtons.setAlignment(Pos.CENTER);
      paneForButtons.setStyle("-fx-border-color: green");
      BorderPane pane = new BorderPane();
    ⑥ pane.setBottom(paneForButtons);
      Pane paneForText = new Pane();
      paneForText.getChildren().add(text);
    ⑦ pane.setCenter(paneForText);
    ⑧ btLeft.setOnAction(e -> text.setX(text.getX() - 10));
    ⑨ btRight.setOnAction(e -> text.setX(text.getX() + 10));
    return pane;
  }
```

```
    @Override
    public void start(Stage primaryStage) {
      //创建 Scene 对象 scene
      Scene scene = new Scene(getPane(), 750, 200);
      primaryStage.setTitle("ButtonDemo");                    //设置标题
      primaryStage.setScene(scene);
      primaryStage.show();
    }
```

① 创建一段指定的文本。

② 定义一个受保护的 getPane() 方法以返回一个面板，当文本被声明为受保护之后，可以被①中的子类访问到。

③～④ 创建两个按钮 btLeft 和 btRight，每个按钮都包含一段文本和一个图像。

⑤ 将按钮放置于 HBox 中。

⑥ 将 HBox 放在 border 面板的底部。

⑦ 将①行创建的这段文本置于一个 border 面板中央。

⑧ 单击 btLeft 按钮后会将文本往左边移动。

⑨ 单击 btRight 按钮后会将文本往右边移动。

本实例执行后的效果如图 19-19 所示。

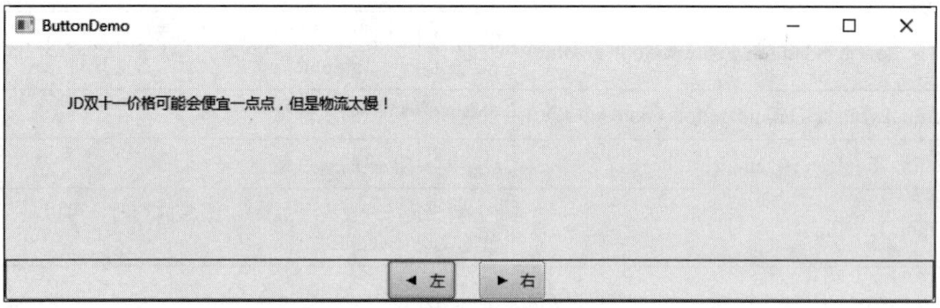

图 19-19

第 20 章

开发网络程序

（视频讲解：38 分钟）

互联网改变了人们的生活方式，在当前很多应用中都离不开网络，人们早已习惯网络快速传播信息。Java 语言在网络通信方面的优点特别突出，要远远领先其他语言。在本章将详细讲解使用 Java 语言开发网络项目的基本知识，为读者步入本书后面知识的学习打下基础。

20.1 Java 中的网络包

Java 作为一门面向对象的高级语言，提供了专门的包来支持网络应用。在 java.net 包中通过类 URL 和类 URLConnection 提供了以编程方式访问 Web 服务的功能，通过类 URLDecoder 和 URLEncoder 提供了普通字符串和 application/x-www-form-urlencoded MIME 字符串相互转换的静态方法。

↑扫码看视频（本节视频课程时间：13 分 15 秒）

20.1.1 InetAddress 类详解

在 Java 程序中，使用类 InetAddress 表示 IP 地址，在类 InetAddress 中还有如下两个子类。

- Inet4Address：代表 Internet Protocol version 4（IPv4）地址。
- Inet6Address：Internet Protocol version 6（IPv6）地址。

在类 InetAddress 中没有构造器，而是提供了两个静态方法来获取 InetAddress 实例，见表 20-1。

表 20-1

方法	功能描述
getByName(String host)	根据主机获取对应的 InetAddress 对象
getByAddress(byte[] addr)	根据原始 IP 地址来获取对应的 InetAddress 对象

虽然类 InetAddress 没有构造方法，但是可以通过内置方法实现对应的功能。例如在 InetAddress 中，可以通过三个方法来获取 InetAddress 实例对应的 IP 地址和主机名，见表 20-2。

表 20-2

方法	功能描述
String getCanonicalHostName()	获取此 IP 地址的全限定域名
String getHostAddress()	返回该 InetAddress 实例对应的 IP 地址字符串（以字符串形式）
String getHostName()	获取此 IP 地址的主机名

另外，在类 InetAddress 中还包含如表 20-3 所示的重要方法。

表 20-3

方法	功能描述
getLocalHost()	获取本机 IP 地址对应的 InetAddress 实例
isReachable()	测试是否可以到达该地址，该方法的实现将尽最大努力试图到达主机，但防火墙和服务器配置可能阻塞请求，使其在某些特定的端口可以访问时处于不可达的状态。如果可以获得权限，则使用 ICMP ECHO REQUEST；否则它将试图在目标主机的端口 7 Echo）上建立 TCP 连接

20.1.2 URLDecoder 类和 URLEncoder 类详解

在 Java 程序中，类 URLDecoder 和类 URLEncoder 的功能是完成普通字符串和 application/x-www-form-urlencoded MIME 字符串之间的相互转换。application/x-www-form-urlencoded MIME 虽然不是普通的字符串，但是在现实应用中经常见到，例如搜索引擎网址中看似是乱码的内容，如图 20-1 所示。

图 20-1

例如，当 URL 地址里包含非西欧字符的字符串时，系统会将这些非西欧字符串转换成如图 20-1 所示的特殊字符串。在编程过程中可以将普通字符串和这种特殊字符串进行相关转换，此功能是通过使用 URLDecoder 和 URLEncoder 类实现的。

（1）类 URLDecoder：包含一个 decode(String s,String enc) 静态方法，它可以将看上去是乱码的特殊字符串转换成普通字符串。

（2）类 URLEncoder：包含一个 encode(String s,String enc) 静态方法，它可以将普通字符串转换成 application/x-www-form-urlencoded MIME 字符串。

注意：在现实应用中，我们无须转换仅包含西欧字符的普通字符串和 application/x-www-form-urlencoded MIME 字符串。但是需要转换包含中文字符的普通字符串，转换的方法是每个中文字符占 2 个字节，每个字节可以转换成两个十六进制的数字，所以每个中文字符将转换成“%XX%XX”的形式。当采用不同的字符集时，每个中文字符对应的字节数并不完全相同，所以使用 URLEncoder 和 URLDecoder 进行转换时也需要指定字符集。

20.1.3 URL 和 URLConnection

URL 是 Uniform Resource Locator 的缩写，意为统一资源定位器，它是指向互联网“资源”的指针。资源可以是简单的文件或目录，也可以是对更为复杂对象的引用，例如对数据库或搜索引擎的查询。通常情况而言，URL 可以由协议名、主机、端口和资源组成。URL 需要满足如下格式。

```
protocol://host:port/resourceName
```

例如下面就是一个 URL 地址。

```
http://www.163.com
```

在 JDK 中为我们提供了一个 URI（Uniform Resource Identifiers）类，其实例代表一个统一资源标识符。Java 的 URI 不能用于定位任何资源，它的唯一作用就是解析。在 URL 中包含一个可打开到达该资源的输入流，因此我们可以将 URL 理解成 URI 的特例。

在类 URL 中提供了多个构造器用于创建 URL 对象，一旦获得了 URL 对象之后，可以调用如表 20-4 所示的方法来访问该 URL 对应的资源。

表 20-4

方法	功能描述
String getFile()	获取此 URL 的资源名
String getHost()	获取此 URL 的主机名
String getPath()	获取此 URL 的路径部分
int getPort()	获取此 URL 的端口号
String getProtocol()	获取此 URL 的协议名称
String getQuery()	获取此 URL 的查询字符串部分
URLConnection openConnection()	返回一个 URLConnection 对象，它表示到 URL 所引用的远程对象的连接
InputStream openStream()	打开与此 URL 的连接，并返回一个用于读取该 URL 资源的 InputStream

在 URL 中，可以使用 openConnection() 方法返回一个 URLConnection 对象，该对象表示应用程序和 URL 之间的通信链接。应用程序可以通过 URLConnection 实例向此 URL 发送请求，并读取 URL 引用的资源。

在 Java 程序中，创建一个和 URL 的连接、发送请求、读取此 URL 引用资源的步骤如下所示。

（1）通过调用 URL 对象 openConnection() 方法来创建 URLConnection 对象。

（2）设置 URLConnection 的参数和普通请求属性。

（3）如果只是发送 GET 方式请求，使用方法 connect 建立和远程资源之间的实际连接即可；如果需要发送 POST 方式的请求，需要获取 URLConnection 实例对应的输出流来发送请求参数。

（4）远程资源变为可用，程序可以访问远程资源的头字段或通过输入流读取远程资源的数据。

在建立和远程资源的实际连接之前，我们可以通过如表 20-5 所示的方法来设置请求头字段。

表 20-5

方法	功能描述
setAllowUserInteraction	设置该 URLConnection 的 allowUserInteraction 请求头字段的值
setDoInput	设置该 URLConnection 的 doInput 请求头字段的值
setDoOutput	设置该 URLConnection 的 doOutput 请求头字段的值

续表

方法	功能描述
setIfModifiedSince	设置该 URLConnection 的 ifModifiedSince 请求头字段的值
setUseCaches	设置该 URLConnection 的 useCaches 请求头字段的值

除此之外，还可以使用如表 20-6 所示的方法来设置或增加通用头字段。

表 20-6

方法	功能描述
setRequestProperty(String key, String value)	设置该 URLConnection 的 key 请求头字段的值为 value
addRequestProperty(String key, String value)	为该 URLConnection 的 key 请求头字段的增加 value 值，该方法并不会覆盖原请求头字段的值，而是将新值追加到原请求头字段中

在 Java 程序中，当发现远程资源可以使用后，使用如表 20-7 所示的方法访问头字段和内容。

表 20-7

方法	功能描述
Object getContent()	获取该 URLConnection 的内容
String getHeaderField(String name)	获取指定响应头字段的值
getInputStream()	返回该 URLConnection 对应的输入流，用于获取 URLConnection 响应的内容
getOutputStream()	返回该 URLConnection 对应的输出流，用于向 URLConnection 发送请求参数
getHeaderField	根据响应头字段来返回对应的值

因为在程序中需要经常访问某些头字段，所以 Java 提供了如表 20-8 所示的方法来访问特定响应头字段的值。

表 20-8

方法	功能描述
getContentEncoding	获取 content-encoding 响应头字段的值
getContentLength	获取 content-length 响应头字段的值
getContentType	获取 content-type 响应头字段的值
getDate()	获取 date 响应头字段的值
getExpiration()	获取 expires 响应头字段的值
getLastModified()	获取 last-modified 响应头字段的值

注意：如果既要使用输入流读取 URLConnection 响应的内容，也要使用输出流发送请求参数，一定要先使用输出流，再使用输入流。另外，无论是发送 GET 请求，还是发送 POST 请求，程序获取 URLConnection 响应的方式完全一样：如果程序可以确定远程响应是字符流，则可以使用字符流来读取；如果程序无法确定远程响应是字符流，则使用字节流读取即可。

20.1.4 实践演练

经过前面内容的学习，想必已经了解了 Java 网络包中各个类的基本知识。接下来将通过一个具体实例的实现过程，讲解使用类 InetAddress 发送信息的过程。

实例 20-1：使用类 InetAddress 发送信息

源码路径：下载包 \daima\ 第 20 章 \20-1

实例文件 InetAddressyong.java 的主要代码如下所示。

```
import java.net.*;
public class InetAddressyong{
    public static void main(String[] args)
            throws Exception{
            //根据主机名来获取对应的 InetAddress 实例
            InetAddress ip = InetAddress.getByName("www.baidu.com");
            //判断是否可达
            System.out.println("A: 鸟啊，你能访问百度吗？ " + ip.isReachable(2000));
            //获取该 InetAddress 实例的 IP 字符串
            System.out.println(ip.getHostAddress());
            //根据原始 IP 地址来获取对应的 InetAddress 实例
            InetAddress local = InetAddress.getByAddress(new byte[]
            {127,0,0,1});
            System.out.println("B: 你能访问本地服务器吗？ " + local.isReachable(5000));
            //获取该 InetAddress 实例对应的全限定域名
            System.out.println(local.getCanonicalHostName());
    }
}
```

执行后会输出：

```
A: 小鸟啊，你能访问百度吗？ true
61.135.169.121
B: 你能访问本地服务器吗？ true
127.0.0.1
```

上述实例演示了 InetAddress 类中几个方法的用法，此类本身并没有提供太多功能，它代表一个 IP 地址对象，是网络通信的基础。再看下面的实例，演示 InputStream 实现多线程下载的过程。

实例 20-2：图片下载系统

源码路径：下载包 \daima\ 第 20 章 \20-2

实例文件 xiazai.java 的主要代码如下所示。

```
import java.io.*;
import java.net.*;

//定义下载从 start 到 end 的内容的线程
class DownThread extends Thread{
    //定义字节数组（取水的竹筒）的长度
    private final int BUFF_LEN = 32;
    //定义下载的起始点
    private long kaishi;
    //定义下载的结束点
    private long jieshu;
    //下载资源对应的输入流
    private InputStream is;
    //将下载到的字节输出到 mm 中
    private RandomAccessFile mm ;

    //构造器，传入输入流，输出流和下载起始点、结束点
    public DownThread(long start , long end , InputStream is , RandomAccessFile raf){
            //输出该线程负责下载的字节位置
            System.out.println(start + "---->"  + end);
            this.kaishi = start;
            this.jieshu = end;
            this.is = is;
```

```
            this.mm = raf;
    }
    public void run(){
            try{
                    is.skip(kaishi);
                    mm.seek(kaishi);
                    // 定义读取输入流内容的的缓存数组（竹筒）
                    byte[] buff = new byte[BUFF_LEN];
                    // 本线程负责下载资源的大小
                    long contentLen = jieshu - kaishi;
                    // 定义最多需要读取几次就可以完成本线程的下载
                    long times = contentLen / BUFF_LEN + 4;
                    // 实际读取的字节数
                    int hasRead = 0;
                    for (int i = 0; i < times ; i++){
                            hasRead = is.read(buff);
                            // 如果读取的字节数小于 0，则退出循环！
                            if (hasRead < 0){
                                    break;
                            }
                            mm.write(buff , 0 , hasRead);
                    }
            }
            catch (Exception ex){
                    ex.printStackTrace();
            }
            // 使用 finally 块来关闭当前线程的输入流、输出流
            finally{
                    try{
                            if (is != null){
                                    is.close();
                            }
                            if (mm != null){
                                    mm.close();
                            }
                    }
                    catch (Exception ex){
                            ex.printStackTrace();
                    }
            }
    }
}
public class xiazai{
    public static void main(String[] args){
            final int DOWN_THREAD_NUM = 4;
            final String OUT_FILE_NAME = "down.jpg";
            InputStream[] isArr = new InputStream[DOWN_THREAD_NUM];
            RandomAccessFile[] outArr = new RandomAccessFile[DOWN_THREAD_NUM];
            try{
                    // 创建一个 URL 对象
                    URL url = new URL("https://ss1.bdstatic.com/"
                            + "70cFuXSh_Q1YnxGkpoWK1HF6hhy/it/u=845306564,3617231
                                                                263&fm=27&gp=0.jpg");
                    // 以此 URL 对象打开第一个输入流
                    isArr[0] = url.openStream();
                    long fileLen = getFileLength(url);
                    System.out.println(" 图片的大小：" + fileLen);
                    // 以输出文件名创建第一个 RandomAccessFile 输出流
                    outArr[0] = new RandomAccessFile(OUT_FILE_NAME , "rw");
                    // 创建一个与下载资源相同大小的空文件
                    for (int i = 0 ; i < fileLen ; i++ ){
                            outArr[0].write(0);
                    }
```

```
                    //每线程应该下载的字节数
                    long numPerThred = fileLen / DOWN_THREAD_NUM;
                    //整个下载资源整除后剩下的余数
                    long left = fileLen % DOWN_THREAD_NUM;
                    for (int i = 0 ; i < DOWN_THREAD_NUM; i++){
                    //为每个线程打开一个输入流、一个RandomAccessFile对象,
                    //让每个线程分别负责下载资源的不同部分。
                          if (i != 0){
                    //以URL打开多个输入流
                                isArr[i] = url.openStream();
                    //以指定输出文件创建多个RandomAccessFile对象
                                outArr[i] = new RandomAccessFile(OUT_FILE_NAME , "rw");
                          }
                    //分别启动多个线程来下载网络资源
                          if (i == DOWN_THREAD_NUM - 1 ){
                    //最后一个线程下载指定numPerThred+left个字节
                                 new DownThread(i * numPerThred , (i + 1) *
                                                                  numPerThred + left
                                      , isArr[i] , outArr[i]).start();
                          }
                          else{
                    //每个线程负责下载一定的numPerThred个字节
                                new DownThread(i * numPerThred , (i + 1) *
                                                                       numPerThred
                                      , isArr[i] , outArr[i]).start();
                          }
                    }
               }
               catch (Exception ex){
                    ex.printStackTrace();
               }
     }
     //定义获取指定网络资源长度的方法
     public static long getFileLength(URL url) throws Exception{
               long length = 0;
     //打开该URL对应的URLConnection。
               URLConnection con = url.openConnection();
     //获取连接URL资源的长度
               long size = con.getContentLength();
               length = size;
               return length;
     }
}
```

执行后会输出：

```
图片的大小：46059
0---->11514
11514---->23028
23028---->34542
34542---->46059
```

在上述实例中定义了DownThread线程类，该线程从InputStream中读取，从kaishi开始到jieshu结束的所有字节数据，并写入RandomAccessFile对象。这个DownThread线程类的run()就是一个简单的输入、输出实现。在上述代码中，在类MutilDown中的方法main负责按如下步骤来实现多线程下载。

（1）创建URL对象，获取指定URL对象所指向资源的大小（由getFileLength方法实现），此处用到了URLConnection类，该类代表Java应用程序和URL之间的通信链接。下面还有关于URLConnection更详细的介绍。

（2）在本地磁盘上创建一个与网络资源相同大小的空文件。

（3）计算每条线程应该下载网络资源的哪个部分（从哪个字节开始，到哪个字节结束）。

（4）依次创建、启动多条线程来下载网络资源的指定部分。

20.2 TCP 编程

TCP/IP 通信协议是一种可靠的网络协议，能够在通信的两端各建立一个 Socket，从而在通信的两端之间形成网络虚拟链路。一旦建立了虚拟的网络链路，两端的程序就可以通过虚拟链路进行通信。Java 对 TCP 网络通信提供了良好的封装，为我们提供了 Socket 对象来代表两端的通信端口，并通过 Socket 产生 I/O 流来进行网络通信。

↑扫码看视频（本节视频课程时间：11 分 05 秒）

20.2.1 使用 ServletSocket

在 Java 程序中，可以使用类 ServerSocket 来接受其他通信实体的连接请求，对象 ServerSocket 用于监听来自客户端的 Socket 连接，如果没有连接则会一直处于等待状态。在类 ServerSocket 中提供了 Socket accept() 方法监听客户端连接请求。

如果接收到一个客户端 Socket 的连接请求，Socket accept() 方法将返回一个与客户端 Socket 对应的 Socket，否则该方法将一直处于等待状态，线程也被阻塞。

在 Java 程序中，为了创建 ServerSocket 对象，ServerSocket 类为我们提供了如表 20-9 所示的构造器方法。

表 20-9

方法	功能描述
ServerSocket(int port)	用指定的端口 port 来创建一个 ServerSocket。该端口应该是有一个有效的端口整数值：0 ~ 65535
ServerSocket(int port,int backlog)	增加一个用来改变连接队列长度的参数 backlog
ServerSocket(int port,int backlog, InetAddress localAddr)	在机器存在多个 IP 地址的情况下，允许通过 localAddr 这个参数来指定将 ServerSocket 绑定到指定的 IP 地址

当使用 ServerSocket 完毕后，需要用 ServerSocket 中的方法 close() 来关闭该 ServerSocket。在通常情况下，服务器不会只接受一个客户端请求，而是不断地接受来自客户端的所有请求，所以在 Java 程序中可以通过循环来不断地调用 ServerSocket 的 accept() 方法。

20.2.2 使用 Socket

在 Java 程序的在客户端中，可以使用 Socket 的构造器连接到指定服务器，在 Socket 中可以使用如表 20-10 所示的两个构造器方法。

表 20-10

方法	功能描述
Socket(InetAddress/String remoteAddress, int port)	创建连接到指定远程主机、远程端口的 Socket，该构造器没有指定本地地址、本地端口，默认使用本地主机的默认 IP 地址，默认使用系统动态指定的 IP 地址
Socket(InetAddress/String remoteAddress, int port, InetAddress localAddr, int localPort)	创建连接到指定远程主机、远程端口的 Socket，并指定本地 IP 地址和本地端口号，适用于本地主机有多个 IP 地址的情形

在使用构造器指定远程主机时，既可使用 InetAddress 来指定，也可直接使用 String 对象来指定，在 Java 中通常使用 String 对象（如 192.168.2.23）来指定远程 IP。当本地主机只有一个 IP 地址时，使用第一个方法更为简单。

在 Java 程序中，当客户端 / 服务器端产生了对应的 Socket 之后，程序无须再区分服务器、客户端，而是通过各自的 Socket 进行通信。在 Socket 中提供如表 20-11 所示的两个方法来获取输入流和输出流。

表 20-11

方法	功能描述
InputStream getInputStream()	返回该 Socket 对象对应的输入流，让程序通过该输入流从 Socket 中取出数据
OutputStream getOutputStream()	返回该 Socket 对象对应的输出流，让程序通过该输出流向 Socket 中输出数据

实例 20-3：创建一个 TCP 协议的服务器端

源码路径：下载包 \daima\ 第 20 章 \20-3

实例文件 Server.java 的主要代码如下所示。

```
public class Server
{
    public static void main(String[] args)
            throws IOException
    {
            //创建一个 ServerSocket，用于监听客户端 Socket 的连接请求
            ServerSocket ss = new ServerSocket(30000);
            //采用循环不断接收来自客户端的请求
            while (true)
            {
                    //每当接收到客户端 Socket 的请求，服务器端也对应产生一个 Socket
            Socket s = ss.accept();
            //将 Socket 对应的输出流包装成 PrintStream
                    PrintStream ps = new PrintStream(s.getOutputStream());
                    //进行普通 IO 操作
                    ps.println(" 圣诞快乐！ ");
                    //关闭输出流，关闭 Socket
                    ps.close();
                    s.close();
            }
    }
}
```

在上述代码中，仅仅建立了 ServerSocket 监听，并使用 Socket 获取输出流输出，所以执行后不会显示任何信息。

经过上述实例可以得出一个结论：一旦使用 ServerSocket、Socket 建立网络连接之后，程序通过网络通信与普通 I/O 并没有太大的区别。如果先运行上面程序中的 Server 类，将

看到服务器一直处于等待状态，因为服务器使用死循环接收来自客户端的请求；再运行 Client 类，将可看到程序输出："来自服务器的数据：圣诞快乐！"，这表明客户端和服务器端通信成功。上述代码为了突出通过 ServerSocket 和 Socket 建立连接、并通过底层 I/O 流进行通信的主题，程序没有进行异常处理，也没有使用 finally 块来关闭资源。

20.2.3 TCP 中的多线程

在前面的演示实例中，Server 和 Client 只是进行了简单的通信操作，当服务器接收到客户端连接之后，服务器向客户端输出一个字符串，而客户端也只是读取服务器的字符串后就退出来。在实际应用中，客户端可能需要和服务器端保持长时间的通信，即服务器需要不断地读取客户端数据，并向客户端写入数据，客户端也需要不断地读取服务器数据，并向服务器写入数据。

服务器必须为每个 Socket 单独启动一条线程。在 Java 程序中，当使用 readLine() 方法读取数据时，如果在该方法成功返回之前线程被阻塞，则程序无法继续执行。所以此服务器很有必要为每个 Socket 单独启动一条线程，每条线程负责与一个客户端进行通信。另外，因为客户端读取服务器数据的线程同样会被阻塞，所以系统应该单独启动一条线程，该线程专门负责读取服务器数据。假设要开发一个聊天室程序，在服务器端应该包含多条线程，其中每个 Socket 对应一条线程，该线程负责读取 Socket 对应输入流的数据（从客户端发送过来的数据），并将读到的数据向每个 Socket 输出流发送一遍（将一个客户端发送的数据"广播"给其他客户端），因此需要在服务器端使用 List 来保存所有的 Socket。在具体实现时，为服务器提供了如下两个类。

- 创建 ServerSocket 监听的主类；
- 处理每个 Socket 通信的线程类。

实例 20-4：开发一个聊天室程序

源码路径：下载包 \daima\ 第 20 章 \20-4

本实例的具体实现流程如下所示。

（1）首先看实例文件 IServer.java，主要实现代码如下所示。

```
package liao.server;
import java.net.*;
import java.io.*;
import java.util.*;
public class IServer{
    //定义保存所有 Socket 的 ArrayList
    public static ArrayList<Socket> socketList = new ArrayList<Socket>();
     public static void main(String[] args)
            throws IOException
     {
          ServerSocket ss = new ServerSocket(30000);
             while(true){
                    //此行代码会阻塞，将一直等待别人的连接
                    Socket s = ss.accept();
                    socketList.add(s);
                    //每当客户端连接后启动一条 ServerThread 线程为该客户端服务
                    new Thread(new Serverxian(s)).start();
             }
     }
```

```
    }
```

在上述代码中，服务器端只负责接收客户端 Socket 的连接请求，每当客户端 Socket 连接到该 ServerSocket 之后，程序将对应 Socket 加入 socketList 集合中保存，并为该 Socket 启动一条线程，该线程负责处理该 Socket 所有的通信任务。

（2）然后看服务器端线程类文件 Serverxian.java，主要实现代码如下所示。

```
    //负责处理每个线程通信的线程类
    public class Serverxian implements Runnable {
    //定义当前线程所处理的 Socket
    Socket s = null;
    //该线程处理的 Socket 所对应的输入流
    BufferedReader br = null;
    public Serverxian(Socket s)
            throws IOException{
            this.s = s;
            //初始化该 Socket 对应的输入流
            br = new BufferedReader(new InputStreamReader(s.getInputStream()));
    }
    public void run(){
            try{
                    String content = null;
                    //采用循环不断从 Socket 中读取客户端发送过来的数据
                    while ((content = readFromClient()) != null){
                            //遍历 socketList 中的每个 Socket,
                            //将读到的内容向每个 Socket 发送一次
                            for (Socket s : IServer.socketList){
                                    PrintStream ps = new PrintStream(s.
getOutputStream());
                                    ps.println(content);
                            }
                    }
            }
            catch (IOException e){
                    //e.printStackTrace();
            }
    }
    //定义读取客户端数据的方法
    private String readFromClient(){
            try{
                    return br.readLine();
            }
            //如果捕捉到异常，表明该 Socket 对应的客户端已经关闭
            catch (IOException e){
                    //删除该 Socket。
                    IServer.socketList.remove(s);
            }
            return null;
    }
}
```

在上述代码中，服务器端线程类会不断读取客户端数据，在获取时使用方法 readFromClient() 来读取客户端数据。如果读取数据过程中捕获到 IOException 异常，则说明此 Socket 对应的客户端 Socket 出现了问题，程序就会将此 Socket 从 SocketList 中删除。当服务器线程读到客户端数据之后会遍历整个 SocketList 集合，并将该数据向 SocketList 集合中的每个 Socket 发送一次，该服务器线程将把从 Socket 中读到的数据向 SocketList 中的每个 Socket 转发一次。

接下来开始客户端的编码工作，在本应用的每个客户端应该包含如下 2 条线程。

- 一条负责读取用户的键盘输入，并将用户输入的数据写入 Socket 对应的输出流中。
- 一条负责读取 Socket 对应输入流中的数据（从服务器发送过来的数据），并将这些数据打印输出。其中负责读取用户键盘输入的线程由 Myclient 负责，也就是由程序的主线程负责。

（3）再看客户端主程序文件 Iclient.java，主要实现代码如下所示。

```
public class IClient
{
    public static void main(String[] args)
            throws IOException {
            Socket s = s = new Socket("127.0.0.1" , 30000);
            //客户端启动ClientThread线程不断读取来自服务器的数据
            new Thread(new ClientThread(s)).start();
            //获取该 Socket 对应的输出流
            PrintStream ps = new PrintStream(s.getOutputStream());
            String line = null;
            //不断读取键盘输入
            BufferedReader br = new BufferedReader(new InputStreamReader(System.in));
            while ((line = br.readLine()) != null){
                    //将用户的键盘输入内容写入 Socket 对应的输出流
                    ps.println(line);
            }
    }
}
```

在上述代码中，当线程读到用户键盘输入的内容后，会将用户键盘输入的内容写入该 Socket 对应的输出流。当主线程使用 Socket 连接到服务器之后，会启动 ClientThread 来处理该线程的 Socket 通信。

（4）最后编写客户端的线程处理文件 Clientxian.java，此线程负责读取 Socket 输入流中的内容，并将这些内容在控制台打印出来。文件 Clientxian.java 的主要实现代码如下所示。

```
public class Clientxian implements Runnable{
    //该线程负责处理的 Socket
    private Socket s;
    //该线程处理的 Socket 所对应的输入流
    BufferedReader br = null;
    public Clientxian(Socket s)
            throws IOException{
            this.s = s;
            br = new BufferedReader(
                    new InputStreamReader(s.getInputStream()));
    }
    public void run(){
            try{
                    String content = null;
                    //不断读取 Socket 输入流中的内容，并将这些内容打印输出
                    while ((content = br.readLine()) != null){
                            System.out.println(content);
                    }
            }
            catch (Exception e){
                    e.printStackTrace();
            }
    }
}
```

上述代码能够不断获取 Socket 输入流中的内容，当获取 Socket 输入流中的内容后，直接将这些内容打印在控制台。先运行上面程序中的类 IServer，该类运行后作为本应用的服务

器，不会看到任何输出。接着可以运行多个 IClient——相当于启动多个聊天室客户端登录该服务器，此时可以看到在任何一个客户端通过键盘输入一些内容后单击“回车”键，将可看到所有客户端（包括自己）都会在控制台收到刚刚输入的内容，这就简单实现了一个聊天室的功能。

20.3　UDP 编程

在 Java 语言中，提供了 DatagramSocket 对象作为基于 UDP 协议的 Socket，可以使用 DatagramPacket 代表 DatagramSocket 发送或接收的数据报。前面所学的 TCP 是基于连接的协议，也就是说，在正式收发数据前，必须和对方建立可靠的连接。而 UDP 无须建立一个连接，就可以传送信息，所以通常被称为不可靠的传输协议。

↑扫码看视频（本节视频课程时间：13 分 17 秒）

20.3.1　使用 DatagramSocket

在 Java 程序中，DatagramSocket 本身只是码头，不维护状态，不能产生 I/O 流，它的唯一作用就是接收和发送数据报。Java 使用 DatagramPacket 来代表数据报，DatagramSocket 接收和发送的数据都是通过 DatagramPacket 对象完成的。在 DatagramSocket 中包含的构造器方法见下表 20-12。

表 20-12

方法	功能描述
DatagramSocket()	创建一个 DatagramSocket 实例，并将该对象绑定到本机默认 IP 地址、本机所有可用端口中随机选择的某个端口
DatagramSocket(int prot)	创建一个 DatagramSocket 实例，并将该对象绑定到本机默认 IP 地址、指定端口
DatagramSocket(int port, InetAddress laddr)	创建一个 DatagramSocket 实例，并将该对象绑定到指定 IP 地址、指定端口

在 Java 编程应用中，通过上述三个构造器中任意一个构造器即可创建一个 DatagramSocket 实例。在创建服务器时，需要创建指定端口的 DatagramSocket 实例，这样做的好处是保证其他客户端可以将数据发送到该服务器。一旦得到了 DatagramSocket 实例之后，就可以通过表 20-13 所示的两个方法来接收和发送数据。

表 20-13

方法	功能描述
receive(DatagramPacket p)	从该 DatagramSocket 中接收数据报
send(DatagramPacket p)	以该 DatagramSocket 对象向外发送数据报

从上面两个方法可以看出，在使用 DatagramSocket 发送数据报时，DatagramSocket 并不知道将该数据报发送到哪里，而是由 DatagramPacket 自身决定数据报的目的。就像码头并不知道每个集装箱的目的地，码头只是将这些集装箱发送出去，而集装箱本身包含了该集装箱的目的地。

当 Client/Server 程序使用 UDP 协议时，实际上并没有明显的服务器和客户端，因为两方都需要先建立一个 DatagramSocket 对象，用来接收或发送数据报，然后使用 DatagramPacket 对象作为传输数据的载体。通常固定 IP、固定端口的 DatagramSocket 对象所在的程序被称为服务器，因为该 DatagramSocket 可以主动接收客户端数据，其中包含的构造器方法如表 20-14 所示。

表 20-14

方法	功能描述
DatagramPacket(byte buf[],int length)	以一个空数组来创建 DatagramPacket 对象，该对象的作用是接收 DatagramSocket 中的数据
DatagramPacket(byte buf[], int length, InetAddress addr, int port)	以一个包含数据的数组来创建 DatagramPacket 对象，创建该 DatagramPacket 时还指定了 IP 地址和端口——这就决定了该数据报的目的
DatagramPacket(byte[] buf, int offset, int length)	以一个空数组来创建 DatagramPacket 对象，并指定接收到的数据放入 buf 数组中时从 offset 开始，最多放 length 个字节
DatagramPacket(byte[] buf, int offset, int length, InetAddress address, int port)	创建一个用于发送的 DatagramPacket 对象，也多指定了一个 offset 参数

在接收数据前，应该采用上面的第一个或第三个构造器生成一个 DatagramPacket 对象，给出接收数据的字节数组及其长度。然后调用 DatagramSocket 中的 receive() 方法等待数据报的到来，此方法将一直等待（也就是说会阻塞调用该方法的线程），直到收到一个数据报为止。

在 Java 程序中，当服务器（也可以客户端）接收到一个 DatagramPacket 对象后，如果想向该数据报的发送者“反馈”一些信息，但由于 UDP 是面向非连接的，所以接收者并不知道每个数据报由谁发送过来，但程序可以调用 DatagramPacket 的三个方法来获取发送者的 IP 和端口信息，见表 20-15。

表 20-15

方法	功能描述
InetAddress getAddress()	返回某台机器的 IP 地址，当程序准备发送次数据报时，该方法返回此数据报的目标机器的 IP 地址；当程序刚刚接收到一个数据报时，该方法返回该数据报的发送主机的 IP 地址
int getPort()	返回某台机器的端口，当程序准备发送此数据报时，该方法返回此数据报的目标机器的端口；当程序刚刚接收到一个数据报时，该方法返回该数据报的发送主机的端口
SocketAddress getSocketAddress()	返回完整 SocketAddress，通常由 IP 地址和端口组成。当程序准备发送此数据报时，该方法返回此数据报的目标 SocketAddress；当程序刚刚接收到一个数据报时，该方法返回该数据报是源 SocketAddress

上述 getSocketAddress 方法的返回值是一个 SocketAddress 对象，该对象实际上就是一个 IP 地址和一个端口号，也就是说，SocketAddress 对象封装了一个 InetAddress 对象和一个代表端口的整数，所以使用 SocketAddress 对象可以同时代表 IP 地址和端口。

实例 20-5：使用 UDP 开发一个聊天系统

源码路径：下载包 \daima\ 第 20 章 \20-5

服务器端实现文件 UdpServer.java 的主要实现代码如下所示。

```
public class UdpServer{
```

```
    public static final int PORT = 30000;
    // 定义每个数据报的最大大小为 4KB
    private static final int DATA_LEN = 4096;
    // 定义该服务器使用的 DatagramSocket
    private DatagramSocket socket = null;
    // 定义接收网络数据的字节数组
    byte[] inBuff = new byte[DATA_LEN];
    // 以指定字节数组创建准备接收数据的 DatagramPacket 对象
    private DatagramPacket inPacket = new DatagramPacket(inBuff , inBuff.length);
    // 定义一个用于发送的 DatagramPacket 对象
    private DatagramPacket outPacket;
    // 定义一个字符串数组，服务器发送该数组的元素
    String[] books = new String[]{
            "AAA",
            "BBB",
            "CCC",
            "DDD"
    };
    public void init()throws IOException{
            try{
                    socket = new DatagramSocket(PORT);     // 创建 DatagramSocket 对象
                    for (int i = 0; i < 1000 ; i++ ){      // 采用循环接收数据
                    // 读取 Socket 中的数据，读到的数据放在 inPacket 所封装的字节数组里。
                            socket.receive(inPacket);
                    // 判断 inPacket.getData() 和 inBuff 是否是同一个数组
                            System.out.println(inBuff == inPacket.getData());
                    // 将接收到的内容转换成字符串后输出
                            System.out.println(new String(inBuff ,0 , inPacket.
                                                                  getLength()));
                    // 从字符串数组中取出一个元素作为发送的数据
                            byte[] sendData = books[i % 4].getBytes();
                    // 以指定字节数组作为发送数据、以刚接收到的 DatagramPacket 的
                    // 源 SocketAddress 作为目标 SocketAddress 创建 DatagramPacket。
                            outPacket = new DatagramPacket(sendData ,sendData.
                                        length , inPacket.getSocketAddress());
                            socket.send(outPacket);        // 发送数据
                    }
            }
                    // 使用 finally 块保证关闭资源
            finally{
                    if (socket != null){
                            socket.close();
                    }
            }
    }
    public static void main(String[] args) throws IOException{
            new UdpServer().init();
    }
}
```

在整个应用程序中，使用 DatagramSocket 实现了 Server/Client 结构的网络通信程序，其中服务器端使用循环 1 000 次来读取 DatagramSocket 中的数据报，每当读到内容之后便向该数据报的发送者送回一条信息。

20.3.2　使用 MulticastSocket

在 Java 程序中，因为 DatagramSocket 只允许数据报发送给指定的目标地址，而 MulticastSocket 可以将数据报以广播形式发送到数量不等的多个客户端。如果要使用多点广播时，则需要让一个数据报标有一组目标主机地址，当数据报发出后，整个组的所有主机都

能收到该数据报。IP 多点广播（或多点发送）实现了将单一信息发送到多个接收者的广播，其思想是设置一组特殊网络地址作为多点广播地址，每一个多点广播地址都被看作一个组，当客户端需要发送、接收广播信息时，加入到该组即可。IP 协议为多点广播提供了这批特殊的 IP 地址，这些 IP 地址的范围是 224.0.0.0 至 239.255.255.255。

在 Java 程序中，类 MulticastSocket 既可以将数据报发送到多点广播地址，也可以接收其他主机的广播信息。类 MulticastSocket 是 DatagramSocket 类的一个子类，当要发送一个数据报时，可使用随机端口创建 MulticastSocket，也可以在指定端口来创建 MulticastSocket。在 Java 程序中，类 MulticastSocket 提供了三个构造器，见表 20-16。

表 20-16

方法	功能描述
public MulticastSocket()	使用本机默认地址、随机端口来创建一个 MulticastSocket 对象
public MulticastSocket(int portNumber)	使用本机默认地址、指定端口来创建一个 MulticastSocket 对象
public MulticastSocket(SocketAddress bindaddr)	使用本机指定 IP 地址、指定端口来创建一个 MulticastSocket 对象

在创建一个 MulticastSocket 对象后，需要将该 MulticastSocket 加入到指定的多点广播地址。在 MulticastSocket 中使用方法 jionGroup() 来加入到一个指定的组，使用方法 leaveGroup() 从一个组中脱离出去。这两个方法的具体说明见表 20-17。

表 20-17

方法	功能描述
joinGroup(InetAddress multicastAddr)	将该 MulticastSocket 加入指定的多点广播地址
leaveGroup(InetAddress multicastAddr)	让该 MulticastSocket 离开指定的多点广播地址

在某些系统中，可能有多个网络接口。这可能会给多点广播带来问题，这时候程序需要在一个指定的网络接口上监听，通过调用 setInterface 可选择 MulticastSocket 所使用的网络接口；也可以使用 getInterface 方法查询 MulticastSocket 监听的网络接口。

如果创建仅用于发送数据报的 MulticastSocket 对象，只用默认地址、随机端口即可。但如果创建接收用的是 MulticastSocket 对象，则该 MulticastSocket 对象必须具有指定端口，否则发送方无法确定发送数据报的目标端口。

虽然 MulticastSocket 实现发送、接收数据报的方法与 DatagramSocket 的完全一样，但是 MulticastSocket 比 DatagramSocket 多了如下方法。

```
setTimeToLive(int ttl)
```

其中参数“ttl”设置数据报最多可以跨过多少个网络，当 ttl 为 0 时，指定数据报应停留在本地主机；当 ttl 的值为 1 时，指定数据报发送到本地局域网；当 ttl 的值为 32 时，意味着只能发送到本站点的网络上；当 ttl 为 64 时，意味着数据报应保留在本地区；当 ttl 的值为 128 时，意味着数据报应保留在本大洲；当 ttl 为 255 时，意味着数据报可发送到所有地方；默认情况下，该 ttl 的值为 1。在使用 MulticastSocket 进行多点广播时，所有通信实体都是平等的，都将自己的数据报发送到多点广播 IP 地址，并使用 MulticastSocket 接收其他人发送的广播数据报。例如在下面的实例代码中，使用 MulticastSocket 实现了一个基于广播的多人聊天室，程序只需要一个 MulticastSocket，两条线程，其中 MulticastSocket 既用于发送，也用于接收，其中一条线程分别负责接受用户键盘输入，并向 MulticastSocket 发送数据，另一条线程则负责从 MulticastSocket 中读取数据。

实例 20-6：实现一个基于广播的多网友用户聊天室

源码路径：下载包 \daima\ 第 20 章 \20-6

实例文件 duoSocketTest.java 的具体实现代码如下所示。

```
	//让该类实现 Runnable 接口，该类的实例可作为线程的 target
	public class duoSocketTest implements Runnable{
	//使用常量作为本程序的多点广播 IP 地址
	private static final String IP= "230.0.0.1";
	//使用常量作为本程序的多点广播目的端口
	public static final int PORT = 30000;
	//定义每个数据报的最大大小为 4KB
	private static final int LEN = 4096;
	//定义本程序的 MulticastSocket 实例
	private MulticastSocket socket = null;
	private InetAddress bAddress = null;
	private Scanner scan = null;
	byte[] inBuff = new byte[LEN];                    //定义接收网络数据的字节数组
	//以指定字节数组创建准备接收数据的 DatagramPacket 对象
	private DatagramPacket inPacket = new DatagramPacket(inBuff , inBuff.length);
	private DatagramPacket oPacket = null;
	//定义一个用于发送的 DatagramPacket 对象
	public void init()throws IOException{
		try{
	//创建用于发送、接收数据的 MulticastSocket 对象，因为该 MulticastSocket 对象需要接收，
	                                                                        所以有指定端口
			socket = new MulticastSocket(PORT);
			bAddress = InetAddress.getByName(IP);
			socket.joinGroup(bAddress);             //将该 socket 加入指定的多
			                                                        点广播地址
			socket.setLoopbackMode(false);          //设置本 MulticastSocket
			                                            发送的数据报被回送到自身
			//初始化发送用的 DatagramSocket，它包含一个长度为 0 的字节数组
			oPacket = new DatagramPacket(new byte[0] , 0 ,bAddress , PORT);
			new Thread(this).start();
//启动以本实例的 run() 方法作为线程体的线程
			scan = new Scanner(System.in);          //创建键盘输入流
			while(scan.hasNextLine()){              //不断读取键盘输入
				byte[] buff = scan.nextLine().getBytes();
//将键盘输入的一行字符串转换为字节数组
				oPacket.setData(buff);
//设置发送用的 DatagramPacket 里的字节数据
				socket.send(oPacket);           //发送数据报
			}
		}
		finally{
			socket.close();
		}

	}

	public void run(){
		try{
			while(true){
				//读取 Socket 中的数据，读到的数据放在 inPacket 所封装的字节数组里。
				socket.receive(inPacket);
				//打印输出从 socket 中读取的内容
				System.out.println("聊天信息：" + new String(inBuff , 0
, inPacket.getLength()));
			}
```

```
                }
                //捕捉异常
                catch (IOException ex){
                        ex.printStackTrace();
                        try{
                                if (socket != null){
                                        //让该 Socket 离开该多点的 IP 广播地址
                                        socket.leaveGroup(bAddress);
                                        //关闭该 Socket 对象
                                        socket.close();
                                }
                                System.exit(1);
                        }
                        catch (IOException e){
                                e.printStackTrace();
                        }
                }
        }
        public static void main(String[] args) throws IOException{
                new duoSocketTest().init();
        }
}
```

在上述代码中，在方法 init() 中首先创建了一个 MulticastSocket 对象，由于需要使用该对象接收数据报，所以为该 Socket 对象设置使用固定端口。然后将该 Socket 对象添加到指定的多点广播 IP 地址。接下来设置该 Socket 发送的数据报会被回送到自身（即该 Socket 可以接收到自己发送的数据报）。在代码中使用 MulticastSocket 发送并接收数据报的代码，与使用 DatagramSocket 实现的方法并没有区别，所以在此不再介绍。

第 21 章

开发数据库程序

（视频讲解：28 分钟）

数据库技术是实现动态软件技术的必需手段，在软件项目中通过数据库可以存储海量的数据。因为软件显示的内容是从数据库中读取的，所以开发者可以通过修改数据库内容而实现动态交互功能。在 Java 软件开发应用中，数据库在实现过程中起到一个中间媒介的作用。在本章的内容中将向读者介绍 Java 数据库开发方面的基本知识，为读者步入本书后面知识的学习打下基础。

21.1 SQL 语言基础

SQL 又称为结构化查询语言，1986 年 10 月美国国家标准局确立了 SQL 标准，1987 年，国际标准化组织也通过了这一标准。自此，SQL 成为国际标准语言。所以各个数据库厂家纷纷推出各自支持的 SQL 软件或接口软件。

↑扫码看视频（本节视频课程时间：8 分 12 秒）

在数据库领域，SQL 语言一统“江湖”。SQL 成为国际标准，对数据库以外的领域也产生了很大的影响，有不少软件产品将 SQL 语言的数据查询功能与图形功能、软件工程工具、软件开发工具、人工智能程序结合起来。SQL 已经成为关系数据库领域中的一个主流语言。SQL 语言主要具有如下三个功能：

- 数据定义
- 数据操纵
- 视图

在下面的内容中将对 SQL 的上述基本功能的具体实现进行简要介绍。

21.1.1 数据定义

关系数据库是由模式、外模式和内模式构成的，所以关系数据库的基本对象是表、视图和索引。因此 SQL 的数据定义功能包括定义表、定义视图和定义索引。

1. 数据库操作

数据库是一个包括多个基本表的数据集，使用 SQL 创建数据库的语句格式如下所示。

```
CREATE DATABASE <数据库名> [其他参数];
```

其中，<数据库名>在系统中必须是唯一的，不能重复，不然将导致数据存取失误。[其他参数] 因具体数据库实现系统不同而异。

例如，可以使用下面的语句建立一个名为“manage”的数据库，其中“manage”是数据库的名字。

```
CREATE DATABASE manage;
```

将数据库及其全部内容从系统中删除的语法格式如下。

```
DROP DATABASE <数据库名>
```

例如可以通过如下语句删除上面创建的数据库“manage”。

```
DROP DATABASE manage  ;
```

2．表操作

表是数据库中的最重要构成部分，通过数据库表可以存储大量的网站数据。数据库表的操作主要涉及如下三个方面：

（1）创建表

SQL 语言使用 CREATE TABLE 语句定义基本表，其具体的语法格式如下所示。

```
CREATE TABLE  <表名>;
```

例如，创建一个职工表 ZHIGONG，它由职工编号（id）、姓名（name）、性别（sex）、年龄（age）和部门（dept）五个属性组成。具体实现代码如下所示。

```
CREATE TABLE ZHIGONG
 (id CHAR(5),
Name  CHAR(20),
Sex  CHAR(1),
Age  INT,
Dept  CHAR(15));
```

上述代码中的 CHAR() 和 INT 是这些属性的数据类型。

（2）修改表

随着应用环境和应用需求的变化，有时需要修改已经建立好的表。其具体的语法格式如下所示。

```
ALTER TABLE<表名>
[ADD<新列名><数据类型>[完整性约束]]
[DROP<完整性约束名>]
[MODIFY<列名><数据类型>];
```

其中，<表名>是指要修改的表，“ADD”子句实现向表内添加新列和新的完整性约束条件，“DROP”子句用于删除指定的完整性约束条件，“MODIFY”子句用于修改原有的列定义。

例如，通过下面的语句向表 ZHIGONG 中增加了“shijian”列，并设置数据类型为日期型。

```
ALTER TABLE ZHIGONG ADD shijian DATE;
```

（3）删除表

当删除某个不在需要的表时，可以使用 SQL 语句中的 DROP TABLE 进行删除。其具体的语法格式如下所示。

```
DROP TABLE<表名>;
```

例如，通过如下语句可以删除表 ZHIGONG：

```
DROP TABLE ZHIGONG;
```

注意：

（1）在使用 DROP TABLE 命令时一定要小心，一旦一个表被删除之后，你将无法恢复它。

(2) 在建设一个站点时，很可能需要向数据库中输入测试数据。而当将这个站点推出时，需要清空表中的这些测试信息。如果你想清除表中的所有数据但不删除这个表，你可以使用 TRUNCATE TABLE 语句。例如，如下代码从表 ZHIGONG 中删除所有数据。

```
TRUNCATE TABLE mytable
```

3. 索引操作

建立索引是加快表的查询速度的有效手段。读者可以根据个人需要在基本表上建立一个或多个索引，从而提高系统的查询效率。建立和删除索引是由数据库管理员或表的属主负责完成的。

（1）建立索引

在数据库中建立索引的语法格式如下所示。

```
CREATE [UNIQUE|FULLTEXT|SPATIAL] INDEX index_name
    [USING index_type]
    ON tbl_name (index_col_name,...)
index_col_name:
    col_name [(length)] [ASC | DESC]
```

CREATE INDEX 被映射到一个 ALTER TABLE 语句上，用于创建索引。通常，当使用 CREATE TABLE 创建表时，也同时在表中创建了所有的索引，CREATE INDEX 允许您向已有的表中添加索引。

例如，通过如下语句为表 ZHIGONG 建立索引，按照职工号升序和姓名降序建立唯一索引。

```
CREATE UNIQUE index  NO-Index ON ZHIGONG (ID ASC, NAME DESC) ;
```

（2）删除索引

通过 DROP 子句可以删除已经创建的索引，具体语法格式如下所示。

```
DROP INDEX<索引名>
```

21.1.2　数据操纵

SQL 的数据操纵功能包括 SELECT、INSERT、DELETE 和 UPDATE 共四个语句，即检索查询和更新两部分功能。在下面的内容中将分别介绍实现上述功能的知识。

1. SQL 查询语句

SQL 的意思是结构化查询语言，其主要功能是同各种数据库建立联系沟通。查询指的是对存储于 SQL 数据的请求。查询要完成的任务是：将 SELECT 语句的结果集提供给用户。SELECT 语句从 SQL 中检索出数据，然后以一个或多个结果集的形式将其返回给用户。

SELECT 查询的基本语法结构如下所示：

```
SELECT[predicate]{*|table.*|[table.]]field [,[table.]field2[,...]}
[AS alias1 [,alias2[,...]]]
[INTO new_table_name]
FROM tableexpression [, ...]
[WHERE...]
[GROUP BY...]
[ORDER BY...][ASC | DESC] ]
```

上述格式的具体说明见表 21-1。

表 21-1

参数	功能描述
Predicate	指定返回记录 (行) 的数量，可选值有 ALL 和 TOP
*	指定表中所有字段 (列)
Table	指定表的名称
field	指定表中字段 (列) 的名称
[AS alias]	替代表中实际字段 (列) 名称的化名
[INTO new_table_name]	创建新表及名称
Tableexpression	表的名称
[GROUP BY...]	表示以该字段的值分组
[ORDER BY...]	表示按升序排列 , 降序选 DESC

例如，使用下面的代码可以获取表 ZHIGONG 内的所有职工信息。

```
SELECT *
FROM ZHIGONG;
```

通过如下代码选择获取表 ZHIGONG 内的部分职工信息。

```
SELECT id,name
FROM ZHIGONG;
```

上述代码只是获取职工表中的职工编号和姓名的职工信息。

使用下面的代码可以获取表 ZHIGONG 内的指定信息：

```
SELECT *
FROM ZHIGONG
WHERE name=" 红红 ";
```

上述代码获取职工表中姓名为“红红”的职工信息。

使用下面的代码可以获取表 ZHIGONG 内年龄大于 30 岁的职工信息。

```
SELECT *
FROM users
WHERE age>30
```

2. SQL 更新语句

SQL 的更新语句包括修改、删除和插入三类，接下来将分别介绍。

（1）修改

SQL 语句的修改语法格式如下所示。

```
UPDATE< 表名 > SET < 列名 > = < 新列名 >
WHERE < 表达式 >
```

例如，如下代码将表 ZHIGONG 内名为“红红”的职工年龄修改为 50 岁。

```
UPDATE ZHIGONG SET AGE = '50'
WHERE Name = ' 红红 '
```

同样，用 UPDATE 语句也可以同时更新多个字段，例如，如下代码将表 ZHIGONG 内名为“红红”的职工年龄修改为 50 岁，所属部门修改为“化学”。

```
UPDATE ZHIGONG SET AGE = '50',DPT=' 化学 '
WHERE Name = ' 红红 '
```

（2）删除

SQL 语句的删除语法格式如下所示。

```
DELETE
FROM <表名>
WHERE <表达式>
```

例如，如下代码将表 ZHIGONG 内名为“红红”的职工信息删除。

```
DELETE ZHIGONG WHERE Name = '红红'
```

（3）插入

SQL 语句的插入新表语法格式如下所示。

```
INSERT INTO <表名>
VALUES (value1, value2,....)
```

插入一行数据在指定的字段上的语法格式如下所示。

```
INSERT INTO <表名> (column1, column2,...)
VALUES (value1, value2,....)
```

例如，通过如下代码向表 ZHIGONG 插入名为“红红”、年龄为“20”的职工信息。

```
INSERT INTO ZHIGONG (tName, AGE)
VALUES ('红红', '20')
```

21.2　JDBC 基础

在 Java 语言的知识体系中，JDBC 就是 Java 语言连接数据库的一个工具，没有这个工具，Java 将没有办法连接数据库。对于 JDBC 这个知识点，你只需要对它进行了解即可，不用知道 JDBC 里面的具体结构。下面将简要介绍 JDBC 的基本知识，为读者步入本书后面知识的学习打下基础。

↑扫码看视频（本节视频课程时间：15 分 35 秒）

21.2.1　JDBC 驱动类型

在 Java 程序中，JDBC 是应用程序编程接口，描述了一套访问关系数据库的标准 Java 类库，并且还为数据库厂商提供了一个标准的体系结构，让厂商可以为自己的数据库产品提供 JDBC 驱动程序，这些驱动程序可以由 Java 应用程序直接访问厂商的数据产品，从而提高了 Java 程序访问数据库的效率。在 Java 程序设计的过程中，JDBC 可以分为以下四种驱动。

（1）JDBC-ODBC 桥

ODBC 是微软公司开放服务结构（WOSA，Windows Open Services Architecture）中有关数据库的一个组成部分，它建立了一组规范，并提供了一组对数据库访问的标准 API（应用程序编程接口）。这些 API 利用 SQL 来完成其大部分任务。ODBC 本身也提供了对 SQL 语言的支持，用户可以直接将 SQL 语句送给 ODBC，因为 ODBC 推出的时间要比 ODBC 早，所以大部分数据库都支持通过 ODBC 来访问。SUN 公司提供了 JDBC-ODBC 这个驱动来支持像 Microsoft Access 之类的数据库，JDBC API 通过调用 JDBC-ODBC 桥 JDBC-ODBC 调用了 ODBC API，从而达到访问数据库的 ODBC 层，这种方式经过多层调用效率比较低，用这种方式访问数据库，需要客户的机器上具有 JDBC-ODBC 驱动，ODBC 驱动和相应的数据库的本地 API。

（2）本地 API 驱动

本地 API 驱动直接把 JDBC 调用转变为数据库的标准调用再去访问数据库，这种方法需要本地数据库驱动代码。本地 API 驱动比起 JDBC-ODBC 执行效率高，但是它仍然需要在客户端加载数据库厂商提供的代码库，这样就不适合基于 internet 的应用。并且它的执行效率比起三代和四代的 JDBC 驱动还是不够高。

（3）网络协议驱动

这种驱动实际上是根据我们熟悉的三层结构建立的。JDBC 先把对数据库的访问请求传递给网络上的中间件服务器，中间件服务器再把请求翻译为符合数据库规范的调用，再把这种调用传给数据库服务器。如果中间件服务器也是用 Java 开发的，那么在中间层也可以使用一代、二代 JDBC 驱动程序作为访问数据库的方法，由此构成了一个“网络协议驱动—中间件服务器—数据库 Server”的三层模型，由于这种驱动是基于 Server 的，所以它不需要在客户端加载数据库厂商提供的代码库。而且它在执行效率和可升级性方面是比较好的，因为大部分功能实现都在 Server 端，所以这种驱动可以设计得很小，可以非常快速地加载到内存中。但是这种驱动在中间件中仍然需要有配置数据库的驱动程序，并且由于多了一个中间层传递数据，它的执行效率还不是最好。

（4）本地协议驱动

这种驱动直接把 JDBC 调用转换为符合相关数据库系统规范的请求，由于四代驱动写的应用可以直接和数据库服务器通信，这种类型的驱动完全由 Java 实现，对于本地协议驱动的数据库 Server 来说，由于这种驱动不需要先把 JDBC 的调用传给 ODBC 或本地数据库接口或者是中间层服务器，所以它的执行效率是非常高的。而且它根本不需要在客户端或服务器端装载任何的软件或驱动，这种驱动程序可以动态的被下载。但是对于不同的数据库需要下载不同的驱动程序。

21.2.2 JDBC 的常用接口和类

在 Java 程序中，JDBC 为开发者提供了独立于数据库的统一 API 来执行 SQL 命令，JDBC API 由以下常用的接口和类组成。

（1）DriverManager

用于管理 JDBC 驱动的服务类。程序中使用该类的主要功能是获取 Connection 对象，在该类中包含方法 public static synchronized Connection getConnection(String url,String user,String pass) throws SQLException，该方法获得 url 对应数据库的连接。

（2）Connection

代表数据库连接对象，每个 Connection 代表一个物理连接会话。要想访问数据库，必须先获得数据库的连接。Connection 接口中的常用方法见表 21-2。

表 21-2

方法	功能描述
Statement createStatement() throws SQLExcetpion	该方法返回一个 Statement 对象
PreparedStatement prepareStatement(String sql) throws SQLExcetpion	该方法返回预编译的 Statement 对象，即将 SQL 语句提交到数据库进行预编译

续表

方法	功能描述
CallableStatement prepareCall(String sql) throws SQLExcetpion	该方法返回 CallableStatement 对象，该对象用于调用存储过程

上述三个方法都是返回用于执行 SQL 语句的 Statement 对象，PreparedStatement、CallableStatement 是 Statement 的子类，只有获得了 Statement 之后才可执行 SQL 语句。除此之外，在 Connection 中还有几个用于控制事务的方法，见表 21-3。

表 21-3

方法	功能描述
SavepointsetSavepoint()	创建一个保存点
Savepoint setSavepoint(String name)	以指定名字来创建一个保存点
voidsetTransactionIsolation(intlevel)	设置事务的隔离级别
void rollback()	回滚事务
void rollback(Savepoint savepoint)	将事务回滚到指定的保存点
void setAutoCommit(boolean autoCommit)	关闭自动提交，打开事务
void commit()	提交事务

（3）Statement

用于执行 SQL 语句的工具接口。该对象既可以用于执行 DDL、DCL 语句，也可用于执行 DML 语句，还可用于执行 SQL 查询。当执行 SQL 查询时，返回查询到的结果集。在 Statement 中的常用方法见表 21-4。

表 21-4

方法	功能描述
ResultSet executeQuery(String sql) throws SQLException	该方法用于执行查询语句，并返回查询结果对应的 ResultSet 对象。该方法只能用于执行查询语句
int executeUpdate(String sql)throws SQLExcetion	该方法用于执行 DML 语句，并返回受影响的行数；该方法也可用于执行 DDL，执行 DDL 将返回 0
boolean execute(String sql)throws SQLException	该方法可执行任何 SQL 语句。如果执行后第一个结果为 ResultSet 对象，则返回 true。如果执行后第一个结果为受影响的行数或没有任何结果，则返回 false

（4）PreparedStatement

这是一个预编译的 Statement 对象。PreparedStatement 是 Statement 的子接口，它允许数据库预编译 SQL（这些 SQL 语句通常带有参数）语句，以后每次只改变 SQL 命令的参数，避免数据库每次都需要编译 SQL 语句，因此性能更好。和 Statement 相比，使用 PreparedStatement 执行 SQL 语句时，无须重新传入 SQL 语句，因为它已经预编译了 SQL 语句。但 PreparedStatement 需要为预编译的 SQL 语句传入参数值，所以 PreparedStatement 比 Statement 多了方法 void setXxx(int parameterIndex，Xxx value)，该方法根据传入参数值的类型不同，需要使用不同的方法。传入的值根据索引传给 SQL 语句中指定位置的参数。

（5）ResultSet

这是一个结果对象，该对象包含查询结果的方法，ResultSet 可以通过索引或列名来获得列中的数据。在 ResultSet 中的常用方法见表 21-5。

表 21-5

方法	功能描述
void cIose()throws SQLExce plIon	释放 ResuItSet 对象
boolean absolute(int row)	将结果集的记录指针移动到第 row 行，如果 row 是负数，则移动到倒数第几行。如果移动后的记录指针指向一条有效记录，则该方法返回 true
void beforeFirst()	将 ResultSet 的记录指针定位到首行之前，这是 ResultSet 结果集记录指针的初始状态：记录指针的起始位置位于第一行之前
boolean first()	将 ResultSet 的记录指针定位到首行。如果移动后的记录指针指向一条有效记录，则该方法返回 true
boolean previous()	将 ResultSet 的记录指针定位到上一行。如果移动后的记录指针指向一条有效记录，则该方法返回 true
boolean next()	将 ResultSet 的记录指针定位到下一行，如果移动后的记录指针指向一条有效记录，则该方法返回 true
boolean last()	将 ResultSet 的记录指针定位到最后一行，如果移动后的记录指针指向一条有效记录，则该方法返回 true
void afterLast()	将 ResultSet 的记录指针定位到最后一行之后

注意：和以前版本的区别

在 JDK1.4 以前采用默认方法创建的 Statement 所查询到的 ResultSet 是不支持 absolute、previous 等移动记录指针的方法，它只支持 next 这个移动记录指针的方法，即 ResultSet 的记录指针只能向下移动，而且每次只能移动一格。从 JDK1.5 以后就避免了这个问题，程序采用默认方法创建的 Statement 所查询得到的 ResultSet 也支持 absolute、previous 等方法。

21.3 连接 SQL Server 数据库

SQL Server 是微软公司提出的普及型关系数据库系统，是建立在 WindowsNT/2000/2003 操作系统基础之上的，为用户提供了一个功能强大的客户 / 服务器端平台，同时能够支持多个并发用户的大型关系数据库，一经推出，迅速成为使用最广的数据库系统之一。经过多年的发展，SQL Server 已经发布了很多个版本，例如 SQL Server 2000、SQL Server 2005，SQL Server 2008。在作者写作本书时，市面中最常用的版本是 SQL Server 2016，所以本书下面的内容将以 SQL Server 2016 为基础进行讲解。

↑扫码看视频（本节视频课程时间：2 分 01 秒）

21.3.1 下载并安装 SQL Server 2016 驱动

要想使用 Java 语言连接 SQL Server 2016 数据库，需要下载并配置对应的 JDBC 驱动程序，具体操作流程如下所示。

（1）登陆微软官网 https://www.microsoft.com/en-us/download/details.aspx?id=11774，单机右边的“DOWNLOAD”按钮。如图 21-1 所示。

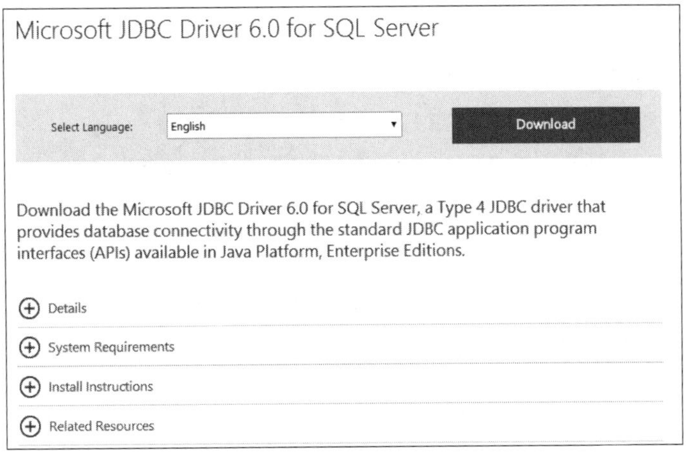

图 21-1

（2）在新界面勾选“enu\sqljdbc_6.0.8112.100_enu.tar.gz”前面的复选框，然后单击右下角的“Next”按钮，如图 21-2 所示。

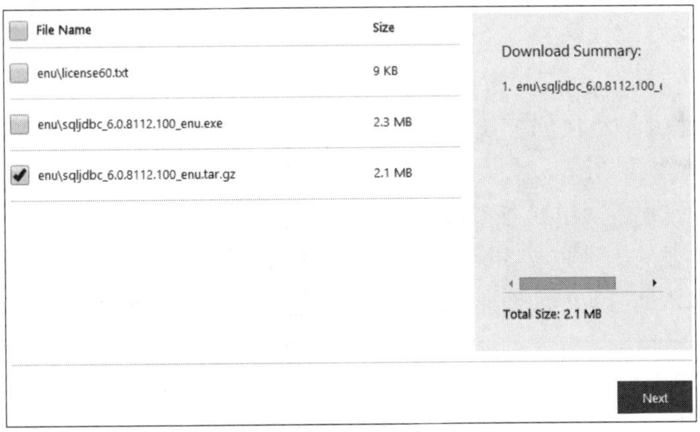

图 21-2

（3）在弹出的新界面中会下载驱动文件 sqljdbc_6.0.8112.100_enu.tar.gz，接下来解压缩这个文件，将里面的文件 sqljdbc42.jar 添加到 Eclipse 的 Java 项目中，具体方法是：在 Eclipse 中右击 sqljdbc42.jar，在弹出命令中依次选择“Build Path”“Add to Build Path”命令，将此驱动文件加载到项目中。如图 21-3 所示。

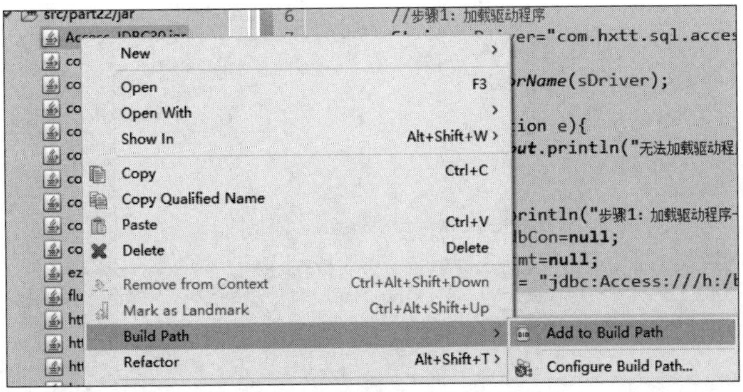

图 21-3

21.3.2 测试连接

实例 21-1：连接 SQL Server 数据库

源码路径：下载包 \daima\ 第 21 章 \21-1

（1）使用 Eclipse 新建一个 Java 工程，然后将驱动文件 sqljdbc42.jar 加载到项目中。

（2）在 SQL Server 2016 数据库中新建一个名为“display”的空数据库，如图 21-4 所示。

（3）打开 SQL Server 的配置管理器，然后依次单击左侧的“SQL Server 网络配置”“MSSQLSERVER 的协议”选项，在右侧面板中确保“TCP/IP”选项处于“已启用”状态。如图 21-5 所示。

图 21-4

图 21-5

（4）右击面板中的“TCP/IP”选项，在弹出命令中选择“属性”命令后弹出“TCP/IP 属性”对话框界面。如图 21-6 所示。

（5）单击顶部中的“IP 地址”选项卡，在弹出的界面中可以查看当前 SQL Server 2016 数据库的两个重要的本地连接参数，其中 TCP 参数表示端口号，笔者的机器是 1433。IP Address 参数表示本地服务器的地址，笔者的机器是 127.0.0.1。如图 21-7 所示。

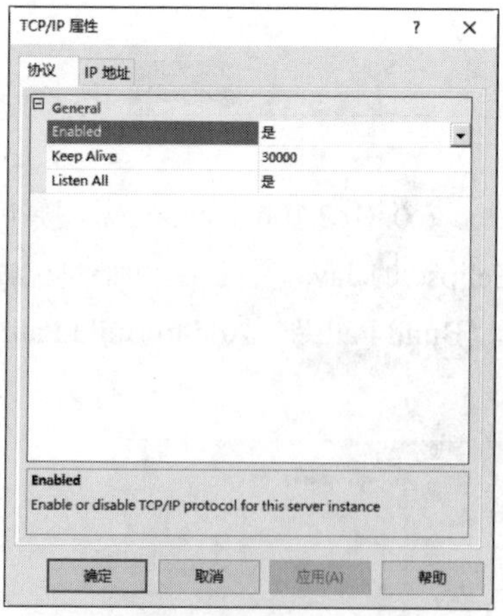

图 21-6

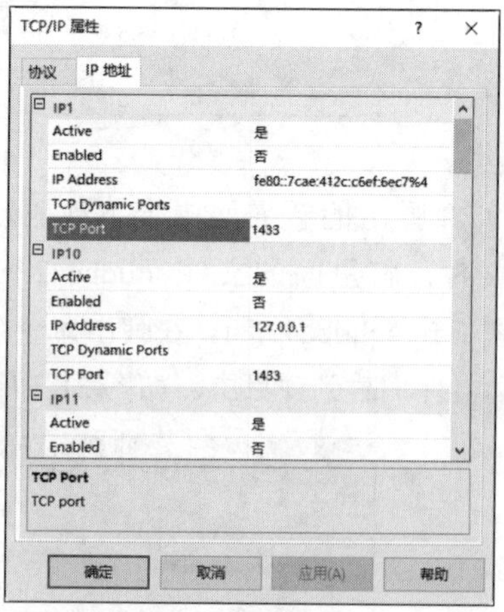

图 21-7

（6）开始编写测试文件 SQLuse.java，主要实现代码如下所示。

```
public static void main(String [] args){
     String driverName="com.microsoft.sqlserver.jdbc.SQLServerDriver";
     String dbURL="jdbc:sqlserver://127.0.0.1:1433;DatabaseName=display";
     String userName="sa";
     String userPwd="66688888";
     try{
```

```
        Class.forName(driverName);
        DriverManager.getConnection(dbURL,userName,userPwd);
         System.out.println(" 连接数据库成功 ");
       }
       catch(Exception e){
        e.printStackTrace();
        System.out.print(" 连接失败 ");

       }
     }
  }
```

执行后会输出：

```
连接数据库成功
```

21.3.3　获取指定 SQL Server 数据库中的表

请读者再看下面的实例，功能是建立和 SQL Server 2016 数据库“display”的连接，然后打印显示这个数据库中的所有表名。

实例 21-2：输出显示某个 SQL Server 数据库中包含的表

源码路径：下载包 \daima\ 第 21 章 \21-2

实例文件 GetTables.java 的主要实现代码如下所示。

```
public class GetTables {
    static Connection conn = null;
    //获取数据库连接
    public static Connection getConn() {
        try {
            Class.forName("com.microsoft.sqlserver.jdbc.SQLServerDriver");
// 加载数据库驱动
        } catch (ClassNotFoundException e) {
            e.printStackTrace();
        }
        String url = "jdbc:sqlserver://127.0.0.1:1433;DatabaseName=display";
                                                            // 连接数据库 URL
        String userName = "sa";                     // 连接数据库的用户名
        String passWord = "66688888";               // 连接数据库密码
        try {
            conn = DriverManager.getConnection(url, userName, passWord);
// 获取数据库连接
            if (conn != null) {
            }
        } catch (SQLException e) {
            e.printStackTrace();
        }
        return conn;                                // 返回 Connection 对象
    }
    public static ResultSet GetRs() {
        try {
            String[] tableType = { "TABLE" };      // 指定要进行查询的表类型
            Connection conn = getConn();            // 调用与数据库建立连接方法
            DatabaseMetaData databaseMetaData = conn.getMetaData();
// 获取 DatabaseMetaData 实例
            ResultSet resultSet = databaseMetaData.getTables(null, null, "%",
                    tableType);                     // 获取数据库中所有数据表集合
            return resultSet;
        } catch (SQLException e) {
            System.out.println(" 记录数量获取失败！ ");
            return null;
        }
```

```
    }
    public static void main(String[] args) {
        ResultSet rst = GetRs();
        System.out.println("数据库中的表有：");
        try {
            while (rst.next()) {                    // 遍历集合
                String tableName = rst.getString("TABLE_NAME");
                System.out.println(tableName);
            }
        } catch (SQLException e) {
            e.printStackTrace();
        }
    }
}
```

执行后的效果如图 21-8 所示。

```
数据库中的表有：
huiyuan
trace_xe_action_map
trace_xe_event_map
```

图 21-8

21.4 连接 MySQL 数据库

MySQL 是一个小型关系型数据库管理系统，开发者为瑞典 MySQL AB 公司，它在 2008 年 1 月 16 日被 Sun 公司收购，而 2009 年，SUN 又被 Oracle 收购。MySQL 是一种关联数据库的管理系统，关联数据库将数据保存在不同的表中，而不是将所有数据放在一个大仓库内。这样就增加了速度并提高了灵活性。

↑扫码看视频（本节视频课程时间：2 分 32 秒）

21.4.1 下载并配置 MySQL 驱动

MySQL 的 JDBC 驱动是很好下载的，用户可以通过搜索引擎搜索关键字“MySQL jdbc”来获得，笔者建议读者登录 MySQL 官方网站（通常是 https://dev.mysql.com/downloads/connector/j/）下载 JDBC 驱动，官方下载页面效果如图 21-9 所示。

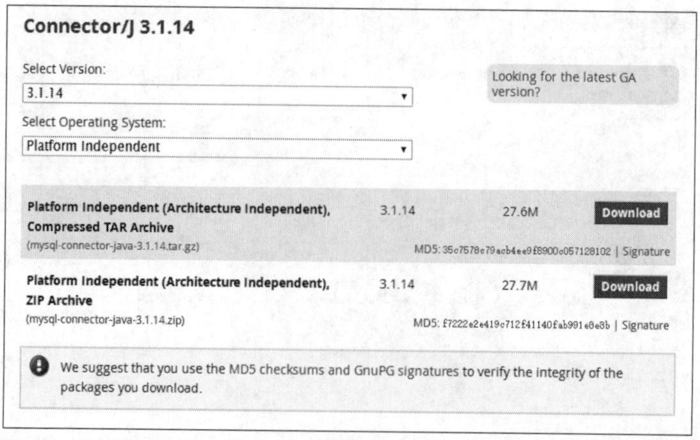

图 21-9

下载驱动完成后将其解压，找到里面的“.jar”格式文件。如果是使用 dos 命令执行 Java 程序，则必须要对环境进行配置，其具体配置过程如下所示。

（1）打开本地电脑的环境变量界面，其中建立了一个 CLASSPATH 环境，现在要找到这个环境变量，单击编辑(I)按钮重新对它进行编辑，如图 21-10 所示。

（3）然后在它的变量值后面加入“;”，然后再加入 mysql-connector-java.jar 路径，然后单击确定按钮，然后再次单击确定按钮，如图 21-11 所示。

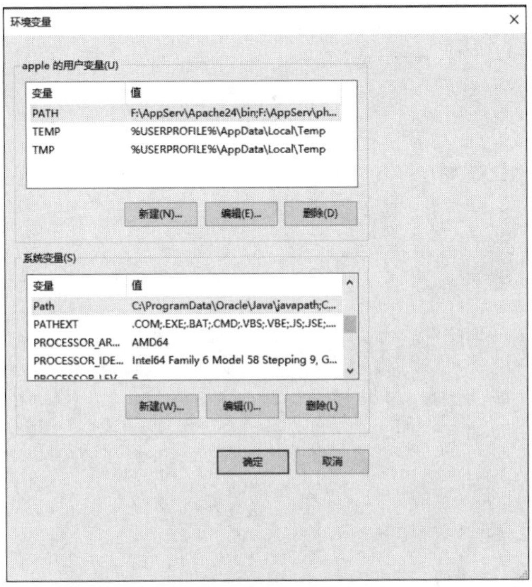

图 21-10

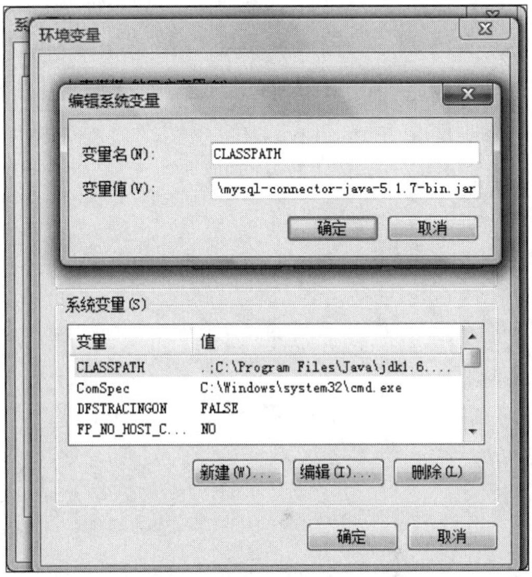

图 21-11

注意：上面讲解的只是 Java 连接 MySQL 的一个原理，在实际中并不适用，因为现在都使用 IDE 开发 Java 项目，用户可以将 JDBC 驱动直接加载到 IDE 里即可。

21.4.2　将 MySQL 驱动加载到 Eclipse

在现实应用中，绝大多数开发者使用 Eclipse 或 MyEclipse 等 IDE 工具来开发 Java 程序，Eclipse 和 MyEclipse 的驱动配置是一样的，下面以 Eclipse 为例进行配置，其具体操作方法如下所示。

（1）启动 Eclipse，然后选择下载的驱动文件，右击，在弹出的菜单项中选择“Copy”命令，然后在 Eclipse 里选择需要的项目，如图 21-12 所示。

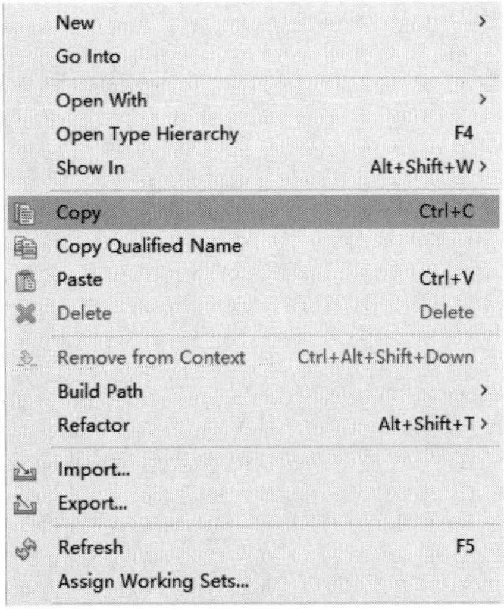

图 21-12

（2）选择加载的驱动，然后右击，在弹出的快捷菜单中依次选择“Build Path”“Add to Build Path”命令，将 MySQL 驱动加载到当前项目中。如图 21-13 所示。

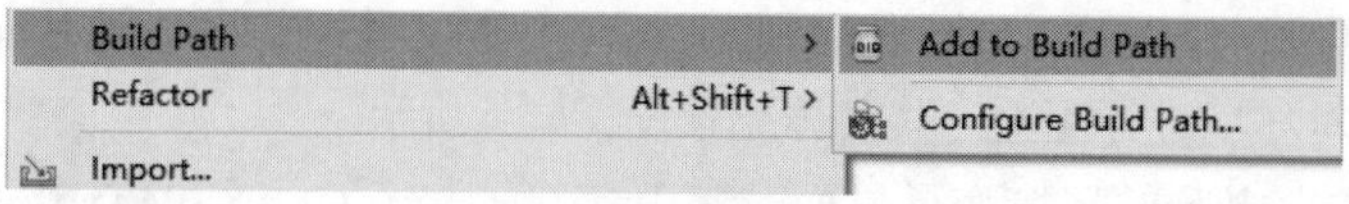

图 21-13

21.4.3 测试连接

在接下来的内容中将通过一个具体实例程序来测试连接 MySQL 数据库是否成功。

实例 21-3：输出显示连接 MySQL 数据库是否成功

源码路径：下载包 \daima\ 第 21 章 \21-3

实例文件 mm.java 的主要实现代码如下所示。

```
import java.sql.*;

public class mm {
    public static void main(String[] args) {
            Connection conn = null;
            try {
                    //实现连接方法 getConnection(),root 是连接数据库的用户名，password
                                                                          是定义连接数据库的密码
                conn =DriverManager.getConnection("jdbc:mysql://localhost/
tushuguanli_database_test?" +
                                                  "user=root&password=66688888&useS
SL=false&serverTimezone=GMT");

                System.out.println("已成功与 MySQL 数据库建立连接！！");

            } catch (SQLException ex) {
                // handle any errors
                System.out.println("SQLException: " + ex.getMessage());
                System.out.println("SQLState: " + ex.getSQLState());
                System.out.println("VendorError: " + ex.getErrorCode());
            }
    }

}
```

运行后的效果如图 21-14 所示。

图 21-14

第 22 章

开发多线程程序

（视频讲解：34 分钟）

在本书前面讲解的程序大多数都是单线程程序，那么究竟什么是多线程程序呢？能够同时处理多个任务的程序就是多线程程序，多线程程序的功能更加强大，能够满足现实生活中需求多变的情况。Java 作为一门面向对象的语言，支持多线程开发功能。在本章的内容中将详细讲解 Java 语言多线程的基本知识。

22.1 线程基础

线程是程序运行的基本执行单元，当操作系统（不包括单线程的操作系统，如微软早期的 DOS）在执行一个程序时，会在系统中建立一个进程。而在这个进程中，必须至少建立一个线程（这个线程被称为主线程）作为这个程序运行的入口点。因此，在操作系统中运行的任何程序都至少有一个主线程。

↑扫码看视频（本节视频课程时间：11 分 29 秒）

22.1.1 什么是线程

线程是程序运行的基本执行单元。当操作系统（不包括单线程的操作系统，如微软早期的 DOS）在执行一个程序时，会在系统中建立一个进程，而在这个进程中，必须至少建立一个线程（这个线程被称为主线程）来作为这个程序运行的入口点。因此，在操作系统中运行的任何程序都至少有一个主线程。

进程和线程是现代操作系统中两个必不可少的运行模型。在操作系统中可以有多个进程，这些进程包括系统进程（由操作系统内部建立的进程）和用户进程（由用户程序建立的进程）；一个进程中可以有一个或多个线程。进程和进程之间不共享内存，也就是说，系统中的进程是在各自独立的内存空间中运行的。而一个进程中的线程可以共享系统分派给这个进程的内存空间。

线程不仅可以共享进程的内存，而且还拥有一个属于自己的内存空间，这段内存空间叫作线程栈，是在建立线程时由系统分配的，主要用来保存线程内部所使用的数据，如线程执行函数中所定义的变量。

在操作系统中将进程分成多个线程后，这些线程可以在操作系统的管理下并发执行，从而大大提高程序的运行效率。虽然线程的执行从宏观上看是多个线程同时执行，但实际上这只是操作系统的障眼法。由于一块 CPU 同时只能执行一条指令。因此，在拥有一块 CPU 的计算机上不可能同时执行两个任务。而操作系统为了能提高程序的运行效率，在一个线程空闲时会撤下这个线程，并且会让其他的线程来执行，这种方式叫作线程调度。我们之所以从表面上看是多个线程同时执行，是因为不同线程之间切换的时间非常短，而且在一般情况下切换非常频繁。假设我们有线程 A 和 B 在运行时，可能是 A 执行了 1 毫秒后，切换到 B 后，B 又执行了 1 毫秒，然后又切换到了 A，A 又执行 1 毫秒。由于 1 毫秒的时间对于普通人来说是很难感知的，因此，从表面看上去就像 A 和 B 同时执行一样，但实际上 A 和 B 是交替执行的。

22.1.2 Java 的线程模型

由于 Java 是纯面向对象语言，所以 Java 的线程模型也是面向对象的。Java 通过 Thread 类将线程所必需的功能都封装起来。要想建立一个线程，必须要有一个线程执行函数，这个线程执行函数对应 Thread 类的 run() 方法。Thread 类还有一个 start() 方法，这个方法负责建立线程，相当于调用 Windows 建立线程函数 CreateThread()。当调用 start() 方法后，如果线程建立成功，并自动调用 Thread 类的 run() 方法。因此，任何继承 Thread 的 Java 类都可以通过 Thread 类的 start() 方法来建立线程。如果想运行自己的线程执行函数，那就要覆盖 Thread 类的 run() 方法。

在 Java 的线程模型中，除了 Thread 类之外，还有一个标识某个 Java 类是否可作为线程类的接口 Runnable，此接口只有一个抽象方法 run()，也就是 Java 线程模型的线程执行函数。因此，一个线程类的唯一标准就是这个类是否实现了 Runnable 接口的 run() 方法，也就是说，拥有线程执行函数的类就是线程类。

从上面可以看出，在 Java 中建立线程有两种方法，一种是继承 Thread 类，另一种是实现 Runnable 接口，并通过 Thread 和实现 Runnable 的类来建立线程，其实这两种方法从本质上说是一种方法，即都是通过 Thread 类来建立线程，并运行 run 方法的。但它们的大区别是通过继承 Thread 类来建立线程，虽然在实现起来更容易，但由于 Java 不支持多继承，因此，这个线程类如果继承了 Thread，就不能再继承其他的类了，因此，Java 线程模型提供了通过实现 Runnable 接口的方法来建立线程，这样线程类可以在必要的时候继承和业务有关的类，而不是 Thread 类。

22.2 创建线程

在 Java 程序中，可以使用内置类 Thread 创建线程，所有的线程对象都必须是 Thread 类或其子类的实例。每个线程的作用是完成一定的任务，实际上就是执行一段程序流（一段顺序执行的代码）。Java 使用方法 run() 来封装这样一段程序流。

↑扫码看视频（本节视频课程时间：5 分 55 秒）

22.2.1 使用 Thread 类创建线程

在 Java 程序中，因为在使用 Runnable 接口创建线程时需要先建立一个 Thread 实例，所以无论是通过Thread类还是Runnable接口建立线程，都必须建立Thread类或它的子类的实例。类 Thread 的构造方法被重载了 8 次，构造方法如下所示。

```
public Thread( );
public Thread(Runnable target);
public Thread(String name);
public Thread(Runnable target, String name);
public Thread(ThreadGroup group, Runnable target);
public Thread(ThreadGroup group, String name);
public Thread(ThreadGroup group, Runnable target, String name);
public Thread(ThreadGroup group, Runnable target, String name, long stackSize);
```

在上述构造方法中，各个参数的具体说明见表 22-1。

表 22-1

参数	功能描述
Runnable target	实现了 Runnable 接口的类的实例。要注意的是 Thread 类也实现了 Runnable 接口，因此，从 Thread 类继承的类的实例也可以作为 target 传入这个构造方法
String name	线程的名子，此名子可以在建立 Thread 实例后通过 Thread 类的 setName 方法设置。如果不设置线程的名子，线程就使用默认的线程名：Thread-N，N 是线程建立的顺序，是一个不重复的正整数
ThreadGroup group	当前建立的线程所属的线程组。如果不指定线程组，所有的线程都被加到一个默认的线程组中
long stackSize	线程栈的大小，这个值一般是 CPU 页面的整数倍。如 x86 的页面大小是 4kB。在 x86 平台下，默认的线程栈大小是 12kB

即使是一个普通的 Java 类，只要从 Thread 类继承，就可以成为一个线程类，并且可以通过 Thread 类的 start() 方法来执行线程代码。虽然 Thread 类的子类可以直接实例化，但在子类中必须要覆盖 Thread 类的 run() 方法才能真正运行线程的代码。例如下面的实例演示了使用类 Thread 建立线程的过程。

实例 22-1：使用类 Thread 建立线程

源码路径：下载包 \daima\ 第 22 章 \22-1

实例文件 Thread1.java 的主要实现代码如下所示。

```
001 package mythread;
002
003 public class Thread1 extends Thread
004  {
005 public void run()
006      {
007          System.out.println(this.getName());
008      }
009 public static void main(String[] args)
010      {
011          System.out.println(Thread.currentThread().getName());
012          Thread1 thread1 = new Thread1();
013          Thread1 thread2 = new Thread1 ();
014          thread1.start();
015          thread2.start();
016      }
017  }
```

在上述代码中建立了 thread1 和 thread2 两个线程，005 至 008 行是 Thread1 类的 run 方法，当在 014 和 015 行调用 start 方法时，系统会自动调用 run 方法。在 007 行使用 this.getName()

输出了当前线程的名字，由于在建立线程时并未指定线程名，因此，所输出的线程名是系统的默认值，也就是 Thread-n 的形式。在 011 行输出了主线程的线程名。上述代码执行后输出：

```
main
Thread-0
Thread-1
```

从上述执行结果可以看出，第一行输出的 main 是主线程的名字。后面的 Thread-1 和 Thread-2 分别是 thread1 和 thread2 输出的结果。

注意：任何一个 Java 程序都必须有一个主线程。一般这个主线程的名字为 main。只有在程序中建立另外的线程，才能算是真正的多线程程序。也就是说，多线程程序必须拥有一个以上的线程。

类 Thread 有一个重载构造方法可以设置线程名。除了使用构造方法在建立线程时设置线程名，还可以使用 Thread 类的 setName 方法修改线程名。要想通过 Thread 类的构造方法来设置线程名，必须在 Thread 的子类中使用 Thread 类的构造方法 public Thread(String name)。因此，必须在 Thread 的子类中也添加一个用于传递线程名字的构造方法。例如下面的实例演示了设置线程名字的过程。

实例 22-2：设置线程名字（使用类 Thread）

源码路径：下载包 \daima\ 第 22 章 \22-2

实例文件 Thread2.java 的主要实现代码如下所示。

```
package mythread;


public class Thread2 extends Thread
{
private String who;

public void run()

    {
          System.out.println(who + ":" + this.getName());
    }
public Thread2(String who)
    {
super();
this.who = who;
    }
public Thread2(String who, String name)
    {
super(name);
this.who = who;
    }
public static void main(String[] args)
    {
          Thread2 thread1 = new Thread2 ("thread1", "MyThread1");
          Thread2 thread2 = new Thread2 ("thread2");
          Thread2 thread3 = new Thread2 ("thread3");
          thread2.setName("MyThread2");
          thread1.start();
          thread2.start();
          thread3.start();
    }
```

在上述代码中有如下两个构造方法。

- 第 011 行：public sample2_2(String who)：此构造方法有一个参数：who。这个参数用来标识当前建立的线程。在这个构造方法中仍然调用 Thread 的默认构造方法 public Thread( )。
- 第 016 行：public sample2_2(String who, String name)：此构造方法中的 who 和第一个构造方法中的 who 的含义一样，而 name 参数就是线程的名字。在这个构造方法中调用了 Thread 类的 public Thread(String name) 构造方法，也就是第 018 行的 super(name)。

在方法 main() 中建立了 thread1、thread2 和 thread3 三个线程，其中 thread1 通过构造方法来设置线程名，thread2 通过 setName 方法来修改线程名，thread3 未设置线程名。执行后输出如下结果。

```
thread1:MyThread1
thread2:MyThread2
thread3:Thread-2
```

从上述执行效果可以看出，thread1 和 thread2 的线程名都已经修改了，而 thread3 的线程名仍然为默认值：Thread-2。 thread3 的线程名之所以不是 Thread-1，而是 Thread-2，这是因为在 024 行建立 thread2 时已经将 Thread-1 占用了。因此，在 025 行建立 thread3 时就将 thread3 的线程名设为 Thread-2。然后在 026 行又将 thread2 的线程名修改为 MyThread2。因此就会得到上面的输出结果。

22.2.2 使用 Runnable 接口创建线程

当在 Java 程序中实现 Runnable 接口的类时，必须使用类 Thread 的实例才能创建线程。使用接口 Runnable 创建线程的过程分为如下两个步骤。

（1）将实现 Runnable 接口的类实例化。

（2）建立一个 Thread 对象，并将第一步实例化后的对象作为参数传入 Thread 类的构造方法，最后通过 Thread 类的 start() 方法建立线程。例如下面的实例演示了使用 Runnable 接口创建线程的过程。

实例 22-3：设置线程名字

源码路径：下载包 \daima\ 第 22 章 \22-3

实例文件 MyRunnable.java 的主要实现代码如下所示。

```
public class MyRunnable implements Runnable{
    public void run(){
        System.out.println(Thread.currentThread().getName());
    }
    public static void main(String[] args){
        MyRunnable t1 = new MyRunnable();

        MyRunnable t2 = new MyRunnable();
        Thread thread1 = new Thread(t1, " MyThread1");
        Thread thread2 = new Thread(t2);
        thread2.setName("MyThread2");
        thread1.start();
        thread2.start();
    }
}
```

执行后输出如下结果。

```
MyThread1
MyThread2
```

22.3 线程的生命周期

与人们有生、老、病、死一样，线程也同样要经历开始（等待）、运行、挂起和停止四种不同的状态，这四种状态都可以通过 Thread 类中的方法进行控制。

↑扫码看视频（本节视频课程时间：9 分 26 秒）

22.3.1 创建并运行线程

在 Java 程序中，在建立线程后并不马上执行 run 方法中的代码，而是处于等待状态。当线程处于等待状态时，可以通过类 Thread 的方法来设置线程的各种属性，如线程的优先级（setPriority）、线程名 (setName) 和线程的类型（setDaemon）等。当调用 start() 方法后，线程开始执行 run() 方法中的代码。线程进入运行状态。可以通过 Thread 类的 isAlive() 方法来判断线程是否处于运行状态。当线程处于运行状态时，isAlive 返回 true，当 isAlive 返回 false 时，可能线程处于等待状态，也可能处于停止状态。例如在下面的实例中演示了线程的创建、运行和停止三个状态之间的切换，并输出了相应的 isAlive 返回值。

实例 22-4：线程的创建、运行和停止三个状态之间的切换

源码路径：下载包 \daima\ 第 22 章 \22-4

实例文件 xian.java 的主要实现代码如下所示。

```
public class xian extends Thread{
    public void run() {
        int n = 0;
        while ((++n) < 1000);
    }
    public static void main(String[] args) throws Exception  {
        xian thread1 = new xian();

        System.out.println("isAlive: " + thread1.isAlive());
        thread1.start();
        System.out.println("isAlive: " + thread1.isAlive());
        thread1.join();  // 等线程 thread1 结束后再继续执行
        System.out.println("thread1 已经结束 !");
        System.out.println("isAlive: " + thread1.isAlive());
    }
}
```

在上述代码中使用了 join 方法，此方法的主要功能是保证线程的 run 方法完成后程序才继续运行，这个方法将在后面的章节中介绍上面代码执行后的输出：

```
isAlive: false
isAlive: true
thread1 已经结束 !
isAlive: false
```

22.3.2　挂起和唤醒线程

在 Java 程序中，一旦线程开始执行 run() 方法，就会一直到 run() 方法执行完成线程才退出。但在线程执行的过程中，可以通过两个方法使线程暂时停止执行。这两个方法是 suspend() 和 sleep()。在使用 suspend 挂起线程后，可以通过 resume() 方法唤醒线程。而使用 sleep 使线程休眠后，只能在设定的时间后使线程处于就绪状态（在线程休眠结束后，线程不一定会马上执行，只是进入就绪状态，等待着系统进行调度）。虽然 suspend 和 resume 可以很方便地使线程挂起和唤醒，但由于使用这两个方法可能会造成一些不可预料的事情发生，因此，这两个方法被标识为 deprecated（抗议）标记，这表明在以后的 JDK 版本中这两个方法可能被删除，所以尽量不要使用这两个方法来操作线程。例如在下面的实例中，演示了 sleep()、suspend() 和 resume() 三个方法的使用过程。

实例 22-5：使用 sleep()、suspend() 和 resume()

源码路径：下载包 \daima\ 第 22 章 \22-5

实例文件 MyThread.java 的主要实现代码如下所示。

```
public class MyThread extends Thread{
    class SleepThread extends Thread  {
        public void run(){
            try{
                sleep(2000);                                      //休眠 2 秒
            }
            catch (Exception e){
            }
        }
    }
    public void run()  {
        while (true)
            System.out.println(new java.util.Date().getTime());
    }
    public static void main(String[] args) throws Exception
    {
        MyThread thread = new MyThread();
        SleepThread sleepThread = thread.new SleepThread();
        sleepThread.start();      // 开始运行线程 sleepThread
      sleepThread.join();         // 使线程 sleepThread 延迟 2 秒
        thread.start();
        boolean flag = false;
        while (true) {
            sleep(5000);          // 使主线程延迟 5 秒

            flag = !flag;
            if (flag)
                thread.suspend();
            else
                thread.resume();
        }
    }
}
```

从表面上看，使用 sleep() 和 suspend() 所产生的效果类似，但 sleep() 方法并不等同于 suspend()。它们之间最大的区别是可以在一个线程中通过 suspend() 方法来挂起另外一个线程，如上面代码中在主线程中挂起了 thread 线程。而 sleep() 只对当前正在执行的线程起作用。在上面代码中分别使 sleepThread 和主线程休眠了 2 秒和 5 秒。在使用 sleep 时要注意，不能在一个线程中来休眠另一个线程。如 main() 方法中使用 thread.sleep(2000) 方法是无法使 thread 线程休眠 2 秒的，只能使主线程休眠 2 秒。执行后的效果如图 22-1 所示。

```
1465550359646
1465550359646
1465550359646
1465550359646
1465550359646
1465550359646
1465550359646
1465550359646
```

图 22-1

22.3.3 终止线程的三种方法

在 Java 程序中，可以通过如下三种方法终止线程。

- 使用退出标志，使线程正常退出，也就是当 run() 方法完成后线程终止。
- 使用 stop() 方法强行终止线程（这个方法不推荐使用，因为 stop() 和 suspend()、resume() 一样，也可能发生不可预料的结果）。
- 使用 interrupt 方法中断线程。

接下来将详细讲解上述三种方法的基本知识。

（1）使用退出标志终止线程

当执行 run() 方法完毕后，线程就会退出。但有时 run() 方法是永远不会结束的。如在服务端程序中使用线程进行监听客户端请求，或是其他的需要循环处理的任务。在这种情况下，一般是将这些任务放在一个循环中，如 while 循环。如果想让循环永远运行下去，可以使用 while(true){...} 来处理。但要想使 while 循环在某一特定条件下退出，最直接的方法就是设置一个 boolean 类型的标志，并通过设置这个标志为 true 或 false 来控制 while 循环是否退出。例如在下面的实例中，使用退出标志终止了线程。

实例 22-6：使用退出标志终止线程

源码路径：下载包 \daima\ 第 22 章 \22-6

实例文件 ThreadFlag.java 的主要实现代码如下所示。

```
public class ThreadFlag extends Thread{
    public volatile boolean exit = false;
    public void run(){
        while (!exit);
    }
    public static void main(String[] args) throws Exception{
        ThreadFlag thread = new ThreadFlag();

        thread.start();
        sleep(5000); // 主线程延迟 5 秒
        thread.exit = true;  // 终止线程 thread
        thread.join();
        System.out.println("终止线程，面试结束！");
    }
}
```

在上述代码中定义了一个退出标志 exit，当 exit 为 true 时，while 循环退出，exit 的默认值为 false。在定义 exit 时，使用了一个 Java 关键字 volatile，这个关键字的目的是使 exit 同步，也就是说，在同一时刻只能由一个线程来修改 exit 的值。执行后会输出：

```
终止线程，面试结束！
```

（2）使用 stop() 方法终止线程

在 Java 程序中，使用 stop() 方法可以强行终止正在运行或挂起的线程，例如可以使用如下的代码来终止线程。

```
thread.stop();
```

虽然使用上面的代码可以终止线程，但使用 stop() 方法是很危险的，就像突然关闭计算机电源，而不是按正常程序关机一样，可能会产生不可预料的结果。因此，并不推荐使用 stop 方法来终止线程。

（3）使用 interrupt() 方法终止线程

在 Java 程序中使用 interrupt() 方法终止线程时，可以分为如下两种情况。

- 线程处于阻塞状态，如使用了 sleep() 方法。
- 使用 while(!isInterrupted()){...} 来判断线程是否被中断。

在上述第一种情况下使用 interrupt 方法，sleep 方法将抛出一个 InterruptedException 例外，而在上述第二种情况下线程将直接退出。

22.3.4　线程阻塞

当一个线程开始运行后，它不可能一直处于运行状态（除非它的线程执行体足够短，瞬间就执行结束了），线程在运行过程中需要被中断，目的是使其他线程获得执行的机会，线程调度的细节取决于底层平台所采用的策略。对于采用抢占式策略的系统而言，系统会给每个可执行的线程一个小时间段来处理任务；当该时间段用完，系统就会剥夺该线程所占据的资源，让其他线程获得执行的机会。在选择下一个线程时，系统会考虑线程的优先级。所有现代的桌面和服务器操作系统都是采用抢占式调度策略，但一些小型设备如手机则可能采用协作式调度，在这样的系统中，只有当一个线程调用了它的 sleep() 或 yield() 方法后才会放弃所占用的资源（就是必须由该线程主动放弃所占用的资源）。

在计算机系统中，当发生如下情况下时线程将会进入阻塞状态。

- 线程调用 sleep() 方法主动放弃所占用的处理器资源。
- 线程调用了一个阻塞式 I/O 方法，在该方法返回之前，该线程被阻塞。
- 线程试图获得一个同步监视器，但该同步监视器正被其他线程持有。
- 线程在等待某个通知 (notify)。
- 程序调用了线程的 suspend() 方法将该线程挂起。不过这个方法容易导致死锁，所以程序应该尽量避免使用该方法。
- 当前正在执行的线程被阻塞之后，其他线程就可以获得执行的机会了。被阻塞的线程会在合适的时候重新进入就绪状态，注意是就绪状态而不是运行状态。也就是说，被阻塞线程的阻塞解除后，必须重新等待线程调度器再次调度它。

针对上面的几种情形，当发生如下特定的情况将可以解除上面的阻塞，让该线程重新进入就绪状态。

- 调用 sleep() 方法的线程经过了指定时间。
- 线程调用的阻塞式 I/O 方法已经返回。
- 线程成功地获得了试图取得同步监视器。
- 线程正在等待某个通知时，其他线程发出了一个通知。
- 处于挂起状态的线程被调用了恢复方法 resume()。

线程从阻塞状态只能进入就绪状态，无法进入运行状态。而就绪和运行状态之间的转换通常不受程序控制，而是由系统线程调度所导致的，当就绪状态的线程获得处理器资源时，该线程进入运行状态；当运行状态的线程失去处理器资源时，该线程进入就绪状态。但有一个方法例外，调用 yield() 可以让当前处于运行状态的线程转入就绪状态。

22.3.5 线程死亡

在 Java 程序中，线程可以用如下三种方式之一来结束，结束后的线程就处于死亡状态。

- run() 方法执行完成，线程正常结束。
- 线程抛出一个未捕获的 Exception 或 Error。
- 直接调用该线程的 stop() 方法来结束该线程，因为该方法容易导致死锁，所以不推荐使用。

为了测试某条线程是否已经死亡，可以调用线程对象中的方法 isAlive()，当线程处于就绪、运行或阻塞三种状态时，该方法将返回 true；当线程处于新建、死亡状态时，该方法将返回 false。不要试图对一个已经死亡的线程调用 start() 方法使它重新启动，死亡就是死亡，该线程将不可再次作为线程执行。例如下面的实例演示了线程的死亡过程。

实例 22-7：演示线程的死亡

源码路径：下载包 \daima\ 第 22 章 \22-7

实例文件 si.java 的主要代码如下所示。

```
public class si extends Thread{
    private int i ;
    //重写 run 方法，run 方法的方法体就是线程执行体
    public void run(){
            for ( ; i < 100 ; i++ ){
                    //当线程类继承 Threa 类时，可以直接调用 getName 方法来返回当前线程的名。
                    //如果想获取当前线程，直接使用 this 即可
                    //Thread 对象的 getName 返回当前该线程的名字
                    System.out.println(getName() +  " " + i);
            }

    }
    public static void main(String[] args) {
        si sd = new si(); //创建线程对象
         for (int i = 0; i < 300;  i++){
                    //调用 Thread 的 currentThread 方法获取当前线程
                    System.out.println(Thread.currentThread().getName() +   " "
+ i);
                    if (i == 20){
                            sd.start();               //启动线程
                            System.out.println(sd.isAlive());
//判断启动后线程的 isAlive() 值，输出 true
                    }
```

```
                    // 只有当线程处于新建、死亡两种状态时，isAlive 方法返回 false。
                    // 因为 i > 20，则该线程肯定已经启动了，所以只可能是死亡状态了。
                    if (i > 20 && !sd.isAlive()){
                            sd.start();                               // 试图再次启动该线程
                    }
            }
        }
    }
```

在上述代码中，试图在线程已死亡的情况下再次调用 start() 方法来启动该线程，运行上述代码将会引发 IllegalThreadStateException 异常，这表明死亡状态的线程无法再次运行了。执行效果如图 22-2 所示。

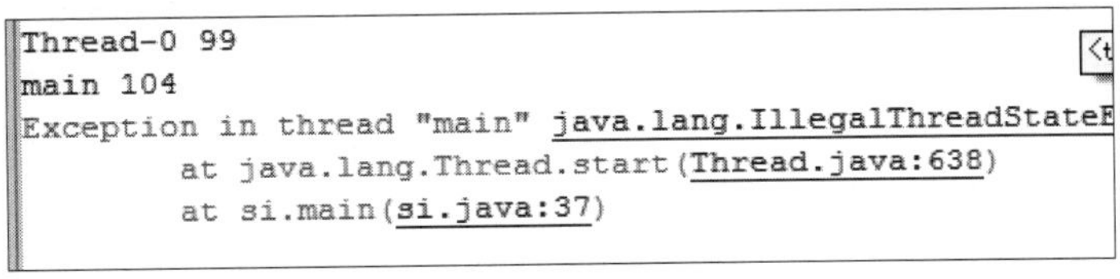

图 22-2

22.4　控制线程

Java 的线程支持提供了一些便捷的工具方法，通过这些便捷的工具方法可以很好地控制线程的执行。在本节的内容中将详细讲解 Java 控制线程的知识。

↑扫码看视频（本节视频课程时间：7 分 31 秒）

22.4.1　使用 join 方法

在前面的实例代码中曾经多次使用到 Thread 类的 join() 方法，此方法的功能是使异步执行的线程变成同步执行。也就是说，当调用线程实例的 start 方法后，这个方法会立即返回，如果在调用 start() 方法后需要使用一个由这个线程计算得到的值，就必须使用 join() 方法。如果不使用 join 方法，就不能保证当执行到 start 方法后面的某条语句时，这个线程一定会执行完。而使用 join() 方法后，直到这个线程退出，程序才会往下执行。例如在下面的实例演示了方法 join 的基本用法。

实例 22-8：返回某个字符串指定索引的字符

源码路径：下载包 \daima\ 第 22 章 \22-8

实例文件 JoinThread.java 的主要实现代码如下所示。

```
public class JoinThread extends Thread{
    public static volatile int n = 0;
    public void run(){
        for (int i = 0; i < 10; i++, n++)
            try{
                sleep(3);                    // 为了使运行结果更随机，延迟 3 毫秒

            }
            catch (Exception e){
```

```
            }
        }
        public static void main(String[] args) throws Exception{
            Thread threads[] = new Thread[100];
            for (int i = 0; i < threads.length; i++)          // 建立 100 个线程
                threads[i] = new JoinThread();
            for (int i = 0; i < threads.length; i++)          // 运行刚才建立的 100 个线程
                threads[i].start();
            if (args.length > 0)
                for (int i = 0; i < threads.length; i++)      // 100 个线程都执行完后继续
                    threads[i].join();
            System.out.println("n=" + JoinThread.n);
        }
    }
```

在上述代码中建立了 100 个线程，每个线程使静态变量 n 增加 10。如果在这 100 个线程都执行完后输出 n，这个 n 值应该是 1 000。我们可以使用如下的命令运行上面的程序。

```
java mythread.JoinThread
```

程序的运行结果如下：

```
n=442
```

这个运行结果可能在不同的运行环境下有一些差异，但一般 n 不会等于 1 000。从上面的结果可以肯定，这 100 个线程并未都执行完就将 n 输出了。

22.4.2 使用 volatile 关键字

在 Java 程序中，关键字 volatile 用于声明简单类型变量，例如 int、float、boolean 等数据类型。如果这些简单数据类型声明为 volatile，对它们的操作就会变成原子级别的，但这有一定的限制。例如在本节前面的实例 22-8 中，n 不是原子级别的。如果对 n 的操作是原子级别的，最后输出的结果应该为 n=1 000，而在执行上述代码时，很多时候输出的 n 都小于 1 000，这说明 n=n+1 不是原子级别的操作。原因是声明为 volatile 的简单变量如果当前值由该变量以前的值相关，那么 volatile 关键字不起作用，也就是说，如下的表达式都不是原子操作。

```
n = n + 1;
n++;
```

如果想使上述情况变成原子操作，需要使用 synchronized 关键字，可以将前面的实例 22-8 进行如下修改。

实例 22-9：实现原子操作

源码路径：下载包 \daima\ 第 22 章 \22-9

实例文件 JoinThread.java 的主要实现代码如下所示。

```
public class JoinThread extends Thread
{
    public static int n = 0;
    public static synchronized void inc()
    {

        n++;
    }
    public void run()
    {
        for (int i = 0; i < 10; i++)
            try
```

```
            {
                inc(); // n = n + 1 改成了 inc();
                sleep(3); // 为了使运行结果更随机，延迟 3 毫秒
            }
            catch (Exception e)
            {
            }
        }
        public static void main(String[] args) throws Exception
        {
            Thread threads[] = new Thread[100];
            for (int i = 0; i < threads.length; i++)
                // 建立 100 个线程
                threads = new JoinThread();
            for (int i = 0; i < threads.length; i++)
                // 运行刚才建立的 100 个线程
                threads.start();
            for (int i = 0; i < threads.length; i++)
                // 100 个线程都执行完后继续
                threads.join();
            System.out.println("n=" + JoinThread.n);
        }
    }
```

在上述代码中，将 n=n+1 改成了 inc()，其中方法 inc() 使用了 synchronized 关键字进行方法同步。因此，在使用 volatile 关键字时要慎重，并不是只要简单类型变量使用 volatile 修饰，对这个变量的所有操作都是原来的操作，当变量的值由自身的上一个决定时，如 n=n+1、n++ 等，volatile 关键字将失效，只有当变量的值和自身上一个值无关时对该变量的操作才是原子级别的，如 n = m + 1，这个就是原级别的。所以在使用 volatile 关键时一定要慎重，如果自己没有把握，可以使用 synchronized 来代替 volatile。此时执行后将显示 n 的值一致为 1 000，效果如图 22-3 所示。

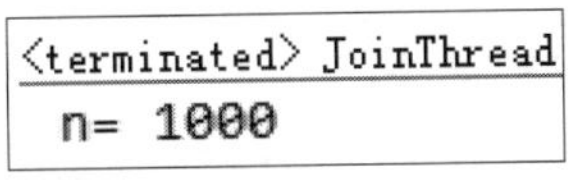

图 22-3

第 23 章

航空订票管理系统

（视频讲解：60 分钟）

21 世纪是一个快速发展的世纪，竞争相当激烈，体现出工作效率相当重要，看谁能最快抢占商机。所以在这么一个世界里发展，航空作为一个便捷的交通工具，在其中扮演着重要的角色。越来越多的人出行选择飞机，且各航空公司之间也存在相互竞争的关系，都在力争为客户做出最好的服务，让顾客选择它们。因此在航空公司看来，售票是第一个与顾客打交道的服务，做好快捷、准确、及时的订票服务，可以提高公司的销售业绩，非常有必要。在本章内容中，我们将介绍如何利用 Eclipse、Hibernate 来开发一个航空订票管理系统，进一步了解 Eclipse 集成开发环境的强大功能。在本章的内容中将详细讲解航空订票管理系统的构建，旨在让读者牢固掌握 SQL 后台数据库的建立、维护以及前台应用程序的开发，为以后深入地学习打下坚实的基础。

23.1 系统概述和总体设计

本项目的系统规划书分为如下两个部分：

（1）系统需求分析文档。

（2）系统运行流程说明。

（3 分 06 秒）

23.1.1 系统需求分析

使用航空订票管理系统的用户主要是航空公司信息管理员，电话（网点）售票员，具体功能如下所示。

（1）航班管理功能模块

航班管理模块的主要功能包括：飞机信息和航班信息的添加、删除、修改。

（2）网点信息管理模块

针对机票销售网点添加、删除、修改和查询，且可查看哪些网点是否在线经营。

（3）订票管理功能模块

订票管理模块的功能相对于其他模块来说要复杂一点。机票查询和订票的添加、删除、修改。

根据需求分析中用户的要求设计系统的体系结构，如图 23-1 所示。在体系结构示意图中，每一个叶结点是一个最小的功能模块。每一个功能模块都需要针对不同的表完成相同的数据库操作，即添加记录、删除记录、查询记录、更新记录。

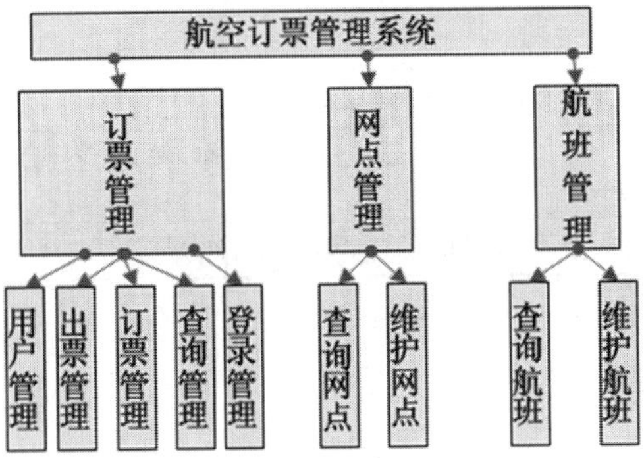

图 23-1

23.1.2　系统 demo 流程

模拟系统的运行流程：运行服务器系统后，首先会弹出服务器端话框，对用户的身份进行认证并确定用户的权限。则使用 admin 用户（系统管理员）登录，创建其他用户，可以在系统维护菜单下系统管理添加、修改、删除操作。运行客户端系统后，首先会弹出客户端对话框，对用户的身份进行认证并确定用户的权限。如果需要登录系统，建议使用 user 用户进行登录。否则向系统管理申请账户。

在系统初始化时，有两个默认的用户：系统管理员、普通用户。系统管理员用户为 admin，密码为 admin，网点用户为 user，密码为 user，由程序设计人员添加到数据库表中。如图 23-2 所示。

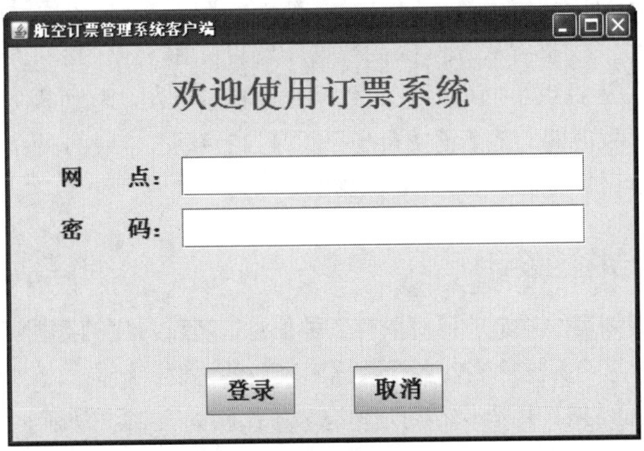

图 23-2

进入系统后，首先需要增加基础信息。基础信息包括：飞机信息、航班信息。基础信息是航空订票管理系统的基础数据，它为航空订票管理系统其他模块提供数据参考，见表 23-1。

表 23-1

基础信息	具体说明
飞机信息	包括型号、头等舱座位数、公务舱位数、经济舱座位数和最大航程属性描述等
航班信息	包括航班编号，出发地、目的地、起飞时间、到达时间、开始生效日期、结束日期、总公里数和全价等
航班信息查询	包括查询起始地址和到达地址的航班信息
网点管理	包括添加网点、修改网点和删除网点信息，查询网点是否在线。查看所有订单，分类查看网点订单，业绩分析统计
订票管理	包括添加订单、修改订单和删除订单信息，查询航班信息和网点登录

23.2 数据库设计

本项目系统的开发主要包括后台数据库的建立、测试数据录入以及前台应用程序的开发两个方面。数据库设计是系统设计开发的一个重要组成部分，数据库设计的好坏直接影响到程序编码的复杂程度。

↑扫码看视频（本节视频课程时间：3 分 12 秒）

23.2.1 选择数据库

结合本项目的目的并发性情况，并根据远程访问数据库的特性。在开发数据库管理信息系统时需要根据用户需求、系统功能和性能要求等因素，选择后台数据库和相应的数据库访问接口。考虑到系统所要管理的数据量比较大和数据的准确性，且需要多用户同时运行访问。因为本项目需要实现多网点同时销售，所以一定要考虑数据的并发性和其他数据库的特性。并发性决定了整个项目的访问效率，应用程序的开发采用目前比较流行的 Hibernate 数据库访问技术，Hibernate 不仅负责从 Java 类到数据库表的映射（还包括从 Java 数据类型到 SQL 数据类型的映射），还提供了面向对象的数据查询检索机制，从而极大地缩短了手动处理 SQL 和 JDBC 上的开发时间。随着消费市场日新月异的发展，后期升级问题也方便解决。所以综合考虑之下，本项目将采用 MySQL 数据库。

23.2.2 数据库结构的设计

由需求分析的规划可知整个项目对象有五种信息，所以对应的数据库也需要包含这五种信息，系统需要包含五个数据库表，各个数据库表的具体设计结构如下所示。

（1）用户信息表 user，用来保存用户信息表，结构如表 23-2 所示。

表 23-2

编号	字段名称	数据结构	说明
1	oid	bigint(20)	网点 ID
2	name	varchar(12)	网点名称
3	passwd	varchar(12)	网点密码

续表

编号	字段名称	数据结构	说明
4	city	varchar(20)	城市
5	address	varchar(20)	地址

（2）航班信息表 flight，用来保存航班信息表，结构如表 23-3 所示。

表 23-3

编号	字段名称	数据类型	说明
1	oid	bigint(20)	航班 ID
2	first_class_remain_seats	int(11)	头等舱余位数
3	business_class_remain_seats	int(11)	商务舱余位数
4	economy_class_remain_seats	int(11)	经济舱余位数
5	priceOff	double	折扣
6	calendar	datetime	飞行日期
7	schid	bigint(20)	航班计划 ID

（3）航班计划信息表 flightschedular，用来保存航班计划信息表，结构如表 23-4 所示。

表 23-4

编号	字段名称	数据结构	说明
1	oid	bigint(20)	航班计划 ID
2	flightNumber	varchar(6)	航班号
3	fromAddress	varchar(10)	出发地
4	toAddress	varchar(10)	目的地
5	length	int(11)	里程
6	schedular	tinyint(4)	班次
7	price	double	价格
8	startDate	datetime	有效开始日期
9	endDate	datetime	结束日期
10	fromhour	int(11)	起飞时
11	frommin	int(11)	起飞分
12	tohour	int(11)	到达时
13	tomin	int(11)	到达分
14	planemodel	bigint(20)	飞机 ID

（4）飞机信息表 planemodel，用来保存飞机信息表，结构如表 23-5 所示。

表 23-5

编号	字段名称	数据结构	说明
1	oid	bigint(20)	飞机 ID

续表

编号	字段名称	数据结构	说明
2	model	varchar(255)	型号
3	first_class_seats	int(11)	头等舱数量
4	business_class_seats	int(11)	商务舱数量
5	economy_class_seats	int(11)	经济舱数量
6	maxLength	int(11)	最大里程

（5）订票信息表 ticketorder，用来保存订票信息表，结构如表 23-6 所示。

表 23-6

编号	字段名称	数据结构	说明
1	oid	bigint(20)	订票 ID
2	passengerName	varchar(12)	订票人名称
3	passengerId	varchar(18)	订票人代号
4	cabinclass	varchar(15)	舱位
5	tickettype	varchar(15)	订票类型
6	cal	datetime	订票日期
7	branchid	bigint(20)	网点 ID
8	flightid	bigint(20)	航班 ID

23.3 系统框架设计

系统框架设计步骤是整个项目的基础，框架设计得好与坏直接关系到后面的开发，同样影响后期升级是否复杂。经过细心分析规划，本项目将引入 Hibernate 技术进行数据库操作。在本节的内容中将详细讲解系统框架设计的实现过程。

↑扫码看视频（本节视频课程时间：3 分 43 秒）

23.3.1 设计主界面

当用户运行服务器终端后，进入系统的服务器端界面。已将所有功能都分类归在不同菜单栏，包括：航班管理、网点管理和订单管理，如图 23-3 所示。

图 23-3

（1）因为考虑订票系统的特性，在界面布局上要讲究合理，操作快捷性。所以主界面是整个系统通往各个功能模板的窗口，所以要将各个功能模板的窗体加入主界面中。因此在主窗体中应加入整个系统的入口函数“main”，通过执行该方法进而执行整个系统。Main 方法是窗体初始化时调用，建立“com.hk.server”包，定义菜单栏中主菜单信息。添加 Main.java 类主窗体代码如下所示。

```
public class ServerMainFrame extends JFrame implements ActionListener{
    private JMenuBar jmb;
    private JMenu flight,agent,order;
    private SearchPanel center,tempPanel;
    // 初始化菜单
    public ServerMainFrame(){
            super(" 航空订票系统服务器端 ");
            jmb=new JMenuBar(); // 菜单栏
            flight=new JMenu(" 航班管理 ");
            agent=new JMenu(" 网点管理 ");
            order=new JMenu(" 订单管理 ");
            init();
    }
```

（2）定义每个主菜单下的子菜单，且将各子菜单添加给相应的上级菜单中，然后将上级菜单加入菜单栏中。并且通过调用 showme 方法显示最终效果。其代码如下所示。

```
// 初始化子菜单
    private void init(){
            JMenuItem item;
            flight.add(item=new JMenuItem(" 添加航班 "));item.addActionListener(this);
            flight.add(item=new JMenuItem(" 删除航班 "));item.addActionListener(this);
            flight.add(item=new JMenuItem(" 查询航班 "));item.addActionListener(this);
            flight.add(item=new JMenuItem(" 添加飞机 "));item.addActionListener(this);
            flight.add(item=new JMenuItem(" 添加航班 "));item.addActionListener(this);
            flight.add(item=new JMenuItem(" 退出系统 "));item.addActionListener(this);
            agent.add(item=new JMenuItem(" 添加网点 "));item.addActionListener(this);
            agent.add(item=new JMenuItem(" 删除网点 "));item.addActionListener(this);
            agent.add(item=new
JMenuItem(" 查询在线营业网点 "));item.addActionListener(this);
            agent.add(item=new
JMenuItem(" 查询所有营业网点 "));item.addActionListener(this);
            order.add(item=new JMenuItem(" 查看所有订票 "));item.addActionListener(this);
            order.add(item=new JMenuItem(" 查看网点订单 "));item.addActionListener(this);
            order.add(item=new JMenuItem(" 网点业绩统计 "));item.addActionListener(this);
    // 添加操作
            jmb.add(flight);
            jmb.add(agent);
            jmb.add(order);
            this.setJMenuBar(jmb);
    }
    // 设置主界面的中心 JScrollpanel 的 jtable
    public void setCenterPanel(String msg,ArrayList arr){
            if(center==null){
                    center=new SearchPanel(msg,arr);
                    this.add(center,BorderLayout.CENTER);
                    this.setVisible(true);
            }else{
                    center.setMsg(msg);
                    center.setArr(arr);
            }
    }
    public void showMe(){
            this.setDefaultCloseOperation(JFrame.DO_NOTHING_ON_CLOSE);
            this.addWindowListener(new WindowAdapter(){
```

```
                public void windowClosing(WindowEvent e) {
                        askQuit();
                }
        });
        this.setSize(800,600);          //窗体大小
        this.setVisible(true);          //设置可见性
}
```

（3）当点击窗体右上角“关闭”按钮时，弹出对话框如图 23-4 所示。询问用户是否要退出服务器端运行。其代码如下所示。

```
private void askQuit(){
        int choice=JOptionPane.showConfirmDialog(this,"退出服务器将无法售票，是否
                                                        确定退出？ ","确定退出？ ",
                        JOptionPane.YES_NO_CANCEL_OPTION);
        switch(choice){
        case JOptionPane.OK_OPTION : System.exit(0);
        case JOptionPane.NO_OPTION :return;
        case JOptionPane.CANCEL_OPTION : return;
        }
}
```

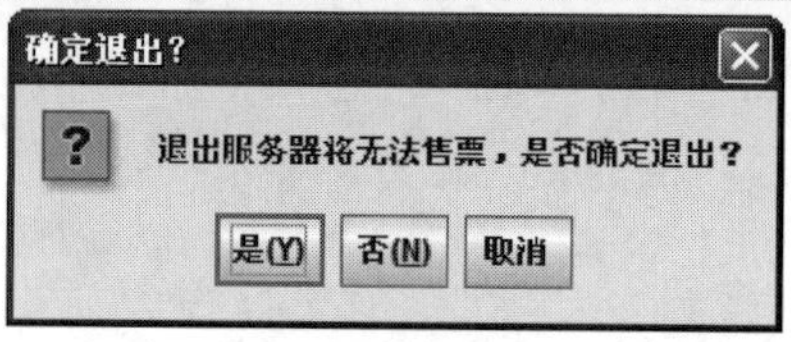

图 23-4

（4）以下是各子菜单具体的功能中，actionPerformed 函数的参数 ActionEvent e 。表示调用 getActionCommand() 来得到控件 Command 字符串以确定是哪个控件的动作，进而执行回调。即根据菜单上名字对确定用户单击了哪个菜单项。其代码如下所示。

```
        //航班基本信息
        public void actionPerformed(ActionEvent e) {
                String command=e.getActionCommand();
                if(command.equals("添加航班")){
                        new AddFlightSchedularDialog(this).showMe();
                }
                if(command.equals("删除航班")){
                        new RemoveFlightSchedularDialog(this).showMe();
                }
                if(command.equals("查询航班")){
                        new SearchFlightSch(this).showMe();
                }
                if(command.equals("添加飞机")){
                        new AddPlaneModelDialog(this).showMe();
                }
                if(command.equals("添加航班")){
                        new AddFlight(this);
                }
                if(command.equals("退出系统")){
                        askQuit();
                }
            //订票业务
                if(command.equals("查看所有网点订票")){
                        new SearchAllOrder().start();
                }
        }
}
```

（5）在上述代码中，showMe 方法和 start 方法是自定义的，showme 集中处理窗体显示

时的大小，退出窗体设置和窗体可见性。start 方法是每个子菜单窗体下的数据初始化方法。SearchAllOrder 实例对象就是引用 hibernate 的技术框架，以实现数据获取。其代码如下所示。

```
public void showMe() {
        this.setSize(500, 250);     //设置大小
        this.setDefaultCloseOperation(JDialog.DISPOSE_ON_CLOSE);
        this.setVisible(true);
    }
public class SearchAllOrder {
    public void start() {
        TicketOrderDAO dao = ServerMainClass.ticketOrderDao;//获取订单 DAO
        HashSet hs = (HashSet) dao.getAllTicketOrder();       //获取全部订单
        if (hs == null || hs.size() == 0) {                   //判断是否有订单
            JOptionPane.showMessageDialog(new JFrame(), "当前没有订单");
        } else {
            ArrayList arr = new ArrayList();          //创建集合
            arr.addAll(hs);                           //设置到 List 集合中
            String msg = "所有订单的信息:";
            ServerMainClass.serverMainFrame.setCenterPanel(msg, arr);
        }
    }
}
```

（6）TicketOrderDAO 类定义了针对所要操作的底层数据方法进行汇总定义，这样可以一目了然，方便操作该数据的方法管理。其代码如下所示。

```
public interface TicketOrderDAO {

    /**
     * 执行出票的操作。
     * @param ord 订单对象
     * @return 若出票成功返回 true，否则返回 false。
     */
    public boolean order(Order ord);

    /**
     * 执行退票操作。
     * @param TicketNumber 机票编号
     * @return 退票成功返回 true，否则返回 false。
     */
    public boolean cancelOrder(int TicketNumber);

    /**
     * 查询指定营业网点在指定时间段内的出票记录
     * @param branch 营业网点
     * @param startDate 开始日期
     * @param endDate 结束日期
     * @return 满足条件的出票记录集合
     */
    public Set<TicketOrder> getAllTicketOrder(Oper branch,Calendar
                                              startDate,Calendar endDate);


    /**
     * 得到指定营业网点指定日期内的营业额
     * @param branch 营业网点
     * @param startDate 开始日期
     * @param endDate 结束日期
     * @return 营业额
     */
    public double getAllTicketMoney(Oper branch,Calendar startDate,Calendar
endDate);
```

（7）TicketOrderDaoFromDB 类实现具体针对所要操作的底层数据方法，可将多处访问共用一个语句就行管理或者是同一处访问数据库，多处使用以实现真正业务逻辑与数据访问无关。其代码如下所示。

```
    public Set<TicketOrder> getAllTicketOrder(Oper branch,
                    Calendar startDate, Calendar endDate) {
            Session s = null;
            Transaction t = null;
            HashSet<TicketOrder> hs = new HashSet<TicketOrder>();    //订单集合
            List l = null;
            try {
                    s = HbnUtil.getSession();       //获取会话对象
                    t = s.beginTransaction();       //开启事务
                    String hql = "from " + table + " where branch.name=?";
                    l = s.createQuery(hql).setString(0, branch.getName()).
list();
    //获取网点所有订单
                    for (TicketOrder item : (List<TicketOrder>) l) {
    //对所有订单遍历
                            if (item.getCal().after(startDate)
                                            && item.getCal().before(endDate)) {
    //规定日期段
                                    hs.add(item);  //添加到集合中
                            }
                    }
                    t.commit();
            } catch (HibernateException e) {
                    e.printStackTrace();
                    t.rollback();
            } finally {
                    if (s != null)
                            try {
                                    s.close();
                            } catch (Exception e) {
                                    e.printStackTrace();
                            }
            }
            return hs;
    }
```

以上方法查询指定营业网点在指定时间段内的出票记录，其他窗体要用到此数据可直接调用。

23.3.2 设计菜单

系统的具体功能都是通过操作菜单实现的，所以本项目一定会有此步骤。

（1）单击“com.hk.server”包，右击“new”，选择“class”菜单项，打开“new java class ”窗口，设置 name 为 ServerMainFrame，添加以下菜单，如表 23-7 所示。

表 23-7

菜单名称	ID 属性
添加航班	AddFlightSchedularDialog
删除航班	RemoveFlightSchedularDialog
查询航班	SearchFlightSch
添加飞机	AddPlaneModelDialog

续表

菜单名称	ID 属性
添加航班	AddFlight
退出系统	askQuit
添加网点	AddBranchDialog
删除网点	RemoveBranchDialog
查询所有营业网点	SearchAllBranchs
查看所有网点订票	SearchAllOrder
查看营业网点订票	SearchOrderFromBranch

（2）添加 Business 类，单击“com.hk.base”包，右击“new”，选择“class”菜单项，打开“new java class ”窗口，设置 name 为 Business，添加类 Business，用于实现和数据库的连接。类 Business 的定义代码如下所示：

```
    public class Business{
        //加载驱动，创建连接，释放资源
        private static final String driver = "com.mysql.jdbc.Driver";
        private static final String url="jdbc:mysql://localhost:3306/hk";
        private static final String username="root";
        private static final String pwd="root";
        static{
                try{
                        Class.forName(driver);      //加载驱动
                }catch(Exception e){
                        e.printStackTrace();
                }
        }
        public static Connection getConnection(){
                Connection con = null;
                try{
                        con = DriverManager.getConnection(url,username,pwd);
//建立连接
                }catch(Exception e){
                        e.printStackTrace();
                }
                return con;
        }
        public static void release(ResultSet rs,Statement stmt,Connection con){
                try{if(rs!=null)rs.close();}catch(Exception e){e.printStackTrace();}
                try{if(stmt!=null)stmt.close();}catch(Exception e)
{e.printStackTrace();}
                try{if(con!=null)con.close();}catch(Exception e)
{e.printStackTrace();}
                                if(rs==null)System.out.println("rs==null"+"util");
                                        //断开某会话连接
        }
        public static void release(Object o){
        try{
                if(o instanceof ResultSet){
                        ((ResultSet)o).close();
                }else if(o instanceof Statement){
                        ((Statement)o).close();
                }else if(o instanceof Connection){
                        ((Connection)o).close();
                }
        }catch(Exception e){
```

```
            e.printStackTrace();
        }
    }
    public static void printRs(ResultSet rs){
            if(rs==null) return;
    try{
            ResultSetMetaData md = rs.getMetaData();
            int colmun = md.getColumnCount();
            StringBuffer sb = new StringBuffer();
            for(int i=1; i<=colmun; i++){
                    sb.append(md.getColumnName(i)+"\t");
            }
            sb.append("\n");
                    while(rs.next()){
                            for(int i=1; i<=colmun; i++){
                                    sb.append(rs.getString(i)+"\t");
                            }
                            sb.append("\n");
                    }
                    System.out.println(sb.toString());
    }catch(Exception e){
            e.printStackTrace();
    }
    }
}
```

（3）类 Business 用于与数据库建立连接，结合 hibernate.cfg.xml 配置文件，使 hibernate 和数据库表建立访问机制。其代码如下所示。

```
public class HbnBusiness {
  private static SessionFactory sf;                    //建立会话库
  static{
   try {
          sf = new Configuration()
                   .configure()
                   .buildSessionFactory();
    } catch (HibernateException e) {
          e.printStackTrace();
    }
  }
  public static Session getSession(){                 //获取会话
     Session s = null;
     if(sf!=null){
            s = sf.openSession();
     }
     return s;
  }
}
```

23.3.3 配置 Hibernate 访问类

在下面的内容中将为系统中所涉及的数据表进行 Hibernate 相关配置。

1. UserDAO 类

（1）新建 UserDAO 类用于对数据库中表 user 进行操作，该类中存放操作该表的方法，包括：添加、删除、修改和查询等。其代码如下所示。

```
//对网点数据进行访问的接口
public interface UserDAO{
    /**
     * 根据给定的姓名和密码在底层数据源中查找网点的记录，
     * 若找到，则返回该网点对象，若没找到或密码错误则返回 null。
```

```
     * @param name 网点姓名
     * @param passwd 网点密码
     * @return 找到的网点对象或 null
     */
    public Oper getBranch(String name,String passwd);
    /**
     * 向底层数据中添加一个网点记录。
     * @param user 要添加的网点对象
     * @return 若添加成功返回 true，否则返回 false。
     */
    public boolean addBranch(Oper user);
    /**
     * 根据指定的网点的姓名在底层数据源中删除该网点。
     * @param name 网点姓名
     * @return 若删除成功返回 true，否则返回 false。
     */
    public boolean removeBranch(String name);
    /**
     * 修改指定网点的密码。
     * @param name 网点姓名
     * @param oldPassword 旧密码
     * @param newPassword 新密码
     * @return 若修改成功返回 true，否则返回 false。
     */
    public boolean modifyPassword(String name,String oldPassword,String
newPassword);
    public Set getAllBranch();
}
```

（2）新建 UserDaoFromHbn 类用于实现 UserDAO 类中的各种方法，以下代码是列出修改密码 modifyPassword 的方法。在 UserDaoFromHbn 类中，要实现 UserDAO 类中的所有方法。其部分代码如下所示。

```
public class UserDaoFromHbn implements UserDao {
public boolean modifyPassword(String name, String oldPassword,
            String newPassword) {
        Session s = null;
        Transaction t = null;
        boolean b = false;
        try {
            s = HbnBusiness.getSession();          // 获得会话
            t = s.beginTransaction();
            String hql = "from Branch where name=? and passwd=?";
//SQL 语句
            Oper a = (Oper) s.createQuery(hql).setString(0, name)
                    .setString(1, oldPassword).uniqueResult();
// 执行修改密码动作
            a.setPasswd(newPassword);
            s.update(a);                           // 操作数据库
            t.commit();                            // 提交事务
            b = true;
        } catch (HibernateException e) {
            e.printStackTrace();
            t.rollback();                          // 发生异常回滚
        } finally {
            if (s != null)
                try {
                    s.close();                     // 关闭会话对象
                } catch (Exception e) {
                    e.printStackTrace();
                }
        }
        return b;
```

```
    }
}
```

注意：Hibernate 是一个开放源代码的对象关系映射框架，它对 JDBC 进行了非常轻量级的对象封装，使得 Java 程序员可以随心所欲地使用对象编程思维来操作数据库。前企业级应用一般均采用面向对象的开发方法，而内存中的对象数据不能永久存在，如想借用关系数据库来永久保存这些数据的话，无疑就存在一个对象 - 关系的映射过程。在这种情形下，诞生了许多解决对象持久化的中间件，其中开源的 Hibernate 由于其功能与性能的优越而备受 Java 程序员青睐。Hibernate 可以应用在任何使用 JDBC 的场合，既可以在 Java Application 中使用，也可以在 Servlet/JSP 的 Web 应用中使用，最具革命意义的是，Hibernate 可以在应用 EJB 的 Java EE 架构中取代 CMP，完成数据持久化的重任。

2. FlightDAO 类

（1）新建 FlightDAO 类用于对数据库中表 flight 进行操作，该类中存放操作该表的方法，包括：添加、删除、修改和查询等。其代码如下所示。

```
public class FlightDaoFromHbn implements FlightDAO {
    public boolean addFlight(Flight fl) {
            Session s = null;                           //Hibernate 会话对象
            Transaction t = null;  // 事务
            boolean b = false;
            try {
                    s = HbnBusiness.getSession(); // 获取会话对象
                    t = s.beginTransaction();     // 开启事务
                    s.save(fl);                   // 执行保存
                    t.commit();                   // 提交事务
                    b = true;
            } catch (HibernateException e) {
                    e.printStackTrace();
                    t.rollback();                 // 发生异常回滚
            } finally {
                    if (s != null)
                            try {
                                    s.close();    // 关闭会话对象
                            } catch (Exception e) {
                                    e.printStackTrace();
                            }
            }
            return b;
    }
```

（2）新建 FlightDaoFromHbn 类用于实现 FlightDAO 类中的各种方法，以下代码是列出添加飞机 addFlight 方法。在 FlightDaoFromHbn 类中，要实现 FlightDAO 类中的所有方法。其部分代码如下所示。

```
public class FlightDaoFromHbn implements FlightDAO {
    public boolean addFlight(Flight fl) {
            Session s = null;                           //Hibernate 会话对象
            Transaction t = null;                       // 事务
            boolean b = false;
            try {
                    s = HbnBusiness.getSession(); // 获取会话对象
                    t = s.beginTransaction();     // 开启事务
                    s.save(fl);                   // 执行保存
                    t.commit();                   // 提交事务
                    b = true;
            } catch (HibernateException e) {
```

```
                e.printStackTrace();
                t.rollback();                    // 发生异常回滚
        } finally {
                if (s != null)
                        try {
                                s.close();       // 关闭会话对象
                        } catch (Exception e) {
                                e.printStackTrace();
                        }
        }
        return b;
}
```

注意：建议读者按照以上方法为系统中其他表增加相应的数据库访问方法，即一个方法定义类，另一个方法实现类；类似 C 语言中头文件 .h 和 .c 文件。这样做方便程序员管理代码，提高代码的可重用性。

23.3.4　系统登录模块设计

因为本系统采用 C/S 模式进行架构，所以必须为网点设置系统登录，同时也具备增加系统的安全性，只有通过系统身份验证的用户才能够使用本系统，为此必须增加一个系统登录功能模块。

（1）添加 LoginFrame 类，定义成员变量用来记录当前登录名和用户类型信息。

（2）类 LoginFrame 继承于类 JFrame，类 JFrame 是 Java 系统函数中窗体的基类。在登录窗体添加两个 Jlable 控件、两个 Jbutton 控件、两个 JtextField 控件。具体定义代码如下所示。

```
public class LoginFrame extends JFrame  implements ActionListener{
    private JLabel[] label;// 所有标签
    private JTextField name;
    private JPasswordField password;
    private JButton ok;
    private JButton cancel;
    private JPanel jp1,jp2,jp3;
    public LoginFrame(){
            super("航空订票管理系统客户端");
            label=new JLabel[3];
            label[0]=new JLabel("网点：");
            label[1]=new JLabel("密码：");
            label[2]=new JLabel("欢迎使用订票系统");
            name=new JTextField(20);
            password=new JPasswordField(20);
            ok=new JButton("登录");
            cancel=new JButton("取消");
            jp1=new JPanel();
            jp2=new JPanel();
            jp3=new JPanel();
            init();                           // 界面初始化
            setAllFont();                     // 设置字体
            addEventHandle();                 // 添加监听器
    }
}
```

（3）函数 Init 是登录窗体初始化函数，利用 setLayout 进行窗体布局处理。通过 Add 方法将窗体加到 jp2 容器中。函数 Init 的具体实现代码如下所示。

```
    private void init(){
            jp1.setLayout(new FlowLayout(FlowLayout.CENTER,10,20)); // 窗体布局处理
            jp1.add(label[2]);    // 添加组件
```

```
            this.add(jp1,BorderLayout.NORTH);
            jp2.setLayout(new FlowLayout(FlowLayout.CENTER,5,10));
            jp2.add(label[0]);jp2.add(name);
            jp2.add(label[1]);jp2.add(password);
            this.add(jp2,BorderLayout.CENTER);
            jp3.setLayout(new FlowLayout(FlowLayout.CENTER,50,20));
            jp3.add(ok);jp3.add(cancel);
            this.add(jp3,BorderLayout.SOUTH);
```

（4）在 addEventHandle 方法中分别增加两个监听器，登录 addActionListener 监听器。建立 Request 对象，向服务端发送登录用户名和密码，服务器端根据输入的信息判断，是否为合法用户。若是合法用户则登录成功，否则退出会话、清除缓冲区和退出系统操作。

```
    private void addEventHandle(){
            ok.addActionListener(this);
            cancel.addActionListener(this);
     }
     public void actionPerformed(ActionEvent e) {
            if(e.getActionCommand().equals("登录")){// 如果是登录按钮
                    // 判断文本框中的内容是否为空
     if(name.getText().equals("")||newString(password.getPassword()).equals("")){
                            JOptionPane.showMessageDialog(this,"名称和密码不能为空！");
                            return; }
                    try {
                            // 创建一个请求对象，该请求的类型为登录请求。
                            Request req=new Request("login");
                            // 向请求对象中添加数据。
                            req.setData("UserName",name.getText());
                            req.setData("Password",new String(password.getPassword()));
                            // 将请求对象写往服务器
                            ClientMainClass.oos.writeObject(req);
                            ClientMainClass.oos.flush();
                            // 从服务器获得一个应答对象
                            Response res=(Response)ClientMainClass.ois.readObject();
                            // 解析应答对象中封装的数据
                            Oper user=(Oper)res.getData();
                            if(user!=null){// 如果返回了一个合法的网点商（登录成功）
// 把当前网点对象保存成全局变量
                                    ClientMainClass.currentUser=user;
// 创建客户端主界面
                ClientMainClass.clientFrame=new ClientMainFrame(); // 显示客户端主界面
                                    ClientMainClass.clientFrame.showMe();
// 销毁登录界面
                                    this.dispose();
                            }else{// 如果登录不成功
     JOptionPane.showMessageDialog(this,"对不起，名称和密码不正确，请重新输入！");
                            }
                    } catch (Exception e1) {
                            e1.printStackTrace();
                    }
            }else if(e.getActionCommand().equals("取消")){
                    try {
                            Request req=new Request("quit");
                            ClientMainClass.oos.writeObject(req);
                            ClientMainClass.oos.flush();
                            System.exit(0);
                    } catch (Exception e1) {
                            e1.printStackTrace();
                    }
            }
     }
```

到此为止，已经完成了主界面的设计工作，并且搭建了 Hibernate 开发平台。接下来只需在这个平台中开发各相应功能模块，并配置操作和访问数据的类即可。Hibernate 配置文件可以通过 Myeclipse 自动生成，若是初学者可以通过手工编写明白其中的道理，通过加强记忆，在以后的实际开发过程中，配置文件里的内容会变多。若出现一些问题一眼就能看出来，这也是基本体现。

23.4　航班信息管理模块

航班信息管理是指对如下信息的管理：

- 添加飞机管理。
- 添加航班管理。
- 添加航班计划。
- 查询航班管理。

（0 分 50 秒）

注意：在航班管理模块中，在具体编码中加了很详细的注释。包括变量的定义、函数的命名方面都较以前有了很大的改观。以前的代码只有我们自己能够看得懂，其他人拿到代码想看懂真得很难。注释不全，这是程序员最容易犯的错误，当自己看着别人的代码时总是想别人把注释写得越详细越好。可轮到自己编码的时候，总是认为简单的不用写注释。

23.4.1　添加飞机管理

（1）在工程中增加飞机信息添加 AddPlaneModel 类，该类继承于 Java 系统的 Jdialog 类，并且定义该窗体需要各种组件，其中包括：文本输入框、下拉列表框、Panel 容器等组件，同时初始化窗体。其部分代码如下所示。

```
public class AddPlaneModel extends JDialog implements ActionListener{
    private JLabel label1=new JLabel("添加飞机型号：");                //标题标签
    private JLabel label2=new JLabel("型号：");                       //型号标签
    private JTextField text1=new JTextField(20);                      //型号文本框
    private JLabel label3=new JLabel("头等舱座位数：");                //座位标签
    private JTextField text2=new JTextField(20);                      //座位文本框
    private JLabel label4=new JLabel("公务舱座位数：");
    private JTextField text3=new JTextField(20);
    private JLabel label5=new JLabel("经济舱座位数：");
    private JTextField text4=new JTextField(20);
    private JLabel label6=new JLabel("最大航程：");                    //航程标签
    private JTextField text5=new JTextField(20);                      //航程文本框
    private JLabel label7=new JLabel("公里");                         //航程单位
    private JButton ok=new JButton("添加");                           //添加按钮
    private JButton cancel=new JButton("取消");                       //取消按钮
    public AddPlaneModel(JFrame parentFrame){
            super(parentFrame,"添加飞机型号");
            init();                      //添加组件进 panel 容器
    }
```

（2）窗体初始化后，要为窗体中按钮增加相应的监听器，actionPerformed 是实现添加操作后具体的数据库操作。在该监听器中首先创建 PlaneModel 实例对象，传入实际参数。然后通过 hibernate 框架直接进行数据库的插入操作，这样程序员可以不知底层数据库，直接利用已定义好的方法，最终实现业务逻辑操作。

```
 public void actionPerformed(ActionEvent e) {                 //按钮事件方法
```

```
            if(e.getActionCommand().equals("添加")){        //判断是否为添加按钮
                    String model=text1.getText();           //获取飞机型号
                    int maxLength=Integer.parseInt(text5.getText());//获取里程数
                    int FCS=Integer.parseInt(text2.getText());    //头等舱座位数
                    int BCS=Integer.parseInt(text3.getText());    //商务舱座位数
                    int ECS=Integer.parseInt(text4.getText());    //经济舱座位数
                    PlaneModel pm=new PlaneModel(model,maxLength,FCS,BCS,ECS);
    //创建飞机对象
                    boolean isOk=ServerMainClass.planeModelDao.addPlaneModel(pm);
    //保存
                    if(isOk){
                            ServerMainClass.allPlaneModels.add(pm);
    //保存飞机型号集合
                            JOptionPane.showMessageDialog(this,"添加飞机型号成功！");
                            this.dispose();                         //关闭对话框
                    }else{
                            JOptionPane.showMessageDialog(this,
"添加飞机型号失败，有可能已存在同型号飞机！");
                    }
            }else if(e.getActionCommand().equals("取消")){
                    this.dispose();                                 //关闭对话框
            }
    }
```

（3）飞机信息添加窗体，运行效果如图 23-5 所示。

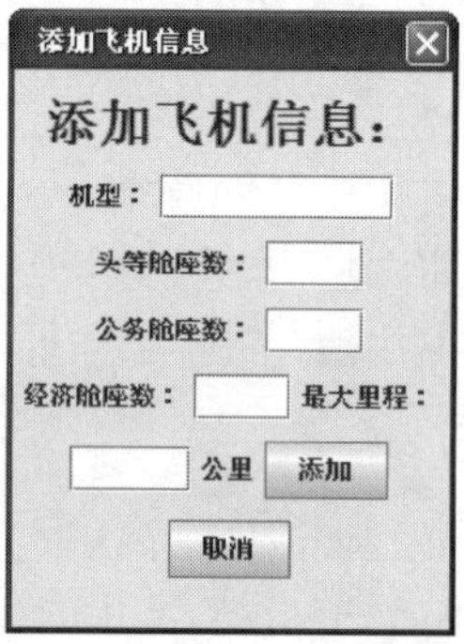

图 23-5

23.4.2 添加航班管理信息

（1）在工程中增加航班信息 AddFlight 类，并且定义该窗体需要的各种组件，其中包括文本输入框、Jlable 标签、Jbutton 按钮等组件，分别为确定和取消按钮增加监听器，调用 init 函数进行窗体初始化，showMe 函数进行大小控制，其部分代码如下所示。

```
public class AddFlight extends JDialog implements ActionListener {
public AddFlight(JFrame frame) {
        super(frame, "添加航班");                          // 定义标题
        label0 = new JLabel("添加航班");                   // 创建相关标签
        label1 = new JLabel("航班号:");
        label2 = new JLabel("折扣:");
        label3 = new JLabel("日期:");
        label4 = new JLabel("年");
        label5 = new JLabel("月");
        label6 = new JLabel("日");
        t = new JTextField(20);                            // 创建文本框
        t0 = new JTextField(10);
        t1 = new JTextField(5);
        t2 = new JTextField(5);
```

```
            t3 = new JTextField(5);
            ok = new JButton("添加");                                // 创建添加按钮
            ok.addActionListener(this);                             // 为添加按钮注册事件
            cancel = new JButton("取消");                           // 创建取消按钮
            cancel.addActionListener(this);                         // 为取消按钮注册事件
            init();                                                 // 调用初始化方法
            showMe();                                               // 调用显示方法
    }
```

（2）为窗体中添加按钮增加操作的函数，getActionCommand 获得系统菜单名称，通过 getAllFlightSchedulars 查询系统中所有航班信息。取航班号与现在所添加的航班号进行对比，若系统中无该航班号则添加，否则说明航班已存在。代码如下所示：

```
    public void actionPerformed(ActionEvent e) {            // 事件方法
        if (e.getActionCommand().equals("添加")) {          // 如果事件源是添加按钮
            FlightDAO dao = ServerMainClass.flightDaoSch; // 获取航班 DAO
            HashSet hs = (HashSet) dao.getAllFlightSchedulars();
// 获得航班计划
            if (hs.size() != 0) { // 判断是否有航班计划
                boolean b = false;
                for (Object obj : hs) {             // 对所有航班计划进行遍历
            FlightSchedular fsc = (FlightSchedular) obj; // 获取航班计划对象
        if (fsc.getFlightNumber().equals(t.getText())) {
// 判断是否存在航班号
                Calendar date = Calendar.getInstance();
                date.set(Calendar.YEAR, Integer.parseInt(t1.getText()));
                date.set(Calendar.MONTH, Integer.parseInt(t2.getText())-1);
                date.set(Calendar.DATE, Integer.parseInt(t3.getText()));
                Flight f = fsc.createNewFlight(date, (Double
                        .parseDouble(t0.getText()))); // 创建航班(日期,折扣)
                boolean success = false;
                success = ServerMainClass.flightDao.addFlight(f);
//保存航班
                        if (success) {
                            JOptionPane.showMessageDialog
                                (this, "添加航班成功！");
                            b = true;
                            this.dispose();
                            return;
                        }
                    }
                }
        if (e.getActionCommand().equals("取消"))
            this.dispose();
    }
```

23.4.3 添加航班计划

（1）在工程中增加航班计划 AddFlightPlan 类，并且定义该窗体需要的各种显示组件，其中包括文本输入框、Jlable 标签、Jbutton 按钮和 Panel 容器等组件。在此采用动态生成 Jlabel 的形式，不禁有读者要问，动态形式比较耗费资源，为什么反而采用呢？这是因为该窗体要求显示的信息较多，所以采用动态生成 Jlabel 的形式减少代码量。其代码如下所示。

```
    String[] str1 = { "添加航班计划", "航班号：", "出发地：", "目的地：", "起飞时间：",
"时", "分","到达时间：", "时", "分", "班期：", "开始日期：", "年", "月", "日", "结束日期：
", "年","月", "日", "总里程", "公里", "全价", "元", "运输机型" };
   String[] str2 = { "星期日", "星期一", "星期二", "星期三", "星期四", "星期五", "
星期六" };
    public AddFlightPlan(JFrame f) {
        super(f, "添加航班计划", true);
        labs = new JLabel[str1.length];                         //创建标签数组
```

```
            texts = new JTextField[15];                          // 文本框数组
            checks = new JCheckBox[7];                           // 复选项数组
            ok = new JButton(" 添加 ");                           // 添加按钮
            cancel = new JButton(" 取消 ");                       // 取消按钮
            jp1 = new JPanel();
            jp2 = new JPanel();
            jp3 = new JPanel();
            jps = new JPanel[11];
```

（2）利用循环的方式将组件添加到容器中，最后将所有组件进行布局管理。其中 length 方法是组件的个数，JLabel(str1[i]) 参数代表将要显示的文字信息。setColumns 方法是设置 TextField 中的列数，然后验证布局。代码如下所示：

```
        for (int i = 0; i < jps.length; i++) {
                    jps[i] = new JPanel();
                    jps[i].setLayout(new FlowLayout(FlowLayout.LEFT));
            }
            for (int i = 0; i < labs.length; i++) {
                    labs[i] = new JLabel(str1[i]);
            }
            for (int i = 0; i < texts.length; i++) {
                    texts[i] = new JTextField(10);
            }
            texts[3].setColumns(2);
            texts[4].setColumns(2);
            texts[5].setColumns(2);
            texts[6].setColumns(2);
            texts[7].setColumns(4);
            texts[8].setColumns(2);
            texts[9].setColumns(2);
            texts[10].setColumns(4);
            texts[11].setColumns(2);
            texts[12].setColumns(2);
            for (int i = 0; i < checks.length; i++) {
                    checks[i] = new JCheckBox(str2[i], true);
            }
        jcb = new JComboBox(ServerMainClass.allPlaneModels.toArray()); // 获取全部机型
            init();    // 界面实例初始化
            addEventHandle();  // 增加监听事件
        }
```

（3）在已定义的窗体上给“添加”和“取消”组件实行监听动作，此处通过定义 actionPerformed 函数实现。创建 FlightSchedular 实例对象，对航班计划信息进行赋值完成添加操作。代码如下所示：

```
        ok.addActionListener(this);                          // 为添加按钮注册事件
        cancel.addActionListener(this);                      // 为取消按钮注册事件
    public void actionPerformed(ActionEvent e) {
            if (e.getActionCommand().equals(" 取消 ")) {    // 如果单击取消按钮
                    this.dispose();                          // 关闭对话框
            } else if (e.getActionCommand().equals(" 添加 ")) {   // 如果单击添加按钮
                    FlightSchedular  fs  =  new  FlightSchedular(texts[0].
getText());
    // 创建航班计划对象
                    fs.setFromAddress(texts[1].getText());          // 设置出发地
                    fs.setToAddress(texts[2].getText());            // 设置目的地
                    fs.setFromTime(new MyTime(Integer.parseInt(texts[3].getText()),
                                Integer.parseInt(texts[4].getText())));
// 设置起飞时间
                    fs.setToTime(new MyTime(Integer.parseInt(texts[5].getText()),
                                Integer.parseInt(texts[6].getText())));
// 设置到达时间
```

```
                    fs.setSchedular(getSch());                      //设置班期
                    Calendar startcal = Calendar.getInstance();
                    startcal.set(Calendar.YEAR, Integer.parseInt(texts[7].getText()));
                    startcal.set(Calendar.MONTH, Integer.parseInt(texts[8].getText()));
                    startcal.set(Calendar.DATE, Integer.parseInt(texts[9].getText()));
                    fs.setStartDate(startcal);                      //设置开始日期
                    Calendar endcal = Calendar.getInstance();
                    endcal.set(Calendar.YEAR, Integer.parseInt(texts[10].getText()));
                    endcal.set(Calendar.MONTH, Integer.parseInt(texts[11].getText()));
                    endcal.set(Calendar.DATE, Integer.parseInt(texts[12].getText()));
                    fs.setEndDate(endcal);                          //设置结束日期
                    fs.setLength(Integer.parseInt(texts[13].getText()));
//设置航程
                    fs.setPrice(Double.parseDouble(texts[14].getText()));
//设置全价
                    fs.setPlane((PlaneModel) jcb.getSelectedItem()); //设置机型
```

（4）创建 FlightDAO 对象实例 f，利用 hibernate 框架完成数据访问。调用 f 对象的 addFlightSchedular 方法，参数“fs”是航班信息的实例。所以，利用 hibernate 对数据访问进行封装对象，其他模板的开发人员只需知道方法的参数、返回类型和功能。

```
                    try {
                            FlightDAO f = ServerMainClass.flightDaoSch;
//获取航班计划 DAO
                            boolean success = f.addFlightSchedular(fs);
//保存航班计划对象
                            if (success) {
                                    JOptionPane.showMessageDialog(this, "添加航班计
                                                                         划成功！");
                                    this.dispose();
                            } else {
                                    JOptionPane.showMessageDialog(this, "添加航班计
                                                                         划失败！");
                                    this.dispose();
                            }
                    } catch (Exception e1) {
                            e1.printStackTrace();
                    }
            }
    }
```

（5）航班计划添加窗体，运行效果如图 23-6 所示。

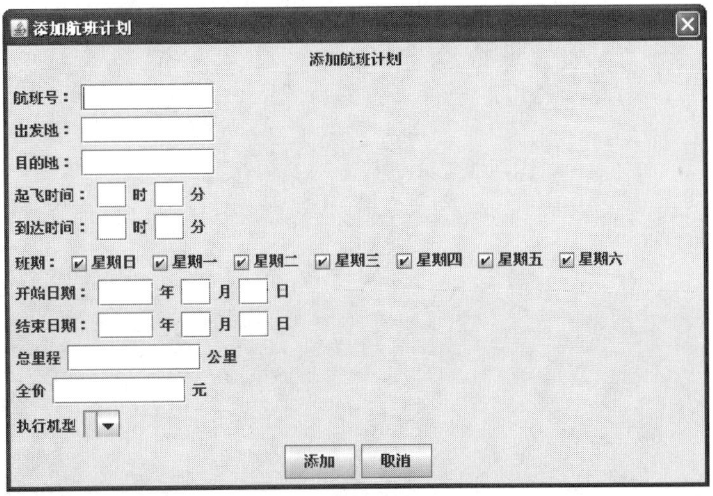

图 23-6

23.5 网点管理模块

（1 分 46 秒）

在航班管理模块设计完毕后，开始进行网点管理模块的编码工作。在本系统的网点管理模块中，需要管理如下所示的两种信息：

- 添加网点：添加网点信息。
- 删除网点：删除网点信息。

23.5.1 网点添加管理

（1）在工程中增加添加网点 AddBranch 类，并且定义该窗体需要的各种组件，其中包括文本输入框、Jlable 标签、Jbutton 按钮，Panel 容器和下拉列表等组件。在 AddBranch 类的构造函数中增加 init 和 eventHandle 方法。其代码如下所示。

```
public class AddBranch extends JDialog implements ActionListener {
    JLabel label0, label1, label2, label3, label4;
    JButton ok, cancel;
    JTextField name, city, passwd, address;
    public AddBranch(JFrame frame) {
            super(frame, "添加网点");                              //设置标题
            label0 = new JLabel("请输入网点信息：");                //设置头标题
            label1 = new JLabel(" 网点名：");                       //创建网点名标签
            label2 = new JLabel(" 密码：");                         //创建密码标签
            label3 = new JLabel(" 城市：");                         //创建城市标签
            label4 = new JLabel(" 地址：");                         //创建地址标签
            ok = new JButton("添加");                               //创建添加按钮
            cancel = new JButton("取消");                           //创建取消按钮
            name = new JTextField(15);                              //创建网点名标签
            passwd = new JTextField(15);                            //创建密码标签
            city = new JTextField(15);                              //创建城市标签
            address = new JTextField(15);                           //创建地址标签
            init();                                                 //调用初始化方法
            eventHandle();                                          //调用注册事件方法
    }
```

（2）为窗体“添加”和“取消”按钮增加监听动作实现函数 actionPerformed，函数 getActionCommand 用于获得用户点击的菜单名称。创建 UserDao 实例对象完成数据库的访问，函数 addBranch 向数据中写入新增加的用户。代码如下所示：

```
    private void eventHandle() {                                    //注册事件方法
            ok.addActionListener(this);                             //为添加按钮注册事件
            cancel.addActionListener(this);                         //为取消按钮注册事件
    }
  public void actionPerformed(ActionEvent e) {
            String comm = e.getActionCommand();                     //获取事件源
            if (comm.equals("添加")) {                              //判断事件源是否为添加按钮
                    if (name.getText().equals("") || passwd.getText().equals("")
                                || city.getText().equals("")
                                || address.getText().equals("")) {
//判断输入内容是否为空
                            JOptionPane.showMessageDialog(this, "请填写所有信息！");
                            return;
                    }
                    UserDao dao = ServerMainClass.agentDao;        //获取网点 DAO
                    boolean success = dao.addBranch(new Oper(name.getText(), passwd
                                .getText(), city.getText(), address.getText()));
//保存
                    if (success) {
```

```
                    JOptionPane.showMessageDialog(this, "祝贺，网点添加
                                                          成功！");
                    this.dispose();
                } else {
            JOptionPane.showMessageDialog(this, "网点添加不成功，可能已存在同名的
                                                          网点！");
                    name.setText("");                //清空所有选项
                    passwd.setText("");
                    city.setText("");
                    address.setText("");
                }
            } else if (comm.equals("取消")) {
                this.dispose();
            }
        }
```

（3）网点信息添加窗体，运行效果如图 23-7 所示。

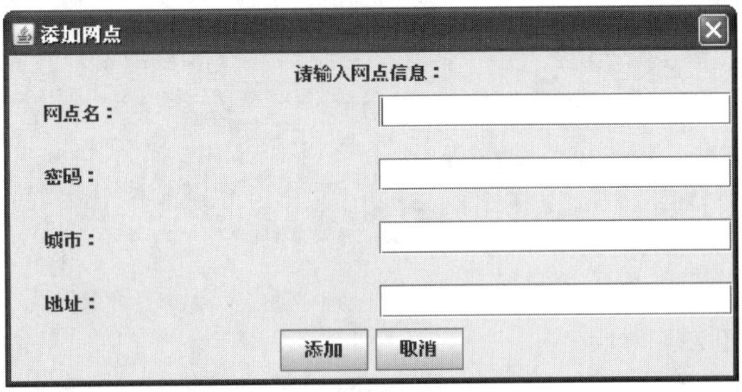

图 23-7

23.5.2　删除网点管理

（1）在工程中增加删除网点 RemoveBranch 类，并且定义该窗体需要的各种组件，其中包括文本输入框、Jlable 标签、Jbutton 按钮、Panel 容器等组件。在 RemoveBranch 构造函数中创建组件，在 init 函数中针对组件进行布局。部分其代码如下所示。

```
    public RemoveBranch(JFrame frame) {
            super(frame, "删除网点");                         //设置对话框标题
            label0 = new JLabel("请输入网点信息：");
            label1 = new JLabel("         用户名：");          //创建用户名标签
            ok = new JButton("删除");                          //创建删除按钮
            cancel = new JButton("取消");                      //创建取消按钮
            name = new JTextField(15);                         //创建用户名文本框
            init();                                            //调用初始化方法
            eventHandle();                                     //调用注册事件方法
    }
    private void init() {
            JPanel p1 = new JPanel();
            p1.add(label0);
            this.add(p1, BorderLayout.NORTH);
            JPanel p2 = new JPanel();
            p2.setLayout(new GridLayout(1, 2, 10, 20));
            p2.add(label1);
            p2.add(name);
            this.add(p2, BorderLayout.CENTER);
            JPanel p3 = new JPanel();
            p3.add(ok);
```

```
            p3.add(cancel);
            this.add(p3, BorderLayout.SOUTH);
    }
```

（2）为窗体“删除”按钮增加监听动作实现函数 actionPerformed，函数 getActionCommand 获得用户点击的菜单名称。创建 UserDao 实例对象完成数据库的访问，removeBranch 函数向数据库删除用户操作。具体代码如下所示：

```
public void actionPerformed(ActionEvent e) {                //事件方法
        String comm = e.getActionCommand();                 //获取事件源
        if (comm.equals("删除")) {     //判断事件源是否为删除按钮
                if (name.getText().equals("")) {       //判断文本框是否为空
                        JOptionPane.showMessageDialog(this, "姓名不能为空！");
                        return;
                }
UserDao dao = ServerMainClass.agentDao;                     //获取网点 DAO
boolean success = dao.removeBranch(name.getText());        //执行删除
                if (success) {
                        JOptionPane.showMessageDialog(this, "网点删除成功！");
                        this.dispose();
                } else {
                        JOptionPane.showMessageDialog(this, "网点删除失败！");
                        name.setText("");      //清空
                }
        } else if (comm.equals("取消")) {
                this.dispose();
        }
}
```

执行效果如图 23-8 所示。

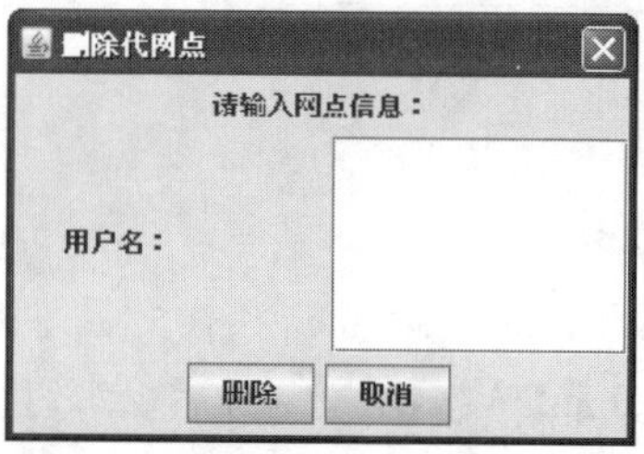

图 23-8

23.6 订票管理模块

订票管理模块是整个项目的核心部分。在项目开发过程中，为了养成良好的习惯，规定每一名程序员的代码都要交给专人进行审查，看哪里是否有令人不满意的地方，做到相互监督，争取在逻辑设计上做得非常漂亮。

↑扫码看视频（本节视频课程时间：1 分 32 秒）

订票管理模块包括如下内容：

- 网点登录管理。
- 网点订票信息。

23.6.1 网点登录管理

（1）在工程中增加登录 ClientMain 类，添加好各种组件信息。客户端程序利用 socket 与服务器端进行通信。Socket 网络编程其实非常简单，服务器端创建 Socket 服务监听来自客户端的请求。newFileInputStream 函数加载存于工程中的端口配置文件，端口是计算进行通信的大门。其代码如下所示。

```
    public class ClientMain {
      public static Socket socket;                           // 套接字
      public static ObjectInputStream ois;                   //Socket 对象输入流
      public static ObjectOutputStream oos;                  //Socket 对象输出流
      public static List flights;                            // 航班对象集合
      public static Oper currentUser;                        // 当前登录的网点
      public static ClientMainFrame clientFrame;             // 客户端主界面
      public static OrderFrame currentOrderFrame;            // 当前订单界面
      public static void init() {                            // 初始化方法
      Properties p = new Properties();                       // 创建配置文件对象
            try {
      p.load(newFileInputStream(System.getProperty("user.dir")+"\\src\\com\\hk\\
client\\client.properties"));                                // 读取配置文件
            } catch (IOException e) {
      JOptionPane
      .showMessageDialog(new JFrame(), "配置文件丢失或已损坏，请重新定义配置文件！ ");
                  System.exit(0);
            }
            String hostName = p.getProperty("ServerIP"); // 获取服务器端 IP
            String port = p.getProperty("ServerPort");   // 获取端口号
```

（2）创建 Socket 实例对象，第一个参数是服务器端 IP 地址，第二个参数是服务器端所开启进行通信的大门。建立 ObjectOutputStream 输出流和 ObjectInputStream 输入流。

```
      try {
                  socket = new Socket(hostName, Integer.parseInt(port));
  // 创建套接字对象
              oos = new ObjectOutputStream(socket.getOutputStream());
  // 创建对象输出流
                  ois = new ObjectInputStream(socket.getInputStream());
  // 创建对象输入流
            } catch (Exception e) {
                  JOptionPane.showMessageDialog(new JFrame(), " 网络连接失败 1，请
                                                              检查配置参数！ ");
                        try {
                              socket.close();
                        } catch (IOException e1) {
                              e1.printStackTrace();
                        }
                  System.exit(0);
            }
      }
      public static void main(String[] args) {
            ClientMain.init();                // 调用初始化方法
            new LoginFrame().showMe();        // 显示登录界面
      }
  }
```

（3）增加登录 LoginFrame 信息类，为窗体增加相应组件。在客户端与服务器端建立连接后，就可以通过输入用户名和密码进行验证登录，其代码如下所示：

```
    public LoginFrame(){
            super(" 航空订票管理系统客户端 ");
            label=new JLabel[3];
```

```
            label[0]=new JLabel("网点：");
            label[1]=new JLabel("密码：");
            label[2]=new JLabel("欢迎使用订票系统"); //提示信息
            name=new JTextField(20);
            password=new JPasswordField(20);
            ok=new JButton("登录");
            cancel=new JButton("取消");
            jp1=new JPanel();
            jp2=new JPanel();
            jp3=new JPanel();
            init();
            setAllFont();
            addEventHandle();
    }
```

（4）为登录窗体增加相应的监听器，getActionCommand 方法获得菜单名称。检验用户名是否为空，新建一个 Request 对象与服务器端进行通信。其代码如下所示：

```
    public void actionPerformed(ActionEvent e) {
            if(e.getActionCommand().equals("登录")){//如果是登录按钮
                    //判断文本框中的内容是否为空
                    if(name.getText().equals("")  ||  new  String(password.
getPassword()).equals("")){
                            JOptionPane.showMessageDialog(this,"名称和密码不能
                                                                    为空！");
                            return;
                    }
                    try {
                            //创建一个请求对象，该请求的类型为登录请求
                            Request req=new Request("login");
                            //向请求对象中添加数据
                            req.setData("UserName",name.getText());
                            req.setData("Password",new  String(password.
getPassword()));
                            //将请求对象写往服务器
                            ClientMain.oos.writeObject(req);
                            ClientMain.oos.flush();
                            //从服务器获得一个应答对象
                            Response res=(Response)ClientMain.ois.readObject();
                            //解析应答对象中封装的数据
                            Oper user=(Oper)res.getData();
                            if(user!=null){//如果返回了一个合法的网点（登录成功）
                                    //把当前网点对象保存成全局变量
                                    ClientMain.currentUser=user;
                                    //创建客户端主界面
                                    ClientMain.clientFrame=new ClientMainFrame();
                                    //显示客户端主界面
                                    ClientMain.clientFrame.showMe();
                                    //销毁登录界面
                                    this.dispose();
                            }else{//如果登录不成功
                                    JOptionPane.showMessageDialog(this,"对不起，名称
                                                    和密码不正确，请重新输入！");
                            }
                    } catch (Exception e1) {
                            e1.printStackTrace();
                    }
    }
```

23.6.2 订票信息管理

（1）在工程中增加订票管理 AddOrder 类，该类主要完成乘客订票信息添加。创建窗体

需要的组件信息，利用 init 函数进行界面布局初始化。其代码如下所示。

```
JLabel label1 = new JLabel("添加订单项：");                    //创建订单项标签
    JLabel label2 = new JLabel("乘客姓名：");                  //创建乘客姓名标签
    JTextField passengerName = new JTextField(12);             //创建姓名文本框
    JLabel label3 = new JLabel("证件号码：");                  //创建证件号码标签
    JTextField passengerId = new JTextField(18);               //创建号码文本框
    JLabel label4 = new JLabel("机票类型：");                  //创建机票类型标签
    JComboBox ticketType = new JComboBox(TicketType.values());  //创建类型下拉列表
    JLabel label5 = new JLabel("舱位等级：");                  //创建舱位等级标签
    JComboBox cabinClass = new JComboBox(CabinClass.values());  //创建等级下拉列表
    JButton button = new JButton("订票");                      //创建添加到订单按钮
    public AddOrder() {
            init();                                            //调用初始化方法
            eventHandle();                                     //调用注册事件方法
    }
```

（2）在该窗体上，为“订票”按钮控件增加监听 actionPerformed 方法，在该方法中判断是否有乘客要订的航班，为乘客输入身份信息，完成订票操作。代码如下所示：

```
    public void actionPerformed(ActionEvent arg0) {                    //事件方法
            if (ClientMain.clientFrame.getTable() == null) {           //如果没有查询航班
                    JOptionPane.showMessageDialog(this, "请先查询航班！");
                    return;
            }
    int i = ClientMain.clientFrame.getTable().getSelectedRow(); //获取航班索引
            if (i == -1) {                                             //如果没有选择航班
                    JOptionPane.showMessageDialog(this, "请先选择航班！");
                    return;
            }
            Flight flight = (Flight) ClientMain.flights.get(i);        //获取航班对象
            if (flight == null) {                                      //判断航班对象
                    JOptionPane.showMessageDialog(this, "选择的航班无效,请重新选择！");
                    return;
            }
            if (passengerName.getText().trim().isEmpty()
                            || passengerId.getText().trim().isEmpty()) {
//判断是否输入客户信息
                    JOptionPane.showMessageDialog(this, "请输入您的姓名和证件号码！");
                    return;
            }
            TicketOrder item = new TicketOrder();                      //创建订单对象
            item.setPassengerName(passengerName.getText());            //设置客户姓名
            item.setPassengerId(passengerId.getText());                //设置客户证件号
            item.setFlight(flight);                                    //设置所乘航班
            item.setF_class((CabinClass) cabinClass.getSelectedItem());
//设置机票等级
            item.setT_type((TicketType) ticketType.getSelectedItem());
//设置舱位等级
            item.setBranch(ClientMain.currentUser);                    //设置营业网点
            if (ClientMain.currentOrderFrame == null) {                //如果没有界面
                    ClientMain.currentOrderFrame = new OrderFrame();
//创建订单界面
                    ClientMain.currentOrderFrame.setOrder(new Order(
                                    ClientMain.currentUser, new java.util.Date(),
                                    ClientMain.socket.getInetAddress()));
//加入到界面
                    ClientMain.currentOrderFrame.showMe();
            }
            ClientMain.currentOrderFrame
                            .addOrderItem(new OrderItemPanel(item));   //加入新订单
    }
```

23.7 系统测试

（45 分 34 秒）

（1）对基础数据进行维护：包括网点注册，飞机添加，下达航班计划等功能进行添加、修改和删除操作。

（2）系统中现在已有部分基础信息，接下来就是要在多台电脑上安装客户端进行访问、查询。

（3）若查询数据和界面非常正确，且多个客户端进行同一表访问和操作等，进行压力测试。

（4）前面三步对基本流程都测试一次，接下来就是反复删除、添加、修改各基础信息。最后着重测试第三步。

本项目运行后的主界面效果如图 23-9 所示。

图 23-9